水田フル活用の
統計データブック

2018年水田農業政策変更直後の
悉皆調査結果からみる農業再生協議会・
水田フル活用ビジョン・産地交付金の実態

はしがき

　日本の水田農業は、2018年度の米政策の変更に伴い、県段階と地域段階で構成されている農業再生協議会の事務運営の重要性が高まるほか、水田農業の振興の旗振り役として農業再生協議会が地域農業に与える影響が強まった。なぜなら、米生産調整の実現するためには農業再生協議会が水田農業経営に対して主体的に働きかける必要があり、また、農業再生協議会が描く各地域の水田農業の将来像は、交付金運用を伴って個別水田農業経営の政度的環境に影響を与えるからである。もはや農業再生協議会がなければ米生産調整の実現は困難であり、さらには、水田農業再編を促す主体として農業再生協議会の存在意義や実態がこれまで以上に注目されるべき時代となった。

　具体的には、2018年度より、国による生産数量目標の配分が廃止され、各都道府県・地域段階における生産数量の目安等の設定が課題となり、農業再生協議会がその取り組み主体となっている。同時に、米の直接支払交付金の廃止されたことにより、米生産調整に参加する水田農業経営に対するメリット措置がなくなった。米生産調整に係るペナルティ措置は、先んじて2010年度に廃止されていたことから、2018年度からは米生産調整に参加するか否かをめぐってメリットもペナルティもなくなったことになる。こうした中、各農業再生協議会では、米生産調整の継続を呼びかけている。

　米生産調整に参加するメリット・ペナルティの両面が廃止された現状において、農業再生協議会が個別水田農業経営に対して米生産調整の継続を促す方法は、大きく分けて2つに限られる。

　まずは、広報活動や座談会等を通じて周知徹底する方法である。

　次に、戦略作物助成および産地交付金の経済的インセンティブによる転作の誘導である。

　転作に対する経済的インセンティブとして、国では、全国一律の戦略作物助成と、都道府県、または地域ごとに設定できる産地交付金を講じている。産地交付金は、農業再生協議会が描く地域水田農業のビジョンである水田フル活用ビジョンに基づいて設定される。水田フル活用ビジョンは、いわば各地域の水田農業に対する農業再生協議会の農業観・農地観であるとともに、産地交付金の設定という実行力の裏付けとして、各地域の水田農業に影響するものである。

　米政策の歴史をたどれば、2018年度からの新たな米政策の枠組みは、2004～07年度に試みられた仕組みの再チャレンジという性格をもつ。新たな政策枠組みは、「米政策改革大綱」（2002年）によって進められたものの米価下落等を受けて頓挫してしまった政策枠組みと類似しており、かつての「水田農業推進協議会」は現在の「農業再生協議会」、「水田農業ビジョン」は「水田フル活用ビジョン」、「産地づくり交付金」は「産地交付金」とほぼ同様の働きをもっている。

　さて、学術研究の実態からみると、頓挫してしまったかつての政策枠組みについて、水田農業推進協議会の実態や水田農業ビジョン、産地づくり交付金の設定状況について網羅的な統計データはなく、その実態は事例的に知られる程度であり、当時の状況を把握・分析する上で限界となっていた。本書は、将来に同様の限界をもたらさぬよう、統計データを残すべく全国を網羅した悉皆調査を行い、2018年度における農業再生協議会の運営や水田フル活用ビジョン、産地交付金を中心にデータを整理したものである。

　なお、本調査の実施は、調査対象者の皆様にご協力いただいたほか、科学研究費助成事業を通じて日本国民の税金等を使わせていただくことで実現した。また刊行に当たっては井澤将隆氏はじめ株式会社三恵社の皆様に大変お世話になった。ここに記して多くの方々に深甚なる謝意を表する。

著者

目次

第1章　農業再生協議会の構成と取り組み

第2章　農業再生協議会の事務負担の実態

農業再生協議会の全体的な人手の状況

農業再生協議会の専門の事務員

農業再生協議会の兼任・非常勤の事務員

農業再生協議会における事務負担の関心事

第3章 ## 水田フル活用ビジョンの作成・公表

産地交付金の配分

水田フル活用ビジョンの作成状況

水田フル活用ビジョンの公表状況

第4章　水田フル活用ビジョンの内容

第5章　生産主体・地域条件・土地条件に着目した推進

第6章　産地交付金の交付・産地交付金のメニュー数・技術要件の設定状況

第7章　主食用米・麦・大豆・飼料作物・そば・なたねの振興と産地交付金

第8章　加工用米・新規需要米・新市場開拓用米・備蓄米の振興と産地交付金等

第9章　畑作物（露地）・畑作物（施設）・花き・花木・果樹の振興と産地交付金

第10章 その他（地力増進作物・景観形成作物・不作付地の解消・中山間地域・畑地化の推進）の振興と産地交付金

第11章　産地交付金扱いとなった二毛作助成・耕畜連携助成

附属資料

図表タイトル一覧

図 0-1　経営所得安定対策等推進事業における各組織の連携関係および資金の流れ

表 0-1　水田フル活用ビジョンおよび産地交付金と関係機関のかかわり

表 0-2　調査依頼・調査票の配布と有効回答・回収の状況

表 0-3　調査アの配布・回収状況（水田フル活用ビジョンと産地交付金の紐づけ別）

表 0-4　回収した水田フル活用ビジョンの内訳（産地交付金の配分方法別）

表 0-5　調査イの配布・回収状況（産地交付金との制度上の結びつき別）

表 0-6　回収した産地交付金の活用方法の明細の内訳（産地交付金の配分方法別）

表 0-7　生産主体の明示についての分類方法と記載内容

17

利用者のために

1. 調査の概要

(1) 調査の体系

　本調査は、水田フル活用ビジョン、産地交付金の活用方法の明細、農業再生協議会事務局を対象としたアンケート調査、を収集して整理した結果である。

(2) 調査の範囲・対象、農業再生協議会の組織的特徴、調査対象の選定理由

　ア　調査の範囲・対象

　　全国の農業再生協議会

　イ　農業再生協議会の設立経緯と運営方法

　　水田農業推進協議会および農業再生協議会は、2002年からの米政策改革に伴う農政の変質の象徴である。また、協議会体制は、三位一体の改革（2004～06年度）における補助金改革を背景としており、各段階（都道府県・市町村）別の協議会を通じて政策運営を促進するものである。

　　農業者戸別所得補償制度実施要綱（農林水産事務次官依命通知2011年4月1日付）により、都道府県・市町村等地域段階において、水田農業推進協議会、担い手育成総合支援協議会、耕作放棄地対策協議会を整理・統合することを基本とした農業再生協議会を活用し、行政と農業者団体等が連携した取組を進めることとなった。ここに、農業再生協議会の端緒がある。

　　また現在の農業再生協議会の運営方法等の細則は、経営所得安定対策等推進事業実施要綱（農林水産事務次官依命通知2015年4月9日付）において定められている。

　ウ　農業再生協議会における組織の連携関係と運営内容

　　経営所得安定対策等推進事業における各組織の連携関係および資金の流れは、図0-1の通りである。また、本調査で着目する、水田フル活用ビジョンおよび産地交付金と、関係機関のかかわりを示したのが、表0-1である。図0-1、表0-1は、あくまでも概況であり、農業再生協議会の構成員の状況や、経営所得安定対策等推進事業実施要綱および経営所得安定対策等実施要綱の文中における「等」の含意、解釈の反映等によって、実際には連携形態や分担状況が多様である。

図0-1　経営所得安定対策等推進事業における各組織の連携関係および資金の流れ

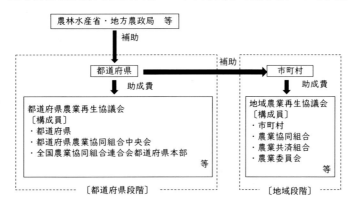

出所：財務省主計局「予算執行調査資料　総括調査票（平成29年6月公表分）」より引用・一部改変して筆者作成。
注：本文中で指摘しているように、実際には構成員の状況が多様である。

表 0-1　水田フル活用ビジョンおよび産地交付金と関係機関のかかわり

	都道府県農業再生協議会	地域農業再生協議会	都道府県	市町村	農協等の団体	農業共済組合等	国・地方農政局等
水田フル活用ビジョンの検討・作成	都道府県版の検討	地域版の作成	・都道府県版の作成 ・地域版の取りまとめ	地域版の検討	・都道府県版、地域版の検討	（記載なし）	・審査および承認
産地交付金の設定	（記載なし）	・要件設定 ・必要に応じて支援する取り組みを見直し	・要件設定 ・市町村等に対する指導 ・必要に応じて支援する取り組みを見直し	（記載なし）	（記載なし）	（記載なし）	・審査および承認 ・必要に応じて産地交付金の調整 ・都道府県に交付枠を配分

出所：経営所得安定対策等実施要綱（農林水産事務次官依命通知 2018 年 4 月 1 日付）より筆者作成。

注：ここでは、出所資料にて主な役割が明記されたもののみを抜粋している。本文中で指摘しているように、実際には連携形態や分担状況が多様である。

エ　調査対象の選定理由

　1（2）イ、1（2）ウで示した通り、農業再生協議会は行政と深くかかわっている。制度上、厳密にいえば都道府県版水田フル活用ビジョンを作成するのは都道府県であるなどの特徴があるが、本調査では、調査対象を、行政（都道府県市町村）ではなく、水田フル活用ビジョンや産地交付金を実質的に検討・作成している農業再生協議会に統一した。これは、協議会体制によって政策運営がなされている現状において、より現場実態を捕捉するためでもある。

　なお、調査対象を農業再生協議会に統一した本調査について、異議があったのは 1 都道府県農業再生協議会のみであった。具体的な指摘事項は、「水田フル活用ビジョンの提供依頼について、県が作成主体であるため農業再生協議会に依頼を受けても提供できない。県に依頼する形にしてもらえば提供できる」、というものであった。この場合、調査対象を農業再生協議会に統一している観点から、県への水田フル活用ビジョンの提供依頼は行わず、提供がなかったものとして処理した。

　ちなみに、他の農業再生協議会からは、本調査の実施に当たり、調査対象を農業再生協議会とすることについて、疑問や異議の連絡はなく、円滑に回答を得ることができた（※）。

（※）関連項目☞回収状況（利用者のために 2）

(3) 調査事項

調査ア　水田フル活用ビジョン
　(ｱ) 地域の作物作付の現状、地域が抱える課題
　(ｲ) 作物ごとの取組方針等
　(ｳ) 作物ごとの作付予定面積
調査イ　産地交付金の活用方法の明細
　(ｱ) 交付金の条件と金額
調査ウ　農業再生協議会事務局を対象としたアンケート調査
　(ｱ) 地理的範囲と事務局
　(ｲ) 水田フル活用ビジョンの作成・公表状況
　(ｳ) 標準単収値の設定状況
　(ｴ) 事務負担の状況変化と現状

（4）調査方法

　本調査は、農林水産省「経営所得安定対策等に関する相談窓口（2019 年 4 月 1 日現在）」（https://www.maff.go.jp/j/kobetu_ninaite/keiei/toiawase.html、2019 年 6 月 1 日閲覧）に記載のある全ての農業再生協議会を対象とした（※）。農業再生協議会が設置されていない地域には送付しなかった。なお、農業再生協議会は合併等によって年次変化がある地域もある。調査は資料提供依頼とアンケート調査の一式を郵送して行う方式とした。

　また、調査ア、調査イについては、協力が得られなかった農業再生協議会を対象として、インターネット上で検索して補完的に回収を行った。検索エンジンとして google を使用して、各協議会名を入力し、行政、JA 等の公式ホームページから回収した。

（※）関連項目☞農業再生協議会窓口一覧（附属資料①）

（5）調査期日

　本調査は 2019 年 5 月 29 日から 2019 年 11 月 18 日までに行った。

　なお、参考データとして 2017 年度に都道府県農業再生協議会が作成した水田フル活用ビジョンを比較対象として一部取り上げており、該当箇所にはその旨を改めて示している。

（6）悉皆調査としての位置付け

　悉皆調査（全数調査）とは調査対象の全てに調査を実施することである。回収率は 100% が理想であるが、悉皆調査（全数調査）の定義上、必ずしも回収率が 100% であることを要さない。悉皆調査（全数調査）の定義、および悉皆調査（全数調査）と称して回収率が 100% に満たない調査分析が学術論文や行政資料にて多数確認できることから、本調査は悉皆調査（全数調査）と称している。なお、ここでいう全数とは公表されている 2019 年 4 月 1 日時点の農業再生協議会窓口の全数であり、実際には不明瞭な部分がある点にも留意が必要である（※）。

（※）関連項目☞その他（利用者のために 4（7））

2．回収状況

（1）調査対象者数・回収数・有効回答数

　調査対象者数は 1（4）に示した通り、農林水産省のホームページで公表されている「地域農業再生協議会等の相談窓口」（2019 年 4 月 1 日現在）に記載のある全ての農業再生協議会である。

　アンケート調査は、郵送アンケート方式によって行い、農林水産省が公表する農業再生協議会の全 1,518 窓口（都道府県農業再生協議会 47 窓口、地域農業再生協議会 1,471 窓口）に対して配布した。

　地域農業再生協議会が設置されていない 54 市町村（北海道 10 市町村、宮城県 1 市町村、福島県 1 市町村、群馬県 2 市町村、埼玉県 8 市町村、千葉県 4 市町村、神奈川県 11 市町村、静岡県 13 市町村、広島県 2 市町村、愛媛県 1 市町村、熊本県 1 市町村）には調査票を配布しなかった。

　都道府県農業再生協議会が一括して窓口となっている東京都、沖縄県には都県農業再生協議会のみに配布した。

　配布および回収の状況は表 0-2 に示すとおりである。調査ア、イ、ウのうちいずれかを回収できたのは農業再生協議会の 68%（都道府県農業再生協議会 89%、地域農業再生協議会 67%）である。

調査ア、イ、ウそれぞれの有効回答率は、それぞれ、地域農業再生協議会よりも都道府県農業再生協議会の方が高い。有効回答率は、調査ウ農業再生協議会事務局を対象としたアンケート調査（68%）が最も高い。次いで、インターネットを利用した回収分も含めた有効回収率として、調査ア水田フル活用ビジョン（53%）、調査イ産地交付金の活用方法の明細（42%）と続く。

なお、無効回答はなかったため、回収されたデータは全て有効として処理する。また、地域農業再生協議会の有効回答985のなかには、1窓口への配布に対して複数の回答を得た分を含む。これは、合併前の地域農業協議会単位で回答した2件、および、1窓口で担当されている3件、合わせて5件分を有効なデータとして扱ったものである。なお、これら5件はいずれも産地交付金の設定が異なる地域農業再生協議会として実態を有していることから有効なデータと判断した。

表 0-2　調査依頼・調査票の配布と有効回答・回収の状況

農業再生協議会	調査対象数（＝配布数）（①）	調査ア、イ、ウのうちいずれかを回答・回収		調査ア　水田フル活用ビジョンの収集				
		有効回答数（②）	有効回答率（②／①×100%）	有効回答数（③）	有効回答率（③／①×100%）	インターネットによる回収（④）	回収数合計（③＋④）	有効回収率（（③＋④）／①×100%）
都道府県	47	42	89%	39	83%	0	39	83%
地域	1,471	985	67%	703	48%	56	759	52%
計	1,518	1,027	68%	742	49%	56	798	53%

農業再生協議会	調査イ　産地交付金の活用方法の明細					調査ウ　農業再生協議会事務局を対象としたアンケート調査	
	有効回答数（⑤）	有効回答率（⑤／①×100%）	インターネットによる回収（⑥）	回収数合計（⑤＋⑥）	有効回収率（（⑤＋⑥）／①×100%）	有効回答数（⑦）	有効回答率（⑦／①×100%）
都道府県	24	51%	0	24	51%	42	89%
地域	608	41%	9	617	42%	985	67%
計	632	42%	9	641	42%	1,027	68%

（2）産地交付金の紐づけの有無別にみた水田フル活用ビジョンの回収状況

水田フル活用ビジョンの有効回収率（都道府県農業再生協議会83%、地域農業再生協議会52%）について、さらに詳しい回収状況を補足する。

2018年度において、産地交付金の都道府県段階と地域段階の配分率は任意であったため、産地交付金の条件となる水田フル活用ビジョンの作成については、産地交付金の紐づけの有無によりパターン分けできる。例えば、都道府県段階にて一括で産地交付金の使途を決定する場合、都道府県段階配分100%、地域段階配分0%となる。この場合、地域段階の水田フル活用ビジョンの策定は任意であるため、策定した場合には産地交付金と直接の紐づけがない水田フル活用ビジョンとなる。

参考まで、産地交付金の配分方法のパターン別にみた水田フル活用ビジョンの回収状況を表0-3に示した。なお、産地交付金の配分は都道府県農業再生協議会に対して質問した。

最も多いのは、都道府県段階と地域段階との両方で配分するケースであり、27都道府県が該当する。この場合、都道府県農業再生協議会と地域農業再生協議会で作成された水田フル活用ビジョンは、両方とも産地交付金と制度上で結び付く。この27都道府県の範囲で、本調査により水田フル活用ビジョンを収集できたのは、26都道府県と429地域の農業再生協議会である。

次に多いのは、地域段階のみで産地交付金を配分するケースであり、6都道府県が該当する。この場合でも都道府県農業再生協議会で水田フル活用ビジョンが作られることがあるが、産地交付金との制度上の結びつきは地域農業再生協議会が作成した水田フル活用ビジョンに限られる。この6都道府県の範囲で、本調査により水田フル活用ビジョンを収集できたのは、6都道府県と122地

域の農業再生協議会である。

　また、都道府県段階のみで産地交付金を配分するケースも6都道府県が該当する。この場合でも地域農業再生協議会で水田フル活用ビジョンが任意で作られることがあるが、産地交付金との制度上の結びつきは都道府県農業再生協議会が作成した水田フル活用ビジョンに限られる。つまり、都道府県段階のみで配分する場合には地域農業再生協議会で水田フル活用ビジョンを作成しなくても産地交付金を受給できる。この6都道府県の範囲で、本調査により水田フル活用ビジョンを収集できたのは、5都道府県と61地域の農業再生協議会である。

　このほか、都道府県段階および地域段階の両方で水田フル活用ビジョンを作成していない都道府県が1つあった。これは産地交付金を受給していないケースである。

　なお、調査協力が得られなかった、または産地交付金の配分について無回答のケースもあった。これに該当する7都道府県のなかで水田フル活用ビジョンを収集できたのは、2都道府県と147地域の農業再生協議会である。

　表0-3の一部を再掲しながら、回収された水田フル活用ビジョンについて、産地交付金の配分方法のパターン別に構成比を示したのが表0-4である。

　なお、2019年度には、産地交付金の配分では、都道府県が少なくとも当初配分の10%は、地域農業再生協議会に配分せず、都道府県が助成内容を設定しなければならないものとする政策変更がなされた（※）。その後、2020年度は当初配分の最低15%について都道府県が助成内容を設定することされた。

（※）関連項目☞産地交付金の配分（第3章）

表0-3　調査アの配布・回収状況（水田フル活用ビジョンと産地交付金の紐づけ別）

産地交付金の配分率	水田フル活用ビジョンと産地交付金との制度上の紐づけ		調査対象数（＝配布数）		有効回収（＝有効回答＋インターネット回収）		有効回収率	
	農業再生協議会		農業再生協議会		農業再生協議会		農業再生協議会	
	都道府県	地域	都道府県	地域	都道府県	地域	都道府県	地域
都道府県段階と地域段階との両方で配分	あり	あり	27	767	26	429	96%	56%
都道府県段階でのみ配分	あり	なし	6	201	5	61	83%	30%
地域段階でのみ配分	なし	あり	6	182	6	122	100%	67%
都道府県段階と地域段階ともに産地交付金の受給なし	なし	なし	1	0	0	0	-	-
調査協力なし・無回答	不詳	不詳	7	321	2	147	29%	46%
計			47	1,471	39	759	83%	52%

表0-4　回収した水田フル活用ビジョンの内訳（産地交付金の配分方法別）

	都道府県段階と地域段階との両方で配分	都道府県段階でのみ配分	地域段階でのみ配分	都道府県段階と地域段階ともに産地交付金の受給なし	調査協力なし・無回答	計
都道府県農業再生協議会	26	5	6	0	2	39
構成比	67%	13%	15%	0%	5%	100%
地域農業再生協議会	429	61	122	0	147	759
構成比	57%	8%	16%	0%	19%	100%

(3) 産地交付金の活用方法の明細の回収状況

　上記イと同様に、産地交付金の活用方法の明細の回収状況について、有効回収率（都道府県農業再生協議会51%、地域農業再生協議会42%）の詳しい内訳を補足する。産地交付金の配分方法のパターン別に示すと、表0-5の通りである。

回収された産地交付金の活用方法の明細について、産地交付金の配分方法のパターン別にみた内訳を表 0-6 に示した。都道府県農業再生協議会から回収された産地交付金の活用方法の明細 24 のうち、都道府県農業再生協議会が設定主体であるのは、都道府県段階と地域段階との両方で配分（16）と都道府県段階でのみ配分（5）を合計した 21 である（構成比は 67%+21% = 88%）。地域農業再生協議会から回収された産地交付金の活用方法の明細 617 のうち、地域農業再生協議会が設定主体であるのは、都道府県段階と地域段階との両方で配分（364）と地域段階でのみ配分（105）を合計した 469 である（構成比は 59%+17% = 76%）。

表 0-5　調査イの配布・回収状況（産地交付金との制度上の結びつき別）

産地交付金の配分率	水田フル活用ビジョンと産地交付金との制度上の紐		調査対象数（＝配布数）		有効回収（有効回答＋インターネット回収）		有効回収率	
	農業再生協議会		農業再生協議会		農業再生協議会		農業再生協議会	
	都道府県	地域	都道府県	地域	都道府県	地域	都道府県	地域
都道府県段階と地域段階との両方で配分	あり	あり	27	767	16	364	59%	47%
都道府県段階でのみ配分	あり	なし	6	201	5	31	83%	15%
地域段階でのみ配分	なし	あり	6	182	3	105	50%	58%
都道府県段階と地域段階ともに産地交付金の受給なし	なし	なし	1	0	0	0	-	-
調査協力なし・無回答	不詳	不詳	7	321	0	117	0%	36%
計			47	1,471	24	617	51%	42%

表 0-6　回収した産地交付金の活用方法の明細の内訳（産地交付金の配分方法別）

	都道府県段階と地域段階との両方で配分	都道府県段階でのみ配分	地域段階でのみ配分	都道府県段階と地域段階ともに産地交付金の受給なし	調査協力なし・無回答	計
都道府県農業再生協議会	16	5	3	0	0	24
構成比	67%	21%	13%	0%	0%	100%
地域農業再生協議会	364	31	105	0	117	617
構成比	59%	5%	17%	0%	19%	100%

3. 集計方法とサンプルサイズ

（1）集計方法

統計数値は積み上げ集計によるものである。

（2）「水田フル活用ビジョン」の扱い

ア　「水田フル活用ビジョン」と「産地交付金の活用方法の明細」

水田フル活用ビジョンには、産地交付金の活用方法の明細も含まれる。しかしながら、国が示す様式において、「産地交付金の活用方法の明細」は別紙扱いであるほか、水田フル活用ビジョンが「承認がなされた後、おおむね 2 週間以内に策定主体のホームページ等で公表する」という扱いの中で、「産地交付金の活用方法の明細」は対象となっていない（農林水産省事務次官依命通知「経営所得安定対策実施要綱」2018 年 4 月 1 日付け）。こうした扱いの差異があることを踏まえて、本書でいう「水田フル活用ビジョン」とは、水田フル活用ビジョンのうち「産地交付金の活用方法の明細」を含まない部分を指す。また、「産地交付金の活用方法の明細」とは、水田フル活用ビジョンのうち「産地交付金の活用方法の明細」の部分を指す。

イ　水田フル活用ビジョンの版

　　水田フル活用ビジョンは農政局から承認を受けた後に更新が行われるケースがある（※）。本調査では水田フル活用ビジョンの提出依頼の際に、更新版、最新版等の指定はしなかった。このため、本書では更新前と更新後の水田フル活用ビジョンが混在したデータを処理している。

（※）関連項目☞水田フル活用ビジョンの改訂状況（第3章）

ウ　本書では、産地交付金の紐づけの有無に関わらず、水田フル活用ビジョンを同等に扱い分析処理している。なぜなら、産地交付金と制度上の結びつきを持たない水田フル活用ビジョンであっても、作成されたその行為自体を評価したいとともに、その水田フル活用ビジョンに表現されている農業再生協議会の農業観・農地観を取り上げたいためである。

エ　データの質的評価手法

　　水田フル活用ビジョンの記載内容の分析手法については、テキストマイニングによる分析を試みたが、水田フル活用ビジョン自体の形式が任意であることや、作目別の記載の場合、作目が主語として働くか目的語として働くか判別しにくい水田フル活用ビジョンも多く見られたこと、等を理由に不適切と判断した。また、都道府県単位や近隣地域の単位で形式が酷似しているケースも見受けられたため、地域差を分析する上での限界も想定された。このため、生産主体、地域条件、土地条件に絞って注目して筆者が整理した。生産主体、地域条件、土地条件に着目した理由は、そこに各農業再生協議会がもつ農業観・農地観の一端が表現されているという仮説を立てたからである。

オ　分析対象とする範囲

　　水田フル活用ビジョンは、各作目の記載内容より以前の文章（冒頭の「地域ごとの作物作付の現状、地域の課題」）は分析対象外とし、作目別の取組や面積を分析対象とした。

カ　分析上の着眼点

　　分析に当たっては、ページ数（産地交付金の活用方法の明細を含まない）、明示されている品目のほか、生産主体の明示、地域条件の明示、土地条件の明示に着目した。

キ　生産主体の明示についての着眼点

　　生産主体の明示については多種多様であるため、表0-7に示したように10に分類した（規模、性別、担い手や認定農業者等、経営形態、特定の経営体、組織や集落、経営の新旧、栽培方法、作付け困難、その他）。ここでは生産主体が明示されている場合に、どのような基準に着目しているか、を析出しているため、例えば「規模」については大規模と小規模がともに含まれていることに留意されたい。なお、栽培方法については、エコファーマー、有機栽培農家等、主体として記述されているもののみ抽出した。特別栽培の推進等のように、栽培方法そのものに着目している場合には、「土地条件の明示」に分類した。また、本書では、「利用集積を進めている農家」については、分析の対象外として整理した。

表0-7　生産主体の明示についての分類方法と記載内容

分類	規模	性別	担い手や認定農業者など	経営形態
実際の水田フル活用ビジョンにおける記載例	10ha以上露地作物を生産し、幅広販売網の構築を行う農業者 2〜5haの生産数量目標未達成農家 2ha以上の生産数量目標未達成農家 2ha以上の農家 WCS用稲を大規模に作付けする担い手農家 広域農場 大規模経営体 大規模農業を行えない農家 大規模法人 大豆の大規模な作付けが可能な担い手 大豆を1ha以上作付ける者 中規模農家 飯米農家 加工用米の作付面積が1ha以上の農業者 経営規模の小さい農業者 小規模な生産者 小規模な法人 中小規模の農業者　　　　　　　など	女性 女性農業者 婦女子 　　　など	機械装備した担い手 経営発展を目指す経営体 個人の認定農業者 作付けに意欲がある農業者 人農地プランに位置付けられた地域の中心となる経営体 担い手 中核的な担い手 中間管理事業利用農家 認定農業者 農地中間管理事業による担い手 畑作物の本格生産に取り組もうとする農家 　　　　　　　　　　など	稲作専業農家 園芸主業農家 花き専門農家 企業参入 企業的経営体 兼業農家 自家消費用に生産する農家 主業的農家 主穀作経営体の経営複合化 水稲と畑作の複合経営 水稲農家 専業農家 第二種兼業農家 農協出資型法人 農業公社 農業生産法人 農業法人 米だけに依存しない農業経営 米を作付けする意欲がない農家 法人経営体 有畜農家　　　　　　　　など

分類	特定の経営体	組織や集落	経営の新旧	栽培方法
実際の水田フル活用ビジョンにおける記載例	JA出資型法人 株式会社A 株式会社A農林公社 特定個人1名 特定農業団体（法人） 特定農業法人 特定法人1社 有限会社A ※Aは筆者が伏字としたものであり、実際には経営体名が記載されている。 　　　　　　　　　　など	営農組織 集落の営農組織化 集落営農 集落営農組織の設立 集落受委託組織 集落法人 生産グループ 生産の集団化 生産の組織化 生産者の組織化 生産者集団 生産者組織 生産集団 生産組合 生産組織の組合員 地域営農組織 農作業受託組織　　　など	IUターン者の参入希望者 既存の栽培者 高齢化が進み水田の管理が困難な農家 従来の主食用米農家 新規栽培者 新規作付希望者 新規参入者 新規就農希望者 新規就農者 農業後継者 　　　　　　　など	エコファーマー 省力栽培の導入 直播栽培により労働時間の短縮を行う農業者 特別栽培農家 特別栽培米 有機栽培に取り組む生産者 有機栽培農家 　　　　　　　　など

分類	作付け困難	その他
実際の水田フル活用ビジョンにおける記載例	主食用米から新規需要米等への転換が困難な農業者 保有機械から大麦や大豆の作付が困難な農家 圃場条件から大麦や大豆の作付が困難な農家 　　　　　　　　　　　　　　　　　など	コスト削減に向けた取組を行う農業者 ブロックローテーションに協力する一般農家 稲作経営体 市外のオペレーター 市場出荷を行う農家 所得が伸び悩む土地利用型作物生産者 新規に販売を行う農業者 人材センター 生産コスト削減や販売収入増大に向けた取組を行う農業者 地域オペレーター 販売収入増大に向けた取組を行う農業者 労働時間の短縮を行う農業者 　　　　　　　　　　　　　　　　　など

ク　地域条件の明示についての着眼点

　　地域条件の明示については多種多様であるため、表0-8に示したように8に分類した（特定地域、条件が優良な地域、平場地域、中山間地域、中山間地域以外の条件不利地域、作付け困難地域、被災地域、その他）。個別農家や周辺農家が扱う地理的よりも、広範な地域を対象としているものを扱った。なお、「適地適作を基本とする」等の地域が不明瞭な表現はカウン

トしないこととした。

表 0-8　地域条件の明示についての分類方法と記載内容

分類	特定地域	条件が優良な地域	平場地域	中山間地域
実際の水田フル活用ビジョンにおける記載例	A地域において A地域を中心に A地区において ブロックローテーション地区 野菜生産が盛んなA地区 ※Aは筆者が伏字としたものであり、実際には地域名が記載されている。 ※このほか、地区別の推進方策も含む。また、準備区域、居住区域、帰還困難区域の3区域別の方策も含む。 など	乾田地帯 基盤整備や土壌改良を行う地域 大区画圃場地域 排水良好なA地区 排水良好の地域 圃場整備工区 圃場整備済み地区 など	平場地域 平坦な水田農業地域 平坦地 平坦地域 平坦部 平地 平野部 など	山間地 山間地域 山間部 山野地 大規模な営農活動ができない中山間地域 中山間地 中山間地域 中山間地帯 中山間部 など

分類	中山間地域以外の条件不利地域	作付け困難地域
実際の水田フル活用ビジョンにおける記載例	基準単収値に届かない条件不利地 傾斜地 湿地 湿田の多い地域 湿田地帯 小区画田 条件不利水田 条件不利地域 水の少ない地域 水田での利用が難しい地域 地力の弱い地域 農業者の高齢化や後継者不足により、所用の用水を供給しうる設備及び施設維持が困難な地域 など	気象条件により大豆、麦、そばの作付が困難な地域 圃場条件により大豆、麦、そばの作付が困難な地域 飼料用米の単収向上が困難な地域 飼料用米やWCS用稲に取り組めない地域 主食用米の作付が難しい地域 水稲に代わる作物の作付推進が難しい地域 草地の拡大が困難な地域 他の作物への転換が難しい低湿地 大豆の栽培に適さない地域 畑作物が作付できない湿田地帯 畑作物の作付が困難な地域 米以外の作物の作付が困難な地域 など

分類	被災地域	その他
実際の水田フル活用ビジョンにおける記載例	営農再開 豪雨災害に伴う被災水田 被災水田の復旧が完了したA地区 避難指示解除区域で作付再開 ※Aは筆者が伏字としたものであり、実際には地域名が記載され など	海岸砂地土壌地域 開田地帯 管理することが困難となってきている地域 供給体制などが整った需要のある地域 交流施設の周辺地域 山間地以外で特定品種 飼料基盤が少ない水田地帯 集団転作を行っていない区域 従来より地域特産作物としての実需者との結びつきが強い地域 水稲作付の減少が大きい地域 水田地帯 宅地周辺 担い手が少ない地域 担い手に集積が進んだ地区 畜産農家がいる地区 標高120m前後での生産地帯を選抜して特定品種を作付け 牧草や野菜などの作付けが進んでいる地域 無霜地帯 など

ケ　土地条件の明示についての着眼点

　　本書で扱う土地条件は広範な内容である。土地条件の明示については多種多様であるため、表0-9に示したように17に分類した（団地化、輪作体系・田畑輪換等、二毛作・耕地利用率向上、優良水田、基盤整備、条件不利水田、作付け転換の奨励、排水対策、連作障害の回避、環境に低負荷な栽培、堆肥の利用、農地の休耕化や荒廃を防止、不作付水田や耕作放棄地の解消、湿害対策、作付困難、被災水田、その他）。地域条件と比較すると、広範な地域というよりも、

個別の水田に着目した内容や、個別農家や周辺農家による対応を中心とした内容を扱った。なお、本書でいう土地条件とは、排水性や被災水田、不作付水田といった土壌や水田の状態や、基盤整備やブロックローテーション、堆肥の利用等、人間の活動によって操作可能な内容や、排水対策等の具体的な対応方法も含んでいる。また、特定の品目間の作付け転換による土地利用の変化や、環境に低負荷な栽培についてもカウントした。「その他」には、畑地化の推進への対応内容を含んでいる。耕畜連携助成は、堆肥の利用を指す資源循環の取り組みが認められる場合のみカウントし、単に「耕畜連携」のみ記載しているものは意味するところが飼料利用か土づくりか判別できないため除いた。なお、利用集積や水田放牧は除外して整理した。

　また、地域条件と同様に、「適地適作を基本とする」等の土地条件が不明瞭な表現はカウントしないことした。また、地力増進作物の目的について「地力向上」も土地に働きかける行為であるが、地力増進作物の当然の目的であるためカウントしなかった。田の畑地化は、特定作物の栽培を推進したり、排水改善を図る等の具体的なビジョンが示されているもののみをカウントし、「地権者から要望があった場合に検討する」、「地権者との合意形成を図る」、「農業者の意向を踏まえて行う」、「農業者と担い手では話し合う」等、土地利用としてのビジョンとして具体性に欠ける表現はカウントしていない。

表 0-9　土地条件の明示についての分類方法と記載内容

分類	団地化	輪作体系・田畑輪換等	二毛作・耕地利用率向上	優良水田
実際の水田フル活用ビジョンにおける記載例	WCS用稲団地化 まとまりのある畑地の形成 メガ団地 一定以上の団地化 固定団地化 生産団地の維持 大規模な団地化 団地の拡大 団地化誘導 団地形成 転作団地の固定化 農地集積 農地集約 面的集積 　　　　など	2年3作体系の確立 4年輪作 ブロックローテーションの維持 ブロックローテーションを妨げない 水田クリーニング効果を生かす 地域輪作体系維持 転作ブロックローテーション 田畑輪換 輪作の推進 輪作機械化体系 輪作体系 輪作体系の維持 輪作体系の確立 輪作農法 　　　　など	1年2作 水稲後作 水稲作と水稲作の間に作付け 水田高機能化 水田高度利用 多毛作 大豆や水稲の裏作 二期栽培 二毛作体系 麦の後の二毛作 麦後の農地高度利用 　　　　など	乾田化された水田 条件の良い転作水田 条件の良好な圃場 水はけのよい圃場 大規模圃場 大区画化 大区画圃場 排水性が良好な圃場 排水性の高い水田 排水良好な圃場の選定 比較的排水が良好な水田 平坦で水利に富んだ水田 優良な水田 優良水田の活用 優良農地 用排水の分離工事が行われている水田 　　　　など

分類	基盤整備	条件不利水田	作付け転換の奨励	排水対策
実際の水田フル活用ビジョンにおける記載例	基盤整備をした優良農地 基盤整備を生かした大規模な作付 基盤整備完了地区 基盤整備事業による整備1年目の 大区画圃場 基盤整備田 区画整理 圃場の改良整備 圃場整備地区 用水のパイプライン化 　　　　など	ブロックローテーションに向かない小規模な水田 暗渠排水などが整備されていない湿潤水田 園芸作物の導入が困難な農地の活用 近い将来、水路管理が困難になる圃場 作物作付が困難な水田 酸性土壌 飼料用米の生産性が低い圃場 飼料用米の単収向上が難しい圃場 湿田などの条件不利水田 湿田等の条件不利農地 小規模な水田 条件の悪い圃場 水田に復旧しにくい圃場に飼料作物を作付け 水田機能を消失している農地 水田機能を有しない水田の畑地化 水利条件不良の圃場 生産性が劣る圃場 担い手不足などの理由から地力の低い水田 鳥獣害の被害にあう可能性が高い圃場 排水不良の水田 比較的条件の悪い圃場 圃場整備除外地 未整備圃場 灌漑設備が整備されていない圃場を中心に推進 　　　　など	WCS用稲からの転換 レンゲからの転換 果樹園への転換 飼料用米からの転換 主食用米からの転換 主食用米に替わる主要な転作作物 主食用米に替わる水田フル活用作物として 主食用米に代わる作物 主食用米作付圃場 水稲からの転換 大豆からの転換 地力増進作物からの転換 備蓄米からの転換 　　　　など	暗渠排水 額縁明渠 簡易暗渠 弾丸暗渠 地下灌漑システム（フォアス）施工圃場 透排水性の改善 排水改善 排水対策 　　　　など

分類	連作障害の回避	環境に低負荷な栽培	堆肥の利用	農地の休耕化や荒廃を防止
実際の水田フル活用ビジョンにおける記載例	大豆等の連作障害回避 麦や大豆等の連作障害回避 麦作の連作障害対策 連作障害の回避 連作障害の防止 　　　　　　　　など	JAS有機栽培 減化学農薬栽培 減化学肥料栽培 特別栽培 農薬の使用低減 農薬の低減 農薬の低減化 農薬削減 農薬使用の低減 無農薬栽培 　　　　　　　　など	家畜の糞尿の有効利用 完熟堆肥の活用 牛糞堆肥の活用 鶏糞堆肥の施肥 資源循環 堆肥500kg/10a以上の投入 堆肥の活用 堆肥の散布 　　　　　　　　など	既存園地の荒廃化防止 耕作放棄地の増加を防止 耕作放棄地の発生を未然に防止 山林化の抑制 水田の休耕化を防止 農地の荒廃化抑制 不作付地の発生を未然に防止 遊休農地の回避 遊休農地の拡大防止 　　　　　　　　など

分類	不作付水田や耕作放棄地の解消	湿害対策	作付困難	被災水田
実際の水田フル活用ビジョンにおける記載例	夏場の不作付地の解消 休耕地の活用 耕作放棄地の解消 耕作放棄地の再活用 自己保全水田への作付 調整水田の活用 調整水田への作付 低利用となっている水田 農閑期の栽培施設 不作付の水田を活用 遊休荒廃地の解消 遊休荒廃地対策 遊休農地の活用 遊休農地の再生 　　　　　　　　など	湿害の回避 湿害の抑制 　　　　など	飼料用米畑作物の導入が困難な排水不良田 自給率向上につながる作物の作付が困難な農地 水はけが悪く、麦、大豆、そば等の土地利用型作物の作付 に適していない圃場 水稲の作付が困難な水田 水稲作付が困難で長年畑作物が作付されている圃場 水稲作付に適さない農地 大豆、そば等の栽培に適さない圃場 大豆の作付に適さない排水不良の水田 大豆の不適地 大豆や野菜などの転作に不向きな湿田 大豆等の転作作物の生育不良な農地 転作作物の作付の困難な圃場 土地条件により転作作物の作付が困難な圃場 麦や大豆の栽培に適さない圃場 　　　　　　　　　　　　　　　など	作付け自粛水田 自然災害で被災した農地の復旧 除染後農地 震災による休耕水田 　　　　　　　　など

分類	その他
実際の水田フル活用ビジョンにおける記載例	1年1作 5年以上の販売作物の継続作付 サツマイモの作付け拡大 ゾーニング パイプハウス設置 ハウスの新規導入 ハウスや雨よけなどの施設化 ハトムギの生産 ワイヤーメッシュ柵の設置 育苗後のハウス利用 育苗施設の活用 園芸ハウスでの生産 果樹の作付 果樹の作付を推進し、最終的に畑地化 果樹の生産拡大 潅水を行いやすい水田 既作付水田は風評被害払拭 客土 高収益作物の本作化 作期分散のために導入 作期分散や主食用米 市街化農地 市民農園としての活用 施設の高度化 獣害防止 新規施設設置 深耕（15cm以上） 畜産農家の自給飼料畑の近隣にある不作付地 長年の畑作物作付や永年作物の作付により畑地化している水田 白ネギの生産 保水対策 圃場の固定化 圃場整備の実施に合わせた畑地化や汎用化 野菜の作付を推進 野菜等高収益作物が定着化した水田 養液土耕栽培 陸田地帯の交付対象水田 緑肥の利用 露地作物のハウス施設の導入 　　　　　　　　など

コ　ネガティブな内容の扱い

　　本書では、営農推進について、統一してポジティブな情報を抽出するようにした。水田フル活用ビジョンの原本には、「新市場開拓用米は推進しない」等と、推進しないことを明示するケースがある。推進することと推進しないことは、分析対象として共に意義があるとともに、「新市場開拓用米等を推進する」という場合よりも、「新市場開拓用米は推進しない」という場合の方が、内容が一意に定まる点においても分析対象として適している。推進しないことを決断している実態にこそ、より現場の実態が現れているという評価もできよう。とはいえ、こうしたネガティブな内容の整理・分析については、別の機会で扱うこととし、本書では扱わないこととした。

(3)「産地交付金の活用方法の明細」の扱い

ア　「産地交付金の活用方法の明細」の分析対象

　　本書では、都道府県段階で設定された産地交付金のメニューと、都道府県段階で設定された産地交付金のメニューと、地域段階で設定された産地交付金のメニューを、重複カウントしないように注意して整理した。

　　データ整理に当たっては、全ての個票を目視で確認して集計した。この際、設定主体が不明瞭な産地交付金のメニューは除外し、確実に有効なデータのみを扱った。この際、同じ都道府県内の地域農業再生協議会の間での比較や、都道府県農業再生協議会と地域農業再生協議会との間での比較も行い、明らかに導出される産地交付金の設定状況も、有効なデータとして扱った。具体的には、有効回収数が、都道府県農業再生協議会24、地域農業再生協議会617であるのに対して、整理・分析対象となるデータ数は、都道府県段階26、地域段階587である。

イ　整理方法

　　産地交付金の設定状況は、筆者が項目に着目した整理した。

ウ　産地交付金の単価に幅がある場合の対応

　　産地交付金の単価に幅がある場合には最高額に着目した。同一の作目に対して、複数の産地交付金メニューが設定されている場合には、産地交付金の単価の分類（※）ごとに最高額のみをカウントした。

　　（※）関連項目☞産地交付金の単価の分類（利用者のために 3（3）キ）

エ　受給上の重複禁止の扱い

　　産地交付金メニューには、複数項目の重複が禁止されているものがある。本書では、項目ごとに整理する観点から、産地交付金の受給条件のうち重複禁止の部分を無視して整理している。

オ　基幹助成と二毛作助成の単価の集計方法

　　二毛作助成とは、二毛作を行うことを対象とする項目のみを抽出している。このため、基幹助成と二毛作助成とで同条件・同交付単価のものは、二毛作助成の集計に含めていない。

カ　産地交付金のメニュー数の算出方法

　　産地交付金のメニュー数は、個票の整理番号ベースでカウントしている。また、技術要件のあるメニュー数については、筆者が全ての産地交付金メニューに目を通してカウントした。この際、「通常の肥培管理を行う」等の慣行栽培と大きく変わらないと思われる栽培基準の遵守についてはカウントしていない。また、花き・花木、果樹での「新植2年以上」等の要件もカウントしないこととした。

　例として、本書でのカウント対象として、確認された技術要件を次に示す。

　例）「生産性向上の取組」（具体的要件あり）、「不耕起V溝直播栽培」、「耕運同時畝立て播種」、「肥効調節型肥料」、「吊り下げ式ノズルによる非選択制除草剤散布」、「新規需要米の疎植栽培」、「雨よけハウス栽培」、「分解性マルチ栽培」、「鳥獣害対策」、「飼料用米の立毛乾燥」、「刈り取り時の穀粒水分計の利用」、「追肥のタイミングの明示」、「耕畜連携」、「二毛作」、「ブロックローテーション」、「直播」、「弾丸暗渠」、「額縁明渠」、「作付品種の指定」、「GAP取得」、「特定の新技術導入の指定」等。

キ　産地交付金の単価の分類

　産地交付金の単価は、「作付面積に対する助成」、「前年からの作付け拡大面積に対する助成」、「追加配分と同条件・同額の助成」、「数量に対する助成」、「二毛作助成」、「耕畜連携助成」から整理するとともに、地力増進作物、景観形成作物、不作付地の解消、中山間地域、畑地化の推進については別途整理した。

　施設作物について二毛作助成を設定する地域が少なからず存在しているが、個票の内容からは施設作物を二毛作助成の対象とするか否か判然としないケースが多いため、施設作物については二毛作助成のカウントを行っていない。

　また、「前年からの作付け拡大面積に対する助成」とは、「作付面積に対する助成」と内容的に重複するものであるが、本書では「前年からの作付け拡大面積に対する助成」に対して特別な交付条件・交付単価を設定しているものを抽出しており、継続的な生産を行っている圃場に対する「作付面積に対する助成」としては受給できない助成を指す。

ク　作目の分類

　産地交付金の対象となる作物は多様であるのに対して、本書では簡略化のために作目の分類を少なくしている。例えば、小豆、葉タバコは独立した項目を立てずに畑作物（露地）として整理した。また、畑作物（露地）のうち、とくに他の作物と傾向が異なることが推察される、芝、レンコン、蜜源レンゲは除外している。

ケ　産地交付金の単価の集計方法

　産地交付金の単価は、作目ごとに整理している。同じ作目に対して都道府県段階と地域段階でそれぞれ交付があるケースもあるため、都道府県段階と地域段階をそれぞれ参考値として示すとともに、都道府県段階と地域段階との数値が両方収集された地域を対象に総額を示している。都道府県段階と地域段階との数値が両方収集された地域とは、表0-10に示した6都道府県と328地域である。6都道府県は、いずれも産地交付金の都道府県段階の配分割合が100%であり、このため都道府県単位で統一設定されているケースである。328地域は、産地交付金の地域段階の配分割合が100%のケース、または、0%より大きく100%未満の場合でも都道府県段階の産地交付金の単価を捕捉できたケースである。それぞれの値を合算すると、平均値の算出が不適切となるため、6都道府県と328地域とに分けて集計している。また、産地交付金の単価の集計では、全国農業地域区分について都道府県農業再生協議会の区分を用いている。

　なお、これらの集計も、3（3）ウに示した方法と同様に、最高額の合計値を求めたものであり、実際には複数のメニューを交付できるケースもあることや、都道府県段階と地域段階との産地交付金の併給ができない地域、あるいは農業者が存在することもあることに留意が必要である。また、実際の産地交付金の活用方法の明細には、地域段階と都道府県段階を別々に記載するケー

スや、合算値を示しているケースがあるが、書式の類型の差異や、同都道府県内の他地域の書類と比較することで類推して分類を行った。

表 0-10　産地交付金の単価（都道府県段階と地域段階の合算値）の集計対象数

	都道府県単位で統一設定しているケース		地域ごとに設定が異なるケース	
北海道・東北	0	都道府県	66	地域
北陸	0	都道府県	31	地域
関東・東山	3	都道府県	38	地域
東海	0	都道府県	9	地域
近畿	1	都道府県	54	地域
中国	0	都道府県	36	地域
四国	1	都道府県	30	地域
九州・沖縄	1	都道府県	64	地域
計	6都道府県		328地域	

コ　産地交付金の平均値の算出方法

　　産地交付金の平均値は、産地交付金が設定されているもののみを対象としており、産地交付金の設定がないものは対象としていない。すなわち、産地交付金を設定しないケースを含めた全体の平均値ではなく、産地交付金が設定されている場合の平均値を算出している。

サ　追加配分における国が規定する取り組みについての考え方

　　産地交付金のうち、追加配分には、経営所得安定対策等実施要綱が規定するメニュー「地域の取組に応じた配分」を含む。調査対象である 2018 年度には、飼料用米・米粉用米の多収品種の取組（12,000 円／ 10a）、加工用米の複数年契約の取組（12,000 円／ 10a）、そば・なたねの作付けの取組（20,000 円／ 10a）、新市場開拓用米の作付けの取組（20,000 円／ 10a）、畑地化（対象農地を交付対象水田から除外する等の取組）（105,000 円／ 10a）が規定されていた。

　　留意すべきは、産地交付金は、地域で作成する水田フル活用ビジョンに基づく取組を支援するものであることから、追加配分のうち地域の取組に応じた配分に係る産地交付金についても、当該地域の取組に応じた配分に係る取組とは別の取組に充てる旨を水田フル活用ビジョンにおいて定めることができることである（経営所得安定対策等実施要綱（農林水産事務次官依命通知 2018 年 4 月 1 日付）別紙 13 産地交付金の考え方及び設定手続 3（3））。

　　すなわち、「地域の取組に応じた配分」は、国から都道府県に配分される追加配分に反映されるものの、農業経営体に対して「地域の取組に応じた配分」と同等の産地交付金が交付されているとは限らない。場合によっては、「地域の取組に応じた配分」と同じ取り組みに対して、より高額な産地交付金を設定したり、「地域の取組に応じた配分」と同じ取り組みに対して産地交付金を設定せず、「地域の取組に応じた配分」に伴う追加配分の交付分を、他の産地交付金メニューに充てることができる（※）。

　　このため、本調査では、「地域の取組に応じた配分」に関する制度上の特徴を踏まえて、産地交付金メニューを扱う際に、個票に「地域の取組に応じた配分」と同等のメニューが確認できない場合には、産地交付金メニューとして「地域の取組に応じた配分」と同等のメニューを設定していないものと判断して整理・分析を行っている。

（※）農林水産省政策統括官付総務・経営安定対策参事官付経営安定対策室に対して、筆者が電話で確認した。

シ　産地交付金の交付枠の扱い

　　本調査の実施に当たり、産地交付金の交付枠については、当初配分と、当初配分の追加配分

の合計値、どちらを提出するかは指示しなかった。これは、産地交付金の交付枠が原則公開されておらず、回収率が低くなることが予想されたために、より多くの産地交付金の活用方法の明細を収集するために行った措置である。本書では、当初配分の値、当初配分と追加配分の合計値について、産地交付金を都道府県単位で統一設定するケースと、地域ごとに設定が異なるケースとの別に留意しながら集計した（※）。なお、本書において産地交付金の交付枠の元データは省略している。

（※）関連項目☞産地交付金の交付（第6章）

ス　個別の産地交付金メニューにおける交付金額の扱い

　　産地交付金の活用方法の明細は、当初の設定か支払実績かを指定せずに提出を依頼した。これは、産地交付金の活用方法の明細が原則公開されておらず、回収率の低下が予想されたことから、回収率を上げるために行った措置である。このため、本書では産地交付金の交付金額について、当初の設定額と実績額が混在したデータを処理している。

(4)「農業再生協議会事務局を対象としたアンケート調査」の扱い

ア　調査票上の空欄の扱い

　　アンケート調査票に1カ所でも回答している場合は有効回答として扱った。有効回答された調査票における空欄は、無回答として処理している。

イ　自由記述回答に関するデータの扱い

　　自由記述回答は回答内容を基本的にそのまま掲載している。このため、回答者の事実誤認と思われる内容も含まれている。なお、誤字・脱字は適宜修正を行ったほか、一部、個人や地域を特定できる内容については、特定できないように修正を行った。そのほか、詳しい処理は「第2章　自由回答のデータ」の冒頭に記載している（※）。

（※）関連項目☞自由回答のデータ（第2章）

(5)「等」の表記の扱い

　「水田フル活用ビジョン」、「産地交付金の活用方法の明細」では、内容に柔軟性を持たせるために、「野菜等を推進する」、「取組等を助成する」というように、「等」が使われることが多い。こうした記載について、本書では統一して、「等」を無視して整理することとした。もちろん、「等」に含まれるものも推進や助成の対象となるものであるが、本書では具体名が明記されたという実態に着目している。稲作、畑作、花き・花木、果樹等、多様な作目の振興を目指すことは理想ではあるが、多方面に無制限に推進する方策は現実的ではなく、実際には地理的条件や産地交付金の予算制約等によって、推進対象の選択と集中は避けられない。その選択と集中の一端は、品目名や要件の具体的な記述に現れるか否かによって析出することができる、という観点から、本書では「等」を無視して整理している。

(6)　整理・分析対象となるサンプルサイズの一覧

　3(1)～(4)を踏まえた上で、整理・分析の対象となるサンプルサイズを一覧にすると、表0-11の通りである。なお、内容によっては、サンプルサイズが異なる場合があるが、その場合は注にその理由を記載している。具体的には各章末の統計データを参照されたい。

表 0-11　整理・分析の対象となるサンプルサイズ

	調査ア		調査イ		調査ウ
	水田フル活用ビジョン		産地交付金の活用方法の明細		農業再生協議会事務局を対象としたアンケート調査
	2018年度	（参考）2017年度	個票ベースでの設定状況・設定金額	都道府県段階と地域段階の合計値（都道府県単位で統一設定しているケースの都道府県）	
都道府県段階	39	35	26	6	42
地域段階	759	—	587	328	985

（7）統計の表章範囲

図表および統計データの全国農業地域の区分は、それぞれ表 0-12、表 0-13 の通りである。

表 0-12　都道府県農業再生協議会の区分

全国農業地域名	所属都道府県名
北海道・東北	北海道、青森県、岩手県、宮城県、秋田県、山形県、福島県
北陸	新潟県、富山県、石川県、福井県
関東・東山	茨城県、栃木県、群馬県、埼玉県、千葉県、東京都、神奈川県、山梨県、長野県
東海	岐阜県、静岡県、愛知県、三重県
近畿	滋賀県、京都府、大阪府、兵庫県、奈良県、和歌山県
中国	鳥取県、島根県、岡山県、広島県、山口県
四国	徳島県、香川県、愛媛県、高知県
九州・沖縄	福岡県、佐賀県、長崎県、熊本県、大分県、宮崎県、鹿児島県、沖縄県

表 0-13　地域農業再生協議会の区分

全国農業地域名	所属都道府県名
北海道	北海道
東北	青森県、岩手県、宮城県、秋田県、山形県、福島県
北陸	新潟県、富山県、石川県、福井県
北関東	茨城県、栃木県、群馬県
南関東	埼玉県、千葉県、東京都、神奈川県
東山	山梨県、長野県
東海	岐阜県、静岡県、愛知県、三重県
近畿	滋賀県、京都府、大阪府、兵庫県、奈良県、和歌山県
山陰	鳥取県、島根県
山陽	岡山県、広島県、山口県
四国	徳島県、香川県、愛媛県、高知県
北九州	福岡県、佐賀県、長崎県、熊本県、大分県
南九州	宮崎県、鹿児島県
沖縄	沖縄県

4．利用上の注意
（1）数値の四捨五入について

統計数値については、表示単位未満を四捨五入しているため、全国計と都道府県農業再生協議会数値の積み上げ、あるいは全国計と地域農業再生協議会数値の積み上げが一致しない場合がある。

（2）割合について

統計数値に示した割合については、表示単位未満を四捨五入しているため、合計値と内訳の計が一致しない場合がある。

（3）記号について

統計表示は、次の記号を用いた。

「－」：調査対象外

「0」：事実のないもの。単位に満たないもの。数値を処理する際には、水田フル活用ビジョンにおける作付け予定面積等、元データに示された数値をそのまま用いた（例：元データ 0ha → 0ha、元データ空欄→ 0ha、元データ 0.123 → 0.123）。

（4）属人・属地の別

農業再生協議会は全国一律で属人的な運営・整理が行われている（※）。このため、附属資料①②③を含めて本書で扱うデータは全て属人データである。

（※）農林水産省政策統括官付穀物課水田農業対策室ほかに対して、筆者が電話で確認した。

（5）実際の支援施策との関係性

本書では農業再生協議会によって水田フル活用ビジョンに示される方針をはじめ、産地交付金の使途の実態や、担当者へのアンケート調査結果等の整理を目的としている。産地交付金は実際の支援施策の一部でしかない。また、3（3）エで示したように、重複禁止の交付金受給条件を無視して整理している。農家に対する実際の交付金の支払い状況や、制度的環境を知るには、水田活用の直接支払交付金以外の国の政策や、地方公共団体、JA 等による支援実態等の分析が欠かせない。

また産地交付金の金額が低いケースも多いが、本書では各農業再生協議会がもつ農業観・農地観を析出する上で、たとえ低額でも観測された結果に学術的意義があると考える。

（6）回収率の低下要因について

本調査の設計上、および農業再生協議会事務局担当者からの問い合わせ等から推察される回収率の低下要因を参考として記載する。

　ア　「水田フル活用ビジョン」の回収率の低下要因

　　・産地交付金の地域配分が 0% の地域農業再生協議会

　　・一般に公表していない場合がある（※）

　イ　「産地交付金の活用方法の明細」の回収率の低下要因

　　・水田フル活用ビジョンのうち、公表を必須とする事項ではないため（※※）

なお、調査全体に共通して、調査対応が事務担当者の負担になるため対応できないという声が多く聞かれた。とくに町村単位の地域農業再生協議会では 1 名の事務担当者で農林業関係を担当しているもケースがあり、多忙を極めているとの声があった。このほか、多忙を理由に調査依頼に応じない農業再生協議会の事務員からは、ここ数年で業務負担が増えているため官公庁以外からの調査依頼には対応しない方針としているとの声も複数聞かれた（※※※）。

さらに、補完的に実施した、インターネットを利用した回収については、調査票の受け取りが完了した時点から検索を開始したため、検索時点で水田フル活用ビジョン等の公開がすでに終了していた農業再生協議会については回収できなかった。

（※）関連項目☞水田フル活用ビジョンの公表状況と公表期間（第3章）

（※※）関連項目☞「水田フル活用ビジョン」と「産地交付金の活用方法の明細」（利用者のために 3 (2) ア）

（7）その他

　2018年度の実態をめぐって、都道府県段階の「水田フル活用ビジョン」および「農業再生協議会事務局を対象としたアンケート調査」の総数が、都道府県数と同値の47であることは明確である。しかし、地域段階の「水田フル活用ビジョン」、「産地交付金の活用方法の明細」、「農業再生協議会事務局を対象としたアンケート調査」、それぞれの全体の総数は不明である。その理由は、①産地交付金の配分において都道府県段階の設定枠の条件がなかったため産地交付金の設定状況が不明、②産地交付金の設定状況が非公表であるため産地交付金設定の与件となる水田フル活用ビジョンの総数が不明、③2019年4月1日時点の農業再生協議会の窓口宛てに調査を行った、④2018年度から2019年度にかけて組織合併や農業再生協議会の組織改編が行われたケースがある、⑤農林水産省が公表した2019年4月1日時点の農業再生協議会の窓口に一部誤りがあることが調査の過程で確認された、⑥本調査の過程において連絡先として公表される農業再生協議会と実動している農業再生協議会に差異がある事例が確認された、等である。

　「水田フル活用ビジョン」、「産地交付金の活用方法の明細」、農業再生協議会については、国や地方公共団体等が非公表としている部分が多く、地域段階の「水田フル活用ビジョン」、「産地交付金の活用方法の明細」、「農業再生協議会事務局を対象としたアンケート調査」、それぞれの全体の総数は不明な状態である。こうした状況の中で得られたサンプルデータを本書では整理・分析している。

5．本書の特徴

（1）本書の刊行経緯の概要

　筆者が各地の農業再生協議会を聞き取り調査していると、水田フル活用ビジョンや産地交付金の設定に工夫を凝らすケースがある一方で、形式的なものとして扱うケースがあった。また、全国的にどのように取り組まれているかを整理した統計等はなく、他の地域でどうなっているのか情報を得たいと願う担当者もいた。そこで本書は情報の収集・整理・提供を目的に、データブックとして刊行したものであり、本書の内容は、細かな分析や考察等を行う以前の一次統計を主としている。

（2）農業再生協議会の事務担当者の方へ

　筆者がいくつかの地域農業再生協議会への聞き取りによれば、事務担当としては「水田フル活用ビジョン」の策定や産地交付金の水準設定について、上司からの指示、前任者からの助言、都道府県段階からの助言・指示に従っている事例が少なくない実態があるようである。この実態ゆえに、「ほかの地域ではどのようになっているのか知りたい」、「参考にしたい」、「自分の地域だけ特殊なのか知りたい」といった要望の声を聞いてきた。

　とくに2018年度から「水田フル活用ビジョン」の策定にあたってはPDCAサイクルの導入を農林水産省が指示する等、年々、内容が複雑化、提出書類が増加してきた。このため、新任者にとって事務負担が重い政策であると筆者は考える。多くの地域で「水田フル活用ビジョン」や産地交付金設定の提出締め切りが6月末となっており、新任者の事務担当者は2か月で政策を理解して、地域の3年後のビジョンを策定する必要があり多大な負担であることは想像するに難くない。実際に回収済みのアンケート調査の自由筆記欄には、事務負担が膨大となってきていることへの改善要望等もみられる。

本書は事務担当の方々に参考になるような内容・記述・章別構成を目指した。

なお、年度ごとに政策は変化しており、各都道府県、各地域の状況も異なる点に留意が必要である。

（3）研究者・日本国民の皆様へ

　本書の刊行目的は、既存統計データの補完、および実態分析の位置づけの明確化のための基礎資料の提供である。たとえば、既往研究のなかには、生産動向の統計分析に基づいて事例を選定し、実態分析した結果、水田フル活用ビジョンで方針が示され、産地交付金で支援されていたことが分かった、という論理が展開されることがある。対して、筆者は、この論理は逆であろうと考える。すなわち、水田フル活用ビジョンで示される方針や、産地交付金での支援実態が生産動向の特徴に作用しており、その結果、既存統計においても特徴的な生産動向の傾向が出てくる、というのが正しい認識ではないかと考えている。

　もちろん、水田フル活用ビジョンや産地交付金に関する網羅的統計データが公開されておらず全国の全体像・傾向がわからないなかでは、既往研究にみられる論理展開となることは致し方ない現状がある。また、実態分析で明らかになった個別事例の水田フル活用ビジョンや産地交付金が、平均的なものか、あるいは特異的なものかは、全国網羅的なデータが不足している状況では分からないという現状もある。

　こうした中、統計データが不十分であるため現地調査をするというスタイルではなく、自ら悉皆調査を実施して統計データの入手・作成に取り組んだのが本書の特徴である。

　また、本書はデータブックという性格や、紙幅の都合上、一次統計を主に取り扱い、分析よりも現状把握を目的としている。より解析的な二次統計については本書とは別に整理・分析を予定している。分析方法についてご提案・ご助言いただければ幸甚である。

　なお、筆者は、本書の内容について、全く価値がないと評価する研究者が多く存在することを予想している。しかし、その一方で、個人的には本書が新たな研究を生み出すシーズを数多く含んでいると確信している。本書に新たな研究のシーズを感じた研究者が、もしも御一人でもおられるならば、情報共有や共同研究等について、筆者に声をかけていただきたいと願う次第である。

　また、筆者が危惧しているのは、道路や橋、上下水道と同様に、社会のインフラであるはずの統計が、年々、縮小再編成されているのではないか、という点である。社会の新しい事象に対応するために新たな統計情報が収集されることは重要であり、その分、既存の統計情報の項目が削減・簡略化されることは、致し方ないことと筆者は考える。しかし、慢性的な財政難に加えて、昨年来の新型コロナウイルス感染症の感染拡大に伴う財政支出の肥大化を考慮した際、社会のインフラとはいえ、将来的に統計情報の削減が加速化する可能性は否定できない。その際、営利的にみて採算が合う統計情報は、民間主体の調査が進む余地がある。また、学術的にみて目下の成果物となる部分は、研究者によって収集され、分析結果が公表される余地がある。ただ、採算の合わない統計情報や、目下の研究成果につながらないような統計情報、収集されながらも分析結果からは削ぎ落されてしまう統計情報は、なかなか収集、公表される機会は少なくなっていくのではないかという懸念が残る。とりわけ、主に事例調査を中心に研究する者にとっては、統計情報の限界が強まることは、必ずしも否定的な面だけではなく、ある面では、研究背景や、事例調査する理由を強める肯定的な作用を持っているという特徴もある。加えて、統計情報を収集するよりも、統計情報の限界を批判している方が、比較的容易であるという特徴もある。端的にいえば、統計情報の削減が進むほど、現場の様子は把握しにくくなる一方で、既存統計の限界を批判して事例分析に入っていくような論

法はより盛んになっていく、という関係性が成り立ちうるのである。

　ここで筆者は、社会のインフラについて、道路や橋、上下水道を人間が立ち入らないところも含めて日本全国どんどん作ればよい、という主張をしたいわけではなく、財政負担の現実に目を向けると、こうした社会のインフラについては、場合によっては切り捨てたり、従来とは異なるメンテナンス方法や管理・実施主体への移行等の検討が必要になってくると考える。統計情報は社会のインフラながら、道路や橋、上下水道等よりも、こうした課題が目に見えにくいのではないかと思われる。そこには、統計情報は与えられるものであり、研究者は受動的な態度をとるのが当然という認識を含め、統計情報を収集・公表する担い手をめぐる問題があると考える。その担い手の一類型として、学者の能動的な取り組みが、これからより重要になっていくと、筆者は予想している。

　本調査および本書の刊行は、筆者が、財政負担や統計情報の限界や不足に対して、いかにアプローチできるか考えた結果として、取り組んだ研究でもある。具体的には、特定の委託や指示を受けた形で実施したものではなく、「学術研究」（研究者の自由な発想に基づく研究）として、科学研究費助成事業を通じて、日本国民の税金等を使わせていただくことで実現した。日本国民の皆様へ御礼申し上げたい。

　以上の通り、本書は、日本国内に対する問題意識と、社会インフラとして水田フル活用に関する統計情報を次世代のためにアーカイブしておく必要性について、関心・確信をもつ筆者の学術的な発想に基づいて刊行されたものである。残念なことに、作成段階においては共同研究者を見つけることができず、個人の研究活動として進めざるを得なかったが、本書について、統計情報の限界や調査設計上の課題のご指摘はもちろん、統計情報の能動的な収集・公表に関する筆者の学術的関心について共感する方がおられれば、各種の新たな企画の設計等、声をかけていただければ幸甚である。

（4）関係機関の方へ

　本書では、例えば自由記述回答は回答内容を基本的にそのまま掲載する等、現状の把握を優先した。このため、回答者の事実誤認と思われる内容も含まれる可能性がある。とはいえ、こうした誤認も含めた実態を整理することは、今後の施策の検討に資すると筆者は考えている。

6. 本調査の実施に関する付記事項

　本調査の実施は、独立行政法人日本学術振興会（JSPS）科学研究費助成事業（課題番号19K15933）を受けて実施したものである。なお、本調査によって得られたデータを一部用いた研究として、本書刊行時点において次の口頭報告および文献がある。

〔口頭報告7回〕
小川真如（2019）「飼料用米についての農政学的知見」（山口県飼料用米推進協議会・一般社団法人日本草地畜産種子協会主催飼料用米推進大会・基調講演）
小川真如（2019）「2018年度の米政策変更が水田農業経営にもたらす制度的環境」（日本農業経営学会令和元年度研究大会・個別報告）
小川真如（2019）「飼料用米・米粉用米の数量払い政策における標準単収値の設定実態とその課題」（第69回地域農林経済学会研究大会・個別報告）
小川真如（2019）「飼料用米の「仮初め的位置付け」と地域の役割」（一般社団法人日本飼料用米振興協会第4回コメ政策と飼料用米の今後に関する意見交換会2019・基調講演）。

小川真如（2019）「2018 年度以降の米政策における都道府県・市町村の農業再生協議会の役割と全国悉皆アンケート調査にみるその実態」（公益財団法人日本農業研究所第 1 回研究企画委員会・基調講演）

小川真如（2020）「水田フル活用政策の変質過程」（2020 年度日本農業経済学会大会・個別報告）

小川真如（2020）「米生産調整に対する財政負担の地域間比較分析」（日本農業市場学会 2020 年度大会・個別報告）

〔文献 8 点〕

小川真如（2020）「2018 年度の米政策変更が水田農業経営にもたらす制度的環境」『農業経営研究』58（2）

小川真如（2020）「飼料用米・米粉用米の数量払い政策における標準単収値の設定実態とその課題」『農林業問題研究』56（2）。

小川真如（2020）「2020 年食料・農業・農村基本計画の注目ポイント」『月刊 NOSAI』72（6）

小川真如（2021）「岐阜市の市街化区域内農地をめぐる課題と展望」農政調査委員会編『都市農業・都市農地の新たな展望』（日本の農業 255）

小川真如（2021）「水田農業の現状と課題」『月刊 NOSAI』73（2）

小川真如（2021）「水田フル活用ビジョンの作成・公表の実態」『農村研究』132

小川真如（2021）「産地交付金の交付額の地域間比較分析」『農業市場研究』29（4）

小川真如（2021）「水田フル活用政策の変質過程」『農業経済研究』93（2）、掲載決定済み

本書に関する問い合わせ先

小川真如

メールアドレス：ogawa.m@apcagri.or.jp

※本書に関するご意見・ご要望は、執筆者個人名を宛名としたメールのみ受け付けております。返信メールまたは折り返し電話にて対応いたします。上記のメールアドレス以外の連絡先や、筆者の所属機関等へのお問合せには対応いたしかねますのでご注意ください。

第1章

農業再生協議会の構成と取り組み

農業再生協議会の地理的範囲

1 農業再生協議会は基本的に行政単位

農業再生協議会の地理的範囲は基本的に行政単位であり、都道府県農業再生協議会は各都道府県となっている。地域農業再生協議会は、かつてJAが事務を担当するよう指導された時期もあったが、現在では行政が事務担当するよう指導されている。このため、地域農業再生協議会の93%が1市町村単位を地理的範囲としている（図1-1）。次いで、複数市町村の範囲を地理的範囲とする地域農業再生協議会が3%を占めている。

図1-1 地域農業再生協議会の地理的範囲

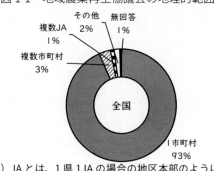

1）JAとは、1県1JAの場合の地区本部のように、広域合併前の地区単位を含む。

2 1市町村を地理的範囲とする地域農業再生協議会の4割が1JAの地理的範囲と重複

1市町村を地理的範囲とする地域農業再生協議会の場合、41%が1JAの地理的範囲と重複している（図1-2）。ここでいう1JAとは、広域合併前の地区単位を含んでいる。地域区分別にみると、北海道や山陰では比較的高い割合であるのに対して、南関東や山陽では比較的低い割合となっている。

3 複数市町村を地理的範囲とする地域農業再生協議会の8割が1JAの地理的範囲と重複

複数市町村を地理的範囲とする地域農業再生協議会の場合、地域区分別にみると重複している割合には差異があるが、全国でみると79%が1JAと重複している（図1-3）。図1-2と同様に、ここでいう1JAとは、広域合併前の地区単位を含んでいる。

図1-2 1市町村を地理的範囲とする地域農業再生協議会と1JAとの重複状況

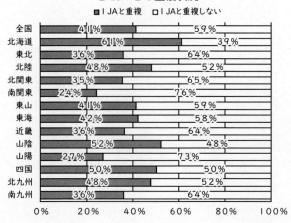

1）JAとは、1県1JAの場合の地区本部のように、広域合併前の地区単位を含む。

図1-3 複数市町村を地理的範囲とする地域農業再生協議会と1JAとの重複状況

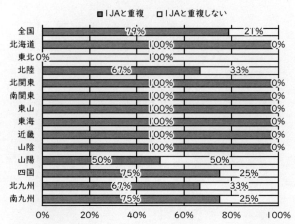

1）JAとは、1県1JAの場合の地区本部のように、広域合併前の地区単位を含む。

地域農業再生協議会が複数市町村を地理的範囲としているケースでは、多くの場合が、1JA 管内という括りで対象地域が設定されていると考えられる。

農業再生協議会の事務局

4　都道府県農業再生協議会の事務局の約 7 割は都道府県と JA の共同

都道府県農業再生協議会の事務局は、都道府県が担当するケースが 19%、都道府県と JA が共同で担当するケースが 67% である（図 1-4）。

「その他」（14%）は、都道府県と JA に加えて、全国主食集荷協同組合連合会系統組織や、都道府県農業会議等と共同して事務運営しているケースである。なお、図 1-4 は、事務局を担当する組織を示したものであり、構成員を示したものではない。

図 1-4　都道府県農業再生協議会の事務局

その他
14%
都道府県
19%
全国
都道府県とJAの共同
67%

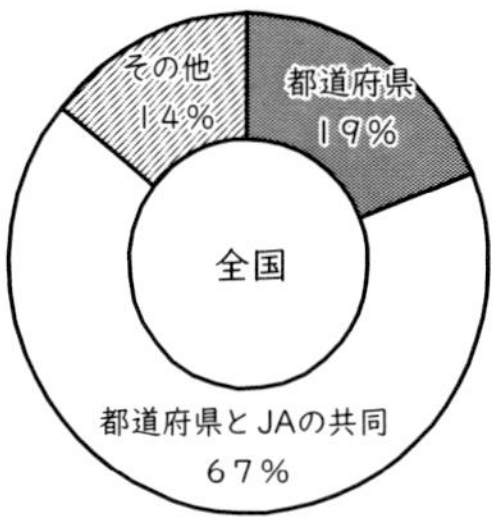

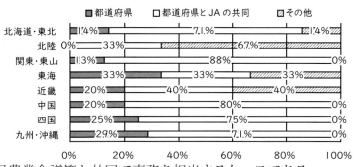

5　都道府県農業再生協議会の事務局は北陸で「その他」が多い

都道府県農業再生協議会の事務局は、東海や九州・沖縄では、都道府県が事務局を担当する割合が比較的高い。一方、「その他」が多いのは、北陸、近畿、東海の順である（図 1-5）。

「その他」は、前述したように都道府県、JA のみならず、全国主食集荷協同組合連合会系統組織や、都道府県農業会議等と共同で事務を担当するケースである。

東海は、都道府県、都道府県と JA の共同、「その他」が 3 分の 1 ずつの割合である。

図 1-5　地域区分ごとにみた都道府県農業再生協議会の事務局

都道府県
都道府県と JA の共同
その他
北海道・東北
14%
71%
14%
北陸
0%
33%
67%
関東・東山
13%
88%
0%
東海
33%
33%
33%
近畿
20%
40%
40%
中国
20%
80%
0%
四国
25%
75%
0%
九州・沖縄
29%
71%
0%
0%
20%
40%
60%
80%
100%

6　地域農業再生協議会の事務局は市町村が約 6 割、市町村と JA の共同が約 4 割

地域農業再生協議会の事務局は、56% が市町村、38% が市町村と JA の共同となっている。JA が単独で事務局を担当するケースは 4% である（図 1-6）。

「その他」（2%）とは、市町村、JA に加えて、農業委員会や農業共済組合等とともに共同で事務を担当しているケースがある。さらに、地域農業を振興する役割を担う一般財団法人が事務局を担当しているケース等がある。

図 1-6　地域農業再生協議会の事務局

無回答
0%
その他
2%
市町村と
JAの共同
38%
全国
市町村
56%
JA
4%

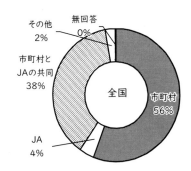

7 市町村が事務局の地域農業再生協議会は南九州や近畿で多い

地域農業再生協議会の事務局を地域区分別にみると、南九州や近畿で市町村の割合が高く、山陰、北関東、北海道では市町村とJAが共同で行う割合が高い（図1-7）。

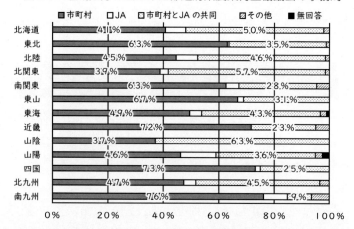

図1-7 地域区分ごとにみた都道府県農業再生協議会の事務局

農業再生協議会の事務対応

8 農業再生協議会の9割が主食用米の生産調整関係に対応

都道府県農業再生協議会、地域農業再生協議会は、ともに約9割が、主食用米の生産調整について事務対応している（図1-8）。

「なし」と回答した地域農業再生協議会は10%となっている。これは、水田がない、あるいは少ない地域であることを理由としている。図示していないが、北海道や、近畿の都市部の地域農業再生協議会で、「なし」と回答する割合が比較的高かった。

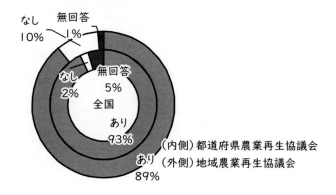

図1-8 事務対応の有無（主食用米の生産調整関係）

9 都道府県農業再生協議会の36%が主食用米の需給マッチングに関与

都道府県農業再生協議会の36%は主食用米の需給マッチングに事務対応している（図1-9）。

とくに近畿、九州・沖縄では、事務対応している割合が高く、それぞれ60%、57%と、過半を占めている。

対して北陸では、全ての都道府県農業再生協議会が主食用米の需給マッチングに事務対応していない。

主食用米の需給マッチングに事務対応しない割合が、北陸に次いで高いのは東北である。

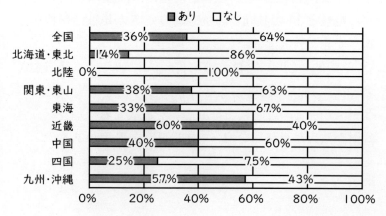

図1-9 都道府県農業再生協議会による事務対応の有無（主食用米の生産者と需要者のマッチング関係）

10　およそ半数の地域農業再生協議会が主食用米の需給マッチングに関与

　地域農業再生協議会の47%が主食用米の需給マッチングについて事務対応している（図1-10）。とくに割合が高いのは、山陰（67%）、東山（60%）であり、低い場合でも北海道の38%である。

　図1-9と比較すると、都道府県農業再生協議会が主食用米需給マッチングに関与しない北陸や、その割合が低い東北においても、地域農業再生協議会でみると両地域区分とも49%が事務対応していることがわかる。

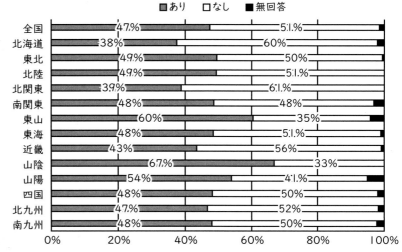

図1-10　地域農業再生協議会による事務対応の有無
（主食用米の生産者と需要者のマッチング関係）

11　都道府県農業再生協議会の約4割が加工用米の需給マッチングに関与

　都道府県農業再生協議会の43%が加工用米の需給マッチングに関与しており、とくに東海（67%）、近畿（60%）、九州・沖縄（57%）で高い（図1-11）。対して北陸では、全ての都道府県農業再生協議会が加工用米の需給マッチングに事務対応していない。

　加工用米の需給マッチングに事務対応しない割合が、北陸に次いで高いのは東北である。

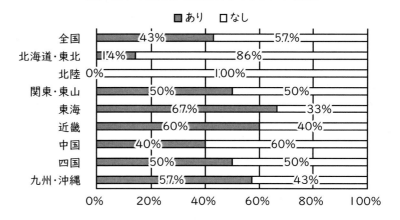

図1-11　都道府県農業再生協議会による事務対応の有無
（加工用米の生産者と需要者のマッチング関係）

12　地域農業再生協議会の約4割が加工用米の需給マッチングに関与

　地域農業再生協議会の42%が加工用米の需給マッチングについて事務対応している（図1-12）。図1-11と比較すると、都道府県農業再生協議会が主食用米需給マッチングに関与しない北陸や、その割合が低い東北においても、地域農業再生協

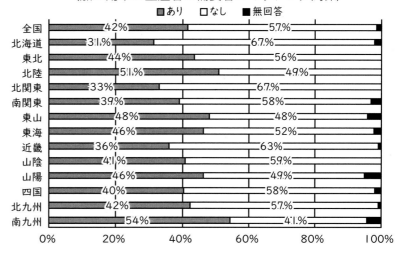

図1-12　地域農業再生協議会による事務対応の有無
（加工用米の生産者と需要者のマッチング関係）

会でみると、北陸の 51%、東北の 44% が事務対応していることがわかる。

13 都道府県農業再生協議会の 36% が業務用米の需給マッチングに関与

都道府県農業再生協議会の 36% が業務用米の需給マッチングに事務対応している（図 1-13）。北陸では全く対応していないのに対して、他の地域区分、とくに東海以西では九州・沖縄まで割合が高い傾向がある。九州・沖縄では 6 割近い都道府県農業再生協議会が業務用米の需給マッチングに関与している。

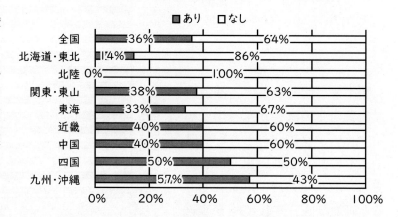

図 1-13　都道府県農業再生協議会による事務対応の有無（業務用米の生産者と需要者のマッチング関係）

14 地域農業再生協議会の約 3 割が業務用米の需給マッチングに関与

地域農業再生協議会の 32% が業務用米の需給マッチング関係に事務対応している（図 1-14）。地域区分別にみると、都道府県農業再生協議会の場合（図 1-13）と比較して、地域差は大きくなく、事務対応している割合は 24%（北海道）から 43%（北陸）の範囲である。

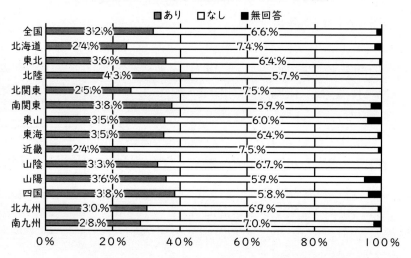

図 1-14　地域農業再生協議会による事務対応の有無（業務用米の生産者と需要者のマッチング関係）

15 都道府県農業再生協議会の約半数が飼料用米の需給マッチングに関与

飼料用米の需給マッチングに関しては、都道府県農業再生協議会の 48% が事務対応している（図 1-15）。

北陸は全ての都道府県農業再生協議会が、飼料用米の需給マッチングに関与していない。

北陸を除く他の地域区分では、40%（中国）以上の割合であり、とくに東海（67%）、近畿（60%）では都道府県農業再生協議会の 6 割以上が飼料用米の需給マッチングに事務対応している。

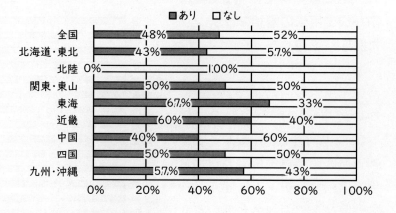

図 1-15　都道府県農業再生協議会による事務対応の有無（飼料用米の生産者と需要者のマッチング関係）

16　地域農業再生協議会の約半数が飼料用米の需給マッチングに関与

　地域農業再生協議会の46%が飼料用米の需給マッチング関係に事務対応している（図1-16）。地域区分別にみると、都道府県農業再生協議会の場合（図1-15）と比較して地域差は大きくなく、事務対応している割合は28%（北海道）から57%（南九州）の範囲である。

17　都道府県農業再生協議会の4割がWCS用稲の需給マッチングに関与

　都道府県農業再生協議会の40%がWCS用稲の需給マッチング関係に事務対応している（図1-17）。
　とくに東海（67%）、九州・沖縄（57%）、関東・東山（50%）で比較的高い割合となっている。

18　南九州の地域農業再生協議会の7割以上がWCS用稲の需給マッチングに関与

　地域農業再生協議会の44%がWCS用稲の需給マッチング関係に事務対応している（図1-18）。地域区分別にみた傾向として、近畿以東では東北が53%と高い。山陰以西は、四国（50%）を除けば、東北（53%）よりも高い割合であり、北九州では61%、南九州では74%ととくに高い。

図1-16　地域農業再生協議会による事務対応の有無
（飼料用米の生産者と需要者のマッチング関係）

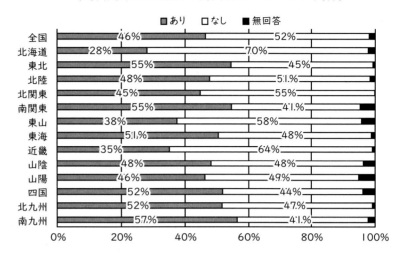

図1-17　都道府県農業再生協議会による事務対応の有無
（WCS用稲の生産者と需要者のマッチング関係）

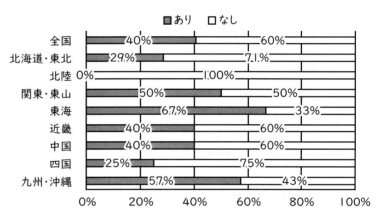

図1-18　地域農業再生協議会による事務対応の有無
（WCS用稲の生産者と需要者のマッチング関係）

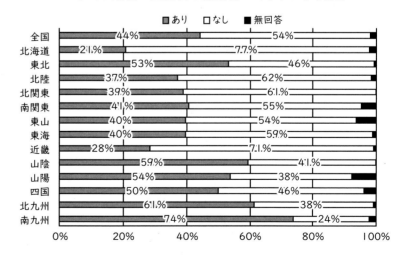

（発展）農業再生協議会の事務対応と作目別面積規模

19　主食用米の2〜3割、WCS用稲の4〜5割は都道府県農業再生協議会が需給マッチングに関与

　農業再生協議会では地域や作目ごとに事務対応の有無に差異があることが分かった。それでは、作目別の事務対応をしている農業再生協議会と、していない農業再生協議会について、それぞれの管内で生産された作物の面積は、どちらが大きいのだろうか。一次統計ではなく、発展的な内容として整理する。

　本章の統計データと農林水産省「2018年産の都道府県別の作付状況」（2018年9月15日現在）、同「2018年産の地域農業再生協議会別の作付状況」（2018年9月15日現在）（※）はともに属人データのため接続できるものの、農業再生協議会の統廃合、および農業再生協議会を設置していない市町村の数値によって接続できない部分がある。また、接続できる農業再生協議会について、本調査の調査ウに協力していない場合には接続できない。そこで、全国の生産面積、接続できた範囲の生産面積、事務対応の有無、に着目し、整理したのが図1-19、図1-20である。

図1-19　2018年度の4品目の生産面積の内訳
（都道府県農業再生協議会による生産者と需要者のマッチング関係の事務対応別）

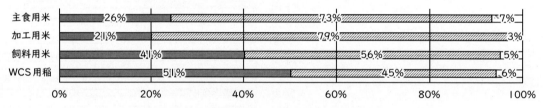

図1-20　2018年度の4品目の生産面積の内訳
（地域農業再生協議会による生産者と需要者のマッチング関係の事務対応別）

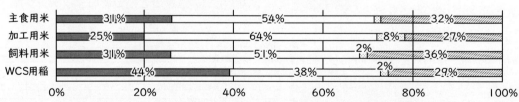

　主食用米の場合、全体の生産面積のうちで、農業再生協議会が需給マッチングに関与した割合は、都道府県農業再生協議会の関与について26%、地域農業再生協議会の関与について31%である。

　同様にみていくと、加工用米では主食用米よりも若干割合が低く、都道府県農業再生協議会の関与について21%、地域農業再生協議会の関与について25%である。

　主食用米、加工用米と比較して、高い割合となっているのは、飼料用米とWCS用稲である。飼料用米の場合、都道府県農業再生協議会の関与について41%、地域農業再生協議会の関与について31%である。WCS用稲は、飼料用米よりも割合が高く、都道府県農業再生協議会の関与について51%、地域農業再生協議会の関与について44%である。

（※）関連項目☞附属資料③農業再生協議会別の作付状況（2018年9月15日現在）

都道府県農業再生協議会

●都道府県農業再生協議会の事務局

（都道府県数）

	n	事務局				
		都道府県	JA	都道府県とJAの共同	その他	無回答
全国	42	8	0	28	6	0
北海道・東北	7	1	0	5	1	0
北陸	3	0	0	1	2	0
関東・東山	8	1	0	7	0	0
東海	3	1	0	1	1	0
近畿	5	1	0	2	2	0
中国	5	1	0	4	0	0
四国	4	1	0	3	0	0
九州・沖縄	7	2	0	5	0	0

●都道府県農業再生協議会による事務対応の有無

（都道府県数）

	n	主食用米の生産調整関係			生産者と需要者のマッチング関係														
					主食用米			加工用米			業務用米			飼料用米			WCS用稲		
		あり	なし	無回答	あり	なし	無回答	あり	なし	無回答	あり	なし	無回答	あり	なし	無回答	あり	なし	無回答
全国	42	39	1	2	15	27	0	18	24	0	15	27	0	20	22	0	17	25	0
北海道・東北	7	7	0	0	1	6	0	1	6	0	1	6	0	3	4	0	2	5	0
北陸	3	2	0	1	0	3	0	0	3	0	0	3	0	0	3	0	0	3	0
関東・東山	8	7	0	1	3	5	0	4	4	0	3	5	0	4	4	0	4	4	0
東海	3	3	0	0	1	2	0	2	1	0	1	2	0	2	1	0	2	1	0
近畿	5	4	1	0	3	2	0	3	2	0	2	3	0	3	2	0	2	3	0
中国	5	5	0	0	2	3	0	2	3	0	2	3	0	2	3	0	2	3	0
四国	4	4	0	0	1	3	0	2	2	0	2	2	0	2	2	0	1	3	0
九州・沖縄	7	7	0	0	4	3	0	4	3	0	4	3	0	4	3	0	4	3	0

● 2018 年度の作目別生産面積・本調査での捕捉面積・マッチング事務対応の有無別の面積

（ha）

	全国の生産面積	本調査結果（調査ウ）と接続可能な都道府県で生産された面積				本調査結果（調査ウ）と接続不可能な都道府県で生産された面積
			農業再生協議会による生産者と需要者のマッチングに関係の事務対応			
			あり	なし	無回答	
主食用米	1,386,000	1,288,159	354,200	933,959	0	97,841
加工用米	51,000	49,329	10,501	38,828	0	1,671
飼料用米	80,000	75,972	33,080	42,892	0	4,028
WCS用稲	43,000	40,447	22,142	18,305	0	2,553

1）本調査の個票、農林水産省「2018 年産の地域農業再生協議会別の作付状況」（2018 年 9 月 15 日現在）、同「2018 年産の都道府県別の作付状況」（2018 年 9 月 15 日現在）、同「2018 年産の水田における作付状況」（2018 年 9 月 15 日現在）より筆者作成。

地域農業再生協議会

●地域農業再生協議会の地理的範囲と事務局

（地域数）

	n	地理的範囲							事務局				
		1市町村	1JA	複数市町村	1JA	複数JA	その他	無回答	市町村	JA	市町村とJAの共同	その他	無回答
全国	985	920	380	33	26	11	16	5	550	38	370	25	2
北海道	96	93	57	2	2	1	0	0	39	7	48	2	0
青森県	29	29	6	0	0	0	0	0	24	0	5	0	0
岩手県	23	21	11	1	0	1	0	0	14	0	9	0	0
宮城県	22	22	9	0	0	0	0	0	6	0	16	0	0
秋田県	18	18	10	0	0	0	0	0	16	0	1	1	0
山形県	27	27	6	0	0	0	0	0	7	1	19	0	0
福島県	35	34	12	0	0	0	1	0	30	0	4	1	0
新潟県	25	15	7	3	2	3	4	0	14	0	11	0	0
富山県	11	7	4	2	2	1	1	0	1	4	6	0	0
石川県	14	11	6	1	0	1	1	0	6	1	7	0	0
福井県	15	15	6	0	0	0	0	0	8	0	6	1	0
茨城県	31	31	15	0	0	0	0	0	13	0	18	0	0
栃木県	19	19	5	0	0	0	0	0	2	1	15	1	0
群馬県	17	15	3	2	2	0	0	0	11	1	5	0	0
埼玉県	28	26	5	1	1	0	1	0	11	3	12	2	0
千葉県	28	28	6	0	0	0	0	0	23	0	4	1	0
東京都	-	-	-	-	-	-	-	-	-	-	-	-	-
神奈川県	8	8	4	0	0	0	0	0	6	0	2	0	0
山梨県	13	13	4	0	0	0	0	0	13	0	0	0	0
長野県	35	33	15	2	2	0	0	0	19	1	15	0	0
岐阜県	32	31	14	0	0	0	0	1	15	1	13	2	1
静岡県	13	12	1	0	0	1	0	0	12	0	1	0	0
愛知県	27	23	14	1	1	0	1	2	6	3	18	0	0
三重県	19	17	6	1	1	1	0	0	12	0	7	0	0
滋賀県	14	14	7	0	0	0	0	0	5	0	5	4	0
京都府	19	17	11	1	1	1	0	0	11	0	8	0	0
大阪府	25	24	6	1	1	0	0	0	18	0	5	2	0
兵庫県	28	28	8	0	0	0	0	0	20	0	8	0	0
奈良県	19	18	7	0	0	0	0	1	17	0	2	0	0
和歌山県	15	15	3	0	0	0	0	0	15	0	0	0	0
鳥取県	15	15	7	0	0	0	0	0	3	0	12	0	0
島根県	12	10	6	2	2	0	0	0	7	0	5	0	0
岡山県	17	17	6	0	0	0	0	0	6	2	9	0	0
広島県	17	17	2	0	0	0	0	0	12	0	5	0	0
山口県	5	3	2	2	1	0	0	0	0	3	0	1	1
徳島県	11	11	7	0	0	0	0	0	9	0	2	0	0
香川県	10	9	5	1	0	0	0	0	3	0	7	0	0
愛媛県	13	10	4	2	2	1	0	0	11	0	2	0	0
高知県	18	16	7	1	1	0	1	0	15	1	2	0	0
福岡県	39	37	20	1	1	0	1	0	17	0	20	2	0
佐賀県	23	19	12	1	0	0	2	1	9	3	11	0	0
長崎県	17	17	3	0	0	0	0	0	14	0	3	0	0
熊本県	31	30	12	1	1	0	0	0	12	2	16	1	0
大分県	6	6	5	0	0	0	0	0	3	0	2	1	0
宮崎県	16	12	6	4	3	0	0	0	8	4	3	1	0
鹿児島県	30	27	8	0	0	0	3	0	27	0	1	2	0
沖縄県	-	-	-	-	-	-	-	-	-	-	-	-	-

●地域農業再生協議会による事務対応の有無

	n	主食用米の生産調整関係			生産者と需要者のマッチング関係														
					主食用米			加工用米			業務用米			飼料用米			WCS用稲		
		あり	なし	無回答	あり	なし	無回答	あり	なし	無回答	あり	なし	無回答	あり	なし	無回答	あり	なし	無回答
全国	985	877	95	13	466	504	15	409	561	15	316	654	15	457	510	18	435	531	19
北海道	96	64	30	2	36	58	2	30	64	2	23	71	2	27	67	2	20	74	2
青森県	29	28	1	0	15	14	0	14	15	0	12	17	0	16	13	0	18	11	0
岩手県	23	21	2	0	11	12	0	8	15	0	8	15	0	13	10	0	13	10	0
宮城県	22	21	1	0	15	7	0	14	8	0	8	13	1	13	8	1	12	9	1
秋田県	18	16	2	0	8	10	0	8	10	0	6	12	0	7	11	0	6	12	0
山形県	27	26	1	0	12	14	1	12	15	0	10	17	0	16	11	0	14	13	0
福島県	35	30	5	0	15	20	0	11	24	0	11	24	0	19	16	0	19	16	0
新潟県	25	25	0	0	14	11	0	13	12	0	12	13	0	13	12	0	7	18	0
富山県	11	11	0	0	5	6	0	5	6	0	4	7	0	4	7	0	4	6	1
石川県	14	13	1	0	7	7	0	8	6	0	6	8	0	7	7	0	7	7	0
福井県	15	14	1	0	6	9	0	7	8	0	6	9	0	7	7	1	6	9	0
茨城県	31	30	1	0	14	17	0	13	18	0	8	23	0	16	15	0	10	21	0
栃木県	19	18	1	0	4	15	0	5	14	0	4	15	0	5	14	0	5	14	0
群馬県	17	15	2	0	8	9	0	4	13	0	5	12	0	9	8	0	11	6	0
埼玉県	28	27	1	0	15	13	0	12	16	0	12	16	0	17	11	0	10	18	0
千葉県	28	26	1	1	14	13	1	11	16	1	10	17	1	17	10	1	15	12	1
東京都	-	-	-	-	-	-	-	-	-	-	-	-	-	-	-	-	-	-	-
神奈川県	8	5	2	1	2	5	1	2	5	1	2	5	1	1	5	2	1	5	2
山梨県	13	9	3	1	7	5	1	7	5	1	5	7	1	6	6	1	5	7	1
長野県	35	33	1	1	22	12	1	16	18	1	12	22	1	12	22	1	14	19	2
岐阜県	32	30	1	1	17	14	1	14	17	1	12	19	1	16	15	1	13	18	1
静岡県	13	10	3	0	5	8	0	5	8	0	3	10	0	7	6	0	3	10	0
愛知県	27	25	2	0	13	14	0	14	12	0	10	17	0	14	13	0	12	15	0
三重県	19	16	3	0	9	10	0	9	10	0	7	12	0	9	10	0	8	11	0
滋賀県	14	14	0	0	5	9	0	5	9	0	4	10	0	7	7	0	4	10	0
京都府	19	18	0	1	10	8	1	11	7	1	7	11	1	10	8	1	9	9	1
大阪府	25	17	8	0	5	20	0	3	22	0	2	23	0	3	22	0	1	24	0
兵庫県	28	28	0	0	16	12	0	16	12	0	8	20	0	11	17	0	10	18	0
奈良県	19	17	2	0	8	11	0	4	15	0	4	15	0	7	12	0	5	14	0
和歌山県	15	10	5	0	8	7	0	4	11	0	4	11	0	4	11	0	5	10	0
鳥取県	15	15	0	0	10	5	0	5	10	0	5	10	0	8	6	1	9	6	0
島根県	12	11	1	0	8	4	0	6	6	0	4	8	0	5	7	0	7	5	0
岡山県	17	15	2	0	9	8	0	7	10	0	7	10	0	7	10	0	9	8	0
広島県	17	16	0	1	10	6	1	10	6	1	5	11	1	8	8	1	8	7	2
山口県	5	4	0	1	2	2	1	1	3	1	2	2	1	3	1	1	4	0	1
徳島県	11	10	1	0	7	4	0	7	4	0	6	4	1	6	4	1	6	4	1
香川県	10	8	1	1	4	6	0	4	6	0	4	6	0	5	5	0	5	5	0
愛媛県	13	13	0	0	6	7	0	4	9	0	3	10	0	6	7	0	6	7	0
高知県	18	16	2	0	8	9	0	6	11	0	7	10	0	10	7	1	9	8	1
福岡県	39	37	2	0	16	23	0	16	23	0	11	28	0	19	20	0	21	18	0
佐賀県	23	22	1	0	10	13	0	10	13	0	9	14	0	10	13	0	12	11	0
長崎県	17	14	2	1	7	9	1	6	10	1	4	12	1	8	8	1	11	5	1
熊本県	31	31	0	0	17	13	1	13	18	0	9	22	0	18	13	0	22	9	0
大分県	6	6	0	0	4	2	0	4	2	0	2	4	0	5	1	0	5	1	0
宮崎県	16	13	2	1	5	10	1	8	7	1	3	12	1	7	8	1	9	6	1
鹿児島県	30	29	1	0	17	13	0	17	12	0	10	20	0	19	11	0	25	5	0
沖縄県	-	-	-	-	-	-	-	-	-	-	-	-	-	-	-	-	-	-	-

49

● 2018年度の作目別生産面積・本調査での捕捉面積・マッチング事務対応の有無別の面積

(ha)

	全国の生産面積	本調査結果（調査ウ）と接続可能な地域で生産された面積				本調査結果（調査ウ）と接続不可能な地域で生産された面積
			農業再生協議会による生産者と需要者のマッチングに関係の事務対応			
			あり	なし	無回答	
主食用米	1,386,000	939,950	428,699	503,664	7,587	446,050
加工用米	51,000	37,331	12,531	23,841	959	13,669
飼料用米	80,000	51,110	24,748	25,859	503	28,890
WCS用稲	43,000	30,719	18,826	11,532	361	12,281

1）本調査の個票、農林水産省「2018年産の地域農業再生協議会別の作付状況」（2018年9月15日現在）、同「2018年産の都道府県別の作付状況」（2018年9月15日現在)、同「2018年産の水田における作付状況」（2018年9月15日現在）より筆者作成。

農業再生協議会の事務負担の実態

農業再生協議会の事務負担の変化

1　2017-2019 年度にかけて米生産調整の事務負担は、約半数の都道府県農業再生協議会で増加

2017-2019 年度にかけて主食用米の生産調整に関する事務負担が、「どちらかといえば増えた」（31%）または「増えた」（22%）と回答した都道府県農業再生協議会は 53% と過半を占めた（図 2-1）。

次いで「変化なし」（31%）が高い割合である。

事務負担が「減った」都道府県農業再生協議会は 2% と低く、「どちらかといえば減った」を合わせても 10% に満たなかった。

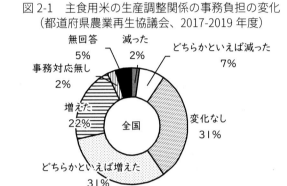

図 2-1　主食用米の生産調整関係の事務負担の変化
（都道府県農業再生協議会、2017-2019 年度）

2　地域農業再生協議会の約 3 割は 2017-2019 年度にかけて米生産調整の事務負担が減少

2017-2019 年度にかけて主食用米の生産調整に関する事務負担が、「変化なし」とする地域農業再生協議会が 42% を占めた（図 2-2）。また、「減った」（14%）または「どちらかといえば減った」（17%）と回答した都道府県農業再生協議会は 31% を占めた。これは、「増えた」（8%）、「どちらかといえば増えた」（8%）を合計した 16% よりも高い割合である。

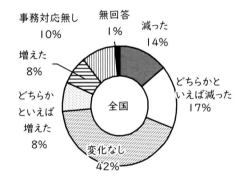

図 2-2　主食用米の生産調整関係の事務負担の変化
（地域農業再生協議会、2017-2019 年度）

3　2017-2019 年度にかけて主食用米の需給マッチング関係の事務負担はほとんど「変化なし」

主食用米の需給マッチング関係の事務負担について、事務対応している農業再生協議会では、都道府県農業再生協議会、地域農業再生協議会ともに「変化なし」が多い（図 2-3、図 2-4）。

なお、都道府県農業再生協議会では「増えた」と「どちらかといえば増えた」の合計 10% に対して、「減った」、「どちらかといえば減った」という回答は無かった。

また、地域農業再生協議会では、「減った」（1%）、

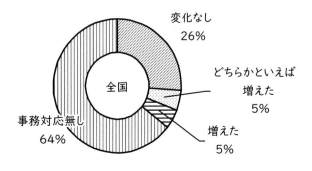

図 2-3　主食用米の生産者と需要者の
マッチング関係の事務負担の変化
（都道府県農業再生協議会、2017-2019 年度）

「どちらかといえば減った」（2%）の合計 3% に対して、「増えた」（3%）と「どちらかといえば増えた」（4%）の合計 7% が上回った。

4　2017-2019 年度にかけて加工用米の需給マッチング関係の事務負担はほとんど「変化なし」

加工用米の需給マッチングに関与する農業再生協議会における事務負担の変化は、主食用米の場合と同様の傾向がみられる（図2-5、図2-6）。

都道府県農業再生協議会で、事務負担が増えたとする回答がある一方で、減ったとする回答がないことや、地域農業再生協議会で負担減少よりも負担増加とする回答割合が上回る点も、主食用米の場合と類似した傾向である。

図2-4　主食用米の生産者と需要者のマッチング関係の事務負担の変化（地域農業再生協議会、2017-2019 年度）

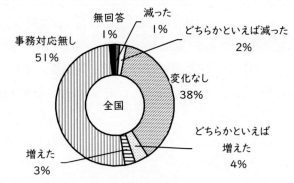

図2-5　加工用米の生産者と需要者のマッチング関係の事務負担の変化（都道府県農業再生協議会、2017-2019 年度）

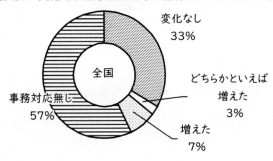

図2-6　加工用米の生産者と需要者のマッチング関係の事務負担の変化（地域農業再生協議会、2017-2019 年度）

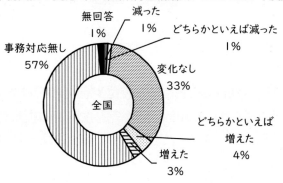

5　2017-2019 年度にかけて業務用米の需給マッチング関係の事務負担はほとんど「変化なし」

業務用米の需給マッチングに関与する農業再生協議会における事務負担の変化は、主食用米、加工用米の場合と同様の傾向がみられる（図2-7、図2-8）。

また、都道府県農業再生協議会、地域農業再生協議会における回答割合の傾向も、主食用米、加工用米の場合と同様の傾向がみられる。

図2-7　業務用米の生産者と需要者のマッチング関係の事務負担の変化（都道府県農業再生協議会、2017-2019 年度）

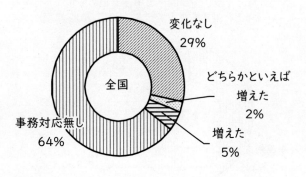

図2-8　業務用米の生産者と需要者のマッチング関係の事務負担の変化（地域農業再生協議会、2017-2019 年度）

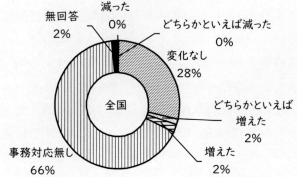

6　2017-2019年度にかけて飼料用米の需給マッチング関係の事務負担はほとんど「変化なし」

　飼料用米の需給マッチングに関与する農業再生協議会における事務負担の変化は、主食用米、加工用米、業務用米の場合と同様に、「変化なし」が多い（図2-9、図2-10）。

　なお、「減った」あるいは「どちらかといえば減った」との回答は、都道府県農業再生協議会では5％、地域農業再生協議会では1％。「増えた」あるいは「どちらかといえば増えた」との回答は、都道府県農業再生協議会では4％、地域農業再生協議会では9％であった。

図2-9　飼料用米の生産者と需要者のマッチング関係の事務負担の変化（都道府県農業再生協議会、2017-2019年度）

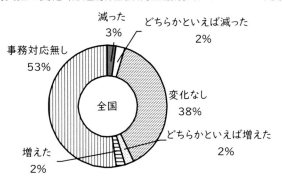

図2-10　飼料用米の生産者と需要者のマッチング関係の事務負担の変化（地域農業再生協議会、2017-2019年度）

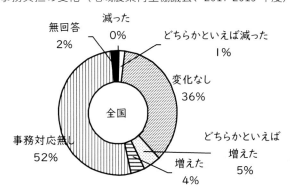

7　2017-2019年度にかけてWCS用稲の需給マッチング関係の事務負担はほとんど「変化なし」

　WCS用稲の需給マッチングに関与する農業再生協議会の事務負担の変化は、飼料用米と同様に、「変化なし」が多い。都道府県農業再生協議会では「減った」と「増えた」がともに2％である。

図2-11　WCS用稲の生産者と需要者のマッチング関係の事務負担の変化（都道府県農業再生協議会、2017-2019年度）

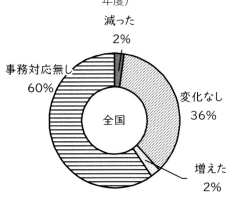

図2-12　WCS用稲の生産者と需要者のマッチング関係の事務負担の変化（地域農業再生協議会、2017-2019年度）

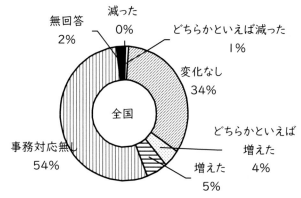

農業再生協議会の全体的な人手の状況

8　都道府県農業再生協議会よりも地域農業再生協議会で人手不足が課題

　2017-2019年度の事務負担の変化は、事務対応している品目別にみると、ほとんど「変化なし」であった。それでは、「変化なし」という状況が、適当な事務負担のまま変化していないのであろうか。それとも軽い負担、あるいは重い負担のまま変化していないのであろうか。ここでは回答時点（2019年度）の人手の状況について、事務担当者の評価を整理する。

　まず、都道府県農業再生協議会では、人手の状況について「普通」が59％を占めた。残りの割

合のほとんどは、「足りていない」（12%）、「どちらかといえば足りていない」（24%）によって占められており、「どちらかといえば余裕がある」、「余裕がある」という回答はなかった（図2-13）。

地域農業再生協議会では、「普通」が最も高い44%であるが、都道府県農業再生協議会での「普通」（59%）よりも低い。「足りていない」（21%）と「どちらかといえば足りていない」（33%）を合わせて54%が人手不足である状況を回答した（図2-14）。

事務負担の変化は、ほとんど「変化なし」であったとしても、内実としては人手不足が継続している農業再生協議会があり、都道府県農業再生協議会よりも地域農業再生協議会の方がより深刻な課題となっていることが推察される。

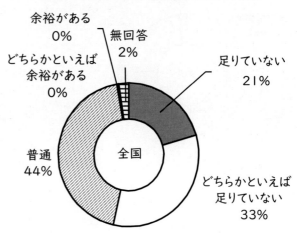

図2-13　都道府県農業再生協議会の人手の状況　　　　図2-14　地域農業再生協議会の人手の状況

農業再生協議会の専門の事務員

9　都道府県農業再生協議会の4割、地域農業再生協議会の3割で専門の事務員が不在

都道府県農業再生協議会の41%で専門の事務員は0人のままである（図2-15）。このほか、「変化なし」が半数であり、「増えた」とする回答はない。「減った」と「どちらかといえば減った」は合わせて4%である。

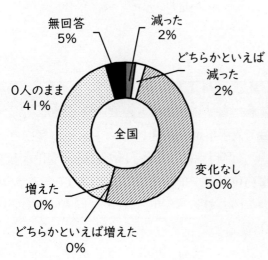

図2-15　専門の事務員の人数変化
（都道府県農業再生協議会、2017-2019年度）

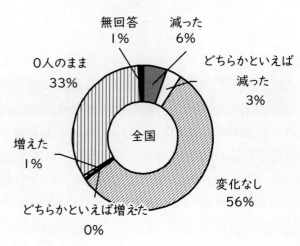

図2-16　専門の事務員の人数変化
（地域農業再生協議会、2017-2019年度）

地域農業再生協議会の33%で専門の事務員は0人のままである（図2-16）。また、「変化なし」が56%、「増えた」と「どちらかといえば増えた」を合わせて1%、「減った」と「どちらかといえば減った」を合わせて9%である。

　農業再生協議会では事務負担の変化を指摘する声が少ない一方で、専門の事務員は、0人のままも含めて変化していないケースが多く、人員が減少しているケースも確認された。

農業再生協議会の兼任・非常勤の事務員

10　兼任・非常勤の事務員は増加よりも減少しているケースが多い

　農業再生協議会の事務員の多くは、兼任・非常勤であり、前述の通り専門の事務員が0人のままというケースも多い。それでは、兼任・非常勤の事務員の人数はどのように変化しているのだろうか。

　まず、都道府県農業再生協議会は「変化なし」が55%と約半分を占めている。次いで、「0人のまま」（22%）が多い。「減った」（14%）と「どちらかといえば減った」（2%）の合計は16%となっている。これは、「どちらかといえば増えた」（2%）と「増えた」（0%）を合計した2%を大きく上回っている（図2-17）。

　地域農業再生協議会では、「変化なし」が71%と、都道府県農業再生協議会と比較して高い傾向である（図2-18）。また、都道府県農業再生協議会と同様に、兼任・非常勤の事務員の人数について、増加傾向よりも、減少傾向とする回答が多い。

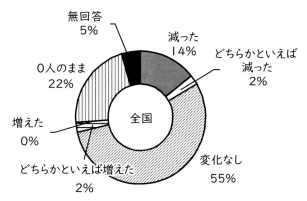

図2-17　兼任・非常勤の事務員の人数変化
（都道府県農業再生協議会、2017-2019年度）

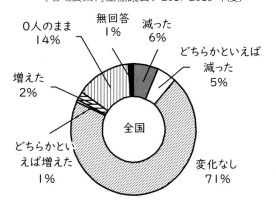

図2-18　兼任・非常勤の事務員の人数変化
（地域農業再生協議会、2017-2019年度）

農業再生協議会における事務負担の関心事

11　農業再生協議会の事務員が事務負担について関心を寄せるのは9項目

　調査ウで配布したアンケート調査票を提出した42都道府県農業再生協議会のうち7（17%）、985地域農業再生協議会のうち175（18%）から、事務負担に関して自由記述回答を得て、関心事項ごとに整理した。

　関心事項を整理したところ、①水田フル活用ビジョンの作成・産地交付金の設定、②事務担当者の人材確保・育成、③農業共済制度の見直し、および現地確認、④農政局や県とのかかわり、⑤予算関係、⑥管理システム関係、⑦国による米生産数量目標の配分の廃止、⑧JA関係、⑨米の直接

支払交付金制度の廃止、以上9項目に大きく分けられた（表2-1）。これらの9項目に分類できない「その他」の内容の回答もみられたが、ここでは9項目に関して析出された事務負担についてポイントとなるトピックを取り上げる。

なお、それぞれ各回答末尾の〔〕内には、都道府県農業再生協議会については地域区分、地域農業再生協議会については都道府県を示した。

表2-1　事務負担に関する自由回答の件数

事務負担に関連する項目	都道府県農業再生協議会	地域農業再生協議会
水田フル活用ビジョンの作成・産地交付金の設定	0	49
事務員の人材確保・育成	3	37
農業共済制度の見直し、および現地確認	1	36
農政局や県とのかかわり	0	27
予算関係	2	20
管理システム関係	0	20
国による米生産数量目標の配分の廃止	2	16
JA関係	0	14
米の直接支払交付金制度の廃止	1	4
その他	0	25

12　水田フル活用ビジョンと産地交付金が年々複雑化

水田フル活用ビジョンおよび産地交付金については、制度や様式が年々複雑化しているとの声が多数の地域農業再生協議会の事務担当から聞かれる。たとえば、「水田フル活用ビジョンの作成が年々難しくなってきている」〔青森県〕、「年々、水田フル活用ビジョン関係業務が複雑化してきており、生産者への説明を含め苦慮している」〔青森県〕、「水田フル活用ビジョンについて、交付対象要件等の設定に係る指導が以前に比較すると厳しくなり困惑しています」〔岩手県〕、「産地交付金の制度が年々煩雑になり、農業者への説明が難しくなったり、対象確認の事務負担が増えた」〔新潟県〕、等である。

また、PDCAサイクルをまわすこととなった影響を受けて、チェックシート作成や、産地交付金の目標設定等に苦慮している声が聞かれた。

13　水田フル活用ビジョンと産地交付金の作成・公表のタイミングが難しい

水田フル活用ビジョンや産地交付金の設定について、スケジュール上の課題を指摘する声も、多数の地域農業再生協議会の事務担当から聞かれた。

その実態として、「国のビジョン承認が遅すぎます。本来なら6月末までに承認予定なのだが、2018年10月下旬に実際は承認されています」〔北海道〕という指摘のほか、「播種後にその年度の交付金予定が決まるので、メニューを見た方から設定が遅いと苦情が来る。もう一年先を見てメニューを考案する必要がある」〔三重県〕といった指摘があった。

また、年度初めに業務が集中するため、「業務量が比較的多い年度の初めの時期に水田フル活用ビジョンを作成しなければならず負担に感じています」〔福島県〕との指摘もある。

このほか、「新規需要米の取組計画書は毎年6月30日までに国に提出しなければならないが、当市は田植えの時期が6月20日ごろの地域が多く、田植え後の作付変更が多いため、新規需要米の取組計画書の提出期限がスケジュール的に厳しい」〔兵庫県〕との実態もある。

14　事務員の確保・育成が課題

都道府県農業再生協議会では、「これまでに比べて事務局従事職員が減ってきており、事務負担が増えてきている」〔北海道・東北〕との声が聞かれる。また、都道府県農業再生協議会のみならず、「県農業再生協議会、地域農業再生協議会とも、ベテラン職員が減り、後任の育成もままならない状態

で、他業務との兼務が行われることで負担感が増えている」〔中国〕との指摘がある。

地域農業再生協議会では、「頻繁に人事異動のある市町村は非常に苦慮している」〔山形県〕との現状や、「市事務職員の農業に関する知識量が乏しい中、水田フル活用ビジョンの策定に当たって技術要件の設定等、業務全般で農業に関する専門知識が必要で対応に苦慮している」〔三重県〕との声がある。

人員が限られている実態として、「農業者へのヒアリングイベント以外は、ほぼ役場の職員1人と臨時職員1人で行っている状態である。最低限の業務しか行えていない」〔高知県〕、「現地調査等を実施する専門的知識を有する非常勤職員を配置する必要性を感じるが、配置するための予算が足りない。また適任者についても人材不足である」〔鹿児島県〕という地域農業再生協議会もある。

15　農業共済制度の見直しにより現地確認の負担が増加

2019年度には農業共済制度の大幅な見直しが行われた。もっとも大きな変更点の一つとして、2018年度まで米・麦について一定基準面積以上を耕作する農家は農業共済に当然加入であったが、2019年度より任意加入制となった。

この変更に関連して、これまで圃場データや現地確認情報を整理するに当たり、農業共済データと突き合わせていた農業再生協議会では、農業共済データとの突き合わせが困難になっていたり、困難を予測する声が聞かれる。併せて、現地確認作業等について農業再生協議会の負担が増加するとの指摘がある。

具体的には、「収入保険導入に伴い、農業共済未加入が増え、現地確認（面積実測）の業務が増加することは、事務負担が非常に増える」〔北海道、括弧内は原文のまま〕、「収入保険制度が開始されたが、加入者については従来のような農業共済引受情報がないため、対象品目について全て現地確認が必要となり、事務が増大している」〔愛媛県〕との指摘である。

16　地域農業再生協議会では農政局や県からの指摘や事務移管が増加

地域農業再生協議会では、「水田フル活用ビジョン作成に当たり、国の指摘内容対応にかかる事務負担の増大。国の備蓄米、飼料用米推進に係るキャラバン等の現場対応の負担が大きくなっている」〔福島県〕との指摘がある。

とくに水田フル活用ビジョン作成に当たって、農政局や県からの指摘を受けて修正する作業が大きな負担となっているようであり、「水田フル活用ビジョンの承認までに非常に多くの修正が入り、事務負担となった。作成に当たっては国が目指すビジョンに沿った具体的な修正を頂きたい」〔福島県〕、「水田フル活用ビジョンの作成に当たって、かなりの事務負担があること等を踏まえ、国が納得しないと承認されない誘導型ビジョンから脱却し、地域承認ビジョンに移行してほしい」〔福島県〕との要望や、「水田フル活用ビジョンの作成に当たり、事務負担が増えたと同時に修正依頼回数が増えた（昨年6回）」〔愛知県、括弧内は原文のまま〕との声がある。

こうした農政局等とのやり取りに関しては、「水田フル活用ビジョンの作成が非常に煩雑である。農政局の担当者（？）ごとに方針が違い過ぎて継続的（数年間続ける）な支援が難しい。基本的に財務省から指摘があったのでという言い訳が多く、ビジョン関係で作らなくてはならない書類が毎年増えている」〔岐阜県、括弧内は原文のまま〕と感じている事務担当者もいる。

関連して、「産地交付金事業については、交付要件や使途等は協議会として策定するとしながら、実際には国・県からの指導がとても強く影響しているため、この交付金事業における協議会主体で

の弾力的な運用・裁量を求めたい」〔宮城県〕との要望が聞かれた。

また、事務移管に関する指摘が複数あり、「国で行っていた事務の一部を協議会で行うようになったため、今後も同様のことがあった場合、事務負担の増加が懸念される」〔岩手県〕、「国の事務が農業再生協議会に降りてきており負担が増加している」〔岐阜県〕、「農政局の人員が減り、事務を農業再生協議会に下ろそうとしているが、事務費は減らされる方向であるため、今後の先行きを懸念している」〔鳥取県〕、との指摘がある。

17　事務量の維持・増加に対して予算は減少

事務負担が変わらない、あるいは増加している中で、予算が減っていることを指摘する声も多数ある。

都道府県農業再生協議会からは、「県内の地域農業再生協議会から経営所得安定対策等推進事業費補助金が不足しているとの声が上がっている」〔関東・東山〕、「事務経費の推進費が不足している」〔九州・沖縄〕との声がある。

また、地域農業再生協議会からは、「事務量が増加している一方、市町村・農業再生協議会の事務費を賄うものである「経営所得安定対策推進事業」の国からの配分が年々減少している（2017年度比80％）。自治体財政が苦しい中、国の政策に係る事務負担を今後も適切に執行できるか疑問である」〔北海道、括弧内は原文のまま〕、「そもそも要望した事務費が全額きていない」〔秋田県〕との声が聞かれる。

専門の事務員でない場合には、一人で多量の業務をこなす必要があり、「予算も少なく、兼任で業務に取り組んでいるため、行政サービスの低下が著しい。農業土木、井堰、ため池管理、就農支援、人農地プラン、農業委員会、中間管理事業、全て兼務」〔福岡県〕という実態もある。

このほか、「農業再生協議会で雇っている臨時職員についても、補助金の減少により勤務日数を減少させざるを得ない。一方で、高齢化等による提出書類の不備が近年増加しており、確認作業等の事務負担が増大している」〔兵庫県〕という雇用面での実態や、「現地調査等を実施する専門的知識を有する非常勤職員を配置する必要性を感じるが、配置するための予算が足りない」〔鹿児島県〕という人材確保の課題に関連する内容が指摘された。

18　管理システムをめぐる負担軽減が課題

管理システムについては、「紙の書類が多すぎてペーパーレス化が進まない」〔山形県〕という声がある。

また、管理システムの電子化については、「申請手続きの電子化が検討・検証されているが、大きな事務負担の軽減になるとは思えない」〔佐賀県〕との指摘や、事務負担の増加になる可能性を懸念することが多数聞かれた。たとえば、「経営所得安定対策の手続き電子化や現地確認システムの開発が進んでいると伺っているが、電子化やシステムへの対応には多大な労力が必要になると考えられる」〔富山県〕、「今後は、国の電子化に伴う申請方法の変更に対応するため、負担増になると考える」〔栃木県〕という指摘がある。

19　2018年度の米政策変更によって事務負担は軽減

2018年度に国による米生産数量目標の配分が廃止されたことや、米の直接支払交付金制度の廃止されたことに関連して事務負担が軽減したとの指摘が多数あった。

　ただし、留意すべきは、この事務負担の軽減を指摘する回答では、同時に他の業務の事務負担が増加しており、総合すると事務負担は変化なし、あるいは増加していることを指摘している点である。たとえば、「2018年度から米の直接支払交付金が廃止となり、受付件数は減少したものの、入力作業等の他の業務量は減少していないため、ほとんど変化なし」〔長崎県〕、「米の直接支払交付金が廃止になった事務処理以上に、新規需要米や水田フル活用ビジョン等の事務手続きが煩雑化している」〔福岡県〕との指摘がある。

20　地域農業再生協議会では市町村とJAとの事務負担の分担が課題

　市町村が事務担当を行う地域農業再生協議会ではJAの積極的な協力を求める声が聞かれた。たとえば、「食糧法等により事務局業務はJAが行うことになっているが、ほとんど自覚もなく、業務を負担しないため、市としてはこの事業自体が負担でしかない」〔福岡県〕、「水田フル活用ビジョンの作成や産地交付金のメニュー作成等の事務について、JA等の関係機関と連携はしているが、行政が主たる事務所として仕事をする以上、もともとの知識の差や農業関係に疎いところがあり（勉強で補えない部分）、調整に苦慮することが多々ある」〔佐賀県、括弧内は原文のまま〕、「事務局については現在市町村が持っているが、営農指導等の観点からJAが持った方が良いように思われる」〔長崎県〕との指摘がある。

　他方、JAが事務担当を行う地域農業再生協議会では、市町村の積極的な協力を求める声が聞かれた。たとえば、「JAではなく行政が負担を担ってほしい」〔茨城県〕、「JAでの事務負担が多く、このようなアンケートもJAの負担になっているので、行政との負担分担を平等にしてほしい。水田システムも統一化、システムの簡略化等、負担を減らしてほしい」〔埼玉県〕、「JAで事務局を行っているのだが、市はJAに任せきりで協力依頼をしても動いてくれない。推進事業費が年々削減されている中なので、協力がないと苦しい。また、正確な農地情報（農地基本台帳）を持っているのは市だけであり、農業再生協議会の持っている水田台帳との突き合わせの仕方は、市役所へ行き、閲覧するのみの方法なため、時間がかかり負担が大きく困っています」〔埼玉県〕という指摘があった。

　以上のように、市町村とJAが業務負担をめぐって、負担が大きい側がそのアンバランスさの改善が必要であると訴える声が確認される。地域農業再生協議会では市町村とJAとの事務負担の分担や協力関係の構築・維持・強化が課題となっている。

第2章　自由回答のデータ

　以下は、表2-1のうち、「その他」を除く、9項目について整理したものである。一部では改善事例も含まれるが、基本的に現在課題のとなっている負担に関する自由回答が多い。なお、一つの回答で内容が複数の項目にわたる場合は、基本的に分割して記載しているが、分割できない記述内容の場合には、各項目に重複して記載している。

　9項目に分類できないその他の自由回答等、省略した回答もある。このため、表2-1に記載した自由回答の分類件数と、ここで紹介する自由回答データの件数とは、必ずしも一致しない。なお、都道府県農業再生協議会については地域区分、地域農業再生協議会については都道府県を、それぞれ各回答末尾の〔　〕内に示している。

（1）水田フル活用ビジョンの作成・産地交付金の設定

地域農業再生協議会

- 産地交付金では 2018 年度に大きな制度の改正が実施され、従来の複雑な枠が撤廃されたことにより、構造自体はシンプルになったと感じているが、増収に資する取り組みの設定や、その効果の検証、取り組み内容の確認や整理すべき書類等に関して事務量は増えたと考えます。また、2017 年度補正により、産地交付金として措置していただきました技術導入促進交付金については、感謝申し上げるとともに、余裕のないスケジュールだったので苦労した協議会は多かったのでは、と感じております。〔北海道〕
- 産地交付金の減少により、ビジョン内容の調整等の負担が増えている状況である。〔北海道〕
- 国のビジョン承認が遅すぎます。本来なら 6 月末までに承認予定なのだが、2018 年 10 月下旬に実際は承認されています。〔北海道〕
- とりわけ、年々、水田フル活用ビジョン関係業務が複雑化してきており、生産者への説明を含め苦慮している。〔青森県〕
- 水田フル活用ビジョンの調整が負担である。農業者が取り組みしやすいように、ビジョンのスケジュールを早めるべき。確認項目が徐々に増加していることから、マンパワーの余裕はなくなりつつある。〔青森県〕
- 水田フル活用ビジョンの作成が年々難しくなってきている。〔青森県〕
- 水田フル活用ビジョンの簡素化を検討していただきたい。〔青森県〕
- 水田フル活用ビジョンが複雑。生産性向上や低コスト化支援のための産地交付金のはずが、生産現場では「何をやればいくら」ということで交付単価ばかりが注目される。水田フル活用ビジョンは県段階で十分。地域段階の産地交付金は地域の特色あるものをといっている割には、特色を出すと難色を示されハードルを上げられる。水田フル活用ビジョンは前年に作成・承認を受けるシステムにして、当年度中に変更がないものとしてほしい。〔青森県〕
- 水田フル活用ビジョンの作成において、市で保有しているデータ量に限界があり、国等から指摘を受け修正を行うことが多く、負担が増していると感じている。〔岩手県〕
- 水田フル活用ビジョンについては、県、地方農政局県拠点との協議が多く、事務負担が大きい。〔岩手県〕
- 水田フル活用ビジョンの作成について、年々記載する内容や調査する内容が増加、複雑化してきている。〔岩手県〕
- 水田フル活用ビジョンについて、交付対象要件等の設定に係る指導が以前に比較すると厳しくなり困惑しています。当市は中山間地域で経営所得安定対策の交付金対象者も県内他市町村と比較すると少ないことから、農家が不利益を被るような厳しい認定の指導はしないでいただきたいです。〔岩手県〕
- 水田フル活用ビジョンに関しては、作成に非常に苦労している。地域の実情に合わせて活用方法を決め、地域の作物振興を図るものであるが、中山間地域であること、水はけが悪く水がたまる圃場が多く、収量が低かったり、十分な収入となっていない。そのため、当事業の交付金の役割は重要になっている。国は大規模経営体に目を向け、面積を集め規模拡大させるように支援を行っている中で、小規模農家はこの交付金や、中山間地域等直接支払制度、多面的機能支払交付金をあてにしている。交付金があることで継続して農業をしているという所もあるので、継続して交付していただきたいが、国は条件を厳しくして面積拡大する者に対して交付するようにという指導をしている。当農業再生協議会の管内での面積拡大は厳しいものがあり、現状維持が精いっぱいである。地域の思いとのズレを感じ非常にやりにくさを感じている。〔岩手県〕
- 水田フル活用ビジョンの作成に係る事務が大きな負担になっている。〔岩手県〕
- 水田フル活用ビジョンの作成にかなり苦労している。産地交付金の目的にあっていない。またメニューについても、国との協議が遅く、決定していない内容でも農家の皆さんに周知せざるを得ない。〔宮城県〕
- 担当者の人員削減や異動、専門知識の有無や経緯の把握の多寡等の影響により、個々の担当者の事務負担が増大する場面が多々ある。とくに、水田フル活用ビジョンおよび産地交付金事業に関しては、高度で専門的な制度概要や、これまでの農業再生協議会内での策定に至るまでの経緯等を踏まえた上で、中長期的視野に基づく戦略作物等の産地化のためのビジョン・事業の策定、実際の交付金事務運営が求められるため、農業以外の分野から異動してきた担当者にとっては、大変な事務負担を要する。あわせて、産地交付金事業については、交付要件や使途等は協議会として策定するとしながら、実際には国・県からの指導がとても強く影響しているため、この交付金事業における協議会主体での弾力的な運用・裁量を求めたい。〔宮城県〕
- 産地交付金の個票設定内容について、以前と比べ事務量が大幅に増えた。地域の実情に合わせたというが、大まかな内容については、標準的なものがあってもよいと思う。〔宮城県〕
- 産地交付金制度の変更が多く、事務量が増えた。〔宮城県〕
- 水田フル活用ビジョンの承認を受けるための条件が年々難しくなっており、事務負担が増大している。ビジョンの目標及び実績を独自に数値化して検証するための手段に乏しく、補助金の用途が限定的になってしまう。

〔山形県〕

●追加の要件の設定や、定着度に応じての見直し等、水田フル活用ビジョン作成の業務負担が大きくなっている。〔山形県〕

●産地交付金は市町村によって取り組みのレベルに差がありすぎるので、新技術導入等は国で一定程度メニューを示した方が新しいことに取り組みやすいのではないか。〔山形県〕

●水田フル活用ビジョン策定に当たる事務負担が増えております。水田フル活用ビジョン策定にあたっては、高収益作物以外に対して支援を行う場合、生産コスト削減効果を発揮するための課題を整理し、課題の解決につながる要件の設定を求められております。この趣旨は理解できますが、生産条件等により要件の設定には大変苦労しております。たとえば、新たな要件の設定に係る定着度検証や検討会議等の開催、農業者への説明・資料作成に係る事務負担の増加等です。主食用米からのさらなる転換の促進のためにも地域実情を勘案していただきたい。〔山形県〕

●水田フル活用ビジョン作成に当たり、国の指摘内容対応にかかる事務負担の増大。国の備蓄米、飼料用米推進に係るキャラバン等の現場対応の負担が大きくなっている。〔福島県〕

●水田フル活用ビジョンの条件等が厳しくなったため作成、協議に手間がかかりすぎる。また産地交付金の条件が多く、有効に活用できない。もっと有効な活用ができるよう条件等の見直しを図っていただきたい。〔福島県〕

●水田フル活用ビジョンの作成業務がかなり負担となっている。〔福島県〕

●水田フル活用ビジョンの承認までに非常に多くの修正が入り、事務負担となった。作成に当たっては国が目指すビジョンに沿った具体的な修正を頂きたい。〔福島県〕

●水田フル活用ビジョンの事前協議から承認まで期間が長く負担が重い。協議会で方針を決定してから承認までの間に変更が生じ、既に作付けが始まってから再度、生産者に示すことになってしまう。〔福島県〕

●水田フル活用ビジョンの作成に当たって、かなりの事務負担があること等を踏まえ、国が納得しないと承認されない誘導型ビジョンから脱却し、地域承認ビジョンに移行してほしい。〔福島県〕

●仕方ないことだとは思いますが、業務量が比較的多い年度の初めの時期に水田フル活用ビジョンを作成しなければならず負担に感じています。〔福島県〕

●産地交付金の制度が年々煩雑になり、農業者への説明が難しくなったり、対象確認の事務負担が増えた。〔新潟県〕

●産地交付金の制度が複雑すぎて、水田フル活用ビジョンの作成に多大な労力と時間がかかっている。より簡素な制度に見直してほしい。〔富山県〕

●国が産地交付金の配分の1割を留保し、農業再生協議会の取組状況に応じて配分調整しているが、これは農家個人ではなく農業再生協議会に対するペナルティーと考える。国からの生産数量目標の配分がなくなり情報提供となったため、生産調整を減らす経営体が増えてきている。その結果、情報提供通りに生産調整がされなくなっており、農業再生協議会では産地交付金が減額となり、正直者が馬鹿を見るようになって問題化している。少数の農家のせいで、大多数の農家が犠牲になっている。〔富山県〕

●ビジョンを作成する時期が遅いため、農作物の作付の推進等ができない。〔石川県〕

●補助金の内容が複雑になっており、農家も分かりにくい。〔福井県〕

●産地交付金・水田フル活用ビジョンに伴う、目標の設定および目標に対する進捗度の記載、使途の反映は、成果の確認も含め、事務負担の増加につながっている。〔茨城県〕

●水田フル活用ビジョン作成に係る事務負担が増加した。〔栃木県〕

●当市は米の生産が少なく、出荷している農家は少ない。米の生産量の調整に係る事務は必要を感じていない。計画作成の事務は必要な自治体だけ取り組むべき。そのため、水田フル活用ビジョン、コメの生産量調整はすぐにやめるべきと考えている。〔長野県〕

●水田フル活用ビジョンの作成が非常に煩雑である。農政局の担当者（？）ごとに方針が違い過ぎて継続的（数年間続ける）な支援が難しい。基本的に財務省から指摘があったのでという言い訳が多く、ビジョン関係で作らなくてはならない書類が毎年増えている。〔岐阜県、括弧内は原文のまま〕

●水田フル活用ビジョンを作成する上で、農政局や県から大きな制約を受けるため、本来の主旨とは違ったビジョンになってしまう。〔岐阜県〕

●水田フル活用ビジョンの策定作業が煩雑になった。〔岐阜県、括弧内は原文のまま〕

●水田フル活用ビジョンの記入欄が次第に増加するとともに、作成上の制約が加わることにより、また年度末に目標達成状況チェックシートの作成が追加されたことにより、水田フル活用ビジョン作成及び実施のための事務が煩雑になってきているように思われる。〔愛知県〕

●水田フル活用ビジョンの作成に当たり、事務負担が増えたと同時に修正依頼回数が増えた(昨年6回)。〔愛知県〕

●市事務職員の農業に関する知識量が乏しい中、水田フル活用ビジョンの策定に当たって技術要件の設定等、業

務全般で農業に関する専門知識が必要で対応に苦慮している。〔三重県〕

● 予算が一律のため、予想以上に収量が取れた場合、全体的に配分が薄まってしまう。成績を上げた地域は予算を上げてほしい。国・県の方針で実施した内容について、直接農家から事務所に不満の声を頂く。国・県も積極的に説明会に参加していただくか、以前の通り、交付金の事務は県単位で行っていただきたい。個票の書き方が分かりづらく（とくに全額）、こちらで農家向けに分かるよう別に作成しており、手間になっている。農家が理解できないと意味がないのではないか。播種後にその年度の交付金予定が決まるので、メニューを見た方から設定が遅いと苦情が来る。もう一年先を見てメニューを考案する必要がある。〔三重県〕

● 水田フル活用ビジョンの作成に当たり、個票の作成や単収向上に向けた技術要件の設定等、事務作業が増えている。〔三重県〕

● 経営所得安定対策交付金申請書の周知の方法や、申請書の記入のやり方や不備等の内容確認の負担が多くなってきている。水田フル活用ビジョンの公表や制定の時期が遅い。新規需要米の取り組み者の把握が難しく、申請書の記入のやり方も難しい。〔滋賀県〕

● 水田フル活用ビジョン作成に当たり、年々内容が煩雑になってきており、手間も時間もかかります。例）2018年度からPDCAチェックシート作成が追加された。〔兵庫県〕

● 新規需要米（特にWCS用稲）の取組件数が非常に多く、年々増加している。新規需要米の取組計画書は毎年6月30日までに国に提出しなければならないが、当市は田植えの時期が6月20日ごろの地域が多く、田植え後の作付変更が多いため、新規需要米の取組計画書の提出期限がスケジュール的に厳しい。〔兵庫県、括弧内は原文のまま〕

● 水田フル活用ビジョンについては、国の指導が厳しく、地域の現状との乖離が大きい。形式的なものだが、事務負担は大きい。〔香川県〕

● 米の直接支払交付金が廃止になった事務処理以上に、新規需要米や水田フル活用ビジョン等の事務手続きが煩雑化している。〔福岡県〕

● 時期によって事務負担が急に増すので、翌年度情報は早めに出してほしい。水田フル活用ビジョンに見合う補助金を出してほしい（産地交付金化された麦二毛作助成は15,000円まで支払えていません）。早急な改善を望みます。〔福岡県、括弧内は原文のまま〕

● 二毛作助成について国が事務手続きを行っていた部分が地域農業再生協議会へ移り、予算が減額される中、単価の維持が困難であり、調整に苦慮する。また、基幹作物と裏作の耕作者が同一市町村の住民でない場合は二毛作の要件確認も難しくなる。〔福岡県〕

● 担い手に筆を集約（筆の分母は減らないので交付金対象となる担い手の分母を減らす）させる取り組みに特化した産地交付金が設立できれば事務負担が減る。〔福岡県、括弧内は原文のまま〕

● 水田フル活用ビジョンの作成や産地交付金のメニュー作成等の事務について、JA等の関係機関と連携はしているが、行政が主たる事務所として仕事をする以上、もともとの知識の差や農業関係に疎いところがあり（勉強で補えない部分）、調整に苦慮することが多々ある。〔佐賀県、括弧内は原文のまま〕

● WCS等の書類等が多すぎる。飼料作物等の簡略化ができないか？ 品種も増えており複雑になってきた。〔長崎県〕

● 営農計画書をはじめとする申請書類がとても多く、事実上事務局が手続きを代行しているため事務負担が大きい。産地交付金は地域ごとにカスタマイズが可能なはずだが、目標付けに限界があり、出したいものをいつまで交付できるのか不安。経営所得安定対策の事業内容が複雑で申請者の理解があまり得られていない。〔熊本県〕

（2）事務担当者の人材確保・育成

都道府県農業再生協議会

● 主にJA中央会と県が事務局を運営しているが、両組織ともこれまでに比べて事務局従事職員が減ってきており、事務負担が増えてきている。〔北海道・東北〕

● 県農業再生協議会、地域農業再生協議会とも、ベテラン職員が減り、後任の育成もままならない状態で、他業務との兼務が行われることで負担感が増えている。〔中国〕

地域農業再生協議会

● 人員が減少する中、制度改正等の対応に苦慮している。〔北海道〕

● 年々、水田フル活用ビジョン関係業務が複雑化してきており、生産者への説明を含め苦慮している。また、事務負担とは違うが、現地確認について、対象農地が無数にあり、遠方にもあるため、現状の人出ではなかなか手が回らない状態にある。〔青森県〕

● 水田フル活用ビジョンの調整が負担である。農業者が取り組みしやすいように、ビジョンのスケジュールを早

めるべき。確認項目が徐々に増加していることから、マンパワーの余裕はなくなりつつある。〔青森県〕

- 年々、事務量が増加し、再生協の役割も多様になっている。しかし、事務員が増えるわけではないので、負担が増加している。記入者は 2018 年よりこの業務を担当しているが、昨年と比較しても今年から新たに提出する書類があったり、不必要と思うような書類作成も行っている。〔岩手県〕
- 農家の方や集落の代表の方への窓口相談、集落説明会の事務が増加しているため、通常事務は時間外の対応となっている状況である。〔宮城県〕
- これまで担当者の人員削減や異動、専門知識の有無や経緯の把握の多寡等の影響により、個々の担当者の事務負担が増大する場面が多々ある。とくに、水田フル活用ビジョンおよび産地交付金事業に関しては、高度で専門的な制度概要や、これまでの農業再生協議会内での策定に至るまでの経緯等を踏まえた上で、中長期的視野に基づく戦略作物等の産地化のためのビジョン・事業の策定、実際の交付金事務運営が求められるため、農業以外の分野から異動してきた担当者にとっては、大変な事務負担を要する。〔宮城県〕
- 時期によって業務の多寡があり、多忙な時期は人手不足になりがち。〔秋田県〕
- 専門の事務員の減少により、負担が増えている。〔山形県〕
- 経営所得安定対策の業務執行に当たり、頻繁に人事異動のある市町村は非常に苦慮している。業務執行上の留意点等についてわかりやすく説明していただきたい。〔山形県〕
- 営農計画書の内容の取りまとめについては臨時職員 1 人で業務を行っている状態であり、業務の負担が偏っている状態である。〔福島県〕
- データの整理等、業務量が多いが、専任の職員がおらず事務処理が遅れがちになる。人員の派遣があると非常に助かると感じる。〔福島県〕
- 制度の難しさから専門職員の育成、配置することが課題である。〔福島県〕
- 担当が変わり、知識がない中での作成は、多くの負担となっている。〔福島県〕
- 被災地では人手不足が深刻で協議会で臨時雇用を確保することが難しい。〔福島県〕
- 経営所得安定対策、米の需給調整をやっていく上で、園芸作物等（転作田、畑地での作付けは問わず）の推進と業務用米の技術確立と普及が重要である。要綱等で収まりきれないところもあると感じている。人員配置、地域での推進方法により、変わってくると思う。〔新潟県〕
- 市町村が事務を担っていることから、人員削減や人事異動によって、必ずしも農業や需給調整制度に精通した者が担当するものではありません。水稲作付実績を取りまとめ、現地確認し、交付金を執行する事務だけでも人員が足りない状況です。〔新潟県〕
- 農政局の人員が削減され、業務量が増えている。さらに調査物等、従来より詳細な数値が求められている。事務の簡素化を図られたい。〔富山県〕
- 事務手続が複雑すぎる。〔石川県〕
- 対象水田の現地確認作業に人員と時間が必要となるが、作業時期が特定の時期に限られているため、人員の確保が困難である。〔埼玉県〕
- 限られた人数で現地確認する必要があり、負担が大きい報告書類が多く、精査する時間が不足している。〔岐阜県〕
- 事務量は増えているが、人員が減っている。〔岐阜県〕
- 雇用確保が厳しく、雇用条件を改善しないと事務員の離職が心配。事務局負担が大きく、事務費補助金が足りないため、時間外手当や JA 職員への賃金支払いについても、全額を事務費から支出できていない。〔岐阜県〕
- 全体的に事務は 1 人で執り行えるが、現地確認（作付確認）に関しては、負担がとても大きいと感じる。〔静岡県〕
- 市事務職員の農業に関する知識量が乏しい中、水田フル活用ビジョンの策定に当たって技術要件の設定等、業務全般で農業に関する専門知識が必要で対応に苦慮している。〔三重県〕
- とにかく業務量も多いが知識面についても、専門的なことが多く、事務としては厳しい。また国の制度で、町が事務費をもらって業務を行っているが、正直、事務費をもらっても受けたくない。〔三重県〕
- 兼務業務のため負担がある。特に実績報告の時期は他の業務も並行して行う必要があり、時間が足りない。〔滋賀県〕
- 人員削減が行われ精確な事務執行ができにくい状況にある。〔京都府〕
- 専門の事務員は 0 人で、事務員は全員、複数の他業務と兼任している。農業再生協議会で雇っている臨時職員についても、補助金の減少により勤務日数を減少させざるを得ない。一方で、高齢化等による提出書類の不備が近年増加しており、確認作業等の事務負担が増大している。〔兵庫県〕
- 人員・経験者不足により、全体として事務負担が増加しております。〔兵庫県〕
- 農業者ありきの制度であり、生産内容に変更があれば対応する形となる。大型農家のご逝去や基盤整備が重なると非常に大変である。また、県内の農政局が 1 カ所になったことにより、現地確認作業等、人手を要するも

のが全て行政、JA負担となり苦しい。〔鳥取県〕

●人が足らない状況で非常に苦労している。〔山口県〕

●現地確認をする人員が不足している。〔徳島県〕

●現在、農業者へのヒアリングイベント以外は、ほぼ役場の職員1人と臨時職員1人で行っている状態である。最低限の業務しか行えていない。〔高知県〕

●行政主体の事業が多い。予算も少なく、兼任で業務に取り組んでいるため、行政サービスの低下が著しい。軽い農業土木、井堰、ため池管理、就農支援、人農地プラン、農業委員会、中間管理事業、全て兼務である。〔福岡県〕

●事務局員の労働条件について、何を参考すれば良いのかわからない。臨時職員並み又は再任用職員並み、等。〔福岡県〕

●営農計画の入力作業、農家からの問い合わせ、提出書類の確認、説明会、各圃場の現地確認等、担当の業務が多く負担が大きい（時間外業務が多い）。〔長崎県、括弧内は原文のまま〕

●4月申請受付、11月作業日誌回収、伝票等の確認に関し、事前準備、文書発送、受付人員配置に苦慮している。〔宮崎県〕

●現地調査等を実施する専門的知識を有する非常勤職員を配置する必要性を感じるが、配置するための予算が足りない。また適任者についても人材不足である。〔鹿児島県〕

（3）農業共済制度の見直し、および現地確認

都道府県農業再生協議会

●都市近郊での野菜生産が主であるため、面積が小さいにもかかわらず、市町村レベルでの確認作業が膨大で苦慮している。〔近畿〕

地域農業再生協議会

●対象作物の作付面積等の確認について、収入保険加入者が増加すると、農業共済組合等からの情報提供を受けて行うことが不可能になるため、現地確認に係る事務負担が増加すると考えられます。〔北海道〕

●収入保険導入に伴い、農業共済未加入が増え、現地確認（面積実測）の業務が増加することは、事務負担が非常に増える。〔北海道、括弧内は原文のまま〕

●現地確認について、対象農地が無数にあり、遠方にもあるため、現状の人出ではなかなか手が回らない状態にある。〔青森県〕

●飼料用米およびWCS用稲の取り組み者の増加によって、新規需要米に係る関係書類の確認および現地確認が増加した。〔岩手県〕

●現地確認業務にタブレットを導入して、負担軽減を図っている。〔山形県〕

●東日本大震災に伴う避難自治体であるため、営農再開者が遠方で営農している。そのため、現地確認が非常に手間となる。現在は日帰りで往復できる距離だが、今後より遠方での営農再開者が現れた場合、現地確認できない可能性がある。〔福島県〕

●転作作物の現地確認業務について筆数が多く、危険な場所もあり、かなり負担となっている。ドローンで代替したいが、推進事業費が削減され、経費を捻出できない現況にある。〔福島県〕

●市町村が事務を担っていることから、人員削減や人事異動によって、必ずしも農業や需給調整制度に精通した者が担当するものではありません。水稲作付実績を取りまとめ、現地確認し、交付金を執行する事務だけでも人員が足りない状況です。〔新潟県〕

●生産調整に係る現地確認事務を簡素化し、もっと負担を減らしていきたい。〔福井県〕

●現地確認に対する精度を上げるため、年4回の現地確認を行っている。〔福井県〕

●現地確認について、農業共済に加入している筆については、農業共済データとの突き合わせにより省略していたが、収入保険制度の加入者については、農業共済データによる突き合わせができず、現地確認が必要となる。このため、今後、現地確認の対象筆数の増加が見込まれることから、負担増が見込まれる。〔栃木県〕

●水田作付計画書と農業共済加入申込書が同一様式（一体化台帳）のため、農業共済組合の事務を農業再生協議会が負っている状況で事務負担が大きい。農業共済加入も任意となったことから、本来業務に分割する方が良いと考える。〔群馬県、括弧内は原文のまま〕

●JAで事務局を行っているのだが、市はJAに任せきりで協力依頼をしても動いてくれない。正確な農地情報（農地基本台帳）を持っているのは市だけであり、農業再生協議会の持っている水田台帳との突き合わせの仕方は、市役所へ行き、閲覧するのみの方法なため、時間がかかり負担が大きく困っています。〔埼玉県、括弧内は原文のまま〕

- 対象水田の現地確認作業に人員と時間が必要となるが、作業時期が特定の時期に限られているため、人員の確保が困難である。〔埼玉県〕
- 補助額減により、現地確認の委託ができず、現地確認を事務局である市職員が行わざるを得ない。〔埼玉県〕
- 地籍調査結果を反映させつつ、交付対象面積を算定していく事務は非常に負担が大きい。〔千葉県〕
- 2018年度で米の直接支払制度が終了して事務負担が減少した一方で、農業共済の制度改正で一体化帳票（営農計画書と農業共済申込書がセット）の配布・回収時期が早まったため事務負担が増した。〔長野県、括弧内は原文のまま〕
- 限られた人数で現地確認する必要があり、負担が大きい報告書類が多く、精査する時間が不足している。〔岐阜県〕
- 現地確認でドローンの活用を進めたい。〔岐阜県〕
- 全体的に事務は1人で執り行えるが、現地確認（作付確認）に関しては、負担がとても大きいと感じる。〔静岡県、括弧内は原文のまま〕
- 生産数量目標がなくなったことで個人の目標達成確認や調整事務は大幅に減少した一方で、収入保険の開始に伴い、農業共済との情報共有ができない事項が増え、事務負担が増加した。〔滋賀県〕
- 県内の農政局が1カ所になったことにより、現地確認作業等、人手を要するものが全て行政、JA負担となり苦しい。確認作業、制度書類の簡素化を望む。〔鳥取県〕
- 現地確認をする人員が不足している。〔徳島県〕
- 米の生産調整及び交付金の廃止により、2018年度の事務は減少していると思われるが、2019年度から収入保険の開始に伴い、麦、水稲共済が任意加入となったことで、作付確認（現地確認）の負担が増大している。確認方法について、国、県単位で方針が示されていないことで混乱している。〔香川県、括弧内は原文のまま〕
- 現在は配分がなくなった影響で事務負担は減りつつあるが、今後農業共済組合の方針の変更等で現地確認業務が増える可能性がある。〔香川県〕
- 現地確認の負担が大きい。〔香川県〕
- 水稲共済が任意加入となり、あわせて収入保険制度が新たに始まり、麦の現地確認（ゲタ用）を農業共済の細目所で実施していたものが、収入保険加入者が増えると筆ごとの確認が細目所ですることができず、またそれに代わるものもなく事務量が増大することが懸念される。〔愛媛県〕
- 収入保険制度が開始されたが、加入者については従来のような農業共済引受情報がないため、対象品目について全て現地確認が必要となり、事務が増大している。〔愛媛県〕
- 二毛作助成について国が事務手続きを行っていた部分が地域農業再生協議会へ移り、予算が減額される中、単価の維持が困難であり、調整に苦慮する。また、基幹作物と裏作の耕作者が同一市町村の住民でない場合は二毛作の要件確認も難しくなる。〔福岡県〕
- 減反廃止で現地確認の負担は軽減されたが、産地交付金の事務手続や現地確認の負担は増加している。特に要件が複雑であったり、システム入力等。事務手続や現地確認の入力が一括でできるタブレット等が必要。また、山間地や寄り付きにくい農地を遠隔で確認できると効率的です。〔福岡県〕
- 収入保険制度の推進により、農業共済が現地確認しない分の現地確認が必要な個所が増加した。地域において解散集落が増加しており、農事組合長等への作業依頼が困難になり、書類の配布・改修等、農業再生協議会の事務負担も増加。現地確認について簡素化等、見直しを検討していただきたいです。〔福岡県〕
- 営農計画の入力作業、農家からの問い合わせ、提出書類の確認、説明会、各圃場の現地確認等、担当の業務が多く負担が大きい（時間外業務が多い）。〔長崎県、括弧内は原文のまま〕
- 収入保険制度が導入されることで、任意加入となった麦・大豆の一筆加入方式の農業共済データで対応していた現地確認が増えてきているため、今後の現地確認箇所が増えることでの事務負担増が想定される。〔熊本県〕
- 事務負担の軽減に向けて現地確認（転作確認）について、農業共済と協力を密にして2019年度より実施している。〔熊本県、括弧内は原文のまま〕
- 少子高齢化による耕作者の減少により、代わりに農地の維持・管理を指定くれる方を探すのが難しくなりつつある。転作制度（経営所得安定対策事業）の受付数も年々減少しており、農地の作付状況の把握が難しくなりつつある。〔宮崎県、括弧内は原文のまま〕
- 経営所得安定対策事業申請者の水稲作付の農業共済加入が任意加入になったのに伴い、2018年までは農業共済組合との突き合わせで済んでいた主食用米の作付確認の業務が増えた。〔鹿児島県〕

（4）農政局や県とのかかわり

地域農業再生協議会
- 県、地方農政局県拠点との協議が多いため負担である。〔岩手県〕

- 国で行っていた事務の一部を協議会で行うようになったため、今後も同様のことがあった場合、事務負担の増加が懸念される。〔岩手県〕
- 水田フル活用ビジョンのメニューについて、国との協議が遅く、決定していない内容でも農家の皆さんに周知せざるを得ない。〔宮城県〕
- 産地交付金事業については、交付要件や使途等は協議会として策定するとしながら、実際には国・県からの指導がとても強く影響しているため、この交付金事業における協議会主体での弾力的な運用・裁量を求めたい。〔宮城県〕
- 水田フル活用ビジョンの承認までに非常に多くの修正が入り、事務負担となった。作成に当たっては国が目指すビジョンに沿った具体的な修正を頂きたい。〔福島県〕
- 水田フル活用ビジョンの作成に当たって、かなりの事務負担があること等を踏まえ、国が納得しないと承認されない誘導型ビジョンから脱却し、地域承認ビジョンに移行してほしい。〔福島県〕
- 水田フル活用ビジョン作成に当たり、国の指摘内容対応にかかる事務負担の増大。国の備蓄米、飼料用米推進に係るキャラバン等の現場対応の負担が大きくなっている。〔福島県〕
- 国による生産数量の配分は廃止されたものの、自主的な生産調整に取り組んでいく必要はある。そのため、事務量が減ることはない。国への報告は減らず、逆にナラシ対策等を農業再生協議会にふる等、増加しており、農業再生協議会に押し付けている感が否めない。〔福島県〕
- 事前協議が長い（2019年産は3カ月以上経ってから回答が来た）。〔新潟県、括弧内は原文のまま〕
- 農業再生協議会の大きな役割として、経営所得安定対策の推進と、コメの需給調整の二つがあるが、農業再生協議会本来の目的を達成するためにはこれだけでは効果が薄い。たとえば、園芸の生産環境（初年度経費）の支援や、業務用米の栽培技術の確立といった要綱にない事業を並行的に実施する必要がある。国の要綱通りの事務以外をどこまで農業再生協議会が必要と捉えるかによって、負担は全く違ってくるため、各農業再生協議会で人員配置の差が大きいと思われる。〔新潟県〕
- 国からの事務移管が多く（ゲタ・ナラシ等）、農業再生協議会の負担が大幅に増えた。〔富山県、括弧内は原文のまま〕
- 農政局の人員が削減され、業務量が増えている。さらに調査物等、従来より詳細な数値が求められている。事務の簡素化を図られたい。〔富山県〕
- もっと簡素化してほしい。助成金（交付決定額）等の通知書は農政局から生産者へ直送してほしい。〔埼玉県〕
- 国、県への報告が多く、事務負担増になっている。〔富山県〕
- 国と協力して事務を遂行しているのではなく、やらされている感が強い。〔長野県〕
- 経営所得安定御対策に係る事務を、農業再生協議会から引き上げて、国で行うか、市町村委託にした方が良いと思う。ゲタ、ナラシ、産地交付金制度の仕組みが複雑で用意する書類の多さ等、農家の方が理解しにくい。もっと簡素にすべきと考えます。地元で会議を行うと、農業再生協議会という組織の必要性を問われることが多かった。〔長野県〕
- 国の事務が農業再生協議会に降りてきており負担が増加している。その割には県と国の両方からチェックがあり、無駄な事務負担がある。〔岐阜県〕
- 水田フル活用ビジョンの作成が非常に煩雑である。農政局の担当者（？）ごとに方針が違い過ぎて継続的（数年間続ける）な支援が難しい。基本的に財務省から指摘があったのでという言い訳が多く、ビジョン関係で作らなくてはならない書類が毎年増えている。〔岐阜県、括弧内は原文のまま〕
- 水田フル活用ビジョンを作成する上で、農政局や県から大きな制約を受けるため、本来の主旨とは違ったビジョンになってしまう。〔岐阜県〕
- 水田フル活用ビジョンの作成に当たり、事務負担が増えたと同時に修正依頼回数が増えた（昨年6回）〔愛知県〕
- 現場が常に変化しているのに国や県に変化が感じられない。書類の作成が複数ある（同じ内容の書類であっても、反映されることがない）。トップダウンで来るのはいいが、農家に周知する時間も手間もない。〔愛知県〕
- 国・県の方針で実施した内容について、直接農家から事務所に不満の声を頂く。国・県も積極的に説明会に参加していただくか、以前の通り、交付金の事務は県単位で行っていただきたい。〔三重県〕
- 農政局の人員が減り、事務を農業再生協議会に下ろそうとしているが、事務費は減らされる方向であるため、今後の先行きを懸念している。〔鳥取県〕
- 県内の農政局が1カ所になったことにより、現地確認作業等、人手を要するものが全て行政、JA負担となり苦しい。市町村の事務作業の実態をそこまで存じておられないのか、仕事上の伝達で祖語の発生が増えた。確認作業、制度書類の簡素化を望む。〔鳥取県〕
- 2019年度から収入保険の開始に伴い、麦、水稲共済が任意加入となったことで、作付確認（現地確認）の負

担が増大している。確認方法について、国、県単位で方針が示されていないことで混乱している。〔香川県、括弧内は原文のまま〕

● 食糧法等により事務局業務はJAが行うことになっているが、ほとんど自覚もなく、業務を負担しないため、市としてはこの事業自体が負担でしかない。この件について、農政局県拠点、県に是正指導を申し入れたが十分な回答、対応を得られなかった。生産者に望まれている事業とも言い難いので、事業のあり方等、根本的に見直してほしいところである。繰り返しになるが、市が本来的に行う事務ではないので、本件事務は負担でしかない。〔福岡県〕

● 二毛作助成について国が事務手続きを行っていた部分が地域農業再生協議会へ移り、予算が減額される中、単価の維持が困難であり、調整に苦慮する。また、基幹作物と裏作の耕作者が同一市町村の住民でない場合は二毛作の要件確認も難しくなる。〔福岡県〕

● 業務の効率化の推進という名目で農政局県拠点より事務を委譲されており事務負担が増えている。〔佐賀県〕

● 担当者が変わると昨年OKだったことがだめになったりする。〔長崎県〕

● 要領等の変化に伴い、農政局との文書のやり取りが多く、事務負担が増加している。〔鹿児島県〕

（5）予算関係

都道府県農業再生協議会

● 年々確認事項が増えている。また、制度の内容が複雑化しているため、パート職員には簡単な業務のみ依頼することになる。金額が大きいので、JA職員の業務量は自ずと増える。その負担をJAが負担するのはおかしいのではないか。〔北海道・東北〕

● 県内の地域農業再生協議会から経営所得安定対策等推進事業費補助金が不足しているとの声が上がっている。〔関東・東山〕

● 事務経費の推進費が不足している。〔九州・沖縄〕

地域農業再生協議会

● 事務量が増加している一方、市町村・農業再生協議会の事務費を賄うものである「経営所得安定対策推進事業」の国からの配分が年々減少している（2017年度比80%）。自治体財政が苦しい中、国の政策に係る事務負担を今後も適切に執行できるか疑問である。〔北海道、括弧内は原文のまま〕

● そもそも要望した事務費が全額きていない。〔秋田県〕

● 転作作物の現地確認業務について筆数が多く、危険な場所もあり、かなり負担となっている。ドローンで代替したいが、推進事業費が削減され、経費を捻出できない現況にある。〔福島県〕

● 事務量は増加しているが、事務費補助の減少、および使える使途が限定されるため、財源の確保に苦慮している。〔新潟県〕

● 政策が当初と大きく変わって全国的に行政主体で動く流れになっているため、煩雑なことが多くなった。例えば、事務費等は市の一般会計を通るため、市の補助金要綱に沿った事務手続きが増えている。特に当市の補助金は一年前に予算申請をしなければならず、国の事務の流れと合わなくてやりづらい。そのため、市で会計等はやるよう国から指導してほしい。〔茨城県〕

● 補助額減により、現地確認の委託ができず、現地確認を事務局である市職員が行わざるを得ない。補助額減により、事務局の事務量が増加している。〔埼玉県〕

● 交付金の額は毎年減額されており、運営に支障をきたしている。補助金の計算が複雑で事務処理に時間がかかる。〔千葉県〕

● 経営所得安定対策等推進事業による補助金だけでは事務費を賄えない。国と協力して事務を遂行しているのではなく、やらされている感が強い。〔長野県〕

● 雇用確保が厳しく、雇用条件を改善しないと事務員の離職が心配。事務局負担が大きく、事務費補助金が足りないため、時間外手当やJA職員への賃金支払いについても、全額を事務費から支出できていない。〔岐阜県〕

● 水田面積が漸減傾向にあるなか、水田台帳システム及び地図システムの使用料の負担は変わらず、申請書等の郵送料金、各種帳票の印刷、現地調査及び結果入力等の事務の負担の減少以上に事務費補助金が減少し続けており、経費削減に苦慮している。〔岐阜県〕

● とにかく業務量も多いが知識面についても、専門的なことが多く、事務としては厳しい。また国の制度で、町が事務費をもらって業務を行っているが、正直、事務費をもらっても受けたくない。〔三重県〕

● 事務費の交付決定がもっと早くならないのか。6月下旬となると支払いに苦慮する。事前着工ではないが、年度当初にならないのか。〔滋賀県〕

● 専門の事務員は0人で、事務員は全員、複数の他業務と兼任している。農業再生協議会で雇っている臨時職員

についても、補助金の減少により勤務日数を減少させざるを得ない。一方で、高齢化等による提出書類の不備が近年増加しており、確認作業等の事務負担が増大している。〔兵庫県〕

- 農政局の人員が減り、事務を農業再生協議会に下ろそうとしているが、事務費は減らされる方向であるため、今後の先行きを懸念している。〔鳥取県〕
- 時期によって事務負担が急に増すので、翌年度情報は早めに出してほしい。〔福岡県〕
- 行政主体の事業が多い。予算も少なく、兼任で業務に取り組んでいるため、行政サービスの低下が著しい。農業土木、井堰、ため池管理、就農支援、人農地プラン、農業委員会、中間管理事業、全て兼務。〔福岡県〕
- 事務局員の労働条件について、何を参考すれば良いのかわからない。臨時職員並み又は再任用職員並み、等。〔福岡県〕
- 営農計画の入力作業、農家からの問い合わせ、提出書類の確認、説明会、各圃場の現地確認等、担当の業務が多く負担が大きい（時間外業務が多い）。事務費も満額つかないため、時間外の経費の不足は市から支出している。〔長崎県〕
- 農業再生協議会の役割が重要としながらも事務局体制への支援は、市町村とJAがやっている場合がほとんど。もっと事務局体制への支援充実が必要である。〔熊本県〕
- 最近の推進事業費は必要額（要求額）に比して削られている。当初額が削られるため、予定した機器の更新や増加した業務への対応が進まない。〔大分県〕
- 現地調査等を実施する専門的知識を有する非常勤職員を配置する必要性を感じるが、配置するための予算が足りない。〔鹿児島県〕

（6）管理システム関係

地域農業再生協議会

- 様式2号営農計画書の入力作業に時間と労力がかかる。1筆ずつの入力方法を改めてほしい。〔北海道〕
- 水田フル活用ビジョンの作成において、市で保有しているデータ量に限界があり、国等から指摘を受け修正を行うことが多く、負担が増していると感じている。〔岩手県〕
- 紙の書類が多すぎてペーパーレス化が進まない。〔山形県〕
- 経営所得安定対策の手続き電子化や現地確認システムの開発が進んでいると伺っているが、電子化やシステムへの対応には多大な労力が必要になると考えられる。現在も一部の事務をJAに委託しているが、今以上に委託の作業量を増やすことは困難であり、また他に委託が可能な相手先が見つからない。〔富山県〕
- 水田管理システムの改修により、チェック集計作業等の省力化を進めることで事務負担の軽減を図った。一方、今後は、国の電子化に伴う申請方法の変更に対応するため、負担増になると考える。〔栃木県〕
- 今年度よりシステムが変わり事務量が増えると思われる。〔群馬県〕
- システムの統一化や簡略化等によって負担を減らしてほしい。〔埼玉県〕
- 水田面積が漸減傾向にあるなか、水田台帳システム及び地図システムの使用料の負担は変わらず、申請書等の郵送料金、各種帳票の印刷、現地調査及び結果入力等の事務の負担の減少以上に事務費補助金が減少し続けており、経費削減に苦慮している。〔岐阜県〕
- 支援システムの使い勝手が悪く、作業に時間がかかる（2019年4月導入のクラウドシステム）。〔岐阜県〕
- 水田台帳の入力を外部委託とする。農業再生協議会事務を効率化する。以上の2点により事務量が減少した。〔三重県〕
- 水田台帳システムが毎年様式が変わり、毎年新しいバージョンを入れる必要がある。〔奈良県〕
- 少ない職員で業務のやりくりをしている中、経営所得安定対策等の事務負担はアナログ的な作業も多く、負担は依然として大きいままである。〔奈良県〕
- 減反廃止で現地確認の負担は軽減されたが、産地交付金の事務手続や現地確認の負担は増加している。特に要件が複雑であったり、システム入力等。事務手続や現地確認の入力が一括でできるタブレット等が必要。〔福岡県〕
- 申請手続きの電子化が検討・検証されているが、大きな事務負担の軽減になるとは思えない。〔佐賀県〕
- 現在、農業者から申請があった経営所得安定対策の交付申請書や営農計画書をもとに、申請者情報や作付け作物の名称、面積のほか、圃場の異動等多くの情報を民間から導入したシステムに入力しているが、毎年システム改修費用がかかることに加えて、紙媒体の書類をシステムに入力しているため、入力の時間がかかっている。このため、申請書類や営農計画書をタブレット入力方式にする等、国として経営所得安定対策の一連の業務に係るシステム構築をしていただき、事務負担軽減を図ってほしい。〔長崎県〕
- 新規需要米認定申請関連書類、水田直接支払交付金に係る対象要件確認書類（作業日誌、利用供給協定書、等）の作成、配布、回収業に多くの労力を要するので簡素化できないか？　例えばデータ管理ソフトで氏名・圃場

の地名・地番が印刷された様式がプリントアウトできないだろうか。〔長崎県、括弧内は原文のまま〕

●システムの料金が高い。〔熊本県〕

（7）国による米生産数量目標の配分の廃止

都道府県農業再生協議会

●国による生産数量目標の配分と米の直接支払交付金が廃止され、転作への誘導策やペナルティ措置がとりにくく、生産調整の推進が困難な状況。そのため、地域農業再生協議会等、現場への指導及び調整に係る業務負担が増加している。〔北陸〕

●生産数量目標の配分に係る事務は削減されたが、県の需要量の把握や、県産米のマッチングに係る活動が増えている。〔近畿〕

地域農業再生協議会

●制度内容が地域の実情と合っていないため、農業者に対する説明に時間がかかる〔北海道〕

●制度の改正等により必要な書類量が増大し、事務量が増えている。〔北海道〕

●国による生産数量の配分は廃止されたものの、自主的な生産調整に取り組んでいく必要はある。そのため、事務量が減ることはない。〔福島県〕

●2018年度から需給調整制度が変わり、生産者や方針作成者が主食用米の生産量を決める形に変わったが、2018年度と2019年度は県や市で目標や目安を示し、目標や前年産と比較して増産している地域には県から生産抑制の指導が入る体制となっている。その都度、会議や意見交換会等に参集されるため事務負担となっている。〔新潟県〕

●国、県への報告が多く、事務負担増になっている。国が産地交付金の配分の1割を留保し、農業再生協議会の取組状況に応じて配分調整しているが、これは農家個人ではなく農業再生協議会に対するペナルティーと考える。国からの生産数量目標の配分がなくなり情報提供となったため、生産調整を減らす経営体が増えてきている。その結果、情報提供通りに生産調整がされなくなっており、農業再生協議会では産地交付金が減額となり、正直者が馬鹿を見るようになって問題化している。少数の農家のせいで、大多数の農家が犠牲になっている。〔富山県〕

●水田管理システムの改修により、チェック集計作業等の省力化を進めることで事務負担の軽減を図った。制度改正以降は、主食用米の生産量の調整については、基本的に生産者と集荷業者の間で行う。よって、農業再生協議会が主体となって調整はしていない。〔栃木県〕

●需要に応じた米づくりの推進のため、方針の検討や関係者とのすり合わせ、生産者への啓発等、制度変更への対応による負担が増加している。〔栃木県〕

●2018年度から国による生産数量調整（減反）廃止の報道により、事実が伝えられておらず、現場の農家の認識が誤っており、その部分を正しく理解していただくための事務が大変増加している。〔長野県〕

●当市は米の生産が少なく、出荷している農家は少ない。米の生産量の調整に係る事務は必要を感じていない。計画作成の事務は必要な自治体だけ取り組むべき。そのため、水田フル活用ビジョン、コメの生産量調整はすぐにやめるべきと考えている。〔長野県〕

●生産数量目標がなくなったことで個人の目標達成確認や調整事務は大幅に減少した一方で、収入保険の開始に伴い、農業共済との情報共有ができない事項が増え、事務負担が増加した。〔滋賀県〕

●米の生産調整及び交付金の廃止により、2018年度の事務は減少していると思われるが、2019年度から収入保険の開始に伴い、麦、水稲共済が任意加入となったことで、作付確認（現地確認）の負担が増大している。〔香川県〕

●現在は配分がなくなった影響で事務負担は減りつつあるが、今後農業共済組合の方針の変更等で現地確認業務が増える可能性がある。〔香川県〕

●減反廃止で現地確認の負担は軽減されたが、産地交付金の事務手続や現地確認の負担は増加している。特に要件が複雑であったり、システム入力等。〔福岡県〕

●米の直接支払交付金が廃止になった事務処理以上に、新規需要米や水田フル活用ビジョン等の事務手続きが煩雑化している。〔福岡県〕

●2018年度から米の直接支払交付金が廃止となり、受付件数は減少したものの、入力作業等の他の業務量は減少していないため、ほとんど変化なし。〔長崎県〕

（8）JA関係

地域農業再生協議会

- 年々確認事項が増えている。また、制度の内容が複雑化しているため、パート職員には簡単な業務のみ依頼することになる。金額が大きいので、JA職員の業務量は自ずと増える。その負担をJAが負担するのはおかしいのではないか。〔北海道〕

- JAではなく行政が負担を担ってほしい。〔茨城県〕

- 農業再生協議会の事務、現地確認等、JAではなく行政に行っていただきたい。〔茨城県〕

- 行政側とJA側で再生協議会への取り組みに対して意識の相違があり、行政側に事務負担が偏っている。〔茨城県〕

- JAでの事務負担が多く、このようなアンケートもJAの負担になっているので、行政との負担分担を平等にしてほしい。水田システムも統一化、システムの簡略化等、負担を減らしてほしい。〔埼玉県〕

- JAで事務局を行っているのだが、市はJAに任せきりで協力依頼をしても動いてくれない。推進事業費が年々削減されている中なので、協力がないと苦しい。また、正確な農地情報（農地基本台帳）を持っているのは市だけであり、農業再生協議会の持っている水田台帳との突き合わせの仕方は、市役所へ行き、閲覧するのみの方法なため、時間がかかり負担が大きく困っています。〔埼玉県〕

- 雇用確保が厳しく、雇用条件を改善しないと事務員の離職が心配。事務局負担が大きく、事務費補助金が足りないため、時間外手当やJA職員への賃金支払いについても、全額を事務費から支出できていない。〔岐阜県〕

- JAに多くの事務を委託してきたが、一部の事務を町が行う方向であり、町としては以前と比べると負担が大きくなる傾向にある（再生支援システムへの入力業務等）。〔鳥取県、括弧内は原文のまま〕

- 食糧法等により事務局業務はJAが行うことになっているが、ほとんど自覚もなく、業務を負担しないため、市としてはこの事業自体が負担でしかない。この件について、農政局県拠点、県に是正指導を申し入れたが十分な回答、対応を得られなかった。生産者に望まれている事業とも言い難いので、事業のあり方等、根本的に見直してほしいところである。繰り返しになるが、市が本来的に行う事務ではないので、本件事務は負担でしかない。〔福岡県〕

- 水田フル活用ビジョンの作成や産地交付金のメニュー作成等の事務について、JA等の関係機関と連携はしているが、行政が主たる事務所として仕事をする以上、もともとの知識の差や農業関係に疎いところがあり（勉強で補えない部分）、調整に苦慮することが多々ある。〔佐賀県、括弧内は原文のまま〕

- 事務局については現在市町村が持っているが、営農指導等の観点からJAが持った方が良いように思われる。〔長崎県〕

- 農業再生協議会の役割が重要としながらも事務局体制への支援は、市町村とJAがやっている場合がほとんど。もっと事務局体制への支援充実が必要である。〔熊本県〕

- 行政中心で事務を行うことが多く、事務局を構成するJA等の組織からの支援がほとんどない。〔鹿児島県〕

（9）米の直接支払交付金制度の廃止

都道府県農業再生協議会

- 国による生産数量目標の配分と米の直接支払交付金が廃止され、転作への誘導策やペナルティ措置がとりにくく、生産調整の推進が困難な状況。そのため、地域農業再生協議会等、現場への指導及び調整に係る業務負担が増加している。〔北陸〕

地域農業再生協議会

- 2018年度で米の直接支払制度が終了して事務負担が減少した一方で、農業共済の制度改正で一体化帳票（営農計画書と農業共済申込書がセット）の配布・回収時期が早まったため事務負担が増した。〔長野県、括弧内は原文のまま〕

- 米の生産調整及び交付金の廃止により、2018年度の事務は減少していると思われるが、2019年度から収入保険の開始に伴い、麦、水稲共済が任意加入となったことで、作付確認（現地確認）の負担が増大している。確認方法について、国、県単位で方針が示されていないことで混乱している。〔香川県、括弧内は原文のまま〕

- 米の直接支払交付金が廃止になった事務処理以上に、新規需要米や水田フル活用ビジョン等の事務手続きが煩雑化している。〔福岡県〕

- 2018年度から米の直接支払交付金が廃止となり、受付件数は減少したものの、入力作業等の他の業務量は減少していないため、ほとんど変化なし。〔長崎県〕

都道府県農業再生協議会

● 2017-2019 年度にかけての都道府県農業再生協議会における事務負担の変化

（都道府県数）

	n	主食用米の生産調整関係							主食用米の生産者と需要者のマッチング関係						
		減った	どちらかといえば減った	変化なし	どちらかといえば増えた	増えた	事務対応無し	無回答	減った	どちらかといえば減った	変化なし	どちらかといえば増えた	増えた	事務対応無し	無回答
全国	42	1	3	13	13	9	1	2	0	0	11	2	2	27	0
北海道・東北	7	0	0	3	2	2	0	0	0	0	0	1	0	6	0
北陸	3	0	0	0	1	1	0	1	0	0	0	0	0	3	0
関東・東山	8	0	0	4	3	0	0	1	0	0	3	0	0	5	0
東海	3	0	0	1	1	1	0	0	0	0	1	0	0	2	0
近畿	5	1	1	1	1	0	1	0	0	0	2	0	1	2	0
中国	5	0	0	1	0	4	0	0	0	0	1	0	1	3	0
四国	4	0	0	1	3	0	0	0	0	0	1	0	0	3	0
九州・沖縄	7	0	2	2	2	1	0	0	0	0	2	2	0	3	0

（都道府県数）

	加工用米の生産者と需要者のマッチング関係							業務用米の生産者と需要者のマッチング関係						
	減った	どちらかといえば減った	変化なし	どちらかといえば増えた	増えた	事務対応無し	無回答	減った	どちらかといえば減った	変化なし	どちらかといえば増えた	増えた	事務対応無し	無回答
全国	0	0	14	1	3	24	0	0	0	12	1	2	27	0
北海道・東北	0	0	1	0	0	6	0	0	0	1	0	0	6	0
北陸	0	0	0	0	0	3	0	0	0	0	0	0	3	0
関東・東山	0	0	4	0	0	4	0	0	0	3	0	0	5	0
東海	0	0	1	1	0	1	0	0	0	1	0	0	2	0
近畿	0	0	2	0	1	2	0	0	0	1	0	1	3	0
中国	0	0	1	0	1	3	0	0	0	1	0	1	3	0
四国	0	0	2	0	0	2	0	0	0	2	0	0	2	0
九州・沖縄	0	0	3	0	1	3	0	0	0	3	1	0	3	0

（都道府県数）

	飼料用米の生産者と需要者のマッチング関係							WCS用稲の生産者と需要者のマッチング関係						
	減った	どちらかといえば減った	変化なし	どちらかといえば増えた	増えた	事務対応無し	無回答	減った	どちらかといえば減った	変化なし	どちらかといえば増えた	増えた	事務対応無し	無回答
全国	1	1	16	1	1	22	0	1	0	15	0	1	25	0
北海道・東北	0	1	2	0	0	4	0	0	0	2	0	0	5	0
北陸	0	0	0	0	0	3	0	0	0	0	0	0	3	0
関東・東山	0	0	4	0	0	4	0	0	0	4	0	0	4	0
東海	1	0	1	0	0	1	0	1	0	1	0	0	1	0
近畿	0	0	3	0	0	2	0	0	0	2	0	0	3	0
中国	0	0	1	0	1	3	0	0	0	1	0	1	3	0
四国	0	0	2	0	0	2	0	0	0	2	0	0	3	0
九州・沖縄	0	0	3	1	0	3	0	0	0	4	0	0	3	0

● 2017-2019 年度にかけての都道府県農業再生協議会における事務員数の変化と人手の状況

（都道府県数）

	n	専門の事務員の人数							兼任・非常勤の事務員の人数						
		減った	どちらかといえば減った	変化なし	どちらかといえば増えた	増えた	0人のまま	無回答	減った	どちらかといえば減った	変化なし	どちらかといえば増えた	増えた	0人のまま	無回答
全国	42	1	1	21	0	0	17	2	6	1	23	1	0	9	2
北海道・東北	7	0	0	4	0	0	3	0	2	0	4	0	0	1	0
北陸	3	1	0	0	0	0	1	1	0	0	0	0	0	1	1
関東・東山	8	0	0	2	0	0	5	1	1	0	4	1	0	1	1
東海	3	0	0	2	0	0	1	0	0	0	1	0	0	2	0
近畿	5	0	0	4	0	0	1	0	0	0	4	0	0	1	0
中国	5	0	1	2	0	0	2	0	2	0	1	0	0	1	0
四国	4	0	0	3	0	0	1	0	0	0	2	0	0	2	0
九州・沖縄	7	0	0	4	0	0	3	0	1	1	5	0	0	0	0

（都道府県数）

	人手の状況					
	足りていない	どちらかといえば足りていない	普通	どちらかといえば余裕がある	余裕がある	無回答
全国	5	10	25	0	0	2
北海道・東北	1	1	5	0	0	0
北陸	0	1	1	0	0	1
関東・東山	1	1	5	0	0	1
東海	1	0	2	0	0	0
近畿	0	0	5	0	0	0
中国	0	3	2	0	0	0
四国	1	1	2	0	0	0
九州・沖縄	1	3	3	0	0	0

地域農業再生協議会

● 2017-2019 年度にかけての地域農業再生協議会における事務負担の変化

（地域数）

	n	主食用米の生産調整関係							主食用米の生産者と需要者のマッチング関係						
		減った	どちらかといえば減った	変化なし	どちらかといえば増えた	増えた	事務対応無し	無回答	減った	どちらかといえば減った	変化なし	どちらかといえば増えた	増えた	事務対応無し	無回答
全国	985	138	168	419	77	75	95	13	13	17	371	37	28	504	15
北海道	96	4	9	36	9	6	30	2	2	1	29	3	1	58	2
青森県	29	2	7	10	8	1	1	0	0	0	13	2	0	14	0
岩手県	23	2	10	7	1	1	2	0	0	0	9	1	1	12	0
宮城県	22	2	4	10	3	2	1	0	0	1	13	1	0	7	0
秋田県	18	2	1	3	5	5	2	0	0	0	2	3	3	10	0
山形県	27	1	5	13	3	4	1	0	0	0	10	0	2	14	1
福島県	35	3	5	19	2	1	5	0	0	0	12	2	1	20	0
新潟県	25	2	2	10	5	6	0	0	0	0	10	2	2	11	0
富山県	11	1	2	5	2	1	0	0	0	0	4	1	0	6	0
石川県	14	1	3	5	1	3	1	0	1	1	4	0	1	7	0
福井県	15	0	4	4	2	4	1	0	0	0	5	1	0	9	0
茨城県	31	2	2	13	4	9	1	0	0	0	13	1	0	17	0
栃木県	19	3	5	8	1	1	1	0	0	0	4	0	0	15	0
群馬県	17	1	5	7	1	1	2	0	0	1	6	1	0	9	0
埼玉県	28	2	2	18	1	4	1	0	0	0	14	0	1	13	0
千葉県	28	1	4	15	3	3	1	1	0	0	10	2	2	13	1
東京都	-	-	-	-	-	-	-	-	-	-	-	-	-	-	-
神奈川県	8	2	0	3	0	0	2	1	0	0	2	0	0	5	1
山梨県	13	0	1	8	0	0	3	1	0	0	7	0	0	5	1
長野県	35	3	3	19	5	3	1	1	0	0	19	1	2	12	1
岐阜県	32	1	5	20	3	1	1	1	0	0	15	2	0	14	1
静岡県	13	3	1	6	0	0	3	0	2	0	2	0	1	8	0
愛知県	27	1	4	18	0	2	2	0	0	1	11	1	0	14	0
三重県	19	2	4	8	2	0	3	0	0	0	9	0	0	10	0
滋賀県	14	1	2	7	2	2	0	0	0	1	2	1	1	9	0
京都府	19	12	2	4	0	0	0	1	0	0	7	3	0	8	1
大阪府	25	9	4	4	0	0	8	0	1	0	4	0	0	20	0
兵庫県	28	10	8	8	0	2	0	0	0	0	15	0	1	12	0
奈良県	19	3	3	11	0	0	2	0	0	1	7	0	0	11	0
和歌山県	15	1	2	6	1	0	5	0	0	2	5	1	0	7	0
鳥取県	15	4	1	9	0	1	0	0	0	0	8	2	0	5	0
島根県	12	1	3	3	2	2	1	0	0	0	3	2	3	4	0
岡山県	17	3	3	7	1	1	2	0	0	0	7	1	1	8	0
広島県	17	8	2	5	1	0	0	1	2	1	7	0	0	6	1
山口県	5	1	2	1	0	0	0	1	0	0	2	0	0	2	1
徳島県	11	1	3	6	0	0	1	0	0	1	5	0	0	4	0
香川県	10	4	0	3	0	1	1	1	2	0	2	0	0	4	0
愛媛県	13	4	3	6	0	0	0	0	0	0	6	0	0	7	0
高知県	18	4	4	6	1	1	2	0	0	0	7	0	0	9	1
福岡県	39	6	7	20	2	2	2	0	0	1	12	1	2	23	0
佐賀県	23	2	4	12	1	3	1	0	0	0	10	0	0	13	0
長崎県	17	4	3	7	0	0	2	1	0	2	5	0	0	9	1
熊本県	31	8	13	9	0	1	0	0	2	2	12	0	1	13	1
大分県	6	3	0	3	0	0	0	0	0	0	4	0	0	2	0
宮崎県	16	2	3	6	2	0	2	1	0	0	3	2	0	10	1
鹿児島県	30	6	8	11	3	1	1	0	1	1	15	0	0	13	0
沖縄県	-	-	-	-	-	-	-	-	-	-	-	-	-	-	-

	加工用米の生産者と需要者のマッチング関係							業務用米の生産者と需要者のマッチング関係						
	減った	どちらかといえば減った	変化なし	どちらかといえば増えた	増えた	事務対応無し	無回答	減った	どちらかといえば減った	変化なし	どちらかといえば増えた	増えた	事務対応無し	無回答
全国	11	11	325	35	27	561	15	0	3	279	14	20	654	15
北海道	0	0	24	5	1	64	2	0	0	20	3	0	71	2
青森県	1	1	10	2	0	15	0	0	1	9	2	0	17	0
岩手県	0	0	6	1	1	15	0	0	0	7	0	1	15	0
宮城県	0	0	12	2	0	8	0	0	0	7	0	1	13	1
秋田県	0	0	7	0	1	10	0	0	0	5	0	1	12	0
山形県	0	0	11	0	1	15	0	0	0	9	0	1	17	0
福島県	1	0	10	0	0	24	0	0	0	10	1	0	24	0
新潟県	0	1	9	1	2	12	0	0	0	10	0	2	13	0
富山県	0	0	4	1	0	6	0	0	0	3	1	0	7	0
石川県	0	0	6	1	1	6	0	0	0	5	0	1	8	0
福井県	0	0	5	1	1	8	0	0	0	5	1	0	9	0
茨城県	0	0	12	1	0	18	0	0	0	7	1	0	23	0
栃木県	0	0	4	1	0	14	0	0	0	4	0	0	15	0
群馬県	0	0	4	0	0	13	0	0	0	4	1	0	12	0
埼玉県	0	0	11	0	1	16	0	0	0	9	0	3	16	0
千葉県	0	0	9	0	2	16	1	0	0	9	0	1	17	1
東京都	-	-	-	-	-	-	-	-	-	-	-	-	-	-
神奈川県	0	0	2	0	0	5	1	0	0	2	0	0	5	1
山梨県	0	0	7	0	0	5	1	0	0	5	0	0	7	1
長野県	0	0	14	0	2	18	1	0	0	10	0	2	22	1
岐阜県	0	0	12	2	0	17	1	0	0	12	0	0	19	1
静岡県	0	1	3	0	1	8	0	0	0	3	0	0	10	0
愛知県	0	1	11	2	0	12	1	0	1	8	1	0	17	0
三重県	0	0	9	0	0	10	0	0	0	7	0	0	12	0
滋賀県	0	1	3	0	1	9	0	0	0	3	0	1	10	0
京都府	0	1	6	3	1	7	1	0	0	7	0	0	11	1
大阪府	0	0	3	0	0	22	0	0	0	2	0	0	23	0
兵庫県	2	0	12	1	1	12	0	0	0	7	0	1	20	0
奈良県	0	0	4	0	0	15	0	0	0	4	0	0	15	0
和歌山県	0	0	4	0	0	11	0	0	0	3	1	0	11	0
鳥取県	0	0	4	1	0	10	0	0	0	4	1	0	10	0
島根県	0	0	3	0	3	6	0	0	0	2	1	1	8	0
岡山県	0	0	6	0	1	10	0	0	0	6	0	1	10	0
広島県	1	1	6	1	1	6	1	0	0	5	0	0	11	1
山口県	0	0	0	1	0	3	1	0	0	2	0	0	2	1
徳島県	0	2	4	0	1	4	0	0	1	4	0	1	4	1
香川県	0	0	4	0	0	6	0	0	0	4	0	0	6	0
愛媛県	0	0	4	0	0	9	0	0	0	3	0	0	10	0
高知県	0	0	6	0	0	11	1	0	0	7	0	0	10	1
福岡県	4	0	11	0	1	23	0	0	0	10	0	1	28	0
佐賀県	0	0	9	1	0	13	0	0	0	9	0	0	14	0
長崎県	0	0	5	1	0	10	1	0	0	4	0	0	12	1
熊本県	1	0	10	1	1	18	0	0	0	8	0	1	22	0
大分県	0	1	0	1	2	2	0	0	0	2	0	0	4	0
宮崎県	0	1	6	1	0	7	1	0	0	3	0	0	12	1
鹿児島県	1	0	13	3	0	12	1	0	0	10	0	0	20	0
沖縄県	-	-	-	-	-	-	-	-	-	-	-	-	-	-

	飼料用米の生産者と需要者のマッチング関係							WCS用稲の生産者と需要者のマッチング関係						
	減った	どちらかといえば減った	変化なし	どちらかといえば増えた	増えた	事務対応無し	無回答	減った	どちらかといえば減った	変化なし	どちらかといえば増えた	増えた	事務対応無し	無回答
全国	4	15	355	47	36	510	18	4	7	330	41	53	531	19
北海道	1	0	20	4	2	67	2	1	0	19	0	0	74	2
青森県	0	2	11	3	0	13	0	0	0	16	2	0	11	0
岩手県	0	0	11	0	2	10	0	0	0	11	1	1	10	0
宮城県	0	0	11	0	2	8	1	0	0	11	1	0	9	1
秋田県	0	0	7	0	0	11	0	0	0	6	0	0	12	0
山形県	0	0	14	0	2	11	0	0	0	11	0	3	13	0
福島県	0	0	16	1	2	16	0	0	0	17	1	1	16	0
新潟県	0	0	11	2	0	12	0	1	0	6	0	0	18	0
富山県	0	0	3	1	0	7	0	0	0	3	1	0	6	1
石川県	0	1	5	0	1	7	0	0	0	6	0	1	7	0
福井県	0	0	4	3	0	7	1	1	0	4	1	0	9	0
茨城県	0	0	14	1	1	15	0	0	0	10	0	0	21	0
栃木県	0	0	4	1	0	14	0	0	0	5	0	0	14	0
群馬県	0	0	7	0	2	8	0	0	1	6	0	4	6	0
埼玉県	0	0	12	2	3	11	0	0	0	8	0	2	18	0
千葉県	0	0	11	4	2	10	1	0	1	10	3	1	12	1
東京都	-	-	-	-	-	-	-	-	-	-	-	-	-	-
神奈川県	0	0	1	0	0	5	2	0	0	1	0	0	5	2
山梨県	0	0	6	0	0	6	1	0	0	5	0	0	7	1
長野県	0	0	12	0	0	22	1	0	0	11	0	3	19	2
岐阜県	1	0	12	2	1	15	1	0	0	11	0	2	18	1
静岡県	0	1	6	0	0	6	0	0	0	3	0	0	10	0
愛知県	0	3	10	1	0	13	0	0	1	10	0	1	15	0
三重県	0	0	9	0	0	10	0	0	0	7	0	1	11	0
滋賀県	0	0	6	0	1	7	0	0	0	4	0	0	10	0
京都府	0	0	8	1	1	8	1	0	0	8	0	1	9	1
大阪府	0	0	3	0	0	22	0	0	0	1	0	0	24	0
兵庫県	0	0	10	0	1	17	0	0	0	8	1	1	18	0
奈良県	0	0	7	0	0	12	0	0	0	5	0	0	14	0
和歌山県	0	0	4	0	0	11	0	0	0	5	0	0	10	0
鳥取県	0	0	6	2	0	6	1	0	1	5	3	0	6	0
島根県	0	0	2	2	1	7	0	0	0	3	1	3	5	0
岡山県	0	1	5	1	0	10	0	0	0	8	0	1	8	0
広島県	0	1	6	1	0	8	1	0	0	5	2	1	7	2
山口県	0	0	1	1	1	1	1	0	0	1	1	2	0	1
徳島県	0	1	4	0	1	4	1	0	2	3	0	1	4	1
香川県	0	0	4	1	0	5	0	0	0	4	1	0	5	0
愛媛県	0	0	6	0	0	7	0	0	0	6	0	0	7	0
高知県	1	0	6	1	2	7	1	1	0	4	0	4	8	1
福岡県	0	2	11	3	3	20	0	0	1	13	3	4	18	0
佐賀県	0	1	8	0	1	13	0	0	0	11	0	1	11	0
長崎県	0	0	7	1	0	8	1	0	0	9	2	0	5	1
熊本県	1	0	14	2	1	13	0	0	0	11	6	5	9	0
大分県	0	0	3	0	2	1	0	0	0	0	2	3	1	0
宮崎県	0	1	4	2	0	8	1	0	0	7	1	1	6	1
鹿児島県	0	1	13	4	1	11	0	0	0	12	8	5	5	0
沖縄県	-	-	-	-	-	-	-	-	-	-	-	-	-	-

● 2017-2019 年度にかけての地域農業再生協議会における事務員数の変化と人手の状況

（地域数）

	n	専門の事務員の人数							兼任・非常勤の事務員の人数						
		減った	どちらかといえば減った	変化なし	どちらかといえば増えた	増えた	0人のまま	無回答	減った	どちらかといえば減った	変化なし	どちらかといえば増えた	増えた	0人のまま	無回答
全国	985	55	33	553	4	6	322	12	62	50	694	6	21	138	14
北海道	96	3	4	50	0	0	37	2	4	4	70	0	2	14	2
青森県	29	2	1	14	0	0	12	0	3	2	17	0	1	6	0
岩手県	23	2	0	12	0	1	8	0	3	2	17	0	0	1	0
宮城県	22	1	1	14	0	0	5	1	1	0	15	2	0	3	1
秋田県	18	0	0	15	0	1	2	0	0	1	15	0	0	2	0
山形県	27	4	2	16	0	0	5	0	3	3	17	0	1	3	0
福島県	35	1	1	20	0	0	13	0	1	1	24	0	1	8	0
新潟県	25	3	2	16	0	0	4	0	4	2	14	0	1	3	1
富山県	11	0	0	8	0	1	2	0	1	0	10	0	0	0	0
石川県	14	1	1	7	0	0	5	0	1	1	11	0	0	1	0
福井県	15	3	0	7	0	0	5	0	2	1	8	0	2	2	0
茨城県	31	3	1	16	0	0	11	0	1	4	21	0	0	5	0
栃木県	19	3	0	10	0	0	6	0	1	0	15	0	2	1	0
群馬県	17	0	1	8	0	0	8	0	2	1	11	0	0	3	0
埼玉県	28	3	0	11	0	0	14	0	5	1	16	0	0	6	0
千葉県	28	0	0	17	0	0	10	1	1	0	15	0	1	10	0
東京都	-	-	-	-	-	-	-	-	-	-	-	-	-	-	-
神奈川県	8	0	0	2	0	0	5	1	1	0	2	0	0	4	0
山梨県	13	0	0	8	0	0	5	0	1	0	8	0	0	4	0
長野県	35	1	1	20	0	0	12	1	2	1	27	0	1	3	0
岐阜県	32	1	1	14	1	0	14	1	1	1	23	0	2	4	0
静岡県	13	0	0	8	0	0	5	0	1	0	6	0	0	6	0
愛知県	27	1	2	16	0	0	8	0	1	3	20	0	1	2	0
三重県	19	1	1	10	0	0	7	0	0	2	14	0	1	2	0
滋賀県	14	0	0	12	0	0	2	0	2	1	11	0	0	0	0
京都府	19	1	0	11	0	0	6	1	0	0	15	1	0	2	1
大阪府	25	2	0	9	0	1	13	0	0	2	15	0	1	7	0
兵庫県	28	2	0	13	0	1	12	0	1	2	19	0	0	6	0
奈良県	19	1	2	8	0	0	8	0	1	1	15	0	0	2	0
和歌山県	15	0	0	6	0	0	9	0	0	1	12	0	0	2	0
鳥取県	15	0	0	13	0	0	2	0	0	0	14	0	0	1	0
島根県	12	2	1	7	0	0	2	0	1	1	9	0	0	1	0
岡山県	17	1	0	9	0	0	7	0	2	0	14	0	0	1	0
広島県	17	0	0	12	1	0	4	0	0	1	16	0	0	0	0
山口県	5	1	1	2	0	0	0	1	1	0	3	0	0	0	1
徳島県	11	0	0	7	0	0	3	1	0	0	8	0	0	2	1
香川県	10	1	2	4	1	0	2	0	2	4	3	0	1	0	0
愛媛県	13	1	0	7	0	0	5	0	0	0	10	0	0	3	0
高知県	18	1	0	10	0	0	7	0	1	1	14	0	0	1	1
福岡県	39	3	2	27	0	1	6	0	3	1	30	0	2	3	0
佐賀県	23	2	2	12	1	0	6	0	2	1	18	1	0	1	0
長崎県	17	0	0	11	0	0	5	1	0	0	11	1	1	3	1
熊本県	31	1	2	19	0	0	9	0	1	1	25	0	0	4	0
大分県	6	0	0	4	0	0	2	0	0	0	4	1	0	1	0
宮崎県	16	0	0	11	0	0	4	1	1	0	11	0	0	3	1
鹿児島県	30	3	2	20	0	0	5	0	4	3	21	0	0	2	0
沖縄県	-	-	-	-	-	-	-	-	-	-	-	-	-	-	-

	人手の状況					
	足りていない	どちらかといえば足りていない	普通	どちらかといえば余裕がある	余裕がある	無回答
全国	202	326	430	3	1	23
北海道	19	28	46	0	0	3
青森県	5	17	7	0	0	0
岩手県	5	8	10	0	0	0
宮城県	4	8	8	0	0	2
秋田県	4	11	2	1	0	0
山形県	10	8	9	0	0	0
福島県	11	13	11	0	0	0
新潟県	4	10	11	0	0	0
富山県	3	4	4	0	0	0
石川県	4	1	9	0	0	0
福井県	4	3	8	0	0	0
茨城県	7	9	15	0	0	0
栃木県	0	5	14	0	0	0
群馬県	4	8	4	0	0	1
埼玉県	12	6	10	0	0	0
千葉県	4	9	14	0	0	1
東京都	-	-	-	-	-	-
神奈川県	2	2	2	1	0	1
山梨県	2	3	8	0	0	0
長野県	7	9	17	0	0	2
岐阜県	9	13	9	0	0	1
静岡県	0	2	10	0	0	1
愛知県	2	10	15	0	0	0
三重県	5	5	9	0	0	0
滋賀県	1	6	7	0	0	0
京都府	1	8	8	0	0	2
大阪府	5	8	12	0	0	0
兵庫県	6	8	13	0	0	1
奈良県	2	6	11	0	0	0
和歌山県	2	3	9	0	0	1
鳥取県	0	7	8	0	0	0
島根県	2	7	3	0	0	0
岡山県	0	11	5	0	0	1
広島県	4	3	10	0	0	0
山口県	1	1	2	0	0	1
徳島県	3	2	5	0	0	1
香川県	6	3	1	0	0	0
愛媛県	3	3	7	0	0	0
高知県	6	3	8	0	1	0
福岡県	7	15	17	0	0	0
佐賀県	5	12	6	0	0	0
長崎県	4	2	8	1	0	2
熊本県	5	10	16	0	0	0
大分県	2	1	3	0	0	0
宮崎県	3	8	4	0	0	1
鹿児島県	7	7	15	0	0	1
沖縄県	-	-	-	-	-	-

水田フル活用ビジョンの作成・公表

産地交付金の配分

1 産地交付金の配分方法は二極化

産地交付金の配分率は、2018年度は任意であった。2019年度は都道府県段階を当初配分の10%以上とする条件下で任意とされた。都道府県段階の割合では、都道府県段階が産地交付金の全額を扱う、すなわち100%の割合が6都道府県ある。他方、地域段階が産地交付金の全額を扱

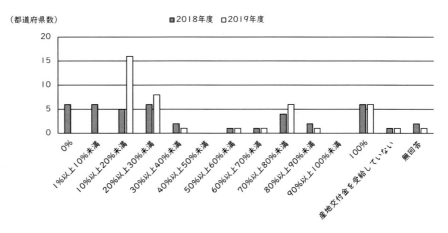

図 3-1　産地交付金の都道府県段階の配分率別にみた都道府県数

（都道府県数）　　■2018年度　□2019年度

う、すなわち都道府県段階の割合が0%であるケースは2018年度に6都道府県あった。0%と同様に都道府県段階の配分率が低い1%以上10%未満のケースも6都道府県あった。都道府県段階の配分率を最低10%以上とする2019年度の政策変更にともない、10%未満の都道府県は0となった。かわって、10%以上20%未満の都道府県が17都道府県となった（図3-1）。40%以上70%未満はわずか2都道府県であり、基本的には都道府県段階が全てを配分する100%、または、地域段階に使途を主に委ねて都道府県段階の配分を低くする基本的な傾向がある。産地交付金の配分については、都道府県農業再生協議会主導か地域農業再生協議会主導か、二極化の様相を呈している。

2 二極化した産地交付金の配分方法は制度変更に大きな影響を受けずに固定化

産地交付金の配分方法は、2018年度から2019年度にかけて、各都道府県でそれほど大きく変化していない。2018年度に0%、1-10%としていた都道府県の多くは、2019年度の政策変更に伴って都道府県段階の配分率の最低ラインとなった10%程度に設定している（図3-2）。すなわち、地域農業再生協議会主導の産地交付金の設定が行われていた都道府県では、その傾向が色濃く残されてい

図 3-2　産地交付金の都道府県段階の配分率の変化
（2018-2019 年度）

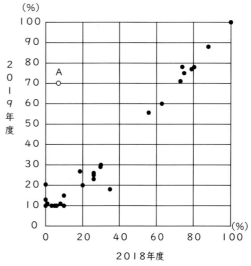

1）両年度とも有効回答した39都道府県のデータをプロットして筆者作成。

る。反対も同様で、2018年度で都道府県段階の配分率が100%のケース、すなわち都道府県農業再生協議会が一括して産地交付金を設定しているのは、6都道府県あったが、これらは全てが2019年度も100%を継続した。

例外として、図3-2で点Aとして示した都道府県では、2018年度は7%、2019年度は70%に大幅に増加している。聞き取り調査によれば、この理由は、各地域のJAの地理的範囲で設定された地域農業再生協議会が産地交付金の設定を主導していたものの、2019年度初めにJAが一つに合併にしたことに伴い、産地交付金を都道府県段階で包括的に設定する色合いを強めたためである。

3　産地交付金の設定は北海道・東北、北陸で地域農業再生協議会が主導、関東・東山では都道府県農業再生協議会が主導する傾向

産地交付金の設定は北海道・東北で、10%以上20%未満の割合が他地域区分と比較して多い。また、関東・東山では100%の割合が他地域区分と比較して多い。すなわち、北海道・東北では地域農業再生協議会が産地交付金の設定を主導し、関東・東山では都道府県農業再生協

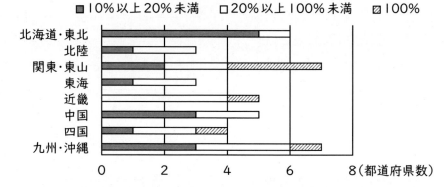

図3-3　産地交付金の都道府県段階の配分率別にみた都道府県数（地域区分別、2019年度）

1）配分率の数値を回答した40都道府県のデータから筆者作成。

議会が産地交付金の設定を主導する傾向がある。また、近畿は、20%以上100%未満が多いという特徴がある（図3-3）。

水田フル活用ビジョンの作成状況

4　都道府県段階で産地交付金の配分がなくとも都道府県版水田フル活用ビジョンは作成された

都道府県農業再生協議会による水田フル活用ビジョンの作成状況は、都道府県段階の産地交付金の配分率が0%の場合でも作成された（図3-4）。

なお、「作成しなかった」（3%）とは、都道府県段階、地域段階ともに産地交付金を受け取っていない1都道府県のみ該当する。

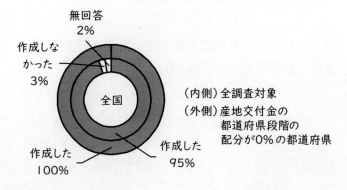

図3-4　都道府県農業再生協議会による
水田フル活用ビジョンの作成状況

5　地域段階で産地交付金の配分がなくとも地域版水田フル活用ビジョンは作成される傾向

地域農業再生協議会による水田フル活用ビジョンは、産地交付金の地域段階配分が0%の地域でも89%で作成されており、作成しなかったのは8%にとどまっている（図3-5）。すなわち、産地

交付金の配分の有無によらず地域版の水田
フル活用ビジョンは作られる傾向にある。

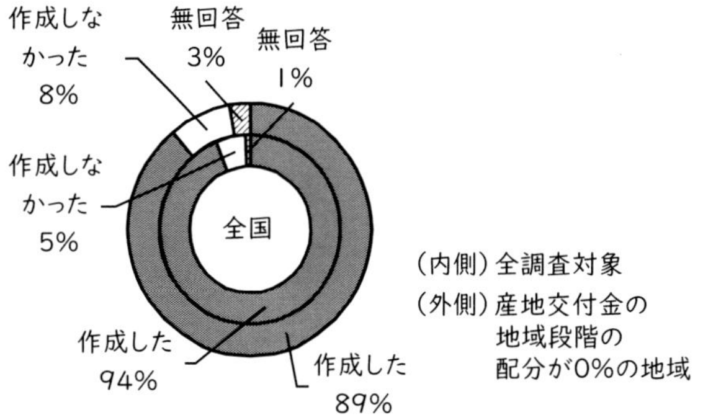

6 地域版水田フル活用ビジョンの作成率は北海道、南関東でやや低い

地域農業再生協議会では基本的に水田フル活用ビジョンが作られるが、作成率がやや低い地域区分として、北海道（75%）、南関東（77%）がある（図3-6）。

地域段階の産地交付金の配分率がない場合の水田フル活用ビジョンの作成率は、地域区分でみると、北関東と近畿で100%であるのに対して、南関東（84%）、四国（73%）で低い割合となっている（図3-7）。このうち、四国については「無回答」の割合が20%弱と高い点には留意が必要である。

図 3-5 地域農業再生協議会による水田フル活用ビジョンの作成状況

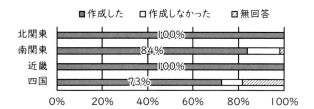

（内側）全調査対象
（外側）産地交付金の地域段階の配分が0%の地域

図 3-6 地域区分別にみた地域農業再生協議会による水田フル活用ビジョンの作成状況（全調査対象）

図 3-7 地域区分別にみた地域農業再生協議会による水田フル活用ビジョンの作成状況（地域段階の産地交付金の配分率 0%）

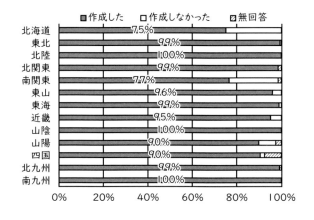

水田フル活用ビジョンの公表状況

7 都道府県版水田フル活用ビジョンは基本的に都道府県のホームページで公表

経営所得安定対策等実施要綱において、産地交付金に紐づく都道府県版の水田フル活用ビジョンは承認された後、2週間以内に策定主体のホームページ等で公表するものとされている。

このため、都道府県農業再生協議会が作成した水田フル活用ビジョンは、基本的に都道府県

図 3-8 作成した都道府県版水田フル活用ビジョンの公表状況（都道府県農業再生協議会）

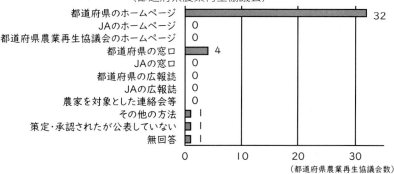

（都道府県農業再生協議会数）

のホームページに掲載されている（図3-8）。1都道府県が回答した「その他の方法」とは、都道府県から独自したホームページでの公表である。都道府県の窓口での公表も4都道府県で行われているが、ホームページでの公表が多い。

公表方法の主たる方法がホームページであることは、複数回答のパターンからも指摘できる（表3-1）。なお、水田フル活用ビジョンを策定・承認されながらも公表していないと回答した都道府県農業再生協議会が1つあった。

8　地域版水田フル活用ビジョンは基本的に市町村のホームページで公表

都道府県版水田フル活用ビジョンと同様に、経営所得安定対策等実施要綱において、産地交付金に紐づく地域版の水田フル活用ビジョンは承認された後、2週間以内に策定主体のホームページ等で公表するものとされている。

地域農業再生協議会が作成した水田フル活用ビジョンは、基本的に市町村のホームページに掲載されている（図3-9）。また、JAや地域農業再生協議会のホームページ、JAの窓口、市町村やJAの広報誌で公表するケースもある。

また、特徴的なのは、「策定・承認されたが公表していない」、「その他の方法」、「農家を対象とした連絡会等」が多い点である。

表3-1　公表状況の複数回答の全パターン（都道府県農業再生協議会）

順位	複数回答のパターン	回答数
1	「都道府県のホームページ」	28
2	「都道府県のホームページ」「都道府県農業再生協議会のホームページ」	3
2	「都道府県農業再生協議会のホームページ」	3
2	「都道府県の窓口」	3
5	「都道府県のホームページ」「都道府県農業再生協議会のホームページ」「都道府県の窓口」	1
5	「その他」	1
5	「策定・承認されたが公表していない」	1

図3-9　作成した地域版水田フル活用ビジョンの公表状況（地域農業再生協議会）

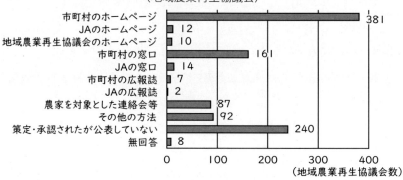

（地域農業再生協議会数）

表3-2　公表状況の複数回答の上位5パターン（地域農業再生協議会）

順位	複数回答のパターン	回答数
1	「市町村のホームページ」	347
2	「策定・承認されたが公表していない」	240
3	「市町村の窓口」	115
4	「その他の方法」	76
5	「農家を対象とした連絡会等」	58

これは、複数回答のパターンの上位5パターンからも確認できる（表3-2）。

「その他の方法」としては、都道府県や都道府県農業再生協議会のホームページでの公表のほか、多かった回答として、郵送や対面方式によって制度説明資料や営農計画書とともに配布する方法であった。この際、水田を所有する全農家に郵送する場合もあれば、対象農家にのみ配布するケースもみられる。また、内容も、一部の交付対象や交付単価のみを抜粋して公表するケースがある。

水田フル活用ビジョンの公表期間

9　水田フル活用ビジョンの公表開始は、地域農業再生協議会の方が多様

水田フル活用ビジョンの公表開始は、経営所得安定対策等実施要綱において、承認後2週間以内とされている。このため、水田フル活用ビジョンの承認時期の公表開始が多い。

都道府県農業再生協議会では、農政局への提出期限や、農政局からの承認期限から約2週間後に当たる7月、8月での公表開始が多い（図3-10）。地域農業再生協議会では、都道府県農業再生協議会と同様に、7月、8月に公表を開始するケースが多いが、春作業が始まる2月、3月や年度

が終わる2月、3月に公表を
開始するケースも確認できる
（図3-11）。

10 水田フル活用ビジョンの公表終了は年度末と翌年度版公表の時期が多い

　水田フル活用ビジョンの公表終了の時期は、経営所得安定対策等実施要綱におい特段の定めがない。公表終了時期は、都道府県農業再生協議会、地域農業再生協議会ともに、年度末に公表を終了するケースが多い（図3-12、図2-13）。なお、回答に「現在」とは、調査ウのアンケート調査への回答時点を示しており、2018年度の水田フル活用ビジョンが2019年度も公表さ

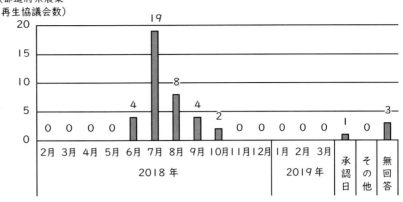

図3-10　水田フル活用ビジョンの公表開始時期（都道府県農業再生協議会）

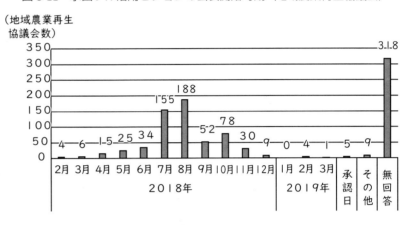

図3-11　水田フル活用ビジョンの公表開始時期（地域農業再生協議会）

図3-12　水田フル活用ビジョンの公表終了時期（都道府県農業再生協議会）

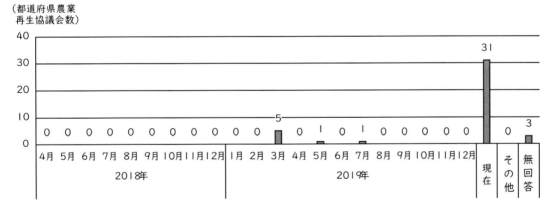

図3-13　水田フル活用ビジョンの公表終了時期（地域農業再生協議会）

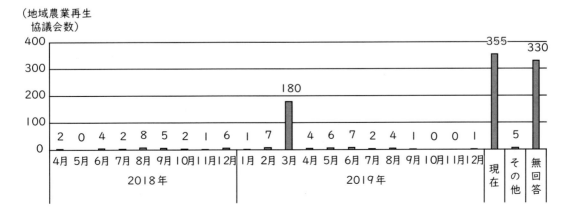

れていたことを示す。なお、「現在」とした回答には、次年度版と差し替えるまで公表すると回答したケースが多かった。

11　地域農業再生協議会による水田フル活用ビジョンの公表期間は短期間の場合もある

水田フル活用ビジョンの公表期間は、都道府県農業再生協議会で9カ月から11カ月が多い（図3-14）。他方、地域農業協議会では、8カ月から9カ月が多いほか、1カ月や2カ月といった短期間のみ公表しているケースもみられる。

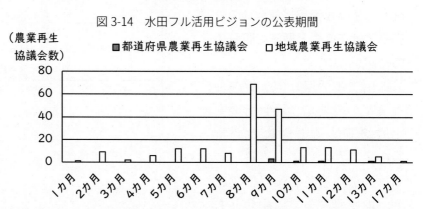

図 3-14　水田フル活用ビジョンの公表期間

（農業再生協議会数）
■都道府県農業再生協議会　　□地域農業再生協議会

水田フル活用ビジョンの改訂状況

12　公表された都道府県版水田フル活用ビジョンの4割が改訂された

都道府県農業再生協議会の39%は、公表した水田フル活用ビジョンを改訂している（図3-15）。

改訂は、産地交付金の追加配分等を受けて行われ、改訂した場合、多くは1回の改訂であった。

水田フル活用ビジョンについて産地交付金の活用方法の明細のみを改訂する場合もある。このため、「改訂なし」と回答した都道府県農業再生協議会の中には、水田フル活用ビジョンの本文は改訂していないものの、産地交付金の活用方法の明細を改訂したケースが含まれると考えられる。

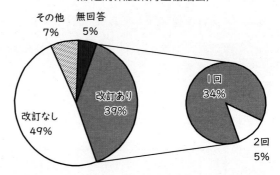

図 3-15　公表した水田フル活用ビジョンの改訂状況（都道府県農業再生協議会）

その他 7%
無回答 5%
改訂あり 39%
1回 34%
2回 5%
改訂なし 49%

13　公表された地域版水田フル活用ビジョンの15%が改訂された

地域農業再生協議会の15%は、公表した水田フル活用ビジョンを改訂している（図3-16）。

改訂は、産地交付金の追加配分等を受けて行われ、改訂した場合、多くは1回の改訂であった。なかには、都道府県農業再生協議会の指示により、当初確定した水田フル活用ビジョンにない産地交付金の配分をすることとなったため、年度末の2019年2月に差し替えたケースもある。

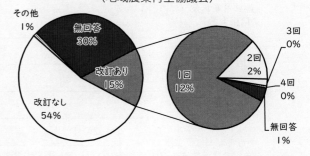

図 3-16　公表した水田フル活用ビジョンの改訂状況（地域農業再生協議会）

その他 1%
無回答 30%
改訂あり 15%
改訂なし 54%
1回 12%
2回 2%
3回 0%
4回 0%
無回答 1%

なお、「改訂なし」と回答した地域農業再生協議会の中には、水田フル活用ビジョンの本文は改訂していないものの、産地交付金の活用方法の明細を改訂したケースが含まれると考えられる。ま

た、「軽微な改定のため公表していない」、「修正はあったが公表は行わなかった」とするケースも散見されたことから、「改訂なし」と回答した地域農業再生協議会の中には、公表内容は改訂していないものの、実際には改訂しているケースも含まれる。

水田フル活用ビジョンのページ数

14　都道府県版水田フル活用ビジョンは4ページ、地域版水田フル活用ビジョンは3ページが多い

　水田フル活用ビジョンのページ数（※）は、都道府県版は4ページが最も多く、18都道府県が該当する（図3-17）。地域版は3ページが最も多く273地域が該当し、次いで4ページが248地域と続く（図3-18）。

　なかには、11ページを超える水田フル活用ビジョンも存在しており、都道府県版では11ページが1事例あった。地域版では15ページ、19ページ、28ページの事例が1つずつ確認された。

（※）関連項目☞分析上の着眼点（利用者のために3（2）カ）

図3-17　都道府県版水田フル活用ビジョンのページ数

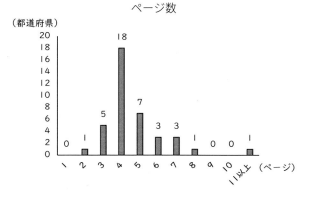

図3-18　地域版水田フル活用ビジョンのページ数

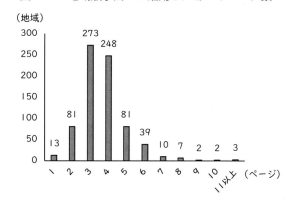

第3章　統計データ《水田フル活用ビジョンの作成・公表》

●産地交付金の都道府県段階の割合

（都道府県数）

	n	0%	1-10%	10-20%	20-30%	30-40%	40-50%	50-60%	60-70%	70-80%	80-90%	90-100%	100%	産地交付金の受給なし	無回答
全国	42	6	6	5	6	2	0	1	1	4	2	0	6	1	2
北海道・東北	7	2	0	2	1	0	0	0	0	0	0	0	0	0	2
北陸	3	1	0	1	0	0	0	0	0	1	0	0	0	0	0
関東・東山	8	0	1	0	1	0	0	0	0	1	0	0	3	1	0
東海	3	1	1	0	1	0	0	0	0	0	0	0	0	0	0
近畿	5	0	0	0	2	0	0	0	1	0	0	0	1	0	0
中国	5	1	2	1	0	0	0	0	0	1	0	0	0	0	0
四国	4	0	1	0	1	0	0	0	0	1	0	0	0	0	0
九州・沖縄	7	1	1	2	0	0	0	0	0	2	0	0	1	0	0

（都道府県数）

	n	2019年													産地交付金の受給なし	無回答
		0%	1-10%	10-20%	20-30%	30-40%	40-50%	50-60%	60-70%	70-80%	80-90%	90-100%	100%		
全国	42	0	0	16	8	1	0	1	1	6	1	0	6	1	1
北海道・東北	7	0	0	5	1	0	0	0	0	0	0	0	0	0	1
北陸	3	0	0	1	1	0	0	0	0	0	0	0	0	0	0
関東・東山	8	0	0	2	1	0	0	0	0	1	0	0	3	1	0
東海	3	0	0	1	1	1	0	0	0	0	0	0	0	0	0
近畿	5	0	0	0	2	0	0	0	1	1	0	0	1	0	0
中国	5	0	0	3	0	0	0	1	0	1	0	0	0	0	0
四国	4	0	0	1	1	0	0	0	0	1	0	0	0	0	0
九州・沖縄	7	0	0	3	1	0	0	0	0	2	0	0	1	0	0

1）2018年と2019年のいずれかのみ回答している都道府県があるため、無回答の数は一致しない。

2）0%、100%を除く階級は、以上・未満であり、0-1%に該当する都道府県は存在しない（例：階級「30-40%」は階級「30%以上40%未満」を意味する）。

都道府県農業再生協議会

●都道府県版水田フル活用ビジョンの作成状況

（都道府県数）

	全調査対象				産地交付金の都道府県段階の配分が0%の都道府県			
	n	作成した	作成しなかった	無回答	n	作成した	作成しなかった	無回答
全国	42	40	1	1	6	6	0	0
北海道・東北	7	7	0	0	2	2	0	0
北陸	3	3	0	0	1	1	0	0
関東・東山	8	6	1	1	0	0	0	0
東海	3	3	0	0	1	1	0	0
近畿	5	5	0	0	0	0	0	0
中国	5	5	0	0	1	1	0	0
四国	4	4	0	0	0	0	0	0
九州・沖縄	7	7	0	0	1	1	0	0

1）産地交付金の配分方法は公表されていない。そこで、「産地交付金の都道府県段階の配分が0%の都道府県」については、アンケート調査の結果、2018年の都道府県段階の配分が0%（つまり地方段階の配分が100%）と回答した6都道府県を対象としている。

●都道府県版水田フル活用ビジョンの公表方法

（都道府県数）

	n	ホームページでの公表			窓口			広報誌			農家を対象とした連絡会等	その他の方法	策定・承認されたが公表していない	無回答
			都道府県	JA		都道府県	JA		都道府県	JA				
全国	41	32	32	0	4	4	0	0	0	0	0	1	1	1
北海道・東北	7	7	7	0	0	0	0	0	0	0	0	0	0	0
北陸	3	0	0	0	0	0	0	0	0	0	0	1	1	0
関東・東山	7	3	3	0	2	2	0	0	0	0	0	0	0	1
東海	3	3	3	0	0	0	0	0	0	0	0	0	0	0
近畿	5	5	5	0	0	0	0	0	0	0	0	0	0	0
中国	5	5	5	0	0	0	0	0	0	0	0	0	0	0
四国	4	4	4	0	0	0	0	0	0	0	0	0	0	0
九州・沖縄	7	5	5	0	2	2	0	0	0	0	0	0	0	0

1）水田フル活用ビジョンの作成について、作成した40都道府県農業再生協議会と無回答の1都道府県農業再生協議会を合わせた41都道府県農業再生協議会を対象とした。

2）他の調査項目と同様に事務局へのアンケート調査であるため、調査票記入者の認識によって回答されている。

3）複数回答可としたため、各項目の合計値と有効回答数は一致しない。

●都道府県版水田フル活用ビジョンの公表方法（複数回答のパターン）

順位	複数回答のパターン	農業再生協議会数
1	「都道府県のホームページ」	28
2	「都道府県のホームページ」「都道府県農業再生協議会のホームページ」	3
2	「都道府県農業再生協議会のホームページ」	3
2	「都道府県の窓口」	3
5	「都道府県のホームページ」「都道府県農業再生協議会のホームページ」「都道府県の窓口」	1
5	「その他」	1
5	「策定・承認されたが公表していない」	1

1）無回答を除く、全ての回答パターンである。

●都道府県版水田フル活用ビジョンの公開開始年月

（都道府県数）

	n	\ 2018年 \ 2月	3月	4月	5月	6月	7月	8月	9月	10月	11月	12月	\ 2019年 \ 1月	2月	3月	承認日	その他	無回答
全国	41	0	0	0	0	4	19	8	4	2	0	0	0	0	0	1	0	3
北海道・東北	7	0	0	0	0	0	1	3	1	2	0	0	0	0	0	0	0	0
北陸	3	0	0	0	0	0	1	1	0	0	0	0	0	0	0	0	0	1
関東・東山	7	0	0	0	0	2	3	1	0	0	0	0	0	0	0	0	0	1
東海	3	0	0	0	0	0	1	1	1	0	0	0	0	0	0	0	0	0
近畿	5	0	0	0	0	0	2	2	0	0	0	0	0	0	0	0	0	1
中国	5	0	0	0	0	0	5	0	0	0	0	0	0	0	0	0	0	0
四国	4	0	0	0	0	0	4	0	0	0	0	0	0	0	0	0	0	0
九州・沖縄	7	0	0	0	0	2	2	0	2	0	0	0	0	0	0	1	0	0

1）水田フル活用ビジョンの作成について、作成した40都道府県農業再生協議会と無回答の1都道府県農業再生協議会を合わせた41都道府県農業再生協議会を対象とした。

●都道府県版水田フル活用ビジョンの公開終了年月

（都道府県数）

	n	\ 2019年 \ 1月	2月	3月	4月	5月	6月	7月	8月	9月	10月	11月	12月	現在	その他	無回答
全国	41	0	0	5	0	1	0	1	0	0	0	0	0	31	0	3
北海道・東北	7	0	0	0	0	0	0	0	0	0	0	0	0	7	0	0
北陸	3	0	0	0	0	0	0	0	0	0	0	0	0	2	0	1
関東・東山	7	0	0	0	0	0	0	0	0	0	0	0	0	5	0	2
東海	3	0	0	0	0	0	0	0	0	0	0	0	0	3	0	0
近畿	5	0	0	0	0	0	0	0	0	0	0	0	0	5	0	0
中国	5	0	0	1	0	1	0	0	0	0	0	0	0	3	0	0
四国	4	0	0	1	0	0	0	0	0	0	0	0	0	2	0	0
九州・沖縄	7	0	0	3	0	0	0	0	0	0	0	0	0	4	0	0

1）水田フル活用ビジョンの作成について、作成した40都道府県農業再生協議会と無回答の1都道府県農業再生協議会を合わせた41都道府県農業再生協議会を対象とした。
2）「現在」と回答した都道府県では公開終了年月が不詳であるが、調査協力期間であるため2019年4月以降であることがわかる。また、「その他」の記述内容から2019年の水田フル活用ビジョンの承認・公開と差し替える形で、前年（2018年）の水田フル活用ビジョンの公表を終了しているケースが多いと考えられる。本文を参照されたい。

●都道府県版水田フル活用ビジョンの公開期間

（都道府県数）

9カ月	10カ月	11カ月	13カ月	計
3	1	1	1	6

1）公開開始年月と公開終了年月を両方とも具体的な数値をもって回答した6都道府県農業再生協議会について示したものである。
2）公開期間は日数を無視して月数から計算している（例：「2018年6月20日から2018年8月3日」→「3カ月」）。

●都道府県版水田フル活用ビジョンの改訂状況

（都道府県数）

	n	改訂なし	改訂あり						その他	無回答
				改訂回数						
				1回	2回	3回	4回	無回答		
全国	41	20	16	14	2	0	0	0	3	2
北海道・東北	7	5	2	2	0	0	0	0	0	0
北陸	3	1	1	1	0	0	0	0	0	1
関東・東山	7	2	2	2	0	0	0	0	2	1
東海	3	1	2	2	0	0	0	0	0	0
近畿	5	3	2	2	0	0	0	0	0	0
中国	5	3	2	1	1	0	0	0	0	0
四国	4	2	2	2	0	0	0	0	0	0
九州・沖縄	7	3	3	2	1	0	0	0	1	0

1）水田フル活用ビジョンの作成について、作成した40都道府県農業再生協議会と無回答の1都道府県農業再生協議会を合わせた41都道府県農業再生協議会を対象とした。

地域農業再生協議会

●地域版水田フル活用ビジョンの作成状況

（地域数）

	全調査対象				産地交付金の地域段階の配分が0%の地域			
	n	作成した	作成しなかった	無回答	n	作成した	作成しなかった	無回答
全国	985	925	52	8	109	97	9	3
北海道	96	72	24	0	0	0	0	0
東北	154	153	1	0	0	0	0	0
北陸	65	65	0	0	0	0	0	0
北関東	67	66	0	1	17	17	0	0
南関東	64	49	14	1	56	47	8	1
東山	48	46	2	0	0	0	0	0
東海	91	90	1	0	0	0	0	0
近畿	120	114	6	0	25	25	0	0
山陰	27	27	0	0	0	0	0	0
山陽	39	35	3	1	0	0	0	0
四国	52	47	1	4	11	8	1	2
北九州	116	115	0	1	0	0	0	0
南九州	46	46	0	0	0	0	0	0
沖縄	–	–	–	–	–	–	–	–

1）産地交付金の配分方法は公表されていない。そこで、「産地交付金の地域段階の配分が0%の地域」については、アンケート調査の結果、2018年の都道府県段階の配分が100%（つまり地方段階の配分が0%）と回答した6都道府県内の地域農業再生協議会を対象としている。

●地域版水田フル活用ビジョンの公表方法

（地域数）

	n	ホームページでの公表				窓口			広報誌			農家を対象とした連絡会等	その他の方法	策定・承認されたが公表していない	無回答
			市町村	JA	地域農業再生協議会		市町村	JA		市町村	JA				
全国	933	403	381	12	10	175	161	14	9	7	2	87	92	240	8
北海道	72	67	62	4	1	4	3	1	0	0	0	2	2	1	0
青森県	28	25	24	1	0	1	1	0	0	0	0	1	0	3	0
岩手県	23	1	1	0	0	2	2	0	0	0	0	6	9	7	0
宮城県	22	20	20	0	0	0	0	0	0	0	0	0	0	2	0
秋田県	18	14	14	0	0	1	1	0	0	0	0	0	0	3	0
山形県	27	12	12	0	0	7	6	1	0	0	0	8	0	5	0
福島県	35	24	24	0	0	2	2	0	0	0	0	2	1	8	0
新潟県	25	15	15	0	0	8	8	0	0	0	0	2	1	1	0
富山県	11	3	2	0	1	2	2	0	1	1	0	4	0	3	0
石川県	14	2	2	0	0	4	4	0	1	1	0	1	1	6	0
福井県	15	9	9	0	0	6	4	2	0	0	0	0	4	1	0
茨城県	31	3	3	0	0	8	8	0	0	0	0	4	4	14	1
栃木県	19	1	0	0	1	2	2	0	0	0	0	3	10	4	0
群馬県	17	0	0	0	0	4	3	1	0	0	0	3	2	12	0
埼玉県	24	0	0	0	0	6	5	1	2	1	1	5	2	13	0
千葉県	24	1	1	0	0	6	5	1	0	0	0	0	1	17	1
東京都	-	-	-	-	-	-	-	-	-	-	-	-	-	-	-
神奈川県	2	0	0	0	0	1	1	0	0	0	0	1	0	0	0
山梨県	11	0	0	0	0	0	0	0	0	0	0	0	0	11	0
長野県	35	15	14	1	0	15	13	2	0	0	0	3	0	7	0
岐阜県	32	2	1	0	1	8	8	0	0	0	0	3	14	8	0
静岡県	12	12	11	0	1	0	0	0	0	0	0	0	0	0	0
愛知県	27	3	1	1	1	4	3	1	0	0	0	2	7	12	0
三重県	19	17	17	0	0	3	3	0	1	0	1	0	0	1	0
滋賀県	14	14	12	2	0	0	0	0	0	0	0	0	0	1	0
京都府	19	10	10	0	0	5	5	0	0	0	0	1	1	4	0
大阪府	25	2	2	0	0	3	3	0	0	0	0	2	4	15	0
兵庫県	27	15	13	0	2	2	2	0	0	0	0	3	1	9	0
奈良県	16	0	0	0	0	8	8	0	0	0	0	1	1	6	0
和歌山県	13	0	0	0	0	4	4	0	0	0	0	0	0	9	0
鳥取県	15	12	12	0	0	1	1	0	1	1	0	2	0	0	0
島根県	12	9	9	0	0	1	1	0	0	0	0	0	0	2	0
岡山県	17	4	2	1	1	8	7	1	0	0	0	2	1	6	0
広島県	14	5	4	0	1	2	1	1	0	0	0	1	6	3	0
山口県	5	0	0	0	0	1	0	1	0	0	0	2	0	1	1
徳島県	10	0	0	0	0	2	2	0	1	1	0	0	1	4	2
香川県	10	2	2	0	0	7	7	0	0	0	0	1	0	0	0
愛媛県	13	12	12	0	0	0	0	0	0	0	0	0	1	0	0
高知県	18	11	11	0	0	0	0	0	0	0	0	0	2	4	2
福岡県	39	11	11	0	0	12	12	0	1	1	0	4	2	11	1
佐賀県	23	22	22	0	0	2	2	0	0	0	0	1	0	0	0
長崎県	17	5	5	0	0	7	7	0	0	0	0	0	2	3	0
熊本県	31	14	13	1	0	6	5	1	0	0	0	6	2	7	0
大分県	6	4	4	0	0	1	1	0	0	0	0	0	0	1	0
宮崎県	16	5	4	1	0	2	2	0	1	1	0	5	0	6	0
鹿児島県	30	0	0	0	0	7	7	0	0	0	0	6	10	9	0
沖縄県	-	-	-	-	-	-	-	-	-	-	-	-	-	-	-

1）水田フル活用ビジョンの作成について、作成した925地域農業再生協議会と無回答の8地域農業再生協議会を合わせた933地域農業再生協議会を対象とした。
2）他の調査項目と同様に事務局へのアンケート調査であるため、調査票記入者の認識によって回答されている。
3）複数回答可としたため、各項目の合計値と有効回答数は一致しない。

●地域版水田フル活用ビジョンの公表方法（複数回答のパターン）

順位	複数回答のパターン	農業再生協議会数
1	「市町村のホームページ」	347
2	「策定・承認されたが公表していない」	240
3	「市町村の窓口」	115
4	「その他の方法」	76
5	「農家を対象とした連絡会等」	58
6	「市町村の窓口」、「農家を対象とした連絡会等」	15
7	「市町村のホームページ」、「市町村の窓口」	13
8	「農業再生協議会のホームページ」	8
9	「JAのホームページ」	7
10	「市町村のホームページ」、「農家を対象とした連絡会等」	5
10	「市町村の窓口」、「その他の方法」	5
12	「農家を対象とした連絡会等」、「その他の方法」	4
12	「市町村のホームページ」、「JAのホームページ」	4
12	「市町村の窓口」、「JAの窓口」	4
15	「市町村のホームページ」、「市町村の窓口」、「JAの窓口」	3
15	「市町村のホームページ」、「市町村の広報誌」	3
15	「市町村のホームページ」、「その他の方法」	3
18	「市町村の窓口」、「JAの窓口」、「農家を対象とした連絡会等」	2
18	「市町村の広報誌」	2
20	「市町村の窓口」、「農家を対象とした連絡会等」、「その他の方	1
20	「市町村の窓口」、「市町村の広報誌」	1
20	「市町村のホームページ」、「市町村の窓口」、「JAの窓口」、「そ	1
20	「JAの窓口」、「農家を対象とした連絡会等」	1
20	「市町村の広報誌」、「JAの広報誌」、「農家を対象とした連絡会	1
20	「農業再生協議会のホームページ」、「その他の方法」	1
20	「JAのホームページ」、「JAの窓口」	1
20	「市町村のホームページ」、「JAの広報誌」	1
20	「市町村のホームページ」、「農業再生協議会のホームページ」	1
20	「市町村の窓口」、「JAの窓口」、「その他の方法」	1
20	「JAの窓口」	1

1）無回答を除く、全ての回答パターンである。

●地域版水田フル活用ビジョンの公開開始年月

（地域数）

	n	2018年											2019年			承認日	その他	無回答
		2月	3月	4月	5月	6月	7月	8月	9月	10月	11月	12月	1月	2月	3月			
全国	933	4	6	15	25	34	155	188	52	78	30	9	0	4	1	5	9	318
北海道	72	0	0	1	1	0	0	12	2	33	18	1	0	0	0	0	1	3
青森県	28	0	0	0	0	0	0	3	8	13	0	1	0	0	0	0	0	3
岩手県	23	1	0	0	0	0	1	10	1	0	0	0	0	0	0	0	0	10
宮城県	22	0	0	1	0	0	2	9	2	3	2	0	0	0	0	0	0	3
秋田県	18	0	0	0	0	1	1	5	2	0	3	2	0	0	0	0	0	4
山形県	27	0	0	0	0	2	4	6	2	1	1	1	0	0	0	1	0	9
福島県	35	0	0	0	0	1	2	6	8	6	2	0	0	1	0	0	1	8
新潟県	25	0	0	0	1	2	0	12	6	0	0	0	0	0	0	1	0	3
富山県	11	0	0	0	2	1	2	3	0	0	0	0	0	0	0	0	0	3
石川県	14	0	0	1	0	0	2	2	0	0	0	2	0	0	0	0	0	7
福井県	15	0	0	0	0	1	9	2	0	0	0	0	0	0	0	0	0	3
茨城県	31	0	1	0	1	2	2	6	0	0	0	0	0	0	0	0	0	19
栃木県	19	0	0	1	0	0	3	7	0	0	0	0	0	0	0	0	2	6
群馬県	17	0	0	2	3	0	0	0	0	0	0	0	0	0	0	0	0	12
埼玉県	24	1	2	2	1	1	0	2	0	0	0	0	0	0	0	0	0	15
千葉県	24	1	1	0	1	0	0	1	0	0	0	0	0	1	0	0	0	19
東京都	–	–	–	–	–	–	–	–	–	–	–	–	–	–	–	–	–	–
神奈川県	2	0	0	0	1	0	1	0	0	0	0	0	0	0	0	0	0	0
山梨県	11	0	0	0	0	0	0	0	0	0	0	0	0	0	0	0	0	11
長野県	35	0	0	0	1	0	15	5	0	1	0	0	0	0	1	0	0	12
岐阜県	32	0	0	0	0	1	5	10	0	0	1	0	0	0	0	0	1	14
静岡県	12	0	0	0	0	0	7	4	0	0	1	0	0	0	0	0	0	0
愛知県	27	0	0	0	0	0	4	4	1	3	0	0	0	0	0	0	1	14
三重県	19	0	0	0	0	2	3	4	4	5	0	0	0	0	0	0	0	1
滋賀県	14	0	0	0	1	1	8	3	0	0	0	0	0	0	0	0	0	1
京都府	19	1	0	0	1	0	7	3	0	1	0	0	0	1	0	0	0	5
大阪府	25	0	0	4	1	0	0	0	0	0	0	0	0	0	0	0	1	19
兵庫県	27	0	0	1	1	4	3	6	1	0	0	0	0	0	0	0	0	11
奈良県	16	0	1	1	1	3	0	2	0	0	0	0	0	0	0	0	1	7
和歌山県	13	0	0	0	1	0	3	0	0	0	0	0	0	0	0	0	0	9
鳥取県	15	0	0	0	1	1	0	2	1	10	0	0	0	0	0	0	0	0
島根県	12	0	0	0	0	0	7	2	0	0	0	0	0	0	0	0	1	2
岡山県	17	0	0	0	1	0	2	5	1	0	1	0	0	0	0	0	0	7
広島県	14	0	1	0	0	1	4	3	0	0	0	0	0	0	0	0	0	5
山口県	5	0	0	0	1	0	0	1	0	0	0	0	0	0	0	0	0	3
徳島県	10	0	0	0	0	0	0	1	1	0	0	0	0	0	0	0	0	8
香川県	10	0	0	0	1	1	4	4	0	0	0	0	0	0	0	0	0	0
愛媛県	13	0	0	0	0	0	10	3	0	0	0	0	0	0	0	0	0	0
高知県	18	0	0	0	0	0	5	6	0	1	0	0	0	0	0	0	0	6
福岡県	39	0	0	0	0	1	8	7	1	1	0	1	0	0	0	0	1	18
佐賀県	23	0	0	0	0	3	11	8	0	0	0	0	0	0	0	0	0	1
長崎県	17	0	0	0	0	1	1	5	5	0	0	0	0	0	0	0	0	4
熊本県	31	0	0	0	0	2	7	5	4	0	1	1	0	0	0	0	0	11
大分県	6	0	0	0	0	1	3	1	0	0	0	0	0	0	0	0	0	1
宮崎県	16	0	0	0	0	0	1	4	1	0	0	0	0	0	0	0	0	10
鹿児島県	30	0	0	1	2	1	3	4	7	0	0	0	0	1	0	0	0	11
沖縄県	–	–	–	–	–	–	–	–	–	–	–	–	–	–	–	–	–	–

1）水田フル活用ビジョンの作成について、作成した 925 地域農業再生協議会と無回答の 8 地域農業再生協議会を合わせた 933 地域農業再生協議会を対象とした。

●地域版水田フル活用ビジョンの公開終了年月

（地域数）

	n	2018年								
		4月	5月	6月	7月	8月	9月	10月	11月	12月
全国	933	2	0	4	2	8	5	2	1	6
北海道	72	0	0	0	0	0	0	0	0	1
青森県	28	0	0	0	0	0	0	0	0	0
岩手県	23	0	0	0	0	0	0	0	0	0
宮城県	22	0	0	0	0	1	0	0	0	0
秋田県	18	0	0	0	0	1	0	0	0	0
山形県	27	0	0	0	0	1	0	0	0	1
福島県	35	0	0	0	0	0	0	0	0	0
新潟県	25	0	0	0	0	0	0	0	1	0
富山県	11	0	0	0	0	2	0	0	0	0
石川県	14	0	0	0	1	1	0	0	0	0
福井県	15	0	0	0	0	1	1	0	0	0
茨城県	31	0	0	0	1	0	0	0	0	0
栃木県	19	1	0	0	0	0	0	0	0	0
群馬県	17	0	0	0	0	0	0	0	0	0
埼玉県	24	0	0	1	0	0	0	0	0	0
千葉県	24	0	0	0	0	0	0	0	0	0
東京都	-	-	-	-	-	-	-	-	-	-
神奈川県	2	0	0	0	0	0	0	0	0	0
山梨県	11	0	0	0	0	0	0	0	0	0
長野県	35	0	0	0	0	0	0	1	0	1
岐阜県	32	0	0	0	0	0	0	1	0	0
静岡県	12	0	0	0	0	0	0	0	0	0
愛知県	27	0	0	0	0	0	0	0	0	0
三重県	19	0	0	0	0	0	0	0	0	0
滋賀県	14	0	0	0	0	0	0	0	0	0
京都府	19	0	0	1	0	0	0	0	0	0
大阪府	25	0	0	0	0	0	0	0	0	0
兵庫県	27	0	0	0	0	0	0	0	0	1
奈良県	16	1	0	0	0	0	0	0	0	0
和歌山県	13	0	0	0	0	0	0	0	0	0
鳥取県	15	0	0	0	0	0	0	0	0	0
島根県	12	0	0	0	0	0	0	0	0	0
岡山県	17	0	0	0	0	0	1	0	0	0
広島県	14	0	0	1	0	0	0	0	0	0
山口県	5	0	0	0	0	0	0	0	0	0
徳島県	10	0	0	0	0	0	0	0	0	0
香川県	10	0	0	1	0	0	1	0	0	0
愛媛県	13	0	0	0	0	0	0	0	0	0
高知県	18	0	0	0	0	0	0	0	0	0
福岡県	39	0	0	0	0	0	0	0	0	1
佐賀県	23	0	0	0	0	1	0	0	0	0
長崎県	17	0	0	0	0	0	1	0	0	0
熊本県	31	0	0	0	0	0	0	0	0	1
大分県	6	0	0	0	0	0	0	0	0	0
宮崎県	16	0	0	0	0	0	0	0	0	0
鹿児島県	30	0	0	0	0	0	1	0	0	0
沖縄県	-	-	-	-	-	-	-	-	-	-

（地域数）

| | 2019年 | | | | | | | | | | | | 現在 | その他 | 無回答 |
	1月	2月	3月	4月	5月	6月	7月	8月	9月	10月	11月	12月			
全国	1	7	180	4	6	7	2	4	1	0	0	1	355	5	330
北海道	0	0	14	0	1	1	1	0	0	0	0	0	50	0	4
青森県	0	0	6	0	0	0	0	0	0	0	0	0	18	1	3
岩手県	0	0	4	0	0	0	0	2	0	0	0	0	6	1	10
宮城県	0	0	1	0	0	0	0	0	0	0	0	0	16	0	4
秋田県	0	1	2	0	0	0	0	1	0	0	0	0	9	0	4
山形県	1	1	5	0	1	0	0	0	0	0	0	0	8	0	9
福島県	0	0	7	0	1	0	0	0	0	0	0	0	18	0	9
新潟県	0	0	5	0	0	0	0	0	0	0	0	0	16	0	3
富山県	0	0	3	1	0	0	0	0	0	0	0	0	1	0	4
石川県	0	0	3	0	0	0	0	0	0	0	0	0	2	0	7
福井県	0	0	5	0	0	0	0	0	0	0	0	0	5	0	3
茨城県	0	0	8	0	0	0	0	0	0	0	0	0	2	0	20
栃木県	0	0	0	0	0	0	0	0	0	0	0	0	11	0	7
群馬県	0	0	4	0	0	0	0	0	0	0	0	0	1	0	12
埼玉県	0	0	4	1	0	0	0	0	0	0	0	0	2	0	16
千葉県	0	1	0	0	0	0	0	0	0	0	0	0	3	0	20
東京都	-	-	-	-	-	-	-	-	-	-	-	-	-	-	-
神奈川県	0	0	0	0	0	0	0	0	0	0	0	0	2	0	0
山梨県	0	0	0	0	0	0	0	0	0	0	0	0	0	0	11
長野県	0	0	5	1	0	0	0	0	0	0	0	1	15	0	11
岐阜県	0	0	8	0	0	1	0	0	0	0	0	0	7	0	15
静岡県	0	0	5	0	0	1	0	0	0	0	0	0	6	0	0
愛知県	0	0	3	0	0	0	0	0	0	0	0	0	8	0	16
三重県	0	0	4	0	0	0	0	0	0	0	0	0	14	0	1
滋賀県	0	0	4	0	0	1	0	0	0	0	0	0	8	0	1
京都府	0	0	2	0	0	0	0	0	0	0	0	0	11	0	5
大阪府	0	0	2	0	0	0	0	0	0	0	0	0	2	1	19
兵庫県	0	0	6	0	0	0	0	0	0	0	0	0	9	0	11
奈良県	0	0	7	0	0	0	0	0	0	0	0	0	1	0	7
和歌山県	0	0	3	1	0	0	0	0	0	0	0	0	0	0	9
鳥取県	0	0	3	0	0	0	0	0	0	0	0	0	12	0	0
島根県	0	0	1	0	0	0	0	0	0	0	0	0	9	0	2
岡山県	0	1	4	0	0	0	0	0	0	0	0	0	4	0	7
広島県	0	0	6	0	0	0	0	0	0	0	0	0	2	0	5
山口県	0	0	1	0	0	0	0	0	0	0	0	0	1	0	3
徳島県	0	0	2	0	0	0	0	0	0	0	0	0	0	0	8
香川県	0	1	3	0	0	0	0	0	0	0	0	0	4	0	0
愛媛県	0	0	2	0	0	0	0	0	0	0	0	0	11	0	0
高知県	0	0	3	0	0	1	0	0	0	0	0	0	8	0	6
福岡県	0	0	7	0	1	0	0	0	0	0	0	0	11	1	18
佐賀県	0	0	7	0	1	1	1	0	0	0	0	0	9	1	2
長崎県	0	0	5	0	0	0	0	1	0	0	0	0	6	0	4
熊本県	0	0	6	0	1	0	0	0	0	0	0	0	12	0	11
大分県	0	0	2	0	0	0	0	0	0	0	0	0	3	0	1
宮崎県	0	2	0	0	0	0	0	0	1	0	0	0	3	0	10
鹿児島県	0	0	8	0	0	0	0	0	0	0	0	0	9	0	12
沖縄県	-	-	-	-	-	-	-	-	-	-	-	-	-	-	-

1）水田フル活用ビジョンの作成について、作成した925地域農業再生協議会と無回答の8地域農業再生協議会を合わせた933地域農業再生協議会を対象とした。

2）「現在」と回答した都道府県では公開終了年月が不詳であるが、調査協力期間であるため2019年4月以降であることがわかる。また、「その他」の記述内容から2019年の水田フル活用ビジョンの承認・公開と差し替える形で、前年（2018年）の水田フル活用ビジョンの公表を終了しているケースが多いと考えられる。本文を参照されたい。

●地域版水田フル活用ビジョンの公開期間

（地域数）

	1カ月	2カ月	3カ月	4カ月	5カ月	6カ月	7カ月	8カ月	9カ月	10カ月	11カ月	12カ月	13カ月	17カ月	計
	1	9	2	6	12	12	8	69	47	13	13	11	5	1	209

1）対象は、公開開始年月と公開終了年月を両方とも具体的に回答した 209 農業再生協議会。

2）公開期間は日数を無視して月数から計算した（例：「2018 年 6 月 20 日から 2018 年 8 月 3 日」→「3 カ月」）。

●地域版水田フル活用ビジョンの改訂状況

（地域数）

	n	改訂なし	改訂あり	改訂回数					その他	無回答
				1回	2回	3回	4回	無回答		
全国	933	502	140	112	18	3	1	6	9	282
北海道	72	66	3	2	1	0	0	0	0	3
青森県	28	22	3	2	0	1	0	0	0	3
岩手県	23	10	4	3	0	0	0	1	0	9
宮城県	22	17	3	2	0	0	0	1	0	2
秋田県	18	13	2	2	0	0	0	0	0	3
山形県	27	13	6	6	0	0	0	0	0	8
福島県	35	24	4	4	0	0	0	0	0	7
新潟県	25	19	4	0	4	0	0	0	1	1
富山県	11	3	5	5	0	0	0	0	0	3
石川県	14	5	3	2	1	0	0	0	0	6
福井県	15	12	1	0	0	0	0	1	0	2
茨城県	31	11	2	2	0	0	0	0	0	18
栃木県	19	8	5	2	3	0	0	0	1	5
群馬県	17	5	1	1	0	0	0	0	0	11
埼玉県	24	8	2	2	0	0	0	0	0	14
千葉県	24	3	2	2	0	0	0	0	0	19
東京都	-	-	-	-	-	-	-	-	-	-
神奈川県	2	2	0	0	0	0	0	0	0	0
山梨県	11	0	1	1	0	0	0	0	0	10
長野県	35	23	2	1	1	0	0	0	0	10
岐阜県	32	7	11	11	0	0	0	0	0	14
静岡県	12	11	1	0	0	0	1	0	0	0
愛知県	27	11	3	3	0	0	0	0	0	13
三重県	19	15	2	2	0	0	0	0	0	2
滋賀県	14	12	1	1	0	0	0	0	0	1
京都府	19	13	2	1	0	1	0	0	0	4
大阪府	25	7	0	0	0	0	0	0	1	17
兵庫県	27	15	3	3	0	0	0	0	1	8
奈良県	16	3	6	5	0	0	0	1	0	7
和歌山県	13	3	1	1	0	0	0	0	0	9
鳥取県	15	9	6	5	0	0	0	1	0	0
島根県	12	7	3	3	0	0	0	0	0	2
岡山県	17	6	5	3	2	0	0	0	0	6
広島県	14	7	2	2	0	0	0	0	0	5
山口県	5	2	1	0	0	1	0	0	0	2
徳島県	10	3	0	0	0	0	0	0	0	7
香川県	10	10	0	0	0	0	0	0	0	0
愛媛県	13	11	2	2	0	0	0	0	0	0
高知県	18	9	2	1	0	0	0	1	1	6
福岡県	39	12	10	7	3	0	0	0	3	14
佐賀県	23	21	1	1	0	0	0	0	0	1
長崎県	17	8	5	4	1	0	0	0	0	4
熊本県	31	16	6	6	0	0	0	0	0	9
大分県	6	3	2	2	0	0	0	0	0	1
宮崎県	16	4	4	3	1	0	0	0	1	7
鹿児島県	30	13	8	7	1	0	0	0	0	9
沖縄県	-	-	-	-	-	-	-	-	-	-

1）水田フル活用ビジョンの作成について、作成した 925 地域農業再生協議会と無回答の 8 地域農業再生協議会を合わせた 933 地域農業再生協議会を対象とした。

水田フル活用ビジョンの内容

水田フル活用ビジョンの目的と様式

1 水田フル活用ビジョンの目的は変化

水田フル活用ビジョンは、地域の特色のある魅力的な産品の産地を創造するための地域の作物生産の設計図となるものである（経営所得安定対策等実施要綱）。その目的は、水田フル活用ビジョンの作成が産地交付金の支援の要件となった 2014 年度から、2017 年度にかけて変更が行われた（表 4-1）。

2014 年度から 2016 年度にかけての目的に対して、2017 年度以降の目的は、全国の需給見通しや自らの産地の販売戦略等を踏まえながら、各農業者が主体的に自らの作付計画を判断することが強調されている。この目的の変化は、2018 年度に国による米の生産数量目標の廃止に対応するものとなっている。

表 4-1 水田フル活用ビジョンの目的の変化

2014〜2016年度	2017年度以降
地域の水田における作物ごとの取組方針・作付予定面積、産地交付金の活用方法等を明らかにし、地域で共有することで、地域の特色ある地域づくりに向けた取組を更に推進すること	全国の需給見通しや自らの産地の販売戦略等を踏まえた地域の水田における作物ごとの取組方針・作付予定面積、産地交付金の活用方法等を明らかにし、地域で共有することで、各農業者が主体的に自らの作付計画を判断し、需要に応じた生産を進め、地域の特色ある産地づくりに向けた取組を更に推進すること

2 水田フル活用ビジョンの様式は変化

水田フル活用ビジョンの様式は経営所得安定対策等実施要綱で例示されている。基本的に 2014 年度の内容が継続しているが、2018 年度に様式の項目が一部変更となった（表 4-2）。2018 年度の様式変更では、新市場開拓用米（輸出用米等）、畑地化の推進が新たに加えられたほか、「野菜」は「高収益作物（野菜）」に変更された。

「作物ごとの取組方針等」について 2018 年度には、主食用米、非主食用米（飼料用米、米粉用米、新市場開拓用米、WCS 用稲、加工用米、備蓄米）、麦、大豆、飼料作物、そば、なたね、高収益作物（園芸作物等）、畑地化の推進、が例示された。各農業再生協議会では様式をベースに水田フル活用ビジョンを策定するが、必ずしも様式に示された項目を網羅するわけではなく、独自の項目を設定する場合もある。

表4-2　水田フル活用ビジョンの様式の項目変化

2014年〜2017年度	2018年度以降
①地域の作物作付の現状、地域が抱える課題	
②作物ごとの取組方針	
（1）主食用米	
（2）非主食用米	
飼料用米	
米粉用米	
	【新規】新市場開拓用米
WCS用稲	
加工用米	
備蓄米	
（3）麦、大豆、飼料作物	
（4）そば、なたね	
（5）野菜	【変更】（5）高収益作物（野菜等）
（6）不作付地の解消	【廃止】
	【新規】（6）畑地化の推進
③作物ごとの作付予定面積	
④翌々年度に向けた取組及び目標	【変更】④課題解決に向けた取組及び目標（3年以内）
分類（1）農業・農村の所得増加につながる作物生産の取組	【廃止】
分類（2）生産性向上等、低コスト化に取り組む作物生産の取組	【廃止】
分類（3）地域特産品など、ニーズの高い産品の産地化を図るための取組を行いながら付加価値の高い作物を生産する取組	【廃止】
	コスト低減効果等の目標設定
⑤産地交付金の活用方法の明細（別表扱い）	

水田フル活用ビジョンの変化

3　都道府県版水田フル活用ビジョンは国が示す様式の変化に伴って不作付地解消が大幅減、新市場開拓用米と畑地化の推進が大幅増

　作物ごとの取組方針等の記載状況をみてみよう。記載状況の判断は、積極的な記述がある場合には記載ありとして整理した。たとえば次のような記述は記載ありとして評価した。「生産者の意向に基づき、取り組みを進める」、「現在、取り組んでいないが、需要動向に応じて推進を図る」、「現在、地域にて作付けはない。今後、地域に充分な需要が見込めれば、生産者に作付けを推奨していく」、「現在、作付けはないが、現状を注視していく」、「作物ごとの作付け予定面積」。以上に類する記述については、生産面積が0 haのままでも記載ありとしてカウントしている。他方、「取り組み無し」や「取組予定なし」、「作付け誘導を行っていない」といった類の記述は、記載なしとした（※）。

　なお、新市場開拓用米については、基本的に輸出用米を意味するため、輸出用米に関する記述がある場合には、新市場開拓用米について記載があるものとして整理した。このほか、畑作化の推進については、「地域との合意形成を図り推進するものとする。」といった記述が多いが、これも記載ありとして整理した。

　まず、都道府県版水田フル活用ビジョンにおける作物ごとの取組方針等の記載率は、作物によって差異がある（図4-1）。なかでも注目すべきは、2017年度から2018年度にかけて、不作付地解消の記載率が大幅に減る一方で、新市場開拓用米の記載率が大幅に増していることである。さらに、2018年度に新たな項目として設定された高収益作物や畑作化の推進は記載率が高い。他方、地力増進作物や景観形成作物といった項目は、記載がなくなった。

　以上の変化は、都道府県農業再生協議会が作物ごとの取組方針等を決定するに当たって、国が例示した様式の影響を色濃く受けていることを示している。

図 4-1　作物ごとの取組方針等の記載率（都道府県版水田フル活用ビジョン）

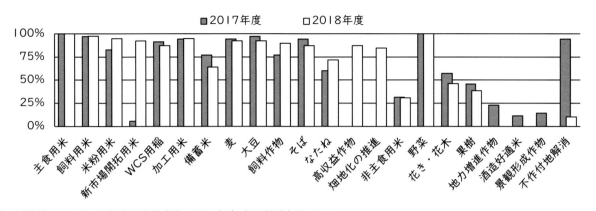

1）分析対象は、2017 年度が 35 都道府県、2018 年度が 39 都道府県である。

　また、図表では示していないが、地域版の水田フル活用ビジョンに記載されている作目は非常に多様である。北海道におけるテンサイや鹿児島県における焼酎用甘藷をはじめ、地域で盛んな作物や伝統野菜という括りで項目がたてられているケースがある。また、馬鈴薯、はとむぎ、雑穀、山菜、エゴマ、山椒、特用作物、小豆、キノコ、ミネラル野菜、キュウリやトマト、イチゴといった具体的な作物名や、茶、オリーブ、ツバキ、イグサやタバコ等の工芸作物、芝、ワサビ、マコモタケ等もみられる。これらの作物について、水田フル活用ビジョンの「作物ごとの取組方針等」に、独自に項目を立てて明記している農業再生協議会もある。

　さらに、エゴマは有害鳥獣対策や遊休農地の解消に有効として推進する地域もある。このほか、各地でアスパラの推進がみられた。その理由として、アスパラは果樹農家の作期が競合しないことや、湿田でも生産できること、高年齢層でも栽培可能であること等を理由として明示する農業再生協議会があった。

　このほか、野菜や花き・花木、果樹は、直売所での販売を想定したり、農協との連携を取りつつ生産を振興するとの記述が多く、「直売所出荷品目」等の括りで整理・記載されるケースもある。

　また、採油用作物としてヒマワリを推進する地域や、養蜂業者と利用契約を締結して生産される蜜源レンゲを推進する地域もある。

　地力増進作物については、「戦略作物や高収益作物（野菜等）の生産圃場の地力回復や連作障害の回避を目的に作付けする場合で、次年度に必ず販売を目的として戦略作物や高収益作物（野菜等）を作付けること」を要件に支援するケースがある。また、除草剤を使用しない「自然生態系農業」の推進に産地交付金を活用するケースがある。レンゲは長年にわたり米生産調整に寄与してきたが、収益性のある作物への転換誘導のため、2018 年度までで助成を打ち切り、2019 年度以降は助成対象外とすることを明示するものもあった。

（※）関連項目☞ネガティブな内容の扱い（利用者のために 3（2）コ）

水田フル活用ビジョンで明示された作物ごとの取組方針

4　各作物の記載率は都道府県版水田フル活用ビジョンよりも地域版水田フル活用ビジョンの方が基本的に低い

　水田フル活用ビジョンに記載されている作物ごとの取組方針等について、全国の記載状況を、都道府県版と地域版とをそれぞれ積み上げると、基本的に地域版の方が各作物の記載率は低い傾向が

ある（図4-2）。例外的に、地力増進作物、景観形成作物、耕畜連携、不作付地解消については、地域版の方が記載率は高い傾向がみられる。

図4-2　作物ごとの取組方針等の記載率（2018年度、全国）

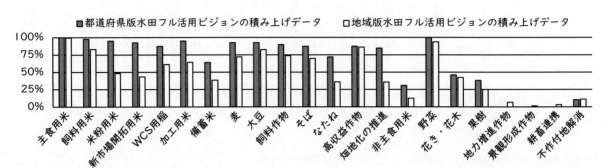

5　加工用米・新規需要米・新市場開拓用米の推進は都道府県版水田フル活用ビジョンと地域版水田フル活用ビジョンで温度差

加工用米・新規需要米・新市場開拓用米について、都道府県版では記載率が高いのに対して、地域版では比較的記載率が低いことが各農業地域区分に共通した特徴である（図4-3、図4-4）。

作目別でみると、飼料用米は地域版でも記載される傾向が高い。地域版における新市場開拓用米の記載率は、高い割合の北陸から、低い割合の山陰、山陽、四国まで、農業地域区分ごとの差が大きい。

地域版からみられる傾向は、都道府県版からは読み取れない傾向であり、概して、加工用米・新規需要米・新市場開拓用米の推進は都道府県農業再生協議会と地域農業再生協議会で温度差があるといえる。

図4-3　加工用米・新規需要米等の記載率
（都道府県版水田フル活用ビジョン）

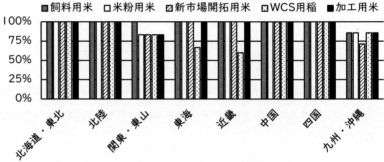

図4-4　加工用米・新規需要米等の記載率
（地域版水田フル活用ビジョン）

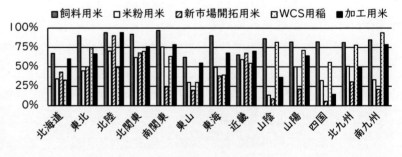

水田フル活用ビジョンで明示された取り組み目標

6　転作作物は、麦、大豆、飼料作物、飼料用米、野菜等が主軸

主食用米以外の作付けについて、2017年度、2018年度、2020年度の取り組み目標が記載された水田フル活用ビジョンを抽出してデータを積み上げた（図4-5、図4-6）。なお、作付面積を積み上げているため、水田面積とは一致しない。「その他」とは、野菜、花卉、果樹をはじめとした多品目が含まれるが、最も多い種類は野菜である。

また、データ処理上、水田フル活用ビジョンの記載形式により、一部でも積み上げができないものについては、該当する水田フル活用ビジョンに記載した取り組み目標をすべて分析対象外とした。たとえば、2017年度と2018年度だけ記載があり2020年度の記載がないもの

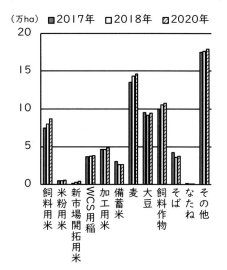

図4-5　取り組み目標面積
（全国、都道府県版水田フル活用ビジョン）

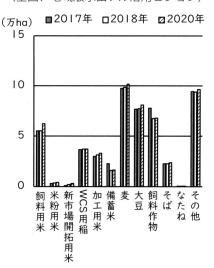

図4-6　取り組み目標面積
（全国、地域版水田フル活用ビジョン）

は分析対象外とした。これは、作目別の目標面積の増加率を適切に分析するために行った処理である。

　面積が広い作目の順番は、都道府県版も地域版で異なるが、麦と「その他」が大きく、次いで大豆、飼料作物が続く傾向がある。次いで、飼料用米が多く、WCS用稲や加工用米、そばが続く。米粉用米、新市場開拓用米、なたねは、他の作目と比較して面積は非常に少ない。

7　取り組み目標面積の増加率が最も高いのは新市場開拓用米

　2018年度の水田フル活用ビジョンに、2017年度実績と2020年度目標として記載された面積の増加率が最も高いのは、新市場開拓用米である。その増加率は、都道府県版が3.6倍、地域版が3.7倍と高い目標が掲げられている（図4-7）。

8　目標面積の変化率は多様

　目標面積の変化率について、主食用米も含めてプロットすると変化率が多様であることがわかる（図4-8）。なお、変化率が著しい新市場開拓用米は除いている。

　米粉用米、飼料用米、加工用米、麦、WCS用稲、「その他」のように、都道府県版と地域版でそれぞれ目標面積の向上が掲げられている作目がある。

　飼料作物では、都道府県版では目標面積の増加を目標としているのに対して、地域版では減少を掲げている。反対に、なたねでは、都道府県版では減少を掲げているのに対して地域版では増加を目標としている。こうした都道府県版と地域版との差異は、水田フル活用ビジョンの回収状況やデータの処理方法（※）にも影響を受ける点には留意が必要である。ただ、ここで

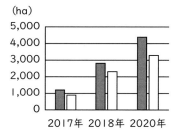

図4-7　取り組み目標面積
（全国、新市場開拓用米）
■都道府県版水田フル活用ビジョン
□地域版水田フル活用ビジョン

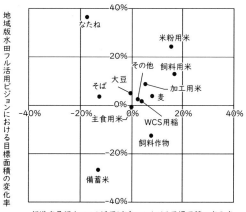

図4-8　取り組み目標面積の変化率
（2017-2020年度）

示している目標面積は積み上げデータであることから、面積減少を目標とされた作目が実際に存在していることは特筆される点である。

（※）関連項目☞回収状況・集計方法とサンプルサイズ、利用上の注意（利用者のために2、3、4）、転作作物は、麦、大豆、飼料作物、飼料用米、野菜等が主軸（第4章6）

第4章　統計データ《水田フル活用ビジョンの内容》

都道府県農業再生協議会

●都道府県版水田フル活用ビジョンにおける作物および取組別にみた記載状況

（都道府県数）

	n	主食用米	飼料用米	米粉用米	新市場開拓用米	WCS用稲	加工用米	備蓄米	麦	大豆	飼料作物	そば	なたね
全国	39	39	38	37	36	34	37	25	36	36	35	34	28
北海道・東北	6	6	6	6	6	6	6	5	6	6	6	6	5
北陸	3	3	3	3	3	3	3	3	3	3	2	2	1
関東・東山	6	6	6	5	5	5	5	4	6	6	6	6	5
東海	3	3	3	3	3	2	3	3	3	3	3	3	2
近畿	5	5	5	5	5	3	5	1	3	3	2	4	3
中国	5	5	5	5	5	5	5	3	5	5	5	4	4
四国	4	4	4	4	4	4	4	3	4	4	4	3	3
九州・沖縄	7	7	6	6	5	6	6	3	6	6	7	6	5

（都道府県数）

	高収益作物	畑地化の推進	非主食用米	野菜	花き・花木	果樹	地力増進作物	酒造好適米	景観形成作物	耕畜連携	不作付地解消
全国	34	33	12	39	18	15	0	0	0	0	4
北海道・東北	6	6	2	6	3	1	0	0	0	0	0
北陸	2	2	1	3	2	2	0	0	0	0	1
関東・東山	5	6	2	6	3	2	0	0	0	0	0
東海	2	3	0	3	0	0	0	0	0	0	3
近畿	5	3	2	5	1	1	0	0	0	0	0
中国	4	3	1	5	5	4	0	0	0	0	0
四国	4	3	2	4	2	3	0	0	0	0	0
九州・沖縄	6	7	2	7	2	2	0	0	0	0	0

1）輸出用米は、新市場開拓用米として整理した。

●（参考）都道府県版水田フル活用ビジョンにおける作物および取組別にみた記載状況（2017年度）

（都道府県数）

	n	主食用米	飼料用米	米粉用米	新市場開拓用米	WCS用稲	加工用米	備蓄米	麦	大豆	飼料作物	そば	なたね
全国	35	35	34	29	2	32	33	27	33	34	27	33	21
北海道・東北	6	6	6	6	1	6	6	6	6	6	5	6	3
北陸	2	2	2	2	1	2	2	2	2	2	2	2	1
関東・東山	4	4	4	3	0	3	3	2	4	4	4	4	4
東海	4	4	4	3	0	4	4	4	4	4	3	4	2
近畿	5	5	5	4	0	4	5	3	3	4	1	4	3
中国	4	4	4	3	0	4	4	4	4	4	4	4	3
四国	4	4	4	4	0	4	4	3	4	4	4	4	3
九州・沖縄	6	6	5	4	0	5	5	3	6	6	4	5	2

(都道府県数)

	高収益作物	畑地化の推進	非主食用米	野菜	花き・花木	果樹	地力増進作物	酒造好適米	景観形成作物	耕畜連携	不作付地解消
全国	0	0	11	35	20	16	8	4	5	0	33
北海道・東北	0	0	2	6	3	2	2	2	0	0	5
北陸	0	0	0	2	2	2	0	0	0	0	2
関東・東山	0	0	2	4	1	0	0	0	0	0	4
東海	0	0	1	4	2	1	1	0	0	0	4
近畿	0	0	2	5	3	2	1	0	1	0	5
中国	0	0	1	4	4	4	2	2	2	0	4
四国	0	0	2	4	3	3	2	0	2	0	4
九州・沖縄	0	0	1	6	2	2	0	0	0	0	5

1）輸出用米は、新市場開拓用米として整理した。

●都道府県版水田フル活用ビジョンにおける作物ごとの作付予定面積

(ha)

	n	主食用米			飼料用米			米粉用米			新市場開拓用米		
		2017年	2018年	2020年	2017年	2018年	2020年	2017年	2018年	2020年	2017年	2018年	2020年
全国	37	1,118,607	1,123,700	1,116,285	74,226	80,051	86,706	4,827	5,237	5,578	1,210	2,810	4,387
北海道・東北	6	368,405	371,475	369,830	26,155	26,070	29,090	446	521	608	367	1,028	1,665
北陸	3	146,471	145,000	143,101	6,232	7,785	8,680	2,471	2,463	2,464	688	1,237	1,758
関東・東山	6	198,558	196,209	194,080	22,090	26,314	26,643	1,243	1,491	1,588	86	235	392
東海	3	64,070	63,709	62,986	6,017	5,908	6,972	99	95	135	7	47	71
近畿	5	91,149	91,654	91,929	1,477	1,480	1,491	82	81	86	42	110	137
中国	4	77,907	79,749	77,982	4,644	4,364	4,848	83	97	107	0	10	126
四国	3	37,900	40,258	40,264	1,176	1,290	1,505	24	35	40	20	60	73
九州・沖縄	7	134,147	135,646	136,113	6,435	6,840	7,477	378	454	549	0	84	165

(ha)

	WCS用稲			加工用米			備蓄米			麦			大豆		
	2017年	2018年	2020年	2017年	2018年	2020年	2017年	2018年	2020年	2017年	2018年	2020年	2017年	2018年	2020年
全国	36,443	37,183	37,813	46,145	46,536	48,541	30,170	26,528	26,260	135,025	143,604	145,723	95,058	91,737	94,489
北海道・東北	6,041	5,916	6,073	23,440	23,074	23,823	18,722	16,405	15,555	37,433	37,844	37,525	41,354	41,252	42,051
北陸	218	215	217	8,359	8,666	8,901	7,904	7,087	7,089	6,612	6,197	6,561	7,822	7,888	8,041
関東・東山	3,226	3,876	4,130	5,448	5,596	5,787	2,176	2,066	2,376	33,748	34,080	34,717	7,497	7,640	7,784
東海	826	704	869	990	1,219	1,343	218	128	144	9,664	9,909	10,335	7,196	7,409	7,863
近畿	1,138	1,170	1,032	2,501	2,342	2,501	277	215	250	10,406	10,418	10,511	9,618	9,626	9,688
中国	1,610	1,572	1,688	1,910	1,852	2,017	534	227	450	5,310	5,412	5,642	3,677	3,683	3,969
四国	465	480	485	102	130	136	178	259	259	4,660	4,820	4,920	459	466	476
九州・沖縄	22,919	23,250	23,319	3,395	3,657	4,033	161	141	137	27,192	34,924	35,512	17,436	13,773	14,617

(ha)

	飼料作物			そば			なたね			その他		
	2017年	2018年	2020年	2017年	2018年	2020年	2017年	2018年	2020年	2017年	2018年	2020年
全国	100,106	105,198	107,654	42,291	36,076	36,990	1,204	922	995	175,036	176,304	178,924
北海道・東北	45,999	45,839	47,419	20,022	20,357	20,834	590	699	742	51,216	51,058	51,366
北陸	474	476	478	4,847	5,014	5,286	10	10	10	12,799	12,868	12,925
関東・東山	10,716	10,770	10,855	6,605	6,634	6,692	20	29	32	37,743	38,264	39,295
東海	878	885	898	363	370	385	7	13	14	8,744	8,555	7,604
近畿	2,691	2,691	2,675	843	830	848	46	45	50	16,902	17,091	17,383
中国	4,404	4,442	4,900	1,015	1,020	1,113	26	25	30	8,738	8,733	9,298
四国	832	834	855	67	66	70	1	1	2	12,474	12,609	12,896
九州・沖縄	34,111	39,261	39,574	8,529	1,786	1,762	504	100	114	26,420	27,127	28,158

1）作物ごとの作付予定面積の数値について、2017年、2018年、2020年の値を全て回収できた37都道府県版水田フル活用ビジョンを対象としている。

地域農業再生協議会

●地域版水田フル活用ビジョンにおける作物および取組別の記載状況

（地域数）

	n	主食用米	飼料用米	米粉用米	新市場開拓用米	WCS用稲	加工用米	備蓄米	麦	大豆	飼料作物	そば	なたね
全国	759	753	629	368	331	464	488	293	547	626	559	529	274
北海道	58	56	39	20	25	19	35	17	50	47	51	41	22
青森県	30	30	26	6	13	17	16	18	16	24	21	20	6
岩手県	27	27	23	8	9	20	11	9	25	26	26	26	9
宮城県	28	28	25	17	12	24	22	15	18	27	23	20	7
秋田県	13	13	12	12	12	11	13	13	8	13	12	12	10
山形県	25	25	25	14	22	20	24	20	13	24	24	25	6
福島県	31	31	28	12	9	23	17	25	22	29	27	28	21
新潟県	22	22	20	19	28	10	21	14	8	19	11	17	1
富山県	9	9	9	8	8	6	9	9	9	9	9	9	5
石川県	9	9	8	3	7	4	7	7	5	7	3	8	1
福井県	11	11	11	6	3	5	11	10	10	11	5	11	3
茨城県	22	22	22	15	17	13	19	10	21	21	21	19	15
栃木県	16	16	16	14	16	16	16	15	16	16	16	16	11
群馬県	12	12	8	2	1	6	3	1	10	10	11	8	2
埼玉県	12	12	12	9	3	4	8	3	10	10	0	1	0
千葉県	20	20	20	16	5	17	18	16	12	15	15	11	9
東京都	-	-	-	-	-	-	-	-	-	-	-	-	-
神奈川県	1	1	0	0	0	0	0	0	1	1	1	1	0
山梨県	10	10	6	2	0	0	5	0	6	8	4	4	3
長野県	30	30	19	10	8	12	17	9	24	26	21	27	6
岐阜県	38	38	35	20	15	13	32	7	26	32	25	17	8
静岡県	9	9	8	3	2	4	5	1	6	6	5	2	1
愛知県	19	19	17	7	3	7	9	4	14	11	8	3	2
三重県	15	15	13	10	11	8	9	1	13	8	7	8	7
滋賀県	14	14	12	10	12	11	13	12	14	14	11	14	12
京都府	15	15	7	4	13	4	10	0	3	8	5	8	1
大阪府	16	12	1	1	1	1	1	1	2	6	2	2	1
兵庫県	22	22	20	20	21	21	21	20	17	21	16	19	18
奈良県	9	9	8	8	3	7	7	5	9	9	7	7	7
和歌山県	8	8	7	7	7	2	7	1	1	1	1	1	1
鳥取県	14	14	12	1	1	10	1	2	9	13	11	9	3
島根県	8	8	7	2	1	8	7	1	4	8	8	8	4
岡山県	12	12	10	8	3	8	9	6	8	12	9	8	4
広島県	12	12	9	5	2	9	8	0	9	11	10	9	2
山口県	4	4	4	1	1	3	1	0	4	4	3	4	0
徳島県	1	1	1	0	0	0	0	1	0	0	1	0	0
香川県	8	8	5	2	1	5	2	0	8	6	6	5	1
愛媛県	12	12	10	4	1	5	0	1	10	10	10	4	1
高知県	13	13	12	5	0	9	3	2	5	6	12	7	1
福岡県	28	28	21	11	5	17	8	5	23	22	15	17	10
佐賀県	16	16	14	11	6	13	12	4	13	13	14	12	10
長崎県	14	14	9	8	7	11	6	4	10	10	12	10	9
熊本県	25	25	23	11	8	24	13	2	24	24	23	19	16
大分県	8	8	7	5	2	6	6	1	7	7	5	6	4
宮崎県	9	9	7	6	2	8	8	1	7	6	9	8	5
鹿児島県	24	24	21	5	5	23	18	0	17	15	23	18	9
沖縄県	-	-	-	-	-	-	-	-	-	-	-	-	-

（地域数）

	高収益作物	畑地化の推進	非主食用米	野菜	花き・花木	果樹	地力増進作物	酒造好適米	景観形成作物	耕畜連携	不作付地解消
全国	653	273	94	710	323	190	51	2	11	24	84
北海道	50	26	6	50	16	6	10	0	1	16	9
青森県	30	8	3	30	10	4	4	0	0	0	0
岩手県	27	13	1	27	21	7	4	0	0	4	0
宮城県	27	18	10	25	8	4	1	1	1	0	0
秋田県	13	11	1	13	8	4	4	0	0	0	0
山形県	24	19	3	25	20	10	0	0	0	0	1
福島県	31	9	3	31	19	15	1	0	0	0	0
新潟県	21	7	1	21	8	5	0	0	0	0	1
富山県	7	0	1	9	4	5	2	0	0	0	2
石川県	9	3	3	8	1	1	0	0	0	0	5
福井県	11	1	0	11	1	1	0	0	0	0	2
茨城県	22	8	2	22	13	11	11	0	1	0	0
栃木県	15	13	0	16	5	0	0	0	0	0	0
群馬県	12	8	1	11	2	0	0	0	0	0	0
埼玉県	0	0	0	1	1	0	0	0	0	0	0
千葉県	3	1	2	18	0	0	0	0	0	0	19
東京都	-	-	-	-	-	-	-	-	-	-	-
神奈川県	1	0	1	1	1	1	0	0	0	0	0
山梨県	6	2	0	8	1	1	0	0	0	0	1
長野県	28	14	3	28	17	10	1	0	0	1	1
岐阜県	31	2	7	37	20	19	3	0	0	0	11
静岡県	9	4	1	8	2	0	0	0	0	0	0
愛知県	14	5	1	15	5	5	1	0	0	0	1
三重県	13	9	4	15	9	6	3	0	2	1	4
滋賀県	14	10	2	13	3	3	0	0	0	0	1
京都府	15	4	2	14	4	2	0	0	0	0	1
大阪府	2	1	1	14	8	2	0	0	1	0	7
兵庫県	21	18	0	21	4	5	0	0	0	0	2
奈良県	8	3	2	8	0	0	0	0	0	0	1
和歌山県	8	1	2	8	7	7	0	0	0	0	0
鳥取県	12	1	2	12	2	1	0	0	0	0	0
島根県	8	2	0	8	6	2	0	1	0	0	1
岡山県	7	4	4	12	10	8	0	0	0	0	1
広島県	11	4	3	11	6	5	0	0	1	1	1
山口県	1	0	0	4	2	1	0	0	0	0	1
徳島県	0	0	0	1	0	0	1	0	0	0	0
香川県	8	0	1	8	1	1	0	0	0	0	0
愛媛県	12	0	0	12	11	5	0	0	0	0	0
高知県	13	1	1	13	10	9	0	0	0	0	0
福岡県	22	6	2	28	16	7	1	0	1	1	3
佐賀県	14	2	1	16	6	2	1	0	0	0	0
長崎県	11	11	6	13	7	2	1	0	0	0	0
熊本県	23	4	4	23	13	4	2	0	2	0	2
大分県	8	7	1	8	4	1	0	0	0	0	0
宮崎県	8	5	1	9	3	3	0	0	0	0	1
鹿児島県	23	8	5	24	8	5	0	0	1	0	2
沖縄県	-	-	-	-	-	-	-	-	-	-	-

1）輸出用米は、新市場開拓用米として整理した。

●地域版水田フル活用ビジョンにおける作物ごとの作付予定面積

(ha)

	n	主食用米			飼料用米			米粉用米			新市場開拓用米		
		2017年	2018年	2020年	2017年	2018年	2020年	2017年	2018年	2020年	2017年	2018年	2020年
全国	726	803,857	806,175	798,590	55,561	55,385	62,757	3,202	3,553	3,980	884	2,308	3,284
北海道	57	41,982	42,137	41,851	1,241	1,030	1,068	66	40	40	15	312	471
青森県	30	33,043	33,877	33,176	4,452	4,321	4,651	6	6	8	17	77	96
岩手県	27	44,976	46,203	46,452	4,291	4,105	4,277	15	59	61	109	180	253
宮城県	28	59,197	59,788	59,749	5,722	5,439	5,725	53	55	59	17	228	260
秋田県	13	41,425	43,559	42,300	2,187	2,063	2,091	142	198	257	44	89	133
山形県	25	43,414	43,503	42,838	3,556	3,560	3,935	121	126	150	74	205	283
福島県	31	45,866	45,844	44,800	2,433	2,668	3,313	51	58	70	0	29	50
新潟県	22	64,357	64,635	64,173	2,482	2,242	2,378	1,607	1,607	1,713	301	401	617
富山県	9	21,716	21,912	21,772	609	690	710	41	36	42	110	175	192
石川県	9	14,051	13,972	13,748	497	463	508	43	33	33	29	123	130
福井県	11	14,166	14,223	14,186	821	851	879	45	66	78	92	101	112
茨城県	22	23,134	23,412	22,986	3,130	3,321	3,540	109	112	120	31	72	105
栃木県	16	35,713	36,097	35,643	7,743	7,679	7,935	328	489	558	3	25	80
群馬県	9	2,844	2,820	2,789	247	238	232	1	1	1	0	0	0
埼玉県	0	0	0	0	0	0	0	0	0	0	0	0	0
千葉県	13	11,282	10,069	10,448	989	2,187	1,917	6	6	7	0	0	0
東京都	-	-	-	-	-	-	-	-	-	-	-	-	-
神奈川県	1	60	60	60	0	0	0	0	0	0	0	0	0
山梨県	9	1,014	1,005	992	39	40	41	0	0	0	0	0	0
長野県	30	18,615	18,255	18,050	236	208	234	14	14	15	7	27	57
岐阜県	38	21,259	21,258	20,951	3,003	2,490	2,695	32	30	56	0	38	112
静岡県	9	7,049	6,982	6,943	949	900	936	0	0	0	0	1	1
愛知県	19	13,557	13,383	13,294	652	659	685	11	14	19	4	10	12
三重県	15	19,020	19,019	18,725	1,177	1,209	1,273	33	36	38	0	54	23
滋賀県	14	24,344	24,326	24,037	834	795	951	33	27	30	31	72	103
京都府	15	8,529	8,537	8,520	93	96	127	1	1	1	0	2	4
大阪府	13	2,235	2,193	2,170	1	1	1	0	1	1	0	0	0
兵庫県	21	18,350	18,814	18,504	658	666	731	16	16	21	0	1	2
奈良県	9	2,830	2,807	2,772	22	26	29	0	1	1	0	0	1
和歌山県	8	2,596	2,542	2,459	2	2	3	0	0	0	0	0	0
鳥取県	14	7,962	8,147	8,285	797	637	604	0	0	1	2	2	3
島根県	8	7,064	7,120	7,099	216	201	214	0	1	1	0	0	0
岡山県	12	12,840	12,959	12,950	851	742	4,760	29	48	53	0	9	15
広島県	11	17,281	17,659	17,541	409	387	402	105	114	122	0	3	2
山口県	3	4,221	4,213	4,333	457	497	524	0	3	3	0	0	0
徳島県	0	0	0	0	0	0	0	0	0	0	0	0	0
香川県	8	7,395	7,371	7,445	95	108	121	2	3	6	0	0	0
愛媛県	12	10,389	10,407	10,373	188	171	188	4	6	6	0	7	8
高知県	13	5,763	5,652	5,504	201	203	219	12	14	16	0	0	0
福岡県	28	18,165	18,227	17,966	821	933	1,031	55	70	100	0	0	2
佐賀県	16	18,146	17,996	17,921	514	535	580	7	10	21	0	2	4
長崎県	14	7,524	8,097	8,000	174	185	203	3	5	9	0	0	1
熊本県	24	22,593	18,875	18,834	723	854	956	195	226	234	0	56	117
大分県	8	9,816	9,883	9,889	1,141	1,068	1,094	7	10	12	0	0	0
宮崎県	8	6,216	6,297	5,987	163	174	210	10	13	14	0	10	30
鹿児島県	24	11,860	12,037	12,075	746	745	790	1	2	4	0	1	4
沖縄県	-	-	-	-	-	-	-	-	-	-	-	-	-

	WCS用稲			加工用米			備蓄米			麦			大豆		
	2017年	2018年	2020年	2017年	2018年	2020年	2017年	2018年	2020年	2017年	2018年	2020年	2017年	2018年	2020年
全国	36,836	36,999	37,475	30,250	31,327	32,917	22,865	16,229	16,786	97,772	98,781	101,544	77,174	77,752	81,054
北海道	100	107	117	1,970	1,886	1,882	0	0	0	10,590	10,635	10,605	7,311	7,207	7,387
青森県	498	507	523	1,508	1,447	1,528	3,589	3,006	3,105	778	791	837	4,117	4,160	4,398
岩手県	1,512	1,404	1,393	1,486	1,320	1,324	1,107	39	39	3,593	3,492	3,676	3,630	3,641	3,760
宮城県	2,070	2,024	2,118	935	1,079	1,353	1,578	1,342	1,385	2,332	2,426	2,565	10,200	10,142	11,199
秋田県	364	365	381	7,230	7,178	7,695	3,300	1,148	1,648	257	272	369	5,160	5,340	5,628
山形県	615	630	655	3,094	3,255	3,522	3,142	2,815	2,694	58	59	58	3,917	3,886	3,980
福島県	776	805	925	266	333	359	3,550	2,993	3,071	96	107	120	647	673	753
新潟県	176	178	187	4,660	4,957	4,830	1,750	1,201	1,164	211	181	214	3,166	3,158	3,250
富山県	191	203	215	1,076	1,114	1,241	1,705	1,403	1,343	2,640	2,562	2,578	3,559	3,499	3,459
石川県	57	52	53	401	422	434	589	461	458	615	661	700	796	796	835
福井県	83	83	90	607	734	706	439	345	388	2,830	2,631	2,789	981	1,018	1,061
茨城県	262	303	321	285	292	324	68	46	39	1,757	1,767	1,803	678	704	777
栃木県	1,418	1,454	1,496	1,280	1,202	1,218	1,058	882	928	9,205	9,281	9,392	1,618	1,663	1,711
群馬県	116	114	116	0	0	0	0	0	0	717	723	732	16	17	18
埼玉県	0	0	0	0	0	0	0	0	0	0	0	0	0	0	0
千葉県	103	119	120	112	205	258	23	20	20	71	71	71	118	119	121
東京都	–	–	–	–	–	–	–	–	–	–	–	–	–	–	–
神奈川県	0	0	0	0	0	0	0	0	0	1	2	2	1	1	2
山梨県	0	0	2	38	73	76	34	0	0	0	2	2	18	18	18
長野県	188	189	204	447	454	485	58	4	18	2,215	2,234	2,265	1,136	1,178	1,210
岐阜県	224	203	265	302	847	952	81	47	38	3,238	3,257	3,421	2,773	2,822	2,949
静岡県	255	215	219	38	28	30	0	0	0	603	691	748	146	212	267
愛知県	165	168	174	191	206	215	81	52	54	2,702	2,717	2,766	1,940	1,957	1,982
三重県	182	190	201	236	259	246	54	0	23	4,545	4,662	4,779	3,180	3,247	3,335
滋賀県	257	252	254	1,027	975	1,008	257	188	196	6,187	6,172	6,334	5,091	5,159	5,286
京都府	78	82	86	378	387	394	0	0	0	109	110	110	182	183	191
大阪府	1	1	1	0	0	0	0	0	0	9	9	9	11	11	12
兵庫県	532	568	622	279	246	270	0	0	0	1,179	1,193	1,231	1,223	1,231	1,269
奈良県	8	6	7	1	8	11	0	0	1	11	12	13	22	24	26
和歌山県	2	2	2	0	0	0	0	0	0	0	0	0	3	3	3
鳥取県	242	225	225	25	10	10	22	16	16	123	139	149	505	494	508
島根県	139	164	171	181	136	150	30	14	0	413	383	413	408	415	435
岡山県	178	164	180	409	605	607	202	114	119	2,507	2,589	2,702	486	505	577
広島県	429	507	578	224	209	247	0	0	0	123	133	146	346	357	390
山口県	47	49	53	75	77	80	0	0	0	198	228	250	227	229	287
徳島県	0	0	0	0	0	0	0	0	0	0	0	0	0	0	0
香川県	26	31	35	13	15	18	0	0	0	1,669	1,749	1,895	30	31	36
愛媛県	75	78	83	0	0	0	12	0	0	1,658	1,669	1,712	185	186	194
高知県	74	76	80	72	71	75	2	2	3	5	5	5	8	9	11
福岡県	601	589	613	172	64	58	22	26	26	12,436	12,610	13,054	5,244	5,256	5,427
佐賀県	1,068	1,070	1,116	45	55	60	63	42	0	13,465	13,644	13,877	4,973	5,003	5,023
長崎県	636	663	692	1	7	3	10	0	0	270	313	325	286	287	295
熊本県	15,871	15,881	15,375	217	181	181	12	7	0	4,955	5,056	5,212	1,632	1,718	1,782
大分県	1,290	1,263	1,271	29	28	31	31	17	10	3,222	3,356	3,410	1,094	1,068	1,079
宮崎県	3,649	3,736	3,880	423	452	484	0	0	0	83	92	103	10	10	11
鹿児島県	2,277	2,283	2,379	517	514	554	0	0	0	94	95	103	101	115	114
沖縄県	–	–	–	–	–	–	–	–	–	–	–	–	–	–	–

(ha)

	飼料作物			そば			なたね			その他		
	2017年	2018年	2020年	2017年	2018年	2020年	2017年	2018年	2020年	2017年	2018年	2020年
全国	78,173	67,667	68,367	23,021	23,033	23,854	503	543	686	94,371	94,144	96,765
北海道	24,982	13,958	13,930	4,358	3,989	4,010	175	185	236	12,993	13,195	13,139
青森県	3,424	3,439	3,485	977	1,088	1,079	24	24	29	3,861	3,836	3,607
岩手県	8,002	7,994	7,916	1,613	1,735	1,838	19	21	27	2,957	2,985	3,174
宮城県	6,832	7,067	7,149	716	351	385	7	10	15	1,918	2,004	2,194
秋田県	985	970	991	1,381	1,457	1,549	16	17	25	4,064	4,332	4,394
山形県	2,013	2,014	2,087	3,297	3,322	3,315	12	14	18	4,181	4,296	4,561
福島県	850	888	956	1,940	2,058	2,211	11	19	28	2,235	2,509	2,667
新潟県	260	258	266	563	578	606	8	8	8	3,115	3,130	3,269
富山県	294	290	290	377	355	388	18	12	16	1,117	1,167	1,278
石川県	28	28	28	148	158	170	0	0	0	559	541	530
福井県	9	9	11	1,811	1,866	1,916	0	0	0	849	895	955
茨城県	322	325	339	447	453	511	5	5	6	4,009	4,092	4,176
栃木県	4,074	4,163	4,215	1,119	1,144	1,200	3	4	8	4,426	2,582	2,654
群馬県	84	86	87	26	29	32	1	1	2	400	412	427
埼玉県	0	0	0	0	0	0	0	0	0	0	0	0
千葉県	61	63	64	0	0	0	0	0	0	1,161	1,171	1,183
東京都	-	-	-	-	-	-	-	-	-	-	-	-
神奈川県	1	1	1	0	0	0	0	0	0	3	3	3
山梨県	2	2	2	6	6	6	0	0	0	422	417	425
長野県	636	638	650	1,591	1,662	1,746	7	7	8	9,182	9,194	9,309
岐阜県	627	634	668	261	300	317	0	0	0	3,055	2,837	2,973
静岡県	50	52	54	36	40	45	0	0	0	259	271	287
愛知県	167	166	169	11	12	14	6	10	11	533	529	550
三重県	93	97	101	24	27	33	62	67	72	848	874	850
滋賀県	182	193	199	445	452	472	26	31	37	946	978	1,059
京都府	49	50	50	104	107	117	0	0	0	1,168	1,190	1,222
大阪府	0	0	0	0	0	0	0	0	0	321	328	344
兵庫県	930	949	964	117	117	127	18	21	23	5,698	5,721	5,834
奈良県	2	2	3	5	5	6	0	0	2	593	610	626
和歌山県	0	0	0	0	0	0	0	0	0	330	374	444
鳥取県	773	770	787	197	190	202	1	1	2	836	843	879
島根県	285	287	310	197	213	221	5	5	8	388	407	428
岡山県	364	362	375	31	30	35	0	0	1	852	874	916
広島県	886	838	784	262	254	272	1	2	3	1,723	1,673	1,736
山口県	429	442	462	4	4	4	0	0	0	168	177	186
徳島県	0	0	0	0	0	0	0	0	0	0	0	0
香川県	36	38	42	19	20	22	2	0	2	2,459	2,513	2,599
愛媛県	221	222	228	1	1	1	0	0	0	1,810	1,854	1,907
高知県	103	104	109	1	1	2	0	0	0	1,614	1,652	1,697
福岡県	376	367	394	33	34	38	31	30	32	3,346	3,433	3,546
佐賀県	540	551	582	14	15	26	6	8	12	1,538	1,573	1,621
長崎県	2,022	2,111	2,140	19	22	26	3	6	7	1,094	1,091	1,128
熊本県	5,246	5,282	5,312	249	263	273	14	15	17	3,874	4,016	4,258
大分県	895	898	904	123	102	130	19	14	26	801	832	828
宮崎県	5,831	5,883	5,919	52	56	64	1	0	1	1,326	1,332	1,378
鹿児島県	5,210	5,179	5,344	445	517	443	3	4	6	1,340	1,404	1,525
沖縄県	-	-	-	-	-	-	-	-	-	-	-	-

1) 作物ごとの作付予定面積の数値について、2017年、2018年、2020年の値を全て回収できた726地域版水田フル活用ビジョンを対象としている。

第 5 章

生産主体・地域条件・土地条件に着目した推進

生産主体を明示した取り組み方針

1 水田フル活用ビジョンの6～7割で生産主体が明示されている

水田フル活用ビジョンにおいて取り組みの推進を記載する場合に、生産主体を明示しているのは、都道府県版の67%、地域版の60%である（図 5-1）。

図 5-1 水田フル活用ビジョンにおける生産主体の明示の有無

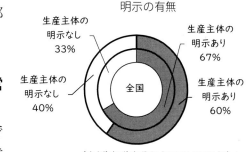

（内側）都道府県版水田フル活用ビジョン
（外側）地域版水田フル活用ビジョン

2 水田フル活用ビジョンでは担い手や組織による営農推進が多い

生産主体を明示している水田フル活用ビジョンでは、都道府県版、地域版ともに、担い手や認定農業者等の記載が多く、次いで、集落営農等の組織経営体の記載が多い（図 5-2、図 5-3）。

図 5-2 都道府県版水田フル活用ビジョンにおける生産主体の明示状況（全国）

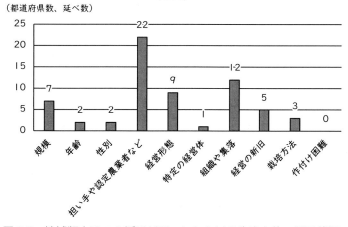

3 規模や経営形態、年齢への言及もみられる

都道府県版では経営形態、規模の記載が続き、地域版では規模、経営形態の記載が続く（図 5-2、図 5-3）。規模や年齢に言及する場合には、必ずしも大規模農家や若手だけでなく、小規模農家や高齢者による営農推進を明示するケースもある。

図 5-3 地域版水田フル活用ビジョンにおける生産主体の明示状況（全国）

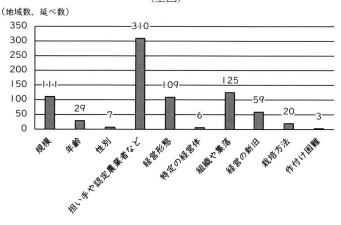

4 水田フル活用ビジョンにおける地域条件の明示は都道府県版で多い傾向

水田フル活用ビジョンに地域条件を明示して営農方針等を記載しているのは、都道府県版の49%、地域版の19%であり、記載率に大きな差がある（図5-4）。

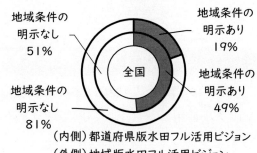

図5-4 水田フル活用ビジョンにおける地域条件の明示の有無

地域条件の明示なし 51%

地域条件の明示あり 19%

地域条件の明示なし 81%

地域条件の明示あり 49%

全国

（内側）都道府県版水田フル活用ビジョン
（外側）地域版水田フル活用ビジョン

5 水田フル活用ビジョンでは条件不利地域への言及が都道府県版、地域版ともに多い

水田フル活用ビジョンに、何らかの地域について言及がある場合、中山間地域、中山間地域以外の条件不利地域、作付困難地域、といった条件不利地域が多い。これは、都道府県版、地域版に共通した特徴である（図5-5、図5-6）。

対して、条件が優良な地域や、平場地域への言及もあるが、都道府県版では条件が優良な地域についての記述が確認できなかった。

6 地域版水田フル活用ビジョンでは特定地域が記載されやすい傾向

都道府県版では特定の地域・地区名を記載するケースが1都道府県であったが、地域版では32地域で特定の地域・地区名が具体的に記載されている（図5-5、図5-6）。

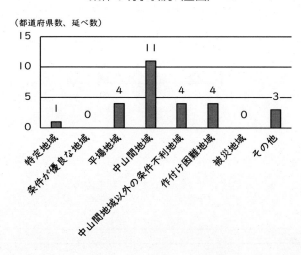

図5-5 都道府県版水田フル活用ビジョンにおける地域条件の明示状況（全国）

（都道府県数、延べ数）

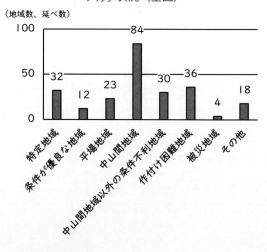

図5-6 地域版水田フル活用ビジョンにおける地域条件の明示状況（全国）

（地域数、延べ数）

7 被災地域での作付推進は地域版水田フル活用ビジョンに記載されている

被災地域での作付推進については、都道府県版では確認できなかったが、地域版では、わずかであるものの確認することができた（図5-5、図5-6）。

8　都道府県版水田フル活用ビジョンの9割に土地条件が明示され、排水対策が最も多い

　都道府県版では、9割に土地条件が明示されて
おり、なかでも排水対策が多く、32都道府県で
排水対策について明示されている（図5-7、図
5-8）。これは、産地交付金における具体的な要
件として、排水対策を含むケースと、含まない
ケースを両方含んでいる。

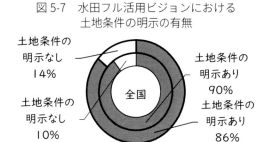

図5-7　水田フル活用ビジョンにおける
土地条件の明示の有無

土地条件の明示なし 14%
土地条件の明示あり 90%
土地条件の明示なし 10%
土地条件の明示あり 86%
全国

（内側）都道府県版水田フル活用ビジョン
（外側）地域版水田フル活用ビジョン

図5-8　都道府県版水田フル活用ビジョンにおける土地条件の明示状況（全国）

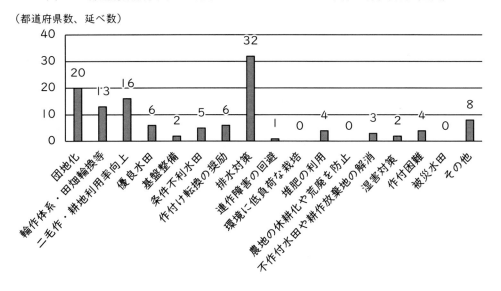

（都道府県数、延べ数）

団地化 20／輪作体系・田畑輪換等 13／二毛作・耕地利用率向上 16／優良水田 6／基盤整備 2／条件不利水田 5／作付け転換の奨励 6／排水対策 32／連作障害の回避 1／環境に低負荷な栽培 0／堆肥の利用 4／農地の休耕化や荒廃を防止 0／不作付水田や耕作放棄地の解消 3／湿害対策 2／作付困難 4／被災水田 0／その他 8

9　都道府県版水田フル活用ビジョンでは土地条件について、排水対策に次いで団地化、二毛作・耕地利用率の向上の記載が多い

　排水対策に次に多いのは、団地化の推進であり20都道府県の水田フル活用ビジョンに記載されている。二毛作の推進や耕地利用率の向上を掲げる16都道府県、輪作体系・田畑輪換の導入や定着を掲げる13都道府県と続く。以上が10都道府県以上に記載された内容である（図5-8）。

10　都道府県版水田フル活用ビジョンでは地域条件と同様に、条件不利な土地条件への言及もみられる

　10都道府県に満たない土地条件としては、地域条件と同様に（※）、優良水田や条件不利水田といった、水田の優劣に関連した条件が記載されている。生産条件が不利な水田については、表現方法が多様であるが、「作付困難」などを含めて総合すると優良水田よりも、生産条件が不利な水田における作付推進が記載されるケースが多い（図5-8）。

（※）関連項目☞水田フル活用ビジョンでは条件不利地域への言及が都道府県版、地域版ともに多い（第5章5）

11　地域版水田フル活用ビジョンに多く記載される土地条件は都道府県版と類似

　地域版では、86％で土地条件が明示されており、なかでも排水対策が多く、353地域で排水対策について明示されている（図5-7、図5-9）。

　この特徴は、都道府県版と類似しており、具体的な記載状況をみても、排水対策に続いて、団地化（296地域）、二毛作の推進や耕地利用率の向上（239地域）、連作体系・田畑輪換の導入や定着（198地域）が多いという傾向が同じである（図5-9）。

図5-9　地域版水田フル活用ビジョンにおける土地条件の明示状況（全国）

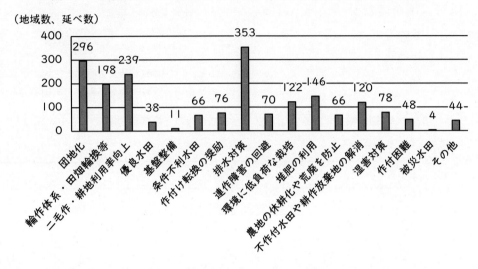

12　有機農業や堆肥の利用、農地の休耕化防止等は、都道府県版水田フル活用ビジョンではなく、地域版水田フル活用ビジョンに明示される傾向

　地域版には都道府県版と異なる傾向も確認できる。

　まず、堆肥の利用（146地域）、環境に低負荷な栽培（122地域）、不作付水田や耕作放棄地の解消（120地域）が多い特徴がある。とくに環境に低負荷な栽培については、都道府県版では確認できなかったため、対照的な特徴となっている（図5-8、図5-9）。

　環境に低負荷な栽培の具体的な記載内容は、JAS有機栽培や特別栽培、農薬の低減等である（※）。これらの取り組みは、都道府県版ではビジョンとしては示されない一方で、地域版のビジョンで示されるという特徴があるといえる。

　同様に、都道府県版には記載されておらず、地域版で記載されている項目には、農地の休耕化や荒廃を防止（66地域）、被災水田（4地域）がある（図5-8、図5-9）。

（※）関連項目☞土地条件の明示についての着眼点（利用者のために3（2）ケ）

13　地域版水田フル活用ビジョンでは都道府県版水田フル活用ビジョンよりも条件不利な水田について記載されやすい傾向

　38地域で優良水田でのビジョンが掲げられているのに対して、条件不利水田（66地域）、不作付水田や耕作放棄地の解消（120地域）、湿害対策（78地域）、作付困難（48地域）のように、条件不利な水田でのビジョンが描かれているケースが多いことが確認できる。とくに、不作付水田や耕作放棄地の解消については、都道府県版よりも記載されやすい傾向がある（図5-8、図5-9）。

都道府県農業再生協議会

●都道府県版水田フル活用ビジョンにおける生産主体の明示状況

	都道府県数			明示のある都道府県数（延べ数）										
	n	生産主体の明示あり	生産主体の明示なし	規模	年齢	性別	担い手や認定農業者など	経営形態	特定の経営体	組織や集落	経営の新旧	栽培方法	作付け困難	その他
全国	39	26	13	7	2	2	22	9	1	12	5	3	0	2
北海道・東北	6	2	4	0	0	0	2	1	0	1	0	2	0	0
北陸	3	2	1	0	0	0	2	0	0	0	0	0	0	1
関東・東山	6	3	3	2	0	0	2	0	0	0	0	1	0	0
東海	3	2	1	0	0	0	2	1	0	0	1	0	0	0
近畿	5	3	2	1	0	0	2	2	0	2	0	0	0	0
中国	5	5	0	2	2	2	5	3	0	4	3	0	0	1
四国	4	4	0	1	0	0	3	1	1	2	1	0	0	0
九州・沖縄	7	5	2	4	1	0	4	1	0	3	0	0	0	0

1) 同じ項目について複数記載がある場合は1回のみカウント。複数の項目について記載がある場合には、該当する項目についてそれぞれカウントしている。したがって、明示のある都道府県数と、それぞれの項目の都道府県数の合計値は必ずしも一致しない。

●都道府県版水田フル活用ビジョンにおける地域条件の明示状況

	都道府県数			明示のある都道府県数（延べ数）							
	n	地域条件の明示あり	地域条件の明示なし	特定地域	条件が優良な地域	平場地域	中山間地域	中山間地域以外の条件不利地域	作付け困難地域	被災地域	その他
全国	39	19	20	1	0	4	11	4	4	0	3
北海道・東北	6	2	4	0	0	0	1	1	1	0	1
北陸	3	3	0	0	0	0	2	1	1	0	0
関東・東山	6	2	4	0	0	1	2	0	0	0	0
東海	3	2	1	0	0	0	2	0	0	0	0
近畿	5	3	2	0	0	0	0	1	1	0	1
中国	5	2	3	1	0	1	1	1	0	0	1
四国	4	3	1	0	0	2	2	0	0	0	0
九州・沖縄	7	2	5	0	0	0	1	0	1	0	0

1) 同じ項目について複数記載がある場合は1回のみカウント。複数の項目について記載がある場合には、該当する項目についてそれぞれカウントしている。したがって、明示のある都道府県数と、それぞれの項目の都道府県数の合計値は必ずしも一致しない。

●都道府県版水田フル活用ビジョンにおける土地条件の明示状況

	都道府県数			明示のある都道府県数（延べ数）														
	有効回答	土地条件の明示あり	土地条件の明示なし	団地化	輪作体系・田畑輪換等	二毛作・耕地利用率向上	優良水田	基盤整備	条件不利水田	作付け転換の奨励	排水対策	連作障害の回避	環境に低負荷な栽培	堆肥の利用	農地の休耕化や荒廃地の解消	不作付水田や耕作放棄地の解消	湿害対策	作付け困難	被災水田	その他
全国	39	35	4	20	13	16	6	2	5	6	32	1	0	4	0	3	2	4	0	8
北海道・東北	6	6	0	5	4	0	2	1	1	1	6	0	0	0	0	1	0	1	0	1
北陸	3	3	0	2	1	1	0	0	1	0	3	0	0	0	0	1	0	1	0	2
関東・東山	6	3	3	2	2	0	2	0	1	1	3	0	0	0	0	0	0	1	0	1
東海	3	3	0	2	2	0	0	0	0	0	2	0	0	0	0	0	0	0	0	1
近畿	5	4	1	2	2	0	0	0	0	0	1	0	0	1	0	0	0	0	0	1
中国	5	5	0	0	4	2	1	0	0	0	5	0	0	1	0	0	1	1	0	3
四国	4	4	0	0	2	0	0	0	2	0	4	0	0	0	0	0	1	0	0	0
九州・沖縄	7	7	0	3	2	6	0	0	0	2	6	1	0	0	2	0	0	1	0	0

1) 同じ項目について複数記載がある場合は1回のみカウント。複数の項目について記載がある場合には、該当する項目についてそれぞれカウントしている。したがって、明示のある都道府県数と、それぞれの項目の都道府県数の合計値は必ずしも一致しない。

地域農業再生協議会

●地域版水田フル活用ビジョンにおける生産主体の明示状況

| | 地域数 | | | 明示のある地域数（延べ数） | | | | | | | | | | |
	n	生産主体の明示あり	生産主体の明示なし	規模	年齢	性別	担い手や認定農業者など	経営形態	特定の経営体	組織や集落	経営の新旧	栽培方法	作付け困難	その他
全国	759	454	305	111	29	7	310	109	6	125	59	20	3	17
北海道	58	26	32	0	1	0	17	8	0	2	1	0	0	0
青森県	30	10	20	0	1	0	7	2	1	4	1	2	0	0
岩手県	27	22	5	2	2	0	17	7	0	1	4	0	0	0
宮城県	28	20	8	2	0	0	17	2	0	6	2	1	0	0
秋田県	13	7	6	1	1	0	5	3	0	1	2	0	0	0
山形県	25	13	12	1	2	1	5	3	1	3	1	1	1	1
福島県	31	16	15	3	2	1	11	5	0	9	4	2	0	1
新潟県	22	13	9	0	0	0	12	0	0	3	0	1	0	0
富山県	9	6	3	0	0	0	5	2	0	1	1	1	1	0
石川県	9	9	0	6	0	0	7	1	0	1	2	0	0	0
福井県	11	2	9	0	0	0	2	0	0	0	0	0	0	0
茨城県	22	18	4	7	0	0	14	3	0	5	0	3	1	1
栃木県	16	11	5	6	0	0	5	0	0	1	1	0	0	1
群馬県	12	8	4	2	0	0	5	2	0	3	1	0	0	0
埼玉県	12	9	3	8	0	0	8	0	0	0	0	0	0	0
千葉県	20	19	1	19	0	0	2	0	0	0	0	0	0	0
東京都	-	-	-	-	-	-	-	-	-	-	-	-	-	-
神奈川県	1	0	1	0	0	0	0	0	0	0	0	0	0	0
山梨県	10	1	9	1	0	0	0	0	0	0	0	0	0	0
長野県	30	9	21	1	1	1	5	5	0	0	0	1	0	0
岐阜県	38	26	12	3	0	0	19	5	0	6	1	1	0	3
静岡県	9	6	3	1	0	0	5	2	0	0	2	0	0	0
愛知県	19	7	12	1	0	0	4	1	0	1	0	1	0	0
三重県	15	9	6	0	0	0	6	3	0	4	0	0	0	1
滋賀県	14	8	6	0	1	0	8	1	1	1	0	0	0	0
京都府	15	6	9	2	0	0	1	2	0	2	2	0	0	0
大阪府	16	3	13	0	0	0	3	0	0	2	0	0	0	0
兵庫県	22	9	13	2	0	0	8	1	0	6	0	0	0	0
奈良県	9	4	5	2	0	0	1	0	0	2	0	0	0	0
和歌山県	8	0	8	0	0	0	0	0	0	0	0	0	0	0
鳥取県	14	11	3	2	0	0	9	1	1	2	0	0	0	0
島根県	8	7	1	4	0	0	2	5	0	4	3	0	0	0
岡山県	12	11	1	7	2	0	5	0	0	4	3	1	0	1
広島県	12	11	1	3	1	0	8	4	0	5	4	1	0	1
山口県	4	4	0	1	1	0	4	2	1	4	1	0	0	1
徳島県	1	1	0	1	0	0	1	0	0	0	0	0	0	0
香川県	8	8	0	5	4	0	7	4	0	3	5	0	0	1
愛媛県	12	12	0	5	3	1	12	2	1	6	3	1	0	2
高知県	13	13	0	3	1	1	8	7	0	6	5	0	0	0
福岡県	28	17	11	1	0	1	13	7	0	5	4	0	0	0
佐賀県	16	9	7	0	0	0	6	3	0	5	0	0	0	0
長崎県	14	10	4	1	0	0	7	2	0	4	0	0	0	0
熊本県	25	20	5	2	2	0	15	4	0	4	1	0	0	2
大分県	8	7	1	4	0	0	5	3	0	5	3	0	0	0
宮崎県	9	6	3	0	3	0	3	2	0	1	1	1	0	0
鹿児島県	24	10	14	2	1	0	6	5	0	3	1	1	0	0
沖縄県	-	-	-	-	-	-	-	-	-	-	-	-	-	-

1) 同じ項目について複数記載がある場合は1回のみカウント。複数の項目について記載がある場合には、該当する項目についてそれぞれカウントしている。したがって、明示のある地域数と、それぞれの項目の地域数の合計値は必ずしも一致しない。

●地域版水田フル活用ビジョンにおける地域条件の明示状況

	地域数			明示のある地域数（延べ数）							
	n	地域条件の明示あり	地域条件の明示なし	特定地域	条件が優良な地域	平場地域	中山間地域	中山間地域以外の条件不利地域	作付け困難地域	被災地域	その他
全国	759	148	611	32	12	23	84	30	36	4	18
北海道	58	1	57	0	0	0	1	0	0	0	0
青森県	30	2	28	1	1	0	0	0	0	0	0
岩手県	27	7	20	2	0	1	4	0	0	1	1
宮城県	28	10	18	3	1	1	4	4	6	0	2
秋田県	13	3	10	0	1	0	2	2	0	0	0
山形県	25	12	13	1	0	0	12	3	2	0	1
福島県	31	7	24	2	0	1	4	0	0	2	0
新潟県	22	5	17	0	2	2	5	1	1	0	0
富山県	9	3	6	1	0	1	3	0	1	0	0
石川県	9	4	5	0	0	0	2	0	3	0	0
福井県	11	5	6	1	0	0	5	4	0	0	0
茨城県	22	2	20	0	0	0	0	1	1	0	0
栃木県	16	3	13	0	0	0	2	0	0	0	1
群馬県	12	1	11	0	0	1	1	0	0	0	0
埼玉県	12	0	12	0	0	0	0	0	0	0	0
千葉県	20	1	19	1	0	0	0	0	0	0	0
東京都	-	-	-	-	-	-	-	-	-	-	-
神奈川県	1	0	1	0	0	0	0	0	0	0	0
山梨県	10	1	9	0	0	0	1	0	0	0	0
長野県	30	6	24	0	0	0	4	1	1	0	1
岐阜県	38	2	36	0	0	0	1	0	1	0	0
静岡県	9	1	8	0	0	0	0	0	1	0	1
愛知県	19	4	15	0	0	0	1	0	2	0	1
三重県	15	5	10	0	0	1	2	1	1	0	2
滋賀県	14	4	10	0	0	0	0	0	4	0	0
京都府	15	0	15	0	0	0	0	0	0	0	0
大阪府	16	0	16	0	0	0	0	0	0	0	0
兵庫県	22	2	20	1	0	0	0	1	0	0	0
奈良県	9	1	8	0	1	1	1	0	0	0	0
和歌山県	8	0	8	0	0	0	0	0	0	0	0
鳥取県	14	4	10	1	0	1	2	2	2	0	1
島根県	8	2	6	0	0	1	2	0	0	0	0
岡山県	12	4	8	1	0	0	3	0	0	0	1
広島県	12	1	11	0	0	0	0	0	0	0	1
山口県	4	3	1	3	1	1	1	1	0	0	0
徳島県	1	0	1	0	0	0	0	0	0	0	0
香川県	8	0	8	0	0	0	0	0	0	0	0
愛媛県	12	4	8	3	1	2	3	1	0	0	1
高知県	13	5	8	2	0	2	5	3	0	0	0
福岡県	28	4	24	0	1	1	1	1	2	1	0
佐賀県	16	10	6	1	0	6	6	1	6	0	0
長崎県	14	3	11	2	0	0	1	1	0	0	0
熊本県	25	4	21	1	0	1	1	0	0	0	2
大分県	8	3	5	0	0	0	0	1	2	0	0
宮崎県	9	2	7	1	0	1	1	0	0	0	0
鹿児島県	24	7	17	4	1	0	2	0	0	0	2
沖縄県	-	-	-	-	-	-	-	-	-	-	-

1）同じ項目について複数記載がある場合は1回のみカウント。複数の項目について記載がある場合には、該当する項目についてそれぞれカウントしている。したがって、明示のある地域数と、それぞれの項目の地域数の合計値は必ずしも一致しない。

●地域版水田フル活用ビジョンにおける土地条件の明示状況

	地域数			明示のある地域数（延べ数）																
	n	土地条件の明示あり	土地条件の明示なし	団地化	輪作体系・田畑輪換等	二毛作・耕地利用率向上	優良水田	基盤整備	条件不利水田	作付け転換の奨励	排水対策	連作障害の回避	環境に低負荷な栽培	堆肥の利用	農地の休耕化や荒廃を防止	不作付水田や耕作放棄地の解消	湿害対策	作付困難	被災水田	その他
全国	759	653	106	296	198	239	38	11	66	76	353	70	122	146	66	120	78	48	4	44
北海道	58	53	5	15	31	0	4	2	1	1	33	13	6	12	10	2	6	1	0	1
青森県	30	27	3	13	13	4	0	0	6	1	21	6	5	6	1	6	2	4	0	1
岩手県	27	26	1	16	6	8	0	0	1	3	23	5	1	9	3	1	10	1	1	0
宮城県	28	28	0	23	9	6	1	0	0	10	19	2	6	9	2	3	8	2	0	2
秋田県	13	13	0	10	4	1	4	2	0	2	11	0	4	3	3	5	1	1	0	3
山形県	25	25	0	14	6	5	3	1	2	6	23	7	7	8	4	7	6	1	0	2
福島県	31	29	2	22	6	7	3	1	2	4	25	3	2	7	2	5	1	0	3	7
新潟県	22	21	1	13	7	12	1	1	2	5	15	5	7	6	1	4	0	2	0	3
富山県	9	9	0	4	2	9	0	0	0	0	6	0	1	2	1	2	1	0	0	0
石川県	9	7	2	2	0	3	0	0	0	0	3	0	1	0	1	1	0	0	0	0
福井県	11	11	0	2	4	2	0	0	7	0	8	0	2	0	0	5	3	6	0	0
茨城県	22	21	1	11	4	2	5	1	7	5	6	5	3	1	1	3	3	8	0	2
栃木県	16	16	0	12	3	3	0	0	3	1	14	4	0	0	0	3	5	1	0	0
群馬県	12	9	3	5	4	6	0	0	0	0	5	4	3	1	0	0	3	1	0	0
埼玉県	12	7	5	0	0	0	0	0	0	0	1	0	0	0	0	0	7	0	0	0
千葉県	20	18	2	18	0	10	0	0	0	0	0	0	0	1	0	0	0	0	0	0
東京都	–	–	–	–	–	–	–	–	–	–	–	–	–	–	–	–	–	–	–	–
神奈川県	1	1	0	0	1	0	0	0	0	0	0	0	0	0	0	0	0	0	0	0
山梨県	10	4	6	0	0	1	1	0	0	0	1	0	0	0	1	2	0	0	0	0
長野県	30	24	6	7	5	1	0	0	2	1	4	3	0	2	4	11	2	0	0	1
岐阜県	38	24	14	8	11	10	3	0	2	7	4	1	4	7	0	1	0	2	0	0
静岡県	9	8	1	3	4	1	0	0	0	1	2	1	0	0	1	3	1	0	0	1
愛知県	19	14	5	6	6	5	0	0	3	0	5	0	3	0	0	1	1	3	0	2
三重県	15	13	2	4	8	9	0	0	1	0	9	3	3	7	1	2	1	2	0	1
滋賀県	14	14	0	9	12	3	1	0	2	0	3	0	0	0	0	4	2	2	0	1
京都府	15	9	6	3	2	1	0	0	1	2	0	0	5	0	2	2	0	0	0	1
大阪府	16	5	11	1	1	0	0	0	0	0	0	1	2	0	0	1	0	0	0	0
兵庫県	22	18	4	9	7	5	1	0	1	0	9	0	0	1	1	7	1	0	0	1
奈良県	9	6	3	2	0	1	0	0	0	0	3	0	1	0	1	1	0	0	0	0
和歌山県	8	0	8	0	0	0	0	0	0	0	0	0	0	0	0	0	0	0	0	0
鳥取県	14	12	2	8	5	8	1	0	4	1	6	1	5	5	1	3	2	4	0	0
島根県	8	8	0	2	2	6	0	0	2	2	6	1	4	4	0	4	1	0	0	0
岡山県	12	11	1	3	0	2	0	0	1	1	8	1	3	6	1	1	4	0	0	2
広島県	12	10	2	1	0	2	0	0	1	2	0	4	3	2	0	0	2	0	0	1
山口県	4	4	0	1	1	1	1	1	0	2	0	2	0	0	0	0	0	0	0	0
徳島県	1	1	0	0	0	0	0	0	0	0	0	0	0	0	0	0	0	0	0	0
香川県	8	8	0	0	0	4	0	0	0	0	6	0	1	1	0	5	0	0	0	0
愛媛県	12	12	0	0	3	6	1	1	0	0	0	0	5	0	0	2	3	2	1	0
高知県	13	11	2	0	0	6	0	0	5	0	6	2	1	3	1	3	1	0	0	3
福岡県	28	25	3	10	9	18	3	1	1	1	12	2	5	6	4	1	2	1	0	1
佐賀県	16	16	0	9	7	15	1	0	2	4	4	0	1	7	2	5	0	0	0	1
長崎県	14	12	2	4	3	6	0	0	2	4	6	0	1	3	2	3	1	0	0	0
熊本県	25	25	0	13	6	20	3	0	1	2	21	1	5	17	3	5	1	0	0	0
大分県	8	7	1	4	1	4	0	0	2	1	5	0	1	3	2	1	0	1	0	0
宮崎県	9	9	0	0	0	4	0	0	0	0	7	0	4	2	1	3	0	0	0	0
鹿児島県	24	22	2	9	6	22	1	0	4	3	14	0	7	6	5	1	0	2	0	0
沖縄県	–	–	–	–	–	–	–	–	–	–	–	–	–	–	–	–	–	–	–	–

1）同じ項目について複数記載がある場合は1回のみカウント。複数の項目について記載がある場合には、該当する項目についてそれぞれカウントしている。したがって、明示のある地域数と、それぞれの項目の地域数の合計値は必ずしも一致しない。

第 6 章

産地交付金の交付・産地交付金のメニュー数・技術要件の設定状況

産地交付金の交付

1 産地交付金の設定方法

2018 年度の産地交付金の設定方法は、次の通りである。

まず、国から各都道府県に対して、それぞれの交付金枠が配分される。この配分には、年度当初に行う「当初配分」と、10 月中下旬を目途に行う「追加配分」がある。「追加配分」には規定されたメニュー（飼料用米・米粉用米の単収品種の取組、加工用米の複数年契約、そば・なたねの作付の取組、新市場開拓用米の作付の取組、畑地化）を含んでいる。このほか、主食用米以外の作物の作付けが拡大し、主食用米の作付面積が 2017 年度以降の最小面積からさらに減少することとなる都道府県に対しては減少面積に応じて 10,000 円 /10a が追加配分に含まれる。

都道府県は、国から配分される交付金枠の範囲内で助成内容（交付対象作物、目標、具体的要件及び単価等）を設定する。この際、都道府県の判断によっては、国から配分される交付金枠を更に地域農業再生協議会に配分し、地域農業再生協議会ごとに助成内容を設定することもできる。

以上の通り、産地交付金の交付には、配分のタイミングについて当初配分と追加配分の 2 種類があり、助成内容を決定する段階について都道府県段階と地域段階の 2 種類がある。

2 産地交付金の総額と回収データ

産地交付金が実際に都道府県別にどの程度交付されているかは、公表されていない。また、当初配分と追加配分、都道府県段階と地域段階、の各種類別の交付金額についても、公表されていない。

こうした中、財務省主計局の中澤正彦主計官は、2018 年度の産地交付金の実績値が 971 億円であったと整理している（https://www.mof.go.jp/budget/budger_workflow/budget/fy2020/sei-fuan2019/17.pdf、2020 年 4 月 1 日閲覧）。このことも踏まえて、産地交付金の総額と回収データの関係を整理したのが図 6-1 である。

図 6-1　産地交付金の総額と回収データの関係

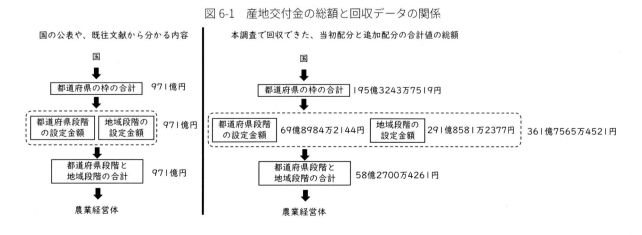

本調査で回収できた、当初配分と追加配分の合計値の総額は、国から都道府県に配分した都道府県枠の合計が、195億3243万7519円であった。これは、産地交付金の実績値971億円の20.1％に当たる。次に、都道府県段階の設定金額は69億8984万2144円、地域段階の設定金額は291億8581万2377円であった。これは、重複のないように合計値を求めた結果であり、双方の合計額は361億7565万4521円であった。これは、産地交付金の実績値971億円の37.3％に当たる。また、地域単位での交付額について、都道府県段階と地域段階の合計値は、58億2700万4261円分を接続でき捕捉することができた。これは、産地交付金の実績値971億円の6.0％に当たる。

3　当初配分と追加配分の割合は、都道府県ごとに異なる

　国が都道府県に配分した産地交付金について、産地交付金の総額に占める、当初配分と追加配分の割合は、都道府県ごとに異なる（図6-2）である。

　もっとも、国による都道府県への配分を捕捉できたのは、産地交付金の実績値971億円の20.1％にとどまる。このため、交付実績の全体像を把握するには、国や地方自治体などによる公式なデータの開示が求められる。

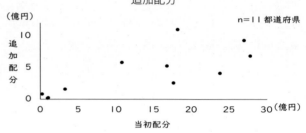

図6-2　国が都道府県に配分した産地交付金の当初配分・追加配分

4　地域単位では、産地交付金の交付額は5000万円未満が多い

　都道府県段階と地域段階の合計値は、5000万円未満が57％を占めている（図6-3）。

　もっとも、都道府県段階と地域段階の合計値を捕捉できたのは、77地域にとどまる。このため、あくまで参考値である。詳細な交付実態については、国や地方自治体などによる公式なデータの開示が求められる。

図6-3　地域別にみた都道府県段階と地域段階の合計額

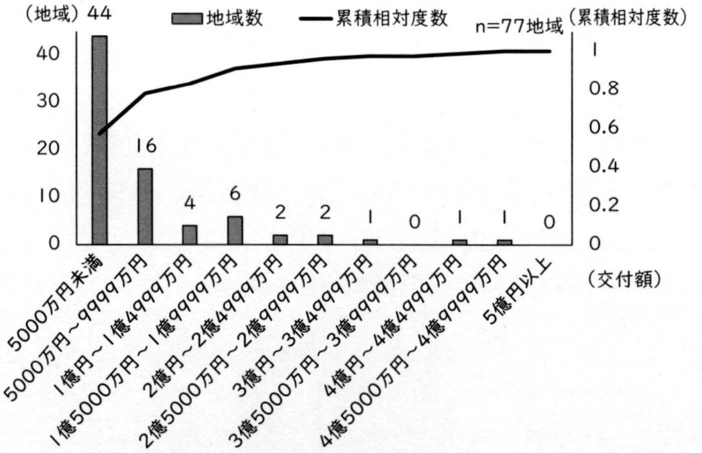

5　前年産の主食用米生産面積当たりでみた産地交付金の交付額

　図6-3で示した産地交付金の交付額は、地域の面積や、水田面積にも影響を受けると考えられる。ここでは、面積当たりの交付額について示す。

　面積当たりの交付額というと、かつて、転作奨励金を評価する指標は、転作面積当たりの支払額が一般的であった。しかし、2018年には国による生産数量目標が廃止されたため、国がどの程度の転作面積を想定しているのか算定が不可能である。

　ここでは、新たな指標として、主食用米生産面積当たりの交付額に着目する。その理由は、産地交付金が米価維持を目的に講じられていると考えるならば、主食用米生産面積当たりの支払額

は、財政負担の状況を知る上で有効な指標と考えられるためである。さらに、2017年から2018年にかけては、国が示す「生産数量目標」と「適正生産量」が変化しなかったため、2017年から2018年にかけて極端な配分の変化が生じていないと考えられる。

　主食用米生産面積当たりでみた産地交付金の交付額の水準を整理したのが図6-4である。

図6-4　主食用米生産面積当たりでみた産地交付金の交付額の水準

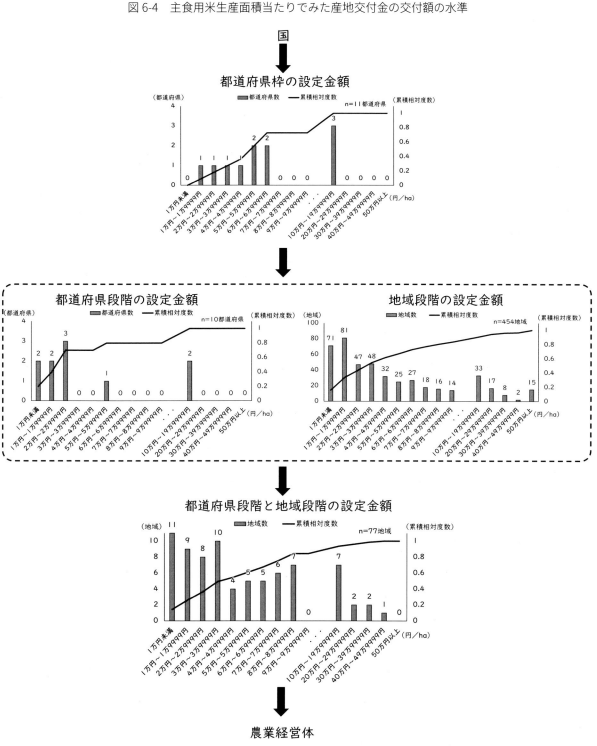

　図6-4の中に示した各図は、それぞれ回収できたデータに限界がある。このため、より詳細な実態については、国や地方自治体などによる公式なデータの開示が求められる。

本調査から得られたデータからいえば、国から都道府県への配分においては、7万円／ha 未満で過半を占めている。1ha 当たりの交付額が低いケースでは 1 万円台、高いケースでは 10 万円台の都道府県もある。その差額の絶対値は小さいとも評価できるが、倍率に着目すると交付金に 10 倍もの格差があることが確認できる。主食用米生産を 1ha に抑制するために、1 万円台の交付金を配分している都道府県と、その 10 倍に当たる 10 万円台の交付金を配分している都道府県がある、ということになる。

次に、都道府県段階では 1ha 当たり 2 万円台、地域段階では 1ha 当たり 1 万円台が多い。

都道府県段階では高い都道府県で 1ha 当たり 10 万円台が確認された。一方、地域段階では 1ha 当たり 1 万円台をピークに 10 万円未満までは、交付額が上がるほど地域数は少なくなるが、10 万円台で若干増えて 50 万円以上の地域も確認できる。

都道府県段階と地域段階の合計金額でみると、4 万円未満で 49％、10 万円未満で 84％を占めている。なお、地域段階の設定金額で確認された 50 万円以上の地域などは、データが接続できなかったため除かれている。

以上のように、回収できたデータの数や接続の限界があるものの、大まかな傾向として、主食用米生産面積当たりでみれば産地交付金に格差があり、その格差は地域段階での設定を通じて、より増幅していると考えらえる。なお、より詳細な交付実態については、国や地方自治体などによる公式なデータの開示が求められる。

産地交付金のメニュー数と技術要件の設定状況

6　産地交付金のメニュー数は 10 〜 19 が最も多い

産地交付金のメニュー数（※）について、メニュー数の総数が確実に確認できる 25 都道府県と 584 地域に着目すると、都道府県段階、地域段階ともに 10 〜 19 が最も多い（図 6-5、図 6-6）。

メニュー数が多いケースを取り上げると、都道府県段階では 20 〜 29 が 1 都道府県であった。一方、地域段階では、20 〜 29 が 11 地域、30 〜 39 が 4 地域、70 〜 79 が 1 地域であった。

（※）関連項目☞産地交付金のメニュー数の算出方法（利用者のために 3（3）カ）

図 6-5　都道府県段階のメニュー数別にみた都道府県数

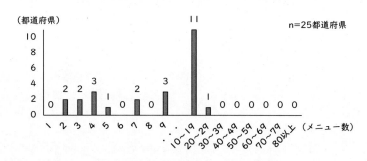

図 6-6　地域段階のメニュー数別にみた地域数

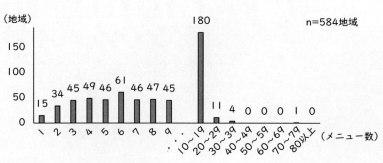

116

7　産地交付金のメニューのうち技術要件があるのは、都道府県段階の 42%、地域段階の 48%

　産地交付金のメニューには、特定の技術要件が交付条件となっているケースがある。全体のメニュー数のうち、どの程度、技術要件のあるメニュー数が占めるか調べた（※）。

　メニュー数の総数と詳細な要件が確実に確認できる 19 都道府県、484 地域に着目すると、産地交付金のメニューのうち技術要件があるのは、都道府県段階の 42%、地域段階の 48% である。

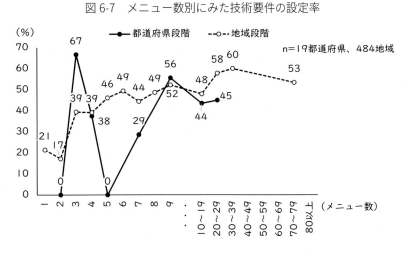

図 6-7　メニュー数別にみた技術要件の設定率

n＝19都道府県、484地域

　さらに、全体のメニュー数別に技術要件の設定率をみると、地域段階においては、大まかな傾向であるが、メニュー数が多い地域ほど、技術要件の設定率が高い（図 6-7）。

（※）関連項目☞産地交付金のメニュー数の算出方法（利用者のために 3（3）カ）

117

主食用米・麦・大豆・飼料作物 ・そば・なたねの振興と産地交付金

主食用米の振興

1　主食用米の推進は記載率がほぼ100%だが、具体的な記述内容は都道県版水田フル活用ビジョンと地域版水田フル活用ビジョンで差がある

　都道府県版では100％、地域版では99％に主食用米の推進が記載されている。ただし、①生産主体の明示、②地域条件の明示、③土地条件の明示、に着目すると、記載率が都道府県版では54%、地域版では29％と差がある（図7-1、図7-2）。農業経営体により身近な地域版では記載率が低く、多様な生産主体、多様な地域、多様な土地条件での振興を、ビジョンに含意しやすくなっている。

　なお、主食用米に対する産地交付金は認められていない（「経営所得安定対策等実施要綱」（2018年4月1日付）、別紙13「産地交付金の考え方及び設定手続」）。

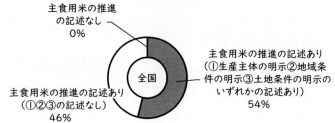

図7-1　都道府県版水田フル活用ビジョンにおける「主食用米の推進」の記載状況

- 主食用米の推進の記述なし 0%
- 主食用米の推進の記述あり（①生産主体の明示②地域条件の明示③土地条件の明示のいずれかの記述あり）54%
- 主食用米の推進の記述あり（①②③の記述なし）46%
- 全国

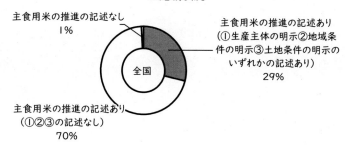

図7-2　地域版水田フル活用ビジョンにおける「主食用米の推進」の記載状況

- 主食用米の推進の記述なし 1%
- 主食用米の推進の記述あり（①生産主体の明示②地域条件の明示③土地条件の明示のいずれかの記述あり）29%
- 主食用米の推進の記述あり（①②③の記述なし）70%
- 全国

2　都道府県版水田フル活用ビジョンと地域版水田フル活用ビジョンとでは、生産主体や地域条件について、記載率の差が大きい

　主食用米の推進について、①生産主体の明示、②地域条件の明示、③土地条件の明示、のいずれかが記載された水田フル活用ビジョンのうち、①、②、③の記載率を示したのが図7-3である。

　①、②、③それぞれについて、都道府県版は地域版よりも記載率が高く、ポイント差は、①生産主体の明示が

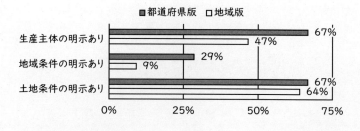

図7-3　「主食用米の推進」に関する生産主体・地域条件・土地条件の記載率

凡例：■都道府県版　□地域版

- 生産主体の明示あり　都道府県版67%、地域版47%
- 地域条件の明示あり　都道府県版29%、地域版9%
- 土地条件の明示あり　都道府県版67%、地域版64%

20ポイント（都道府県版67％、地域版47％）、②地域条件の明示が20ポイント（都道府県版29％、地域版9％）③土地条件の明示が3ポイント（都道府県版67％、地域版64％）、である。

　主食用米の推進については、生産主体や地域条件について、都道府県版と地域版との間で記載率の差が大きいといえる。

3　生産主体の明示例は、大規模農家が多いが、兼業農家や高齢者、有機栽培農家等もある

　水田フル活用ビジョンには、主食用米を推進するに当たり、生産主体を記載しているケースがある。とくに、「大規模経営体」、「大規模法人」、「大規模農家」のように、規模に着目して大規模な農業経営体の生産を推進するケースが多い。また、「集落営農組織」、「集落営農法人」、「農作業受託組織」、のような組織経営体も多く記載されている。

　このほか、「人・農地プランに位置付けられた地域の中心となる経営体」、「認定農業者」、「認定生産者」、「担い手」等の担い手層における生産振興を掲げるケースもある。

　また、主体の組織的・経営的な特徴に着目すると、「市外のオペレーター」、「JA出資型法人」、「企業参入」による生産を推進したり、「兼業農家」、「小規模農家」、「飯米農家」、「自家消費用に生産する農家」のように兼業農家や小規模農家による主食用米の生産継続を推進するケースもある。

　兼業農家や小規模農家による主食用米の生産継続を推進するケースでは、稲作の継続が課題や、稲作によって何とか農地を活用しようとしている地域が多いようである。また、機械化が進んだ稲作の特徴として省力化が可能であることから、「兼業農家」、「高齢者」、「婦女子」による生産を推進するケースもある。

　以上のほか、栽培方法に着目して、「有機栽培農家」、「特別栽培農家」、「エコファーマー」による主食用米生産を推進するケースが多く見られた。

4　地域条件の明示例は、平坦地と中山間地域で区別した記述が多い

　水田フル活用ビジョンには、主食用米を推進するに当たり、地域条件を記載しているケースがある。この際、大きく分けて、①「平坦部」や「平野部」でこそ主食用米を推進すべき、②「中山間地域」でこそ主食用米を推進すべき、③「平坦部」や「平野部」と、「中山間地域」とでは別々の主食用米生産のスタイルを目指すべき、という3つのパターンが多い。

　「平坦部」や「平野部」、「中山間地域」における主食用米生産の例をあげると、まず、「平坦部」や「平野部」では、「減農薬米や低コスト米」、「スマート農業」、「米麦二毛作に適した品種」等の記載がある。一方、「中山間地域」では、「付加価値の高い米」、「こだわりのコメ作りや特色ある商品づくり」、「中山間地の景観を生かした米作り」、「特別栽培」等の記載がある。

　また推奨品種と組み合わせて、「平野部では品種転換」、「平坦部で米麦二毛作に適した品種」、「平坦部で業務用途向け品種や二毛作を踏まえた中生品種主食用米」、「中山間地域ににこまるを普及」等の記載がある。平坦部における特定品種の推奨や、中山間地域での品種指定もあり、「平坦地でコシヒカリ、中山間地でひとめぼれ」、「山間地で早生品種・山間地以外で特定品種」等の記載があった。細かなものでは、「標高120m前後での生産地帯を選抜して特定品種を作付け」という記載例もある。

　経営の志向については、「平坦地域で規模拡大」、「中山間地域における生産者組織の充実」というように、地域条件に応じて推進する対象を区別しているケースもある。

5　地域条件の明示例は、特定地域での推進を記述するケースもある

　水田フル活用ビジョンには、主食用米を推進するに当たり、「平坦部」や「平野部」、「中山間地域」という地域区分ではなく、「米産地のA地区」というように、地域を特定するケースがある。東京電力福島第1原発事故に関連して「避難指示解除区域」での作付再開として主食用米を位置づけるケースもある。

また、圃場整備を絡めて「基盤整備完了地区」での推進を明示したり、「基盤整備を生かした大規模な作付」、「平坦地域で圃場整備が進んでいる地域はスマート農業」との記載がある。また、土壌に着目して、「山麓、山間で水利条件の良い埴土」、「埴壌土地帯」での主食用米生産の推進を掲げたりするケースもある。このほか、作期に着目して、普通期地帯と早期地帯についてそれぞれ特定の品種を推奨するケースがある。

6 土地条件の明示例は、大区画化・農地集積が多いが、栽培手法や荒廃防止の観点の記述もある

水田フル活用ビジョンには、主食用米を推進するに当たり、「大区画化」、「農地集積」、「団地化」、「分散錯圃の解消」、「集約化」等の記載が多い。

土づくりをはじめ栽培方法については、「JAS 有機栽培」、「有機栽培」、「特別栽培」をはじめ、「低農薬栽培」、「低化学肥料栽培」、「減化学肥料栽培」のほか、「良質堆肥の活用」、「完熟堆肥の活用」の記載もみられる。作付体系として、「転作ブロックローテーション」、「二毛作」の記載がある。

このほか、「遊休農地解消」、「調整水田の活用」、「不作付地の活用」、「不作付地の減少を図る」や、「荒廃田の防止」、「耕作放棄地の発生防止」のように、不作付水田や荒廃田の活用や、不作付化、荒廃化の防止として主食用米生産を位置づけるケースもみられる。

また、東京電力福島第1原発事故に関連して、「作付け自粛水田は作付け再開」、「既作付水田は風評被害払拭」を掲げて、主食用米の生産を推進する記述もみられる。

麦の振興と産地交付金

7 麦の推進は都道府県版水田フル活用ビジョンで記載率が高く、具体的な記述も多い

麦の推進については、都道府県版の92％、地域版の72％で記載がある。①生産主体の明示、②地域条件の明示、③土地条件の明示、に着目すると、都道府県版の79％、地域版の51％で記載がある（図7-4、図7-5）。

この記載率の差異は、都道府県の範囲では麦の生産が行われていても、地域の範囲では麦の生産がない、あるいは盛んでない地域があるためと考えられる。

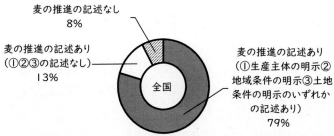

図7-4 都道府県版水田フル活用ビジョンにおける「麦の推進」の記載状況

麦の推進の記述なし 8%
麦の推進の記述あり（①②③の記述なし）13%
麦の推進の記述あり（①生産主体の明示②地域条件の明示③土地条件の明示のいずれかの記述あり）79%
全国

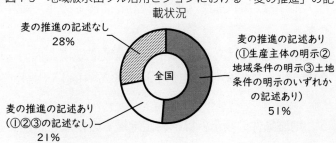

図7-5 地域版水田フル活用ビジョンにおける「麦の推進」の記載状況

麦の推進の記述なし 28%
麦の推進の記述あり（①生産主体の明示②地域条件の明示③土地条件の明示のいずれかの記述あり）51%
麦の推進の記述あり（①②③の記述なし）21%
全国

8 都道府県版水田フル活用ビジョンと地域版水田フル活用ビジョンとでは、生産主体について、記載率の差が大きい

麦の推進について、①生産主体の明示、②地域条件の明示、③土地条件の明示、のいずれかが記載された水田フル活用ビジョンのうち、①、②、③の記載率を示したのが図7-6である。生産主体の明示は、都道府県版は19％、地域版が41％と差が大きい。

9　生産主体の明示例は、大規模農家が多い

水田フル活用ビジョンには、麦を
推進するに当たり、生産主体を記載
しているケースがある。とくに、「大
規模な担い手」、「大規模農家」、「大
規模経営の認定農業者」のように、
規模に着目して大規模な農業経営体
の生産を推進するケースが多い。具
体的に、「麦を1ha以上作付ける者」
と規模要件を付すケースもある。ま

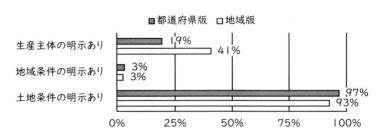

図7-6　「麦の推進」に関する生産主体・地域条件・土地条件の記載率

た組織や経営の特徴として、「集落営農組織」、「集落営農」、「農地所有適格法人」、「集落営農法人」、
「営農組織」等、組織経営体による生産や、「生産の組織化」を推進するとの記載があるほか、「法人」、
「法人を目指す集団」、「新規作付者」、「規模拡大する者」と記載するケースもある。「担い手」、「地
域オペレーター」、「担い手による安定した生産拡大」のように担い手による麦の生産を推進するケー
スがある。

このほか、「株式会社A」等と、特定の企業名が記載されているケースや、「所得が伸び悩む土地
利用型作物生産者」、「機械装備した担い手」との明示もある。また、わずかながら、「小規模農家」
による麦生産を明示するケースが確認された。

主食用米生産に見られたような、「兼業農家」、「有機栽培農家」、「特別栽培農家」、「エコファーマー」
等の記述は、回収できた水田フル活用ビジョンでは皆無であった。

10　地域条件の明示例は、平坦地と中山間地域で区別した記述が多い

麦は、主食用米と同様に、平坦地と中山間地域で区別した記述が多い。しかし、主食用米のよう
に、平坦部と中山間地域で、生産のスタイルや品種を区別するという、棲み分けを行うような記述
は皆無であり、どちらか一方での生産が明示されていた。

具体的には、麦を「平坦部」、「平野部」、「平坦な水田農業地域」、「大区画農地を有するA地域」
で推進すると明示するケースと、「中山間地域」で推進すると明示するケースがあった。

11　土地条件の明示例は、排水対策や輪作体系に関する記述が多い

水田フル活用ビジョンには、麦を推進するに当たり、土地条件を記載しているケースがある。とく
に多いのが、「排水対策」、「湿害対策」であり、関連して「排水良好田」での生産や、「額縁排水」、
「暗渠排水」、「簡易暗渠」、「明渠」、「排水設備」のある水田での生産を掲げるケースが多い。

また、「輪作体系」、「輪作体系維持」、「ブロックローテーション」、「二毛作」、「水田高度利用」、
「連作障害回避」、「2年3作」、「大豆や水稲の裏作」のように、作付体系に位置づけた推進が多い。

以上の「排水対策」、「湿害対策」、「輪作体系」等は、併せて、「団地化」、「農地集積」、「土地利用集積」
も記載されるケースが多く、効率的な生産のみならず、隣接圃場からの横水の浸入を防ぐ等、計画
的な田畑輪換を促している。

このほか、土づくりについて「堆肥の利用」を明示するケースがある。また、「調整水田等不作
付地の解消」や、「不作付地の拡大抑制」、「遊休農地の回避」、「荒廃農地発生の抑制」、「耕作放棄
地の増加を防止」として麦の生産を位置づけるケースもある。

12 産地交付金を都道府県で統一設定しているケースでは、麦に対する産地交付金の設定率が高い

麦に産地交付金を設定しているのは、「産地交付金の活用方法の明細」ベースでいうと、都道府県段階では54％、地域段階では53％である（図7-7）。

実際には、都道府県で統一設定しているケースと、地域ごとに設定が異なるケースがある（※）。このため、接続可能なデータのみを抽出して、産地交付金の設定率を算出すると、都道府県で統一設定しているケースが83％と、地域ごとに設定が異なるケースの62％よりも高い（図7-8）。

この産地交付金の設定率の差異は、水田フル活用ビジョンへの記載率に都道府県版と地域版で差異があったことと同様に、都道府県の範囲では麦の生産が行われていても、地域の範囲では麦の生産がない、あるいは盛んでない地域があるためと考えられる。

（※）関連項目☞産地交付金の単価の集計方法（利用者のために3（3）ケ）

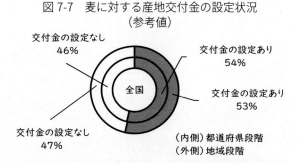

図7-7　麦に対する産地交付金の設定状況（参考値）

交付金の設定なし 46%
交付金の設定あり 54%
交付金の設定あり 53%
交付金の設定なし 47%
全国
（内側）都道府県段階
（外側）地域段階

図7-8　麦に対する産地交付金の設定状況（都道府県段階と地域段階の合算値）

交付金の設定なし 17%
交付金の設定あり 62%
交付金の設定なし 38%
交付金の設定あり 83%
全国
（内側）都道府県単位で統一設定しているケース
（外側）地域ごとに設定が異なるケース

13 産地交付金は地域段階で高く設定される傾向があり、最大55,000円／10a

産地交付金が麦に設定されている場合を対象にして、設定金額を、「産地交付金の活用方法の明細」ベース（図7-9）、都道府県段階と地域段階の設定金額の合計値（図7-10）でそれぞれ示した（※）。

図7-9　麦に対する産地交付金の設定金額（参考値）

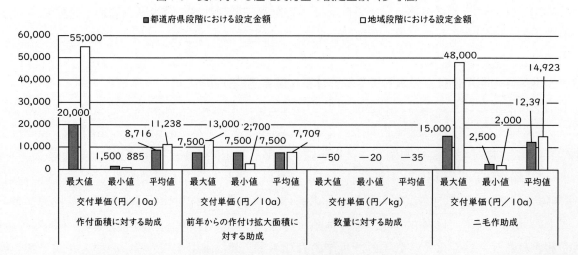

■都道府県段階における設定金額　　□地域段階における設定金額

	交付単価（円／10a）作付面積に対する助成			交付単価（円／10a）前年からの作付け拡大面積に対する助成			交付単価（円／kg）数量に対する助成			交付単価（円／10a）二毛作助成		
	最大値	最小値	平均値	最大値	最小値	平均値	最大値	最小値	平均値	最大値	最小値	平均値
	55,000 / 20,000	1,500 / 885	11,238 / 8,716	7,500	7,500 / 2,700	7,500 / 7,709	50	20	35	48,000 / 15,000	2,500 / 2,000	14,923 / 12,39

麦に対する産地交付金の設定方法は、主に①作付面積に対する助成、②前年からの拡大面積に対する助成、③数量に対する助成、④二毛作助成、の4種類がある。

このうち、③数量に対する助成が設定されるケースは少なく、都道府県段階と地域段階の設定金額の合計値を算出するに当たり、本調査では、接続可能なデータとして抽出することができなかっ

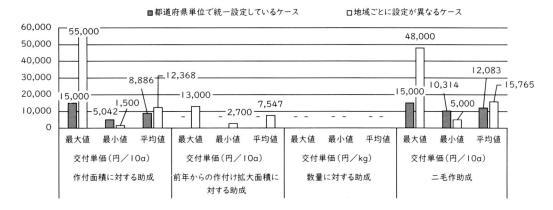

図7-10　麦に対する産地交付金の設定金額
（都道府県段階と地域段階の合算値）

たが、地域段階で設定されている場合には、平均値35円／kg（最大値50円／kg、最小値20円／kg）が設定されていることが明らかになった。

　③数量に対する助成、以外は、いずれも面積当たりで交付金が決まっており、比較的高額な順から、①作付面積に対する助成、④二毛作助成、②前年からの作付け拡大面積に対する助成、となっている。①作付面積に対する助成のうち、高額なケースでは、55,000円／10aである。

　また、産地交付金は地域段階で高く設定される傾向があり、都道府県段階と地域段階の設定金額の合計値でみても、都道府県で統一設定しているケースよりも、地域ごとに設定が異なるケースの方が、交付金額の平均値が高い傾向がある。

　具体的には、都道府県で統一設定しているケースでは20,000円／10a以上の設定が確認されなかった。一方、地域ごとに設定が異なるケースでも20,000円／10a未満の設定金額が多いとはいえ、それ以上の金額を設定するケースが散見され、最大55,000～59,999円／10aである（図7-11、図7-12）。

（※）関連項目☞産地交付金の平均値の算出方法（利用者のために3（3）コ）

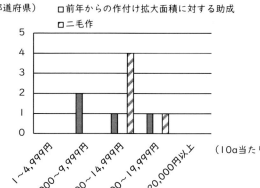
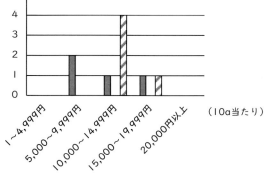

図7-11　麦に対する産地交付金の設定金額の分布
（都道府県段階と地域段階の合算値、都道府県単位で統一設定しているケース）

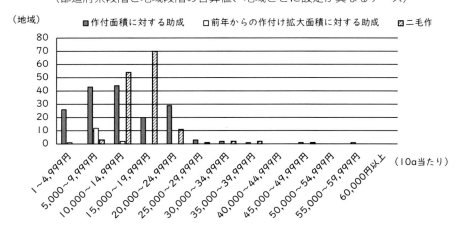

図7-12　麦に対する産地交付金の設定金額の分布
（都道府県段階と地域段階の合算値、地域ごとに設定が異なるケース）

第7章
主食用米・麦・大豆・飼料作物・そば・なたねの振興と産地交付金

123

14 大豆の推進は水田フル活用ビジョンの6割で具体的な記述とともに記載されている

大豆の推進については、都道府県版の92％、地域版の83％で記載がある。①生産主体の明示、②地域条件の明示、③土地条件の明示、に着目すると、都道府県版の61％、地域版の60％で記載がある。大豆の推進は水田フル活用ビジョンの6割で具体的な記述とともに記載されているといえる（図7-13、図7-14）。

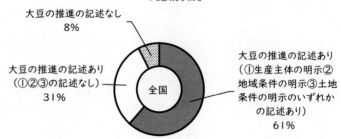

図7-13　都道府県版水田フル活用ビジョンにおける「大豆の推進」の記載状況

大豆の推進の記述なし 8％

大豆の推進の記述あり（①②③の記述なし）31％

大豆の推進の記述あり（①生産主体の明示②地域条件の明示③土地条件の明示のいずれかの記述あり）61％

全国

15 具体的な記述の内訳は都道府県版水田フル活用ビジョンと地域版水田フル活用ビジョンとでは大きな差がない

大豆の推進について、①生産主体の明示、②地域条件の明示、③土地条件の明示、のいずれかが記載された水田フル活用ビジョンのうち、①、②、③の記載率を示したのが図7-15である。これら3つの指標の記載率は、都道府県版と地域版で大きな差は確認できない。

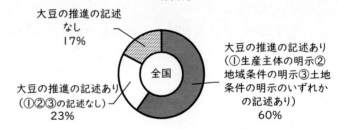

図7-14　地域版水田フル活用ビジョンにおける「大豆の推進」の記載状況

大豆の推進の記述なし 17％

大豆の推進の記述あり（①②③の記述なし）23％

大豆の推進の記述あり（①生産主体の明示②地域条件の明示③土地条件の明示のいずれかの記述あり）60％

全国

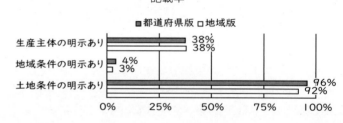

図7-15　「大豆の推進」に関する生産主体・地域条件・土地条件の記載率

■都道府県版　□地域版

生産主体の明示あり　38％　38％
地域条件の明示あり　4％　3％
土地条件の明示あり　96％　92％

0%　25%　50%　75%　100%

16 生産主体の明示例は、大規模農家が多い

水田フル活用ビジョンには、大豆を推進するに当たり、生産主体を記載しているケースがある。とくに、「大規模な担い手」、「大規模経営の認定農業者」、「集落営農」等の記述や、担い手を言及するケースが多い。たとえば、「担い手」、「認定農業者」、「生産集団」、「集落営農組織」、「集落営農法人」、「地域の中心となる経営体」、「農地中間管理事業による担い手」等の記述がある。具体的に、「大豆を1ha以上作付ける者」と規模要件を付すケースもある。また、「生産の組織化」や「生産の集団化」、「担い手農家の組織化」のように組織化を促すと記述するケースもある。

規模拡大志向をもつ主体による生産を掲げるケースもあり、「担い手による安定した生産拡大」、「生産規模拡大に取り組む担い手」、「大規模な作付けが可能な担い手」による生産を推進したり、「所得が伸び悩む土地利用型作物生産者」による生産を掲げるケースがある。

「地域オペレーター」の活躍に期待する文面や、経営の特徴として、「特定農業法人」、「農地所有適格法人」、「中小規模農家」、「小規模な農家」、「零細農家」、固有名詞を示しながら「株式会社A」、「A生産組合」での生産を掲げるケースもある。また、既存の農家のみならず、「新規就農者」による大豆生産を掲げたり、年齢に着目して「若手農家」による大豆生産の振興を記述するケースがある。

17　地域条件の明示例は、平坦地や排水条件の良い地域を記述するケースが多い

　大豆の振興について地域条件が記述される場合、その内容は麦と類似しており（※）、「平坦部」等の記述があるが、大豆ではより具体的に、「担い手に集積が進んだ地区」、「大区画圃場地域」、「圃場整備済み地区」、「排水良好の地域」、「開田地帯」等との記述が確認された。

（※）関連項目☞地域条件の明示例は、平坦地と中山間地域で区別した記述が多い（第7章10）

18　土地条件の明示例は、排水対策や輪作体系に関する記述が多い

　水田フル活用ビジョンには、大豆を推進するに当たり、土地条件を記載しているケースがある。その内容は、麦と類似しており（※）、排水対策や輪作体系に関する記述が多いが、大豆にのみ確認される記述もある。

　まず、排水対策や輪作体系については、「排水対策」、「湿害を回避」、「「ブロックローテーション」、「輪作体系」、「輪作体系の確立」、「田畑輪換」、「1年2作」、「2年3作」、「二毛作」、「高度利用」、「連作障害回避」等が記述されている。併せて、「集積」、「団地化」、「区画整理」といった記載や、排水条件に関して、「畑作利用可能な圃場」、「排水良好水田」、「排水条件の改善」、「暗渠施工」、「額縁排水」「用排水の分離工事が行われている水田」、「暗渠排水」、「地下灌漑システム（フォアス）施工圃場」、との記載もみられる。

　また、「耕作放棄地の増加を防止」、「調整水田等不作付地」、「不作付地の拡大抑制」、「耕作放棄地の防止」、「自己保全地の有効活用」等も確認された。

　麦では確認されず、大豆において確認される記述として、「比較的条件の悪い圃場」や「酸性土壌」における大豆の生産や、「灌漑設備が整備されていない圃場を中心に推進」、「水資源に乏しい不作付地の解消」といった記載があった。また作付け体系について、夏作であることから「主食用米からの転換」が掲げられるほか、「1年1作」を推進することが明示されているケースもある。

（※）関連項目☞土地条件の明示例は、排水対策や輪作体系に関する記述が多い（第7章11）

19　産地交付金を都道府県で統一設定しているケースでは、大豆に対する産地交付金の設定率が高い

　大豆に産地交付金を設定しているのは、「産地交付金の活用方法の明細」ベースでいうと、都道府県段階では58％、地域段階では60％となっている（図7-16）。

　実際には、都道府県で統一設定しているケースと、地域ごとに設定が異なるケースがある（※）。このため、接続可能なデータのみを抽出して、産地交付金の設定率を算出すると、都道府県で統一設定しているケースが83％と、地域ごとに設定が異なるケースの71％よりも高い（図7-17）。

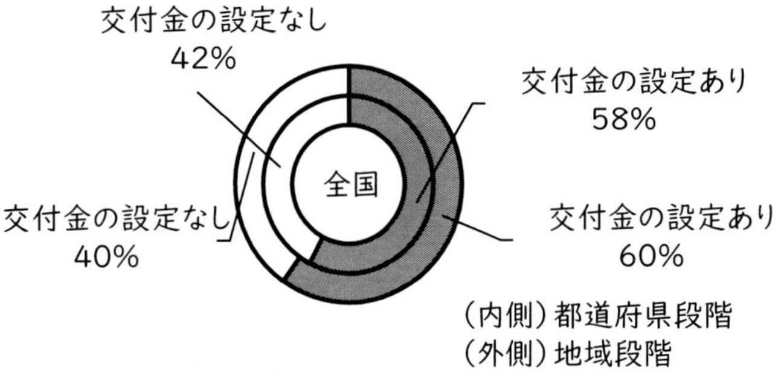

（※）関連項目☞産地交付金の単価の集計方法（利用者のために3（3）ケ）

図7-16　大豆に対する産地交付金の設定状況
（参考値）

交付金の設定なし
42%

交付金の設定あり
58%

交付金の設定なし
40%

交付金の設定あり
60%

全国

（内側）都道府県段階
（外側）地域段階

20　産地交付金は地域段階で高く設定される傾向があり、最大 55,000 円／ 10a

　産地交付金が大豆に設定されている場合を対象にして、設定金額を、「産地交付金の活用方法の明細」ベース（図 7-18）、都道府県段階と地域段階の設定金額の合計値（図 7-19）でそれぞれ示した（※）。

　大豆に対する産地交付金の設定方法は、主に①作付面積に対する助成、②前年からの作付け拡大面積に対する助成、③数量に対する助成、④二毛作助成、の 4 種類がある。

　このうち、③数量に対する助成が設定されるケースは少なく、多くは面積当たりで交付金額が決まっている。①作付面積に対する助成のうち、高額なケースでは、55,000 円／10a である。

図 7-17　大豆に対する産地交付金の設定状況
（都道府県段階と地域段階の合算値）

交付金の設定なし 17%
交付金の設定なし 29%
交付金の設定あり 71%
全国
交付金の設定あり 83%

（内側）都道府県単位で統一設定しているケース
（外側）地域ごとに設定が異なるケース

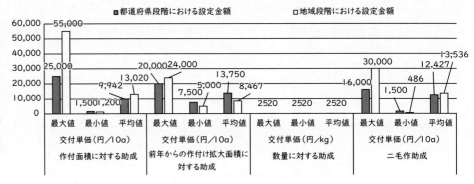

図 7-18　大豆に対する産地交付金の設定金額（参考値）

図 7-19　大豆に対する産地交付金の設定金額
（都道府県段階と地域段階の合算値）

　また、産地交付金は地域段階で高く設定される傾向があり、都道府県段階と地域段階の設定金額の合計値でみても、都道府県で統一設定しているケースよりも、地域ごとに設定が異なるケースの方が、交付金額の平均値が高い傾向がある。

　具体的には、都道府県で統一設定しているケースでは 20,000 円／ 10a 以上の設定が確認されなかった。一方、地域ごとに設定が異なるケースでも 20,000 円／ 10a 未満の設定金額が多いとはいえ、それ以上の金額を設定するケースが散見され、最大で 55,000 ～ 59,999 円／ 10a となっている（図 7-20、図 7-21）。地域ごとに設定が異なるケースにおいて、作付面積に対する助成で最も多いのは、10,000 ～ 14,999 円／ 10a である。

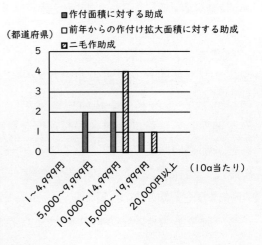

図 7-20　大豆に対する産地交付金の設定金額の分布（都道府県段階と地域段階の合算値、都道府県単位で統一設定しているケース）

（※）関連項目☞産地交付金の平均値の算出方法（利用者のために 3（3）コ）

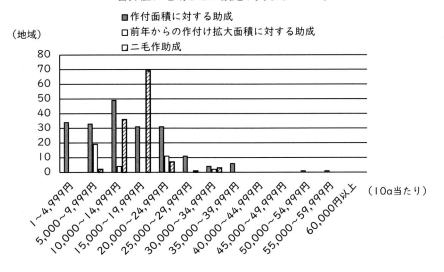

図7-21　大豆に対する産地交付金の設定金額の分布（都道府県段階と地域段階の合算値、地域ごとに設定が異なるケース）

飼料作物の振興と産地交付金

21　飼料作物の推進が具体的な記述とともに記載されているのは水田フル活用ビジョンの半数未満

飼料作物の推進については、都道府県版の90％、地域版の74％で記載がある。①生産主体の明示、②地域条件の明示、③土地条件の明示、に着目すると、都道府県版の46％、地域版の40％で記載がある。飼料作物の推進が具体的な記述とともに記載されているのは水田フル活用ビジョンの半数未満である（図7-22、図7-23）。

図7-22　都道府県版水田フル活用ビジョンにおける「飼料作物の推進」の記載状況

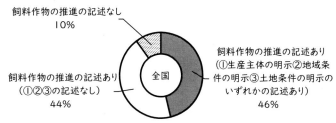

22　都道府県版水田フル活用ビジョンと地域版水田フル活用ビジョンとでは、生産主体について、記載率の差が大きい

飼料作物の推進について、①生産主体の明示、②地域条件の明示、③土地条件の明示、のいずれかが記載された水田フル活用ビジョンのうち、①、②、③の記載率を示したのが図7-24である。生産主体については、都道府県版が11％、地域版が40％と、記載率に大きな差を確認できる。

図7-23　地域版水田フル活用ビジョンにおける「飼料作物の推進」の記載状況

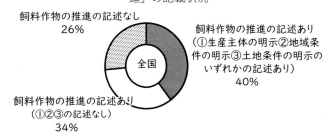

23　生産主体の明示例は、有畜農家が特徴的

水田フル活用ビジョンには、飼料作物を推進するに当たり、生産主体を記載しているケースがある。

この際、「有畜経営」、「畜産農家の自家利用」といった有畜農家による生産の振興を明示しているケースがみられるのが、飼料作物ならではの特徴である。これには、飼料作物専用の機械設備を

127

有畜農家が有していることも要因と考えられ、「機械装備した担い手」と記載されているケースもある。

このほか、「大規模米麦農家」、「認定農業者」、「担い手」、「生産組織」、「地域の中心となる経営体」、「若手農家」、「所得が伸び悩む土地利用型作物生産者」、「生産規模拡大に取り組む担い手」、「飼料作物の大規模な作付けが可能な担い手」等と記載するケースもあるが、この場合、同じ水田フル活用ビジョンの中で、主食用米、麦、大豆等の他作物と紋切り型で記載されているケースが少なくない。

24 地域条件の明示例は、乾田地帯、中山間地域、特定地域

飼料作物の振興について地域条件が記述されているのは、地域版に限られており、その割合は低い（図7-24）。その限られた記載例では、「乾田地帯」、「中山間地域」のほか、「A地区」、「開田地帯」等、特定の地域が示されていた。

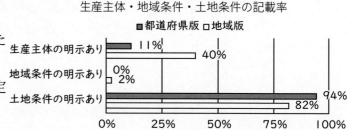

図7-24 「飼料作物の推進」に関する
生産主体・地域条件・土地条件の記載率

■都道府県版 □地域版

生産主体の明示あり 11% 40%
地域条件の明示あり 0% 2%
土地条件の明示あり 94% 82%

25 土地条件の明示例は、排水対策や輪作体系のほか、資源循環や耕作放棄防止に関する記述が多い

水田フル活用ビジョンには、飼料作物を推進するに当たり、土地条件を記載しているケースがある。その内容は、麦、大豆と類似しており排水対策や輪作体系に関する記述が多い（※）。ただし、麦、大豆と比較して、土づくりや、耕作放棄地の活用や発生防止に関する記述が多い特徴がある。

まず、土づくりについては、「家畜の糞尿の有効利用」、「堆肥散布」、「堆肥500kg/10a以上の投入」、「資源循環の取り組みを実施」等、堆肥を通じた資源循環が推進されている。堆肥を投入した土地での生産について記載率が高いのは、飼料作物ならではといえる。

耕作放棄地の活用や発生防止は、麦、大豆でも記載は確認できるものの（※※）、飼料作物では記載されるケースが麦・大豆よりも比較的多い。この際、「遊休農地の活用」、「荒廃農地の活用」、「不作付地の解消」、「未利用地の利用」「利用集積農地の荒廃防止」、「遊休荒廃地の防止」、「荒廃農地発生の抑制」、「耕作放棄地の増加を防止」、といった、麦、大豆でも見られるような記述のされ方に加えて、「獣害防止」といったより耕境を想定した土地条件や、「転作作物の作付の困難な圃場」というように、他の転作作物よりも優先順位が低く示されるケースがある。

また、作目転換として、「主食用米からの転換」、「WCS用稲からの転換」が確認できた。同じ飼料であるWCS用稲からの転換は、排水対策が重要と考えられ、「排水良好水田」や「条件の良好な圃場」での飼料作物生産や、「水資源に乏しい不作付地の解消」としての飼料作物生産が掲げられている。

このほか、独特な記述として、「畜産農家の自給飼料畑の近隣にある不作付地」での飼料作物の生産を推進するケースがあった。

（※）（※※）関連項目☞土地条件の明示例は、排水対策や輪作体系に関する記述が多い（第7章11、第7章18）

26 産地交付金を都道府県で統一設定しているケースでは、飼料作物に対する産地交付金の設定率が高い

飼料作物に産地交付金を設定しているのは、「産地交付金の活用方法の明細」ベースでいうと、

都道府県段階では 42％、地域段階では 44％となっている（図 7-25）。

実際には、都道府県で統一設定しているケースと、地域ごとに設定が異なるケースがある（※）。このため、接続可能なデータのみを抽出して、産地交付金の設定率を算出すると、都道府県で統一設定しているケースが 83％と、地域ごとに設定が異なるケースの 67％よりも高い（図 7-26）。

（※）関連項目 ☞ 産地交付金の単価の集計方法（利用者のために 3（3）ケ）

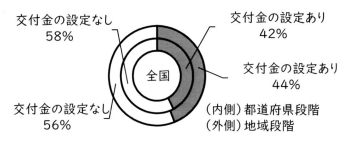

図 7-25　飼料作物に対する産地交付金の設定状況（参考値）

交付金の設定なし 58%
交付金の設定あり 42%
全国
交付金の設定なし 56%
交付金の設定あり 44%
（内側）都道府県段階
（外側）地域段階

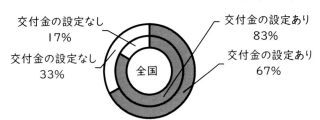

図 7-26　飼料作物に対する産地交付金の設定状況（都道府県段階と地域段階の合算値）

交付金の設定なし 17%
交付金の設定あり 83%
全国
交付金の設定なし 33%
交付金の設定あり 67%
（内側）都道府県単位で統一設定しているケース
（外側）地域ごとに設定が異なるケース

27　産地交付金の設定基準は主に 5 種類あり、最大 35,000 円／ 10a

産地交付金が飼料作物に設定されている場合を対象にして、設定金額を、「産地交付金の活用方法の明細」ベース（図 7-27）、都道府県段階と地域段階の設定金額の合計値（図 7-28）でそれぞれ示した（※）。

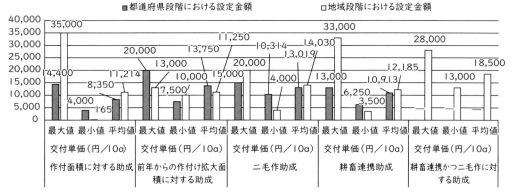

図 7-27　飼料作物に対する産地交付金の設定金額（参考値）
■都道府県段階における設定金額　□地域段階における設定金額

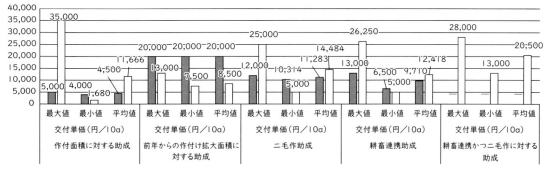

図 7-28　飼料作物に対する産地交付金の設定金額（都道府県段階と地域段階の合算値）
■都道府県単位で統一設定しているケース　□地域ごとに設定が異なるケース

飼料作物に対する産地交付金の設定方法は、主に①作付面積に対する助成、②前年からの作付け拡大面積に対する助成、③二毛作助成、④耕畜連携助成、⑤耕畜連携かつ二毛作に対する助成、の

5種類がある。麦、大豆で確認された、数量に対する助成は、飼料作物では確認されなかった。

「産地交付金の活用方法の明細」ベースでいえば、①作付面積に対する助成が最大35,000円／10a、②前年からの作付け拡大面積に対する助成が最大20,000円／10a、③二毛作助成が最大20,000円／10a、④耕畜連携助成が最大33,000円／10a、⑤耕畜連携かつ二毛作に対する助成が最大28,000円／10a、となっている。

都道府県段階と地域段階の設定金額の合計値について、件数みると、③二毛作助成、④耕畜連携助成が主な助成となっている。また、①作付面積に対する助成については、地域ごとに設定が異なるケースにおいて、10,000～14,999円／10aの金額水準に設定されている地域が最も多い（図7-29、図7-30）。

（※）関連項目☞産地交付金の平均値の算出方法（利用者のために3（3）コ）

図7-29　飼料作物に対する産地交付金の設定金額の分布（都道府県段階と地域段階の合算値、都道府県単位で統一設定しているケース）

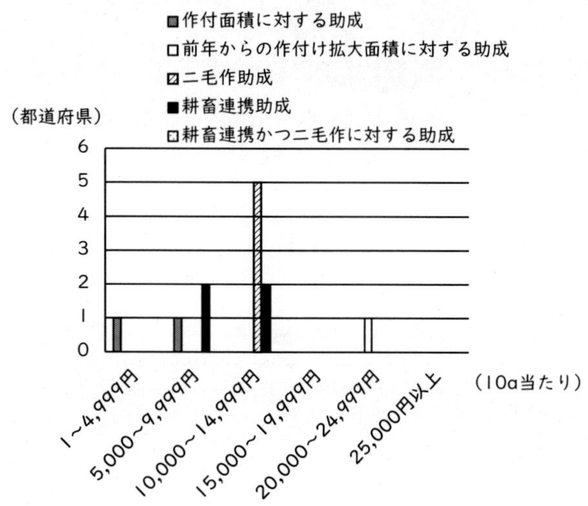

図7-30　飼料作物に対する産地交付金の設定金額の分布（都道府県段階と地域段階の合算値、地域ごとに設定が異なるケース）

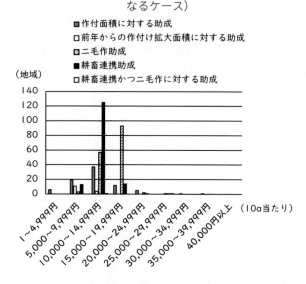

そばの振興と産地交付金

28　地域版水田フル活用ビジョンでは、そばの推進が記載されているのは7割

そばの推進については、都道府県版の87％、地域版の70％で記載があり、①生産主体の明示、②地域条件の明示、③土地条件の明示、に着目すると、都道府県版の61％、地域版の42％で記載がある（図7-31、図7-32）。

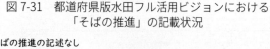

図7-31　都道府県版水田フル活用ビジョンにおける「そばの推進」の記載状況

図7-32　地域版水田フル活用ビジョンにおける「そばの推進」の記載状況

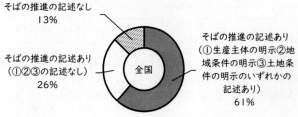

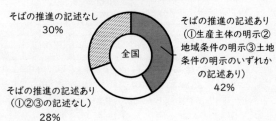

29　生産主体が記載されているのは、地域版水田フル活用ビジョンに限られる

そばの推進について、①生産主体の明示、②地域条件の明示、③土地条件の明示、のいずれかが

記載された水田フル活用ビジョンのうち、①、②、③の記載率を示したのが図7-33である。生産主体が記載されているのは、地域版に限られる。

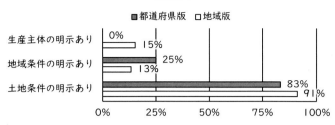

図7-33 「そばの推進」に関する生産主体・地域条件・土地条件の記載率

30　生産主体の明示例は、集落営農が特徴的

水田フル活用ビジョンには、そばを推進するに当たり、生産主体を記載しているケースがある。

この際、「担い手」、「農地中間管理事業による担い手」、「地域の中心となる経営体」、「認定農業者」等の記載もあるが、「集落営農」、「生産組合」、「生産グループ」、「機械作業請負組織」、といった組織経営体が多く記載されている特徴がある。

また、麦、大豆では記載が確認されなかった、「多様な担い手」や「高齢者」による生産振興を掲げる記載も確認できた。

31　地域条件の明示例は、生産条件が不利な地域や、特定産地の維持

そばの振興について地域条件の記述は、圧倒的に「中山間地域」、「山間部」、「条件不利地域」が多く、次いで、他作物の作付が困難な地域での生産振興を掲げるケースが多い。

条件不利地域については、「大規模な営農活動ができない中山間地域」という傾斜条件や、「地力や作土深に乏しい山間部」という土壌条件を踏まえて、そばの振興が記述されるケースがある。また、「担い手が少ない地域」でのそばの生産を掲げるケースがある。

他作物の作付が困難な地域とは、具体的には、「大豆または新規需要米等の作付が困難な地域」、「麦や大豆、新規需要米等の作付が困難な地域」、「大豆の作付が条件的に不利な地域」、「大豆の作付に適さない地域」、「麦、大豆、新規需要米の作付が困難な地域」、「戦略作物の作付が困難な地域」等である。

そばの生産は、同じ転作作物である麦、大豆と比較して、より生産条件が不利で、戦略作物の選択が困難な地域で推進されやすい特徴がある。

このほか、「従来より地域特産作物としての実需者との結びつきが強い地域」、「古くからの産地であるＡ地区」という記述があるように、従来からのそば産地の維持という位置づけで、地域条件が明示されるケースもある。

32　土地条件の明示例は、排水対策や輪作体系のほか、不作付対策に関する記述が多い

水田フル活用ビジョンには、そばを推進するに当たり、土地条件を記載しているケースがある。その内容は、麦、大豆、飼料作物と類似して（※）、排水対策や輪作体系に関する記述もみられるが、そばではとくに不作付対策に関する記述が多いという特徴がある。

具体的には、「比較的条件の悪い圃場」、「条件の悪い田」、「面積の小さい田」、「鳥獣害の被害にあう可能性が高い圃場」、といった条件不利な水田での生産を掲げるケースがある。同様に、そばの生産を「不作付地の増加を防ぐため」、「不作付地の有効活用」と位置づけたり、「不作付地への誘導」を掲げるケースがある。「自己保全管理地」での生産をはじめ、「農地の荒廃防止」、「水資源に乏しい不作付地の解消」、「遊休の荒廃地対策」、「遊休荒廃地の防止」といった記述が確認できた。

作目転換については「主食用米からの転換」、東京電力福島第１原発事故に関連しては「除染後

農地」での生産を促す記述も確認できた。

　このほか、「排水良好な圃場の選定」、「排水良好圃場」、「簡易暗渠」、「排水性の高い水田」の記載や、そばの生産を通じて地目の「畑地化」を進めることを掲げるケースもある。

（※）関連項目☞土地条件の明示例は、排水対策や輪作体系に関する記述が多い（第7章11、第7章18）、土地条件の明示例は、排水対策や輪作体系のほか、資源循環や耕作放棄防止に関する記述が多い（第7章25）

33　産地交付金は、国による追加配分の設定を背景に、多くの場合で設定されている

　そばに産地交付金を設定しているのは、「産地交付金の活用方法の明細」ベースでいうと、都道府県段階では58%、地域段階では57%となっている（図7-34）。

　実際には、都道府県で統一設定しているケースと、地域ごとに設定が異なるケースがある（※）。このため、接続可能なデータのみを抽出して、産地交付金の設定率を算出すると、都道府県で統一設定しているケースが83%と、地域ごとに設定が異なるケースの77%である（図7-35）。

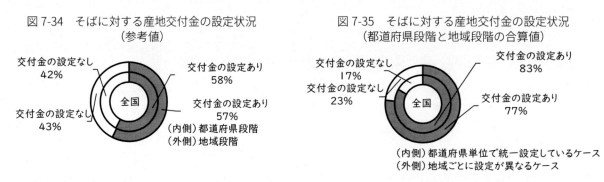

図7-34　そばに対する産地交付金の設定状況（参考値）

図7-35　そばに対する産地交付金の設定状況（都道府県段階と地域段階の合算値）

　産地交付金の金額を、「産地交付金の活用方法の明細」ベース（図7-36）、都道府県段階と地域段階の設定金額の合計値（図7-37）でそれぞれ示した（※※）。　そばに対する産地交付金の設定方法は、主に①作付面積に対する助成、②前年からの作付け拡大面積に対する助成、③国が設定した追加配分（作付けの取組）と同条件・同額の助成、④数量に対する助成、⑤二毛作助成、の5種類がある。

　このうち、平均値でみると、「産地交付金の活用方法の明細」ベース、都道府県段階と地域段階の設定金額の合計値、いずれの場合も、③国が設定した追加配分（作付けの取組）と同条件・同額の助成が最も高い。また、都道府県段階と地域段階の設定金額の合計値について、件数みても、③国が設定した追加配分（作付けの取組）と同条件・同額の助成が、際立って多い（図7-38、図7-39）。

図7-36　そばに対する産地交付金の設定金額（参考値）

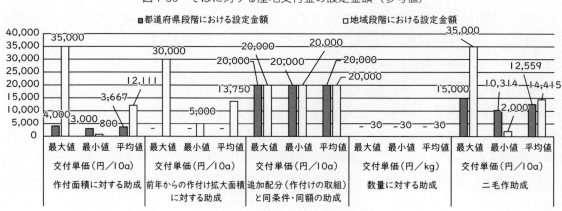

国が設定した追加配分ではない独自の産地交付金の設定もあるが件数は少ない。そばに対する産

図7-37　そばに対する産地交付金の設定金額
（都道府県段階と地域段階の合算値）

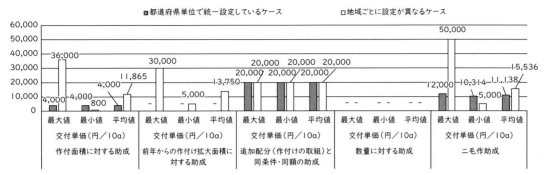

図7-38　そばに対する産地交付金の設定金額の分布（都道府県段階と地域段階の合算値、都道府県単位で統一設定しているケース）

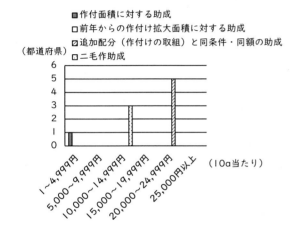

図7-39　そばに対する産地交付金の設定金額の分布（都道府県段階と地域段階の合算値、地域ごとに設定が異なるケース）

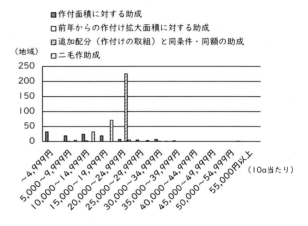

地交付金は、国が追加配分を設定するか否かや、国による設定金額が大きな影響を与えていると考えられる。

（※）関連項目☞産地交付金の単価の集計方法（利用者のために3（3）ケ）

（※※）関連項目☞産地交付金の平均値の算出方法（利用者のために3（3）コ）

なたねの振興と産地交付金

34　地域版水田フル活用ビジョンでは、なたねの推進の記載率が36%

　なたねの推進については、都道府県版の72%、地域版の36%で記載がある。なたねよりも低い記載率である。なお、①生産主体の明示、②地域条件の明示、③土地条件の明示、に着目すると、都道府県版の31%、地域版の15%で記載がある（図7-40、図7-41）。

図7-40　都道府県版水田フル活用ビジョンにおける「なたねの推進」の記載状況

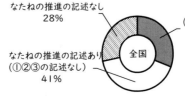

なたねの推進の記述なし
28%

なたねの推進の記述あり
（①生産主体の明示②地域条件の明示③土地条件の明示のいずれかの記述あり）
31%

なたねの推進の記述あり
（①②③の記述なし）
41%

全国

35　なたねの推進の具体的な記述は、土地条件に関する内容が多い

　なたねの推進について、①生産主体の明示、②地域条件の明示、③土地条件の明示、のいずれかが記載された水田フル活用ビジョンのうち、①、②、③の記載率を示したのが図7-42である。①生産主体の明示、②地域条件の明示、は地域版のみに確認できる。また③土地条件の明示、の記載率が高い。

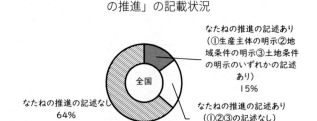

図7-41　地域版水田フル活用ビジョンにおける「なたねの推進」の記載状況

36　生産主体の明示例

　なたねの生産主体の明示例は少ないが、「営農を停止した農家の営農再開の先駆け」のように被災農家が営農再開時に取り組む作目として位置付けているケースがある。

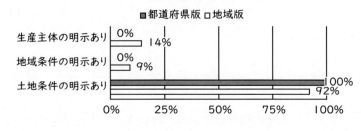

図7-42　「なたねの推進」に関する生産主体・地域条件・土地条件の記載率

　このほか、「担い手」、「農地中間管理事業による担い手」、「生産規模拡大に取り組む担い手」、「営農組合」、「集落営農」といった記述もあるが、同じ水田フル活用ビジョンの中で、他作物との記述と合わせた紋切り型で記載されているケースも少なくない。

37　地域条件の明示例は、生産条件が不利な地域

　なたねの振興について地域条件の記述は、「地力や作土深に乏しい山間部」、「大規模な営農活動ができない中山間地域」をはじめ、「中山間地域」、「山間部」、「条件不利地域」での振興を掲げるケースが圧倒的に多い。また、「麦や大豆、新規需要米等の作付が困難な地域」、「戦略作物の作付が困難な地域」と振興する地域が記載されるケースも確認された。

　なお、記載率（図7-40、図7-41）から分かるように、そば等と比較して（※）、こうした地域条件が記載されるケースは少ない。

> （※）関連項目☞主食用米の推進は記載率がほぼ100％だが、具体的な記述内容は都道県版水田フル活用ビジョンと地域版水田フル活用ビジョンで差がある（第7章1）、麦の推進は都道府県版水田フル活用ビジョンで記載率が高く、具体的な記述も多い（第7章7）、大豆の推進は水田フル活用ビジョンの6割で具体的な記述とともに記載されている（第7章14）、飼料作物の推進が具体的な記述とともに記載されているのは水田フル活用ビジョンの半数未満（第7章21）、地域版水田フル活用ビジョンでは、そばの推進が記載されているのは7割（第7章28）

38　土地条件の明示例は、排水対策や輪作体系のほか、不作付対策に関する記述が多い

　なたねは、そばと同様に（※）、「排水対策」や「輪作体系」に加えて、「不作付地の活用」、「不作付地の有効活用」、「耕作放棄地の増加を抑制」、「遊休農地の解消」、「水資源に乏しい不作付地の解消」、「除染後農地」等の記述が多い。

　なお、記載率（図7-40、図7-41）から分かるように、そば等と比較して（※※）、こうした土地条件が記載されるケースは少ない。

> （※）関連項目☞土地条件の明示例は、排水対策や輪作体系のほか、不作付対策に関する記述が多い（第7章32）
> （※※）関連項目☞地域版水田フル活用ビジョンでは、そばの推進が記載されているのは7割（第7章28）

39　産地交付金は、国による追加配分を背景に設定されるケースが多いが、そばよりも設定率が低い

　なたねに産地交付金を設定しているのは、「産地交付金の活用方法の明細」ベースでいうと、都道府県段階では50%、地域段階では24%となっている（図7-43）。

　実際には、都道府県で統一設定しているケースと、地域ごとに設定が異なるケースがある（※）。このため、接続可能なデータのみを抽出して、産地交付金の設定率を算出すると、都道府県で統一設定しているケースが67%と、地域ごとに設定が異なるケースの47%である（図7-44）。

　産地交付金の金額を、「産地交付金の活用方法の明細」ベース（図7-45）、都道府県段階と地域段階の設定金額の合計値（図7-46）でそれぞれ示した（※※）。

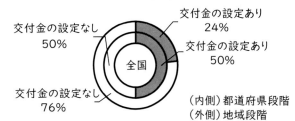

図7-43　なたねに対する産地交付金の設定状況（参考値）

（内側）都道府県段階
（外側）地域段階

図7-44　なたねに対する産地交付金の設定状況（都道府県段階と地域段階の合算値）

（内側）都道府県単位で統一設定しているケース
（外側）地域ごとに設定が異なるケース

図7-45　なたねに対する産地交付金の設定金額（参考値）

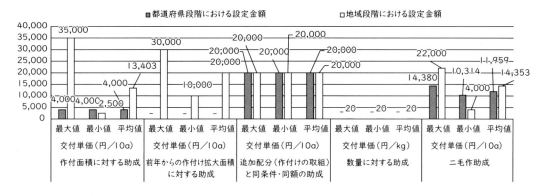

図7-46　なたねに対する産地交付金の設定金額（都道府県段階と地域段階の合算値）

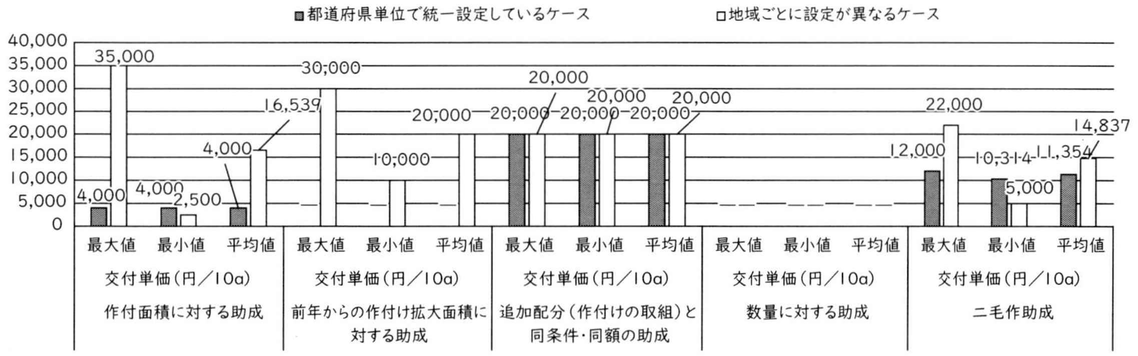

　なたねに対する産地交付金の設定方法は、主に①作付面積に対する助成、②前年からの拡大面積に対する助成、③国が設定した追加配分（作付けの取組）と同条件・同額の助成、④数量に対する助成、⑤二毛作助成、の5種類がある。

　このうち、平均値でみると、「産地交付金の活用方法の明細」ベース、都道府県段階と地域段階

の設定金額の合計値、いずれの場合も、③国が設定した追加配分（作付けの取組）と同条件・同額の助成が最も高い。

　また、地域ごとに設定が異なるケースでは、③国が設定した追加配分（作付けの取組）と同条件・同額の助成の件数が、際立って多い（図 7-48）。

　国が設定した追加配分ではない独自の産地交付金の設定もあり、①作付面積に対する助成に 35,000 円／ 10a を設定したり、②前年からの拡大面積に対する助成に 30,000 円／ 10a を設定するケースもあるが、件数は少ない。なたねに対する産地交付金は、国が追加配分を設定するか否かや、国による設定金額が大きな影響を与えていると考えられる。

（※）関連項目☞産地交付金の単価の集計方法（利用者のために 3（3）ケ）

（※※）関連項目☞産地交付金の平均値の算出方法（利用者のために 3（3）コ）

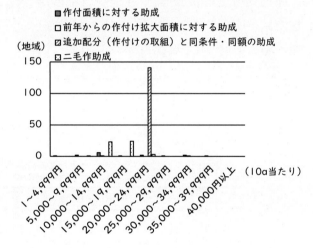

図7-47　なたねに対する産地交付金の設定金額の分布（都道府県段階と地域段階の合算値、都道府県単位で統一設定しているケース）

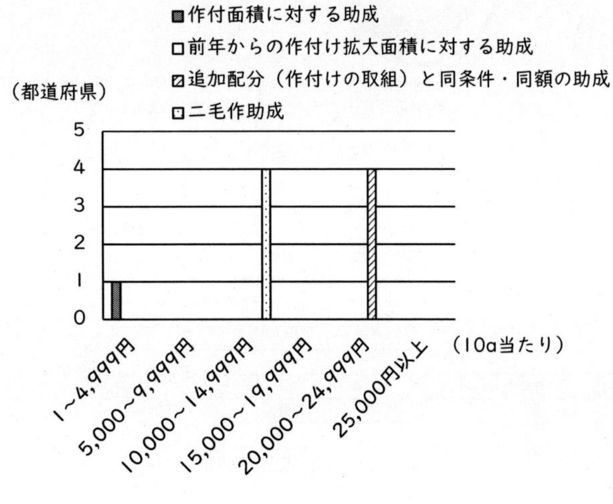

図7-48　なたねに対する産地交付金の設定金額の分布（都道府県段階と地域段階の合算値、地域ごとに設定が異なるケース）

都道府県農業再生協議会

●都道府県版水田フル活用ビジョンにおける推進の記述状況

（都道府県数）

		n	①②③いずれかの記述あり	生産主体①	地域条件②	土地条件③	①②③の記述なし
主食用米	推進の記述あり	39	21	14	6	14	18
	推進の記述なし	0	—	—	—	—	—
麦	推進の記述あり	36	31	6	1	30	5
	推進の記述なし	3	—	—	—	—	—
大豆	推進の記述あり	36	24	9	1	23	12
	推進の記述なし	3	—	—	—	—	—
飼料作物	推進の記述あり	35	18	2	0	17	17
	推進の記述なし	4	—	—	—	—	—
そば	推進の記述あり	34	24	0	6	20	10
	推進の記述なし	5	—	—	—	—	—
なたね	推進の記述あり	28	12	0	0	12	16
	推進の記述なし	11	—	—	—	—	—

●都道府県段階での産地交付金の設定状況

	都道府県数			作付面積に対する助成				前年からの作付け拡大面積に対する助成				追加配分と同条件・同額の助成			
	n	交付金の設定あり	交付金の設定なし	交付金の設定あり	最大値	最小値	平均値	交付金の設定あり	最大値	最小値	平均値	交付金の設定あり	最大値	最小値	平均値
麦	26	14	12	13	20,000	1,500	8,716	1	7,500	7,500	7,500	—	—	—	—
大豆	26	15	11	12	25,000	1,500	9,942	2	20,000	7,500	13,750	—	—	—	—
飼料作物	26	11	15	4	14,400	4,000	8,350	2	20,000	7,500	13,750	—	—	—	—
そば	26	15	11	3	4,000	3,000	3,667	0	—	—	—	14	20,000	20,000	20,000
なたね	26	13	13	1	4,000	4,000	4,000	0	—	—	—	13	20,000	20,000	20,000

	数量に対する助成				二毛作助成				耕畜連携助成				耕畜連携かつ二毛作に対する助成			
	交付金の設定あり	最大値	最小値	平均値	交付金の設定あり	最大値	最小値	平均値	交付金の設定あり	最大値	最小値	平均値	交付金の設定あり	最大値	最小値	平均値
麦	0	—	—	—	12	15,000	2,500	12,391	0	—	—	—	0	—	—	—
大豆	1	25	25	25	11	16,000	1,500	12,427	0	—	—	—	0	—	—	—
飼料作物	0	—	—	—	10	15,000	10,314	13,019	11	13,000	6,250	10,913	0	—	—	—
そば	0	—	—	—	5	15,000	10,314	12,559	0	—	—	—	0	—	—	—
なたね	0	—	—	—	5	14,380	10,314	11,959	0	—	—	—	0	—	—	—

第7章　主食用米・麦・大豆・飼料作物・そば・なたねの振興と産地交付金

137

●都道府県段階で設定された産地交付金の金額の分布（面積当たりで支払われる助成）

（都道府県数）

		作付面積に対する助成	前年からの作付け拡大面積に対する助成	追加配分と同条件・同額の助成	二毛作助成	耕畜連携助成	耕畜連携かつ二毛作に対する助成
麦	1～4,999円／10a	4	0	ー	1	0	0
	5,000～9,999円／10a	2	1	ー	0	0	0
	10,000～14,999円／10a	5	0	ー	7	0	0
	15,000～19,999円／10a	1	0	ー	4	0	0
	20,000～24,999円／10a	1	0	ー	0	0	0
	25,000円以上／10a	0	0	ー	0	0	0
	計	13	1	ー	12	0	0
大豆	1～4,999円／10a	3	0	ー	1	0	0
	5,000～9,999円／10a	2	1	ー	0	0	0
	10,000～14,999円／10a	5	0	ー	6	0	0
	15,000～19,999円／10a	1	0	ー	4	0	0
	20,000～24,999円／10a	0	1	ー	0	0	0
	25,000～29,999円／10a	1	0	ー	0	0	0
	30,000円以上／10a	0	0	ー	0	0	0
	計	12	2	ー	11	0	0
飼料作物	1～4,999円／10a	1	0	ー	0	0	0
	5,000～9,999円／10a	1	1	ー	0	3	0
	10,000～14,999円／10a	2	0	ー	7	8	0
	15,000～19,999円／10a	0	0	ー	3	0	0
	20,000～24,999円／10a	0	1	ー	0	0	0
	25,000円以上／10a	0	0	ー	0	0	0
	計	4	2	ー	10	11	0
そば	1～4,999円／10a	3	0	0	0	0	0
	5,000～9,999円／10a	0	0	0	0	0	0
	10,000～14,999円／10a	0	0	0	4	0	0
	15,000～19,999円／10a	0	0	0	1	0	0
	20,000～24,999円／10a	0	0	14	0	0	0
	25,000円以上／10a	0	0	0	0	0	0
	計	3	0	14	5	0	0
なたね	1～4,999円／10a／10a	1	0	0	0	0	0
	5,000～9,999円／10a	0	0	0	0	0	0
	10,000～14,999円／10a	0	0	0	5	0	0
	15,000～19,999円／10a	0	0	0	0	0	0
	20,000～24,999円／10a	0	0	13	0	0	0
	25,000円以上／10a	0	0	0	0	0	0
	計	1	0	13	5	0	0

地域農業再生協議会

●地域版水田フル活用ビジョンにおける推進の記述状況

(地域数)

		n	①②③いずれかの記述あり	生産主体①	地域条件②	土地条件③	①②③の記述なし
主食用米	推進の記述あり	753	219	102	20	140	534
	推進の記述なし	6	−	−	−	−	−
麦	推進の記述あり	547	389	159	10	360	158
	推進の記述なし	212	−	−	−	−	−
大豆	推進の記述あり	626	454	172	12	416	172
	推進の記述なし	133	−	−	−	−	−
飼料作物	推進の記述あり	559	301	120	7	246	258
	推進の記述なし	200	−	−	−	−	−
そば	推進の記述あり	529	314	48	42	286	215
	推進の記述なし	230	−	−	−	−	−
なたね	推進の記述あり	274	113	16	10	104	161
	推進の記述なし	485	−	−	−	−	−

●地域段階での産地交付金の設定状況

	地域数			作付面積に対する助成				前年からの作付け拡大面積に対する助成				追加配分と同条件・同額の助成			
	n	交付金の設定あり	交付金の設定なし	交付金の設定あり	交付単価（円／10a） 最大値	最小値	平均値	交付金の設定あり	交付単価（円／10a） 最大値	最小値	平均値	交付金の設定あり	交付単価（円／10a） 最大値	最小値	平均値
麦	587	314	273	252	55,000	885	11,238	7	13,000	2,700	7,709	−	−	−	−
大豆	587	351	236	299	55,000	1,200	13,020	15	24,000	5,000	8,467	−	−	−	−
飼料作物	587	258	329	135	35,000	165	11,214	4	13,000	10,000	11,250	−	−	−	−
そば	587	334	253	166	35,000	800	12,111	4	30,000	5,000	13,750	226	20,000	20,000	20,000
なたね	587	138	449	37	35,000	2,500	13,403	2	30,000	10,000	20,000	88	20,000	20,000	20,000

	数量に対する助成				二毛作助成				耕畜連携助成				耕畜連携かつ二毛作に対する助成			
	交付金の設定あり	交付単価（円／kg） 最大値	最小値	平均値	交付金の設定あり	交付単価（円／10a） 最大値	最小値	平均値	交付金の設定あり	交付単価（円／10a） 最大値	最小値	平均値	交付金の設定あり	交付単価（円／10a） 最大値	最小値	平均値
麦	2	50	20	35	175	48,000	2,000	14,923	0	−	−	−	0	−	−	−
大豆	1	20	20	20	153	30,000	486	13,536	0	−	−	−	0	−	−	−
飼料作物	0	−	−	−	181	20,000	4,000	14,030	187	33,000	3,500	12,185	4	28,000	13,000	18,500
そば	1	30	30	30	153	35,000	2,000	14,415	0	−	−	−	0	−	−	−
なたね	1	20	20	20	61	22,000	4,000	14,353	0	−	−	−	0	−	−	−

●地域段階で設定された産地交付金の金額の分布（面積当たりに支払われる助成）

(地域数)

		作付面積に対する助成	前年からの作付け拡大面積に対する助成	追加配分と同条件・同額の助成	二毛作助成	耕畜連携助成	耕畜連携かつ二毛作に対する助成
麦	1～4,999円／10a	54	2	—	6	0	0
	5,000～9,999円／10a	70	2	—	8	0	0
	10,000～14,999円／10a	59	3	—	41	0	0
	15,000～19,999円／10a	31	0	—	104	0	0
	20,000～24,999円／10a	20	0	—	11	0	0
	25,000～29,999円／10a	7	0	—	0	0	0
	30,000～34,999円／10a	6	0	—	2	0	0
	35,000～39,999円／10a	1	0	—	2	0	0
	40,000～44,999円／10a	1	0	—	0	0	0
	45,000～49,999円／10a	1	0	—	1	0	0
	50,000～54,999円／10a	1	0	—	0	0	0
	55,000～59,999円／10a	1	0	—	0	0	0
	60,000円以上／10a	0	0	—	0	0	0
	計	252	7	—	175	0	0
大豆	1～4,999円／10a	47	0	—	14	0	0
	5,000～9,999円／10a	70	8	—	7	0	0
	10,000～14,999円／10a	69	6	—	37	0	0
	15,000～19,999円／10a	45	0	—	85	0	0
	20,000～24,999円／10a	38	1	—	7	0	0
	25,000～29,999円／10a	14	0	—	2	0	0
	30,000～34,999円／10a	9	0	—	1	0	0
	35,000～39,999円／10a	5	0	—	0	0	0
	40,000～44,999円／10a	0	0	—	0	0	0
	45,000～49,999円／10a	0	0	—	0	0	0
	50,000～54,999円／10a	1	0	—	0	0	0
	55,000～59,999円／10a	1	0	—	0	0	0
	60,000円以上／10a	0	0	—	0	0	0
	計	299	15	—	153	0	0
飼料作物	1～4,999円／10a	17	0	—	2	3	0
	5,000～9,999円／10a	48	0	—	7	17	0
	10,000～14,999円／10a	35	4	—	53	150	2
	15,000～19,999円／10a	19	0	—	117	15	0
	20,000～24,999円／10a	10	0	—	2	1	1
	25,000～29,999円／10a	1	0	—	0	0	1
	30,000～34,999円／10a	3	0	—	0	1	0
	35,000～39,999円／10a	2	0	—	0	0	0
	40,000円以上／10a	0	0	—	0	0	0
	計	135	4	—	181	187	4
そば	1～4,999円／10a	25	0	0	8	0	0
	5,000～9,999円／10a	45	1	0	10	0	0
	10,000～14,999円／10a	37	2	0	33	0	0
	15,000～19,999円／10a	31	0	0	89	0	0
	20,000～24,999円／10a	10	0	226	7	0	0
	25,000～29,999円／10a	7	0	0	4	0	0
	30,000～34,999円／10a	10	1	0	1	0	0
	35,000～39,999円／10a	1	0	0	1	0	0
	40,000円以上／10a	0	0	0	0	0	0
	計	166	4	226	153	0	0
なたね	1～4,999円／10a	4	0	0	1	0	0
	5,000～9,999円／10a	10	0	0	4	0	0
	10,000～14,999円／10a	9	1	0	13	0	0
	15,000～19,999円／10a	5	0	0	39	0	0
	20,000～24,999円／10a	4	0	88	4	0	0
	25,000～29,999円／10a	1	0	0	0	0	0
	30,000～34,999円／10a	3	1	0	0	0	0
	35,000～39,999円／10a	1	0	0	0	0	0
	40,000円以上／10a	0	0	0	0	0	0
	計	37	2	88	61	0	0

●産地交付金の設定状況

作物	区分	地域	n	交付金の設定あり	交付金の設定なし	作付面積に対する助成 交付金の設定あり	交付単価(円/10a) 最大値	最小値	平均値	前年からの作付け拡大面積に対する助成 交付金の設定あり	交付単価(円/10a) 最大値	最小値	平均値	追加配分と同条件・同額の助成 交付金の設定あり	交付単価(円/10a) 最大値	最小値	平均値
麦	都道府県単位で統一設定しているケース	6都道府県	5	5	1	4	15,000	5,042	8,886	0	—	—	—	—	—	—	—
	地域ごとに設定が異なるケース	328地域	202	126	170	55,000	1,500	12,368	15	13,000	2,700	7,547	—	—	—	—	
	内訳	北海道・東北 66地域	24	42	17	23,500	4,500	11,635	2	10,000	5,000	7,500	—	—	—	—	
		北陸 31地域	19	12	18	24,000	8,000	18,762	0	—	—	—	—	—	—	—	
		関東・東山 3道府県	3	0	3	10,000	5,042	6,847	0	—	—	—	—	—	—	—	
		関東・東山 38地域	38	0	38	36,300	1,500	8,386	0	—	—	—	—	—	—	—	
		東海 9地域	5	4	5	17,000	8,274	13,155	0	—	—	—	—	—	—	—	
		近畿 1都道府県	1	0	0	—	—	—	0	—	—	—	—	—	—	—	
		近畿 54地域	27	27	21	25,000	4,860	8,947	1	13,000	13,000	13,000	—	—	—	—	
		中国 36地域	23	13	18	20,000	6,000	11,828	11	7,500	7,500	7,500	—	—	—	—	
		四国 1都道府県	1	0	1	15,000	15,000	15,000	0	—	—	—	—	—	—	—	
		四国 30地域	18	12	16	45,000	1,680	13,343	0	—	—	—	—	—	—	—	
		九州・沖縄 1都道府県	0	1	0	—	—	—	0	—	—	—	—	—	—	—	
		九州・沖縄 64地域	48	16	37	55,000	5,000	15,362	1	2,700	2,700	2,700	—	—	—	—	
大豆	都道府県単位で統一設定しているケース	6都道府県	5	1	5	15,000	5,042	9,708	0	—	—	—	—	—	—	—	
	地域ごとに設定が異なるケース	328地域	233	95	201	55,000	1,500	13,955	36	30,000	5,000	12,486	—	—	—	—	
	内訳	北海道・東北 66地域	49	17	42	36,000	2,000	12,399	22	30,000	5,000	14,545	—	—	—	—	
		北陸 31地域	25	6	17	24,000	4,000	15,658	2	24,000	10,000	17,000	—	—	—	—	
		関東・東山 3道府県	3	0	3	10,000	5,042	6,847	0	—	—	—	—	—	—	—	
		関東・東山 38地域	38	0	38	50,000	1,500	11,262	0	—	—	—	—	—	—	—	
		東海 9地域	6	3	5	17,000	8,274	12,656	0	—	—	—	—	—	—	—	
		近畿 1都道府県	1	0	1	13,000	13,000	13,000	0	—	—	—	—	—	—	—	
		近畿 54地域	29	25	27	35,000	2,000	11,088	1	13,000	13,000	13,000	—	—	—	—	
		中国 36地域	28	8	27	31,030	5,000	14,590	11	7,500	7,500	7,500	—	—	—	—	
		四国 1都道府県	1	0	1	15,000	15,000	15,000	0	—	—	—	—	—	—	—	
		四国 30地域	15	15	13	35,000	1,680	18,591	0	—	—	—	—	—	—	—	
		九州・沖縄 1都道府県	0	1	0	—	—	—	0	—	—	—	—	—	—	—	
		九州・沖縄 64地域	43	21	32	55,000	1,500	18,491	0	—	—	—	—	—	—	—	
飼料作物	都道府県単位で統一設定しているケース	6都道府県	5	1	2	5,000	4,000	4,500	1	20,000	20,000	20,000	—	—	—	—	
	地域ごとに設定が異なるケース	328地域	220	108	81	35,000	1,680	11,666	15	13,000	7,500	8,500	—	—	—	—	
	内訳	北海道・東北 66地域	40	26	19	18,000	2,000	8,459	2	10,000	10,000	10,000	—	—	—	—	
		北陸 31地域	19	12	4	10,000	6,000	8,000	1	12,000	12,000	12,000	—	—	—	—	
		関東・東山 3道府県	3	0	1	5,000	5,000	5,000	1	20,000	20,000	20,000	—	—	—	—	
		関東・東山 38地域	19	19	6	14,000	7,125	11,873	0	—	—	—	—	—	—	—	
		東海 9地域	3	6	1	15,000	15,000	15,000	0	—	—	—	—	—	—	—	
		近畿 1都道府県	1	0	0	—	—	—	0	—	—	—	—	—	—	—	
		近畿 54地域	28	26	5	23,000	7,200	14,640	1	13,000	13,000	13,000	—	—	—	—	
		中国 36地域	31	5	19	15,900	4,000	10,258	11	7,500	7,500	7,500	—	—	—	—	
		四国 1都道府県	1	0	1	4,000	4,000	4,000	0	—	—	—	—	—	—	—	
		四国 30地域	17	13	6	35,000	1,680	13,113	0	—	—	—	—	—	—	—	
		九州・沖縄 1都道府県	0	1	0	—	—	—	0	—	—	—	—	—	—	—	
		九州・沖縄 64地域	63	1	21	30,000	6,000	15,200	0	—	—	—	—	—	—	—	
そば	都道府県単位で統一設定しているケース	6都道府県	5	1	1	4,000	4,000	4,000	0	—	—	—	5	20,000	20,000	20,000	
	地域ごとに設定が異なるケース	328地域	251	77	115	36,000	800	11,865	4	30,000	5,000	13,750	225	20,000	20,000	20,000	
	内訳	北海道・東北 66地域	55	11	36	35,000	800	12,337	3	10,000	5,000	8,333	48	20,000	20,000	20,000	
		北陸 31地域	23	8	18	34,000	4,000	9,401	0	—	—	—	22	20,000	20,000	20,000	
		関東・東山 3道府県	3	0	0	—	—	—	0	—	—	—	3	20,000	20,000	20,000	
		関東・東山 38地域	38	0	28	36,000	3,000	11,261	0	—	—	—	35	20,000	20,000	20,000	
		東海 9地域	2	7	1	17,000	17,000	17,000	0	—	—	—	2	20,000	20,000	20,000	
		近畿 1都道府県	1	0	0	—	—	—	0	—	—	—	1	20,000	20,000	20,000	
		近畿 54地域	46	8	12	30,000	2,400	13,742	1	30,000	30,000	30,000	46	20,000	20,000	20,000	
		中国 36地域	25	11	11	22,000	5,000	12,173	0	—	—	—	23	20,000	20,000	20,000	
		四国 1都道府県	1	0	1	4,000	4,000	4,000	0	—	—	—	1	20,000	20,000	20,000	
		四国 30地域	21	9	0	—	—	—	0	—	—	—	21	20,000	20,000	20,000	
		九州・沖縄 1都道府県	0	1	0	—	—	—	0	—	—	—	0	—	—	—	
		九州・沖縄 64地域	41	23	9	27,000	5,000	13,333	0	—	—	—	28	20,000	20,000	20,000	
なたね	都道府県単位で統一設定しているケース	6都道府県	4	2	1	4,000	4,000	4,000	0	—	—	—	4	20,000	20,000	20,000	
	地域ごとに設定が異なるケース	328地域	153	175	16	35,000	2,500	16,539	2	30,000	10,000	20,000	141	20,000	20,000	20,000	
	内訳	北海道・東北 66地域	21	45	7	35,000	5,830	17,547	1	10,000	10,000	10,000	20	20,000	20,000	20,000	
		北陸 31地域	12	19	0	—	—	—	0	—	—	—	12	20,000	20,000	20,000	
		関東・東山 3道府県	3	0	0	—	—	—	0	—	—	—	3	20,000	20,000	20,000	
		関東・東山 38地域	19	19	1	2,500	2,500	2,500	0	—	—	—	18	20,000	20,000	20,000	
		東海 9地域	0	9	0	—	—	—	0	—	—	—	0	—	—	—	
		近畿 1都道府県	0	1	0	—	—	—	0	—	—	—	0	—	—	—	
		近畿 54地域	46	8	4	30,000	7,800	18,075	1	30,000	30,000	30,000	46	20,000	20,000	20,000	
		中国 36地域	10	26	1	10,000	10,000	10,000	0	—	—	—	9	20,000	20,000	20,000	
		四国 1都道府県	1	0	1	4,000	4,000	4,000	0	—	—	—	1	20,000	20,000	20,000	
		四国 30地域	18	12	0	—	—	—	0	—	—	—	18	20,000	20,000	20,000	
		九州・沖縄 1都道府県	0	1	0	—	—	—	0	—	—	—	0	—	—	—	
		九州・沖縄 64地域	27	37	3	27,000	10,000	19,000	0	—	—	—	18	20,000	20,000	20,000	

第7章 主食用米・麦・大豆・飼料作物・そば・なたねの振興と産地交付金

		n	数量に対する助成				二毛作助成				耕畜連携助成				耕畜連携かつ二毛作に対する助成			
			交付金の設定あり	交付単価（円／kg）			交付金の設定あり	交付単価（円／10a）			交付金の設定あり	交付単価（円／10a）			交付金の設定あり	交付単価（円／10a）		
				最大値	最小値	平均値		最大値	最小値	平均値		最大値	最小値	平均値		最大値	最小値	平均値
麦	都道府県単位で統一設定しているケース	6都道府県	0	—	—	—	5	15,000	10,314	12,083	0	—	—	—	0	—	—	—
	地域ごとに設定が異なるケース	328地域	0	—	—	—	144	48,000	5,000	15,765	0	—	—	—	0	—	—	—
内訳	北海道・東北	66地域	0	—	—	—	10	22,000	7,500	14,198	0	—	—	—	0	—	—	—
	北陸	31地域	0	—	—	—	15	35,000	11,100	14,873	0	—	—	—	0	—	—	—
	関東・東山	3都道府県	0	—	—	—	3	12,000	10,314	11,138	0	—	—	—	0	—	—	—
	関東・東山	38地域	0	—	—	—	18	30,000	13,600	19,320	0	—	—	—	0	—	—	—
	東海	9地域	0	—	—	—	4	15,000	10,500	13,376	0	—	—	—	0	—	—	—
	近畿	1都道府県	0	—	—	—	1	12,000	12,000	12,000	0	—	—	—	0	—	—	—
	近畿	54地域	0	—	—	—	23	35,000	10,000	15,302	0	—	—	—	0	—	—	—
	中国	36地域	0	—	—	—	15	18,750	12,000	15,099	0	—	—	—	0	—	—	—
	四国	1都道府県	0	—	—	—	1	15,000	15,000	15,000	0	—	—	—	0	—	—	—
	四国	30地域	0	—	—	—	15	48,000	5,000	17,000	0	—	—	—	0	—	—	—
	九州・沖縄	1都道府県	0	—	—	—	0	—	—	—	0	—	—	—	0	—	—	—
	九州・沖縄	64地域	0	—	—	—	44	21,000	10,000	15,236	0	—	—	—	0	—	—	—
大豆	都道府県単位で統一設定しているケース	6都道府県	0	—	—	—	5	16,000	10,314	12,283	0	—	—	—	0	—	—	—
	地域ごとに設定が異なるケース	328地域	11	45	25	27	118	30,000	7,500	15,539	0	—	—	—	0	—	—	—
内訳	北海道・東北	66地域	0	—	—	—	12	22,000	7,500	13,792	0	—	—	—	0	—	—	—
	北陸	31地域	11	45	25	27	14	30,000	11,100	16,909	0	—	—	—	0	—	—	—
	関東・東山	3都道府県	0	—	—	—	3	12,000	10,314	11,138	0	—	—	—	0	—	—	—
	関東・東山	38地域	0	—	—	—	18	30,000	12,600	18,431	0	—	—	—	0	—	—	—
	東海	9地域	0	—	—	—	5	15,000	10,500	13,300	0	—	—	—	0	—	—	—
	近畿	1都道府県	0	—	—	—	1	12,000	12,000	12,000	0	—	—	—	0	—	—	—
	近畿	54地域	0	—	—	—	24	24,380	8,000	15,105	0	—	—	—	0	—	—	—
	中国	36地域	0	—	—	—	11	18,750	12,000	15,271	0	—	—	—	0	—	—	—
	四国	1都道府県	0	—	—	—	1	16,000	16,000	16,000	0	—	—	—	0	—	—	—
	四国	30地域	0	—	—	—	4	16,000	11,250	14,313	0	—	—	—	0	—	—	—
	九州・沖縄	1都道府県	0	—	—	—	0	—	—	—	0	—	—	—	0	—	—	—
	九州・沖縄	64地域	0	—	—	—	30	20,000	12,000	14,847	0	—	—	—	0	—	—	—
飼料作物	都道府県単位で統一設定しているケース	6都道府県	0	—	—	—	5	12,000	10,314	11,283	4	13,000	6,500	9,710	0	—	—	—
	地域ごとに設定が異なるケース	328地域	0	—	—	—	156	25,000	5,000	14,484	154	26,250	5,000	12,418	2	28,000	13,000	20,500
内訳	北海道・東北	66地域	0	—	—	—	11	15,000	12,000	13,936	29	13,000	6,500	11,548	0	—	—	—
	北陸	31地域	0	—	—	—	13	25,000	14,916	15,763	14	13,000	5,000	12,429	1	28,000	28,000	28,000
	関東・東山	3都道府県	0	—	—	—	3	12,000	10,314	11,138	3	10,400	6,500	8,613	0	—	—	—
	関東・東山	38地域	0	—	—	—	15	20,000	11,100	15,918	14	16,000	11,840	13,639	0	—	—	—
	東海	9地域	0	—	—	—	3	15,000	11,000	13,001	1	10,638	10,638	10,638	0	—	—	—
	近畿	1都道府県	0	—	—	—	1	12,000	12,000	12,000	0	—	—	—	0	—	—	—
	近畿	54地域	0	—	—	—	24	16,000	10,000	14,164	26	15,000	8,000	12,203	0	—	—	—
	中国	36地域	0	—	—	—	19	18,750	10,000	14,683	24	26,250	6,250	13,466	0	—	—	—
	四国	1都道府県	0	—	—	—	1	11,000	11,000	11,000	1	13,000	13,000	13,000	0	—	—	—
	四国	30地域	0	—	—	—	9	18,000	11,250	15,028	10	16,800	13,000	13,780	1	13,000	13,000	13,000
	九州・沖縄	1都道府県	0	—	—	—	0	—	—	—	0	—	—	—	0	—	—	—
	九州・沖縄	64地域	0	—	—	—	62	18,500	5,000	14,023	36	15,000	8,000	11,767	0	—	—	—
そば	都道府県単位で統一設定しているケース	6都道府県	0	—	—	—	3	12,000	10,314	11,138	0	—	—	—	0	—	—	—
	地域ごとに設定が異なるケース	328地域	0	—	—	—	117	50,000	5,000	15,536	0	—	—	—	0	—	—	—
内訳	北海道・東北	66地域	0	—	—	—	16	25,000	10,900	14,984	0	—	—	—	0	—	—	—
	北陸	31地域	0	—	—	—	14	50,000	5,000	17,857	0	—	—	—	0	—	—	—
	関東・東山	3都道府県	0	—	—	—	2	11,100	10,314	10,707	0	—	—	—	0	—	—	—
	関東・東山	38地域	0	—	—	—	20	25,000	11,100	16,258	0	—	—	—	0	—	—	—
	東海	9地域	0	—	—	—	2	15,000	15,000	15,000	0	—	—	—	0	—	—	—
	近畿	1都道府県	0	—	—	—	0	—	—	—	0	—	—	—	0	—	—	—
	近畿	54地域	0	—	—	—	23	19,380	10,000	15,058	0	—	—	—	0	—	—	—
	中国	36地域	0	—	—	—	13	18,750	8,500	15,114	0	—	—	—	0	—	—	—
	四国	1都道府県	0	—	—	—	1	12,000	12,000	12,000	0	—	—	—	0	—	—	—
	四国	30地域	0	—	—	—	1	18,000	18,000	18,000	0	—	—	—	0	—	—	—
	九州・沖縄	1都道府県	0	—	—	—	0	—	—	—	0	—	—	—	0	—	—	—
	九州・沖縄	64地域	0	—	—	—	28	25,000	5,000	14,714	0	—	—	—	0	—	—	—
なたね	都道府県単位で統一設定しているケース	6都道府県	0	—	—	—	4	12,000	10,314	11,354	0	—	—	—	0	—	—	—
	地域ごとに設定が異なるケース	328地域	0	—	—	—	51	22,000	5,000	14,837	0	—	—	—	0	—	—	—
内訳	北海道・東北	66地域	0	—	—	—	2	22,000	14,300	18,150	0	—	—	—	0	—	—	—
	北陸	31地域	0	—	—	—	0	—	—	—	0	—	—	—	0	—	—	—
	関東・東山	3都道府県	0	—	—	—	3	12,000	10,314	11,138	0	—	—	—	0	—	—	—
	関東・東山	38地域	0	—	—	—	9	20,000	11,100	15,650	0	—	—	—	0	—	—	—
	東海	9地域	0	—	—	—	0	—	—	—	0	—	—	—	0	—	—	—
	近畿	1都道府県	0	—	—	—	0	—	—	—	0	—	—	—	0	—	—	—
	近畿	54地域	0	—	—	—	21	19,380	10,000	14,378	0	—	—	—	0	—	—	—
	中国	36地域	0	—	—	—	6	17,000	15,000	15,517	0	—	—	—	0	—	—	—
	四国	1都道府県	0	—	—	—	1	12,000	12,000	12,000	0	—	—	—	0	—	—	—
	四国	30地域	0	—	—	—	0	—	—	—	0	—	—	—	0	—	—	—
	九州・沖縄	1都道府県	0	—	—	—	0	—	—	—	0	—	—	—	0	—	—	—
	九州・沖縄	64地域	0	—	—	—	13	20,000	5,000	14,192	0	—	—	—	0	—	—	—

●産地交付金の金額の分布（面積当たりに支払われる助成、都道府県単位で統一設定しているケース）

（都道府県数）

		作付面積に対する助成	前年からの作付け拡大面積に対する助成	追加配分と同条件・同額の助成	二毛作助成	耕畜連携助成	耕畜連携かつ二毛作に対する助成
麦	1～4,999円／10a	0	0	—	0	0	0
	5,000～9,999円／10a	2	0	—	0	0	0
	10,000～14,999円／10a	1	0	—	4	0	0
	15,000～19,999円／10a	1	0	—	1	0	0
	20,000円以上／10a	0	0	—	0	0	0
	計	4	0	—	5	0	0
大豆	1～4,999円／10a	0	0	—	0	0	0
	5,000～9,999円／10a	2	0	—	0	0	0
	10,000～14,999円／10a	2	0	—	4	0	0
	15,000～19,999円／10a	1	0	—	1	0	0
	20,000円以上／10a	0	0	—	0	0	0
	計	5	0	—	5	0	0
飼料作物	1～4,999円／10a	1	0	—	0	0	0
	5,000～9,999円／10a	1	0	—	0	2	0
	10,000～14,999円／10a	0	0	—	5	2	0
	15,000～19,999円／10a	0	0	—	0	0	0
	20,000～24,999円／10a	0	1	—	0	0	0
	25,000円以上／10a	0	0	—	0	0	0
	計	2	1	—	5	4	0
そば	1～4,999円／10a	1	0	0	0	0	0
	5,000～9,999円／10a	0	0	0	0	0	0
	10,000～14,999円／10a	0	0	0	3	0	0
	15,000～19,999円／10a	0	0	0	0	0	0
	20,000～24,999円／10a	0	0	5	0	0	0
	25,000円以上／10a	0	0	0	0	0	0
	計	1	0	5	3	0	0
なたね	1～4,999円／10a	1	0	0	0	0	0
	5,000～9,999円／10a	0	0	0	0	0	0
	10,000～14,999円／10a	0	0	0	4	0	0
	15,000～19,999円／10a	0	0	0	0	0	0
	20,000～24,999円／10a	0	0	4	0	0	0
	25,000円以上／10a	0	0	0	0	0	0
	計	1	0	4	4	0	0

●産地交付金の金額の分布（面積当たりに支払われる助成、地域ごとに設定が異なるケース）

（地域数）

		作付面積に対する助成	前年からの作付け拡大面積に対する助成	追加配分と同条件・同額の助成	二毛作助成	耕畜連携助成	耕畜連携かつ二毛作に対する助成
麦	1～4,999円／10a	26	1	—	0	0	0
	5,000～9,999円／10a	43	12	—	3	0	0
	10,000～14,999円／10a	44	2	—	54	0	0
	15,000～19,999円／10a	20	0	—	70	0	0
	20,000～24,999円／10a	29	0	—	11	0	0
	25,000～29,999円／10a	3	0	—	1	0	0
	30,000～34,999円／10a	2	0	—	2	0	0
	35,000～39,999円／10a	1	0	—	2	0	0
	40,000～44,999円／10a	0	0	—	0	0	0
	45,000～49,999円／10a	1	0	—	1	0	0
	50,000～54,999円／10a	0	0	—	0	0	0
	55,000～59,999円／10a	1	0	—	0	0	0
	60,000円以上／10a	0	0	—	0	0	0
	計	170	15	—	144	0	0
大豆	1～4,999円／10a	34	0	—	0	0	0
	5,000～9,999円／10a	33	19	—	2	0	0
	10,000～14,999円／10a	49	4	—	36	0	0
	15,000～19,999円／10a	31	0	—	69	0	0
	20,000～24,999円／10a	31	11	—	7	0	0
	25,000～29,999円／10a	11	0	—	1	0	0
	30,000～34,999円／10a	4	2	—	3	0	0
	35,000～39,999円／10a	6	0	—	0	0	0
	40,000～44,999円／10a	0	0	—	0	0	0
	45,000～49,999円／10a	0	0	—	0	0	0
	50,000～54,999円／10a	1	0	—	0	0	0
	55,000～59,999円／10a	1	0	—	0	0	0
	60,000円以上／10a	0	0	—	0	0	0
	計	201	36	—	118	0	0
飼料作物	1～4,999円／10a	6	0	—	0	0	0
	5,000～9,999円／10a	19	11	—	3	13	0
	10,000～14,999円／10a	37	4	—	57	125	1
	15,000～19,999円／10a	12	0	—	93	14	0
	20,000～24,999円／10a	5	0	—	2	1	0
	25,000～29,999円／10a	0	0	—	1	1	1
	30,000～34,999円／10a	1	0	—	0	0	0
	35,000～39,999円／10a	1	0	—	0	0	0
	40,000円以上／10a	0	0	—	0	0	0
	計	81	15	—	156	154	2
そば	1～4,999円／10a	32	0	0	0	0	0
	5,000～9,999円／10a	19	1	0	4	0	0
	10,000～14,999円／10a	24	2	0	32	0	0
	15,000～19,999円／10a	19	0	0	71	0	0
	20,000～24,999円／10a	7	0	225	5	0	0
	25,000～29,999円／10a	5	0	0	3	0	0
	30,000～34,999円／10a	7	1	0	1	0	0
	35,000～39,999円／10a	2	0	0	0	0	0
	40,000～44,999円／10a	0	0	0	0	0	0
	45,000～49,999円／10a	0	0	0	0	0	0
	50,000～54,999円／10a	0	0	0	1	0	0
	55,000円以上／10a	0	0	0	0	0	0
	計	115	4	225	117	0	0
なたね	1～4,999円／10a	1	0	0	0	0	0
	5,000～9,999円／10a	2	0	0	1	0	0
	10,000～14,999円／10a	6	1	0	23	0	0
	15,000～19,999円／10a	1	0	0	24	0	0
	20,000～24,999円／10a	2	0	141	3	0	0
	25,000～29,999円／10a	1	0	0	0	0	0
	30,000～34,999円／10a	2	1	0	0	0	0
	35,000～39,999円／10a	1	0	0	0	0	0
	40,000円以上／10a	0	0	0	0	0	0
	計	16	2	141	51	0	0

加工用米・新規需要米・新市場開拓用米 ・備蓄米の振興と産地交付金等

加工用米の振興と産地交付金

1 加工用米の推進は都道府県版水田フル活用ビジョンで記載率が高いが、具体的な記述は3割ほど

加工用米の推進については、都道府県版の95％、地域版の64％で記載があり、その差は31ポイントと大きい。①生産主体の明示、②地域条件の明示、③土地条件の明示、に着目すると、都道府県版の31％、地域版の17％で記載がある。いずれも都道府県版での記載率が高い（図8-1、図8-2）。

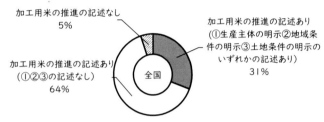

図8-1 都道府県版水田フル活用ビジョンにおける「加工用米の推進」の記載状況

2 都道府県版水田フル活用ビジョンでは土地条件の記載率がやや高く、地域版水田フル活用ビジョンでは生産主体の記載率がやや高い

加工用米の推進について、①生産主体の明示、②地域条件の明示、③土地条件の明示、のいずれかが記載された水田フル活用ビジョンのうち、①、②、③の記載率を示したのが図8-3である。都道府県版と地域版を比較すると、都道府県版では土地条件の記載率がやや高く、地域版では、生産主体の記載率がやや高い。

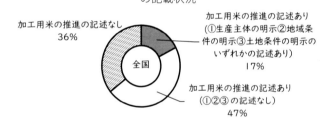

図8-2 地域版水田フル活用ビジョンにおける「加工用米の推進」の記載状況

図8-3 「加工用米の推進」に関する生産主体・地域条件・土地条件の記載率

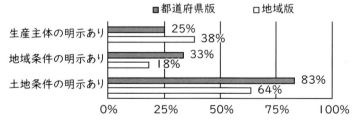

3 生産主体の明示例は、転作作物の生産が困難な農家が特徴的であり、規模要件は大規模層の明示もあるが中小規模層の明示も多い

水田フル活用ビジョンには、加工用米を推進するに当たり、生産主体を記載しているケースがある。とくに、「担い手」、「認定農業者」、「認定新規就農者」といった表現や、「大規模農家」のように、規模に着目して大規模な農業経営体の生産を推進するケースが多い。具体的に、「加工用米の作付面積が1ha以上の農業者」と規模要件を付すケースもある。また、「生産組織」、「集落営農組合」と組織による生産を推進するケースもある。

加工用米に関する特徴的な記述として、まず、転作作物の生産が困難な農家による生産を推進しているケースが多い点が挙げられる。たとえば、「保有機械から大麦や大豆の作付が困難な農家」、「圃

145

場条件から大麦や大豆の作付が困難な農家」、「主食用米から新規需要米等への転換が困難な農業者」に対して、加工用米を推進するケースがある。

さらに、「主食用米以外の作付が困難な中小規模農業者」と記載するケースに見られるように、「中小規模の農業者」や、「兼業農家」、「第二種兼業農家」による加工用米の生産を誘導しようとするケースが確認できる。

また、「コスト削減に向けた取組を行う農業者」、「販売収入増大に向けた取組を行う農業者」や、技術面について「直播栽培により労働時間の短縮を行う農業者」を加工用米の生産主体として明示するケースがある。このほか、米の生産数量目標の達成状況に着目して、「2ha 以上の生産数量目標未達成農家」に対して加工用米の生産を推進すると明示しているケースも確認された。

4 地域条件の明示例は、水稲以外の作付けが困難な地域の記述が多い

加工用米の推進について、地域条件を明示する際に特徴的なのは、水稲以外の作付けが困難な地域の記述が多い点である。

具体的な記載例は、「麦や大豆等の畑作物等の作付が困難な湿田地域」、「麦や大豆の作付に適さない地域」、「大豆の生産が困難な地域」、「水稲の作付しかできない地区」、「畑作物の作付が困難な地域」、「大豆等の畑作物の作付が困難な地域」、「米以外の作付が困難な地域」、「水稲に代わる作物の作付推進が難しい地域」、「麦、大豆等の作付を苦手とする湿潤な地域」、「他の作物への転換が難しい低湿地」、「麦、大豆、野菜の作付が困難な地域」、「湿田地帯」、「主食用米の作付が難しい地域」等である。

新規需要米と関連付けた表現としては、「飼料用米や WCS 用稲に取り組めない地域」と記載するケースがあり、加工用米と新規需要米の間で推進の優先順位を付けているケースがあった。

このほか、平坦地で生産を推進するものとして「大区画農地を有する A 地域」、「平坦地」等と記載されるケースがあるが、こうした条件が比較的良い地域条件での振興よりも、「中山間地域」、「条件不利地域」の記述の方が多い。また、「麦や大豆の栽培が定着していない地域」という記載もある。

5 土地条件の明示例は、水稲以外の作付けが困難な田や不作付地の解消に関する記述が多い

水田フル活用ビジョンには、加工用米を推進するに当たり、土地条件を記載しているケースがある。とくに多いのが、水稲以外の作付けが困難な田に関する記述である。

具体的には次のように多様な表現が確認できる。「水稲以外の作付が困難な水田」、「園芸作物の導入が困難な農地の活用」、「水稲以外の作付が困難な水田」、「麦の生産が不向きな排水不良の水田」、「麦や大豆の生産が不向きな排水不良の水田」、「麦や大豆の不適地」、「畑作物の導入が困難な排水不良田」、「土地条件により転作作物の作付が困難な圃場」、「水稲以外の作付が適さない水田」、「湿田での作付け」、「水はけの悪い圃場」等の記載がある。

こうした記載例は、加工用米を最優先に推進するというよりも、麦や大豆等の作付けが困難であるがゆえに加工用米の推進を行っているという論理になっている点が特徴的である。

このほか、「湿田等の条件不利農地」との記載に見られるように、生産条件が不利な水田や、耕境付近の水田における推進が多く記載されている。具体的な記述では、「調整水田等不作付地」、「生産性が劣る圃場」、「未整備圃場」、「圃場整備除外地」、「条件の悪い圃場」、「調整水田」、「自己保全管理水田」、「不作付地」、「不作付地となりやすい山林に沿った圃場」といった表現がある。

このため、加工用米は、「不作付地を解消」、「調整水田の解消」、「遊休農地の解消」、「不作付地の解消作物」として位置づけられるケースがある。もっとも、主食用米の需要減少傾向下において、主食用米からの撤退に伴う、「不作付地の発生防止」としての位置づけが示されることも多く、「稲作面積の維持」として加工用米の推進を位置づけているケースもある。

また、ほかの作目との関係性での記述も確認できる。多いのは、「主食用米からの転換」を促すものであり、「主食用米に替わる水田フル活用作物として」等の記載例がある。

さらに、水稲の「作期分散」のため、加工用米の導入を推進しているケースがある。このほか、麦との関係は、先に挙げた「麦の生産が不向きな排水不良の水田」という旨のみなならず、「排水不良の圃場における麦作からの転換」や「麦作の連作障害対策」といった記載もある。「麦作の連作障害対策」に関連して、「二毛作」、「輪作体系」、「ブロックローテーション」の一環として加工用米を推進するケースも多い。このほか、「備蓄米からの転換」という記載も確認された。

土づくり等の技術については、「堆肥散布」や、化学肥料や化学農薬の低減を示す例があるほか、珍しいケースとしては、「ワイヤーメッシュ柵の設置」を行った水田での生産や、1事例であるが、「市街化農地」での加工用米の推進を明示するケースもある。

6　加工用米に対する産地交付金の設定率は都道府県で統一設定しているケースが83%、地域ごとに設定が異なるケースが73%と高い

加工用米に産地交付金を設定しているのは、「産地交付金の活用方法の明細」ベースでいうと、都道府県段階では73%、地域段階では36%となっている（図8-4）。

実際には、都道府県で統一設定しているケースと、地域ごとに設定が異なるケースがある（※）。このため、接続可能なデータのみを抽出して、産地交付金の設定率を算出すると、都道府県で統一設定しているケースが83%、地域ごとに設定が異なるケースが73%と高い（図8-5）。

（※）関連項目☞産地交付金の単価の集計方法（利用者のために3（3）ケ）

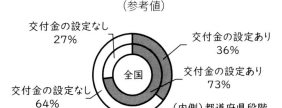

図8-4　加工用米に対する産地交付金の設定状況（参考値）

交付金の設定なし 27%
交付金の設定あり 36%
交付金の設定なし 64%
交付金の設定あり 73%
全国
（内側）都道府県段階
（外側）地域段階

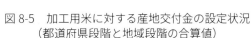
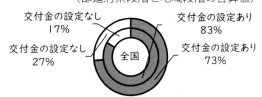

図8-5　加工用米に対する産地交付金の設定状況（都道府県段階と地域段階の合算値）

交付金の設定なし 17%
交付金の設定あり 83%
交付金の設定なし 27%
交付金の設定あり 73%
全国
（内側）都道府県単位で統一設定しているケース
（外側）地域ごとに設定が異なるケース

7　産地交付金は地域段階で高く設定される傾向があり、50,000円／10aを設定する地域もある

産地交付金に加工用米を設定している場合を対象として、産地交付金の金額を、「産地交付金の活用方法の明細」ベース（図8-6）、都道府県段階と地域段階の設定金額の合計値（図8-7）でそれぞれ示した（※）。

加工用米に対する産地交付金の設定方法は、主に①作付面積に対する助成、②前年からの作付け拡大面積に対する助成、③国による追加配分（複数年契約）と同条件・同額の助成、④数量に対する助成、⑤二毛作助成、⑥耕畜連携助成、の6種類がある。このうち、④数量に対する助成、⑥耕畜連携助成、が設定されるケースは少なく、都道府県段階と地域段階の設定金額の合計値を算出するに当たり、本調査では、接続可能なデータとして抽出することができなかった。

第8章
加工用米・新規需要米・新市場開拓用米・備蓄米の振興と産地交付金等

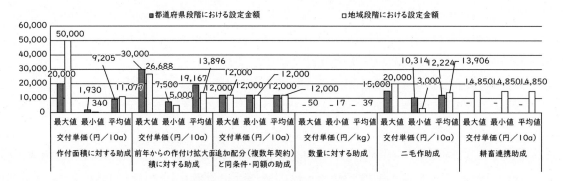

図8-6　加工用米に対する産地交付金の設定金額（参考値）

図8-7　加工用米に対する産地交付金の設定金額
（都道府県段階と地域段階の合算値）

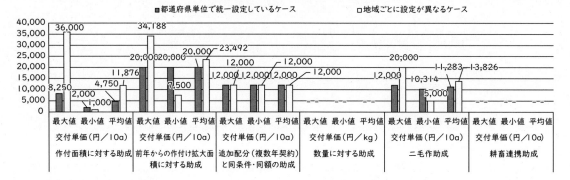

　①作付面積に対する助成、②前年からの作付け拡大面積に対する助成、③国による追加配分（複数年契約）と同条件・同額の助成、⑤二毛作助成は、いずれも面積当たりで交付金が決まっている。高額なケースでは、①作付面積に対する助成として、地域段階で50,000円／10aを設定するケースも確認された。

　国による追加配分に関して、そばやなたねの場合（作付けの取組）は、追加配分以外の産地交付金の設定が少ないが（※※）、加工用米の場合（複数年契約）は、追加配分以外の産地交付金の設定も比較的盛んにおこなわれていることが確認できる（図8-8、図8-9）。

（※）関連項目☞産地交付金の平均値の算出方法（利用者のために3（3）コ）

（※※）関連項目☞産地交付金は、国による追加配分の設定を背景に、多くの場合で設定されている（第7章33）、産地交付金は、国による追加配分を背景に設定されるケースが多いが、そばよりも設定率が低い（第7章39）

図8-8　加工用米に対する産地交付金の設定金額の分布
（都道府県段階と地域段階の合算値、都道府県単位で統一設定しているケース）

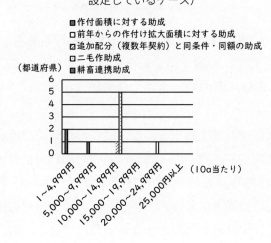

図8-9　加工用米に対する産地交付金の設定金額の分布
（都道府県段階と地域段階の合算値、地域ごとに設定が異なるケース）

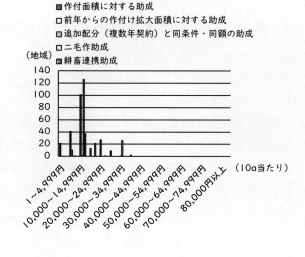

8 飼料用米の推進の記載率は主食用米に次いで高く、都道府県版水田フル活用ビジョンで98%、地域版水田フル活用ビジョンで83%

飼料用米の推進については、都道府県版の98%、地域版の83%で記載があり、主食用米に次ぐ水準で記載率が高い作目である（※）。①生産主体の明示、②地域条件の明示、③土地条件の明示、に着目すると、都道府県版の54%、地域版の35%で記載がある。いずれも都道府県版での記載率が高い（図8-10、図8-11）。

（※）関連項目☞主食用米の推進は記載率がほぼ100%だが、具体的な記述内容は都道府県版水田フル活用ビジョンと地域版水田フル活用ビジョンで差がある（第7章1）

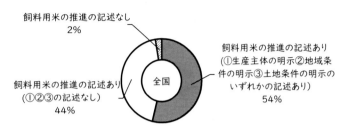

図8-10 都道府県版水田フル活用ビジョンにおける「飼料用米の推進」の記載状況

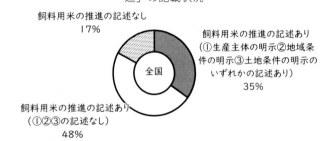

図8-11 地域版水田フル活用ビジョンにおける「飼料用米の推進」の記載状況

9 都道府県版水田フル活用ビジョンは地域版水田フル活用ビジョンよりも、土地条件や地域条件の記載率が高い

加工用米の推進について、①生産主体の明示、②地域条件の明示、③土地条件の明示、のいずれかが記載された水田フル活用ビジョンのうち、①、②、③の記載率を示したのが図8-12である。都道府県版は地域版と比較して、土地条件の記載率はやや高く（都道府県版86%、地域版73%）、地域条件の記載率も高い（都道府県版24%、地域版12%）。

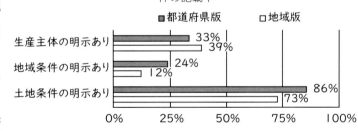

図8-12 「飼料用米の推進」に関する生産主体・地域条件・土地条件の記載率

10 生産主体の明示例は、担い手や大規模農家の明示が多い

水田フル活用ビジョンには、飼料用米を推進するに当たり、生産主体を記載しているケースがある。とくに、「担い手」、「認定農業者」、「認定新規就農者」、「農地プランに位置付けられた地域の中心となる経営体」、「農地中間管理機構から借り入れいている農業者」といった表現や、「大規模農家」、「大規模稲作農家」のように、規模に着目して大規模な農業経営体の生産を推進するケースが多い。

規模を具体的に示す事例としては、「水田耕作2ha以上の農家」、「2ha以上の農家」といった表現のほか、生産数量目標と関連づけて、「2ha以上の生産数量目標未達成農家」、「2～5haの生産数量目標未達成農家」、「経営面積2ha以上の生産調整に取り組んでいない農家」等に対して飼料用米の生産を誘導する記述も確認できる。

また、組織形態に関連して、「法人経営体」、「集落営農法人」、「集落営農組織」「集落営農型農業

生産法人」に飼料用米生産を促す記載も確認された。

　経営努力に着目するケースでは、「生産コスト削減や販売収入増大に向けた取組を行う農業者」、「流通コスト削減や販売収入増大に向けた取組を行う農業者」、「労働時間の短縮を行う農業者」という表現がみられる。

　このほか、作目転換に関連して「従来の主食用米農家」と記載するケースや、「兼業農家」、「小規模農家」に飼料用米生産を促す記載も確認された。

11　地域条件の明示例は、水稲以外の作付けが困難な地域、中山間地域の記述が多い

　飼料用米の推進について、地域条件を明示する際に特徴的なのは、水稲以外の作付けが困難な地域の記述が多い点である。

　具体的な記載例は、「圃場条件により大豆、麦、そば等の作付が困難な地域」、「麦や大豆等の畑作物等の作付が困難な湿田地域」、「麦や大豆の作付に適さない地域」、「大豆の生産が困難な地域」、「大豆等の畑作物の作付が困難な地域」、「水稲以外の作物の作付が難しい地域」、「土地の条件により転作作物の普及が困難な地域」、「畑作物の作付が困難な地域」「畑作物の不適作地域」、「米以外の作物の作付が困難な地域」等である。

　水稲以外の作付の困難さに関しては、「湿田地帯」、「畑作物が作付けできない湿田地帯」、「他の作物への転換が難しい低湿地」といった湿田に着目するものもあれば、「気象条件により大豆、麦、そばの作付が困難な地域」のように気象条件に着目するケースがある。

　また、「基幹となる転作作物が無い中山間地域」や、主食用米に関連させて、「基準単収値に届かない条件不利地」や「地力の弱い地域」のような表現もある。「条件不利地域」、「中山間地域」、「山間部」といった記載も多い。「水稲作付の減少が大きい地域」という記載も確認された。

　「平坦地域」での推進を掲げるケースがあるが、その一方で、同じ平坦地域でも、「大豆の生産条件が悪い平坦部」と記載するように、転作作物の中で畑作物よりも優先順位を落とした形で飼料用米を推進する表現もある。

　このほか、飼料用米の生産は、需要が前提となるため、「畜産農家がいる地区」と明示するケースや、「供給体制等が整った需要のある地域」という記載もある。

　さらに、「集団転作を行っていない区域」での個別農業経営体での生産を推進するケースや、特定の地域名を示しながら、「A地区では主食用米品種・B地区では多収性品種」と、飼料用米を取り組む上で、奨励品種を地区単位で分けているケースもある。

12　土地条件の明示例は、主食用米からの転換のほか、水稲以外の作付けが困難な田や不作付地の解消に関する記述が多い

　水田フル活用ビジョンには、飼料用米を推進するに当たり、土地条件を記載しているケースがある。とくに多いのが、主食用米からの転換や、水稲以外の作付けが困難な田に関する記述である。

　水稲以外の作付けが困難な田に関する記述は、加工用米と同様の記載が多い（※）。

　具体的には次のように多様な表現が確認できる。「水稲以外の作付が困難な水田」、「園芸作物の導入が困難な農地の活用」、「水稲以外の作付が困難な水田」、「麦の生産が不向きな排水不良の水田」、「麦や大豆の生産が不向きな排水不良の水田」、「麦や大豆の不適地」、「畑作物の導入が困難な排水不良田」、「土地条件により転作作物の作付が困難な圃場」、「水稲以外の作付が適さない水田」、「湿田での作付け」、「水はけの悪い圃場」、「湧水により他作物の作付が困難な圃場」等の記載がある。

こうした記載例は、飼料用米を最優先に推進するというよりも、麦や大豆等の作付けが困難であるがゆえに飼料用米の推進を行っているという論理になっている点が特徴的である。

このほか、「湿田等の条件不利農地」との記載に見られるように、生産条件が不利な水田や、耕境付近の水田における推進が多く記載されている。具体的な記述では、「調整水田等不作付地」、「生産性が劣る圃場」、「未整備圃場」、「圃場整備除外地」、「条件の悪い圃場」、「調整水田」、「自己保全管理水田」、「不作付地」、「不作付地となりやすい山林に沿った圃場」といった表現がある。

このため、飼料用米は、「不作付地を解消」、「調整水田の解消」、「遊休農地の解消」、「不作付地の解消作物」として位置づけられるケースがある。もっとも、主食用米の需要減少傾向下において、主食用米からの撤退に伴う、「不作付地の発生防止」、「山林化の抑制」としての位置づけが示されることも多く、「稲作面積の維持」として飼料用米の推進を位置づけているケースもある。

また、ほかの作目との関係性での記述も確認できる。多いのは、「主食用米からの転換」を促すものであり、「主食用米に替わる水田フル活用作物として」等の記載例がある。

このほか、「団地化」を推進する記載が多いほか、麦との関係は、先に挙げた「麦の生産が不向きな排水不良の水田」という旨のみなならず、「排水不良の圃場における麦作からの転換」や「麦作の連作障害対策」といった記載もある。「麦作の連作障害対策」に関連して、「二毛作」、「輪作体系」、「ブロックローテーション」の一環として飼料用米を推進するケースも多い。

このほか、技術については、化学肥料や化学農薬の低減を示す例があるほか、珍しいケースとしては、「ワイヤーメッシュ柵の設置」を行った水田での生産や、1事例であるが、「市街化農地」での飼料用米の推進を明示するケースもある。また、「深耕（15cm以上）」の推進を明示したケースも確認された。

以上は、加工用米と類似した内容であり、実際には、水田フル活用ビジョンにおいて、加工用米と同文章が紋切り型で記載されるケースも多い（※※）。なお、飼料用米の生産振興について、加工用米との関係性を明示したケースは、確認されなかった。

加工用米との差異として際立っているのは、「堆肥散布」、「鶏糞堆肥の施肥」等、堆肥散布による土づくりの推進が多く確認された。

（※）（※※）関連項目☞土地条件の明示例は、水稲以外の作付けが困難な田や不作付地の解消に関する記述が多い（第8章5）

13　飼料用米に対する産地交付金の設定率は都道府県で統一設定しているケースが83%、地域ごとに設定が異なるケースが90%と高い

加工用米に産地交付金を設定しているのは、「産地交付金の活用方法の明細」ベースでいうと、都道府県段階では92%、地域段階では64%となっている（図8-13）。

実際には、都道府県で統一設定しているケースと、地域ごとに設定が異なるケースがある（※）。このため、接続可能なデータのみを抽出して、産地交付金の設定率を算出すると、都道府県で統一設定しているケースが83%、地域ごとに設定が異なるケースが90%と高い（図8-14）。

（※）関連項目☞産地交付金の単価の集計方法（利用者のために3（3）ケ）

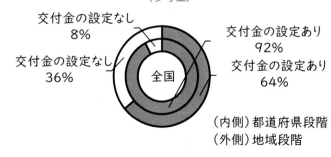

図8-13　飼料用米に対する産地交付金の設定状況（参考値）

交付金の設定なし　8%
交付金の設定なし　36%
交付金の設定あり　92%
交付金の設定あり　64%
全国
（内側）都道府県段階
（外側）地域段階

14 産地交付金は地域段階で高く設定される傾向があり、50,000円／10a を設定する地域もある

産地交付金に飼料用米を設定している場合を対象として、産地交付金の金額を、「産地交付金の活用方法の明細」ベース（図8-15）、都道府県段階と地域段階の設定金額の合計値（図8-16）でそれぞれ示した（※）。

図8-14　飼料用米に対する産地交付金の設定状況
（都道府県段階と地域段階の合算値）

交付金の設定なし 10%
交付金の設定なし 17%
交付金の設定あり 83%
交付金の設定あり 90%
全国

（内側）都道府県単位で統一設定しているケース
（外側）地域ごとに設定が異なるケース

図8-15　飼料用米に対する産地交付金の設定金額（参考値）

図8-16　飼料用米に対する産地交付金の設定金額
（都道府県段階と地域段階の合算値）

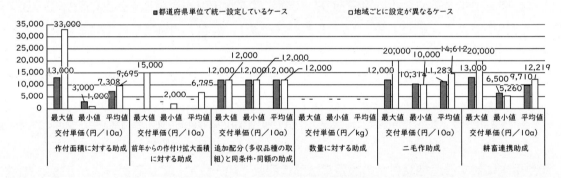

飼料用米に対する産地交付金の設定方法は、主に①作付面積に対する助成、②前年からの作付け拡大面積に対する助成、③国による追加配分（多収品種の取組）と同条件・同額の助成、④数量に対する助成、⑤二毛作助成、⑥耕畜連携助成、の6種類がある。このうち、④数量に対する助成が設定されるケースは少なく、都道府県段階と地域段階の設定金額の合計値を算出するに当たり、本調査では、接続可能なデータとして抽出することができなかった。

④数量に対する助成、以外は、いずれも面積当たりで交付金が決まっている。高額なケースでは、①作付面積に対する助成として、地域段階で50,000円／10a を設定するケースも確認された。

国による追加配分に関して、そばやなたねの場合（作付けの取組）は、追加配分以外の産地交付金の設定が少ないが（※※）、飼料用米の場合（多収品種の取組）は、追加配分以外の設定は、産地交付金の設定も比較的盛んにおこなわれていることが確認できる（図8-17、図8-18）。

（※）関連項目☞産地交付金の平均値の算出方法（利用者のために3（3）コ）

（※※）関連項目☞産地交付金は、国による追加配分の設定を背景に、多くの場合で設定されている（第7章33）、産地交付金は、

国による追加配分を背景に設定されるケースが多いが、そばよりも設定率が低い（第7章39）

図8-17　飼料用米に対する産地交付金の設定金額の分布（都道府県段階と地域段階の合算値、都道府県単位で統一設定しているケース）

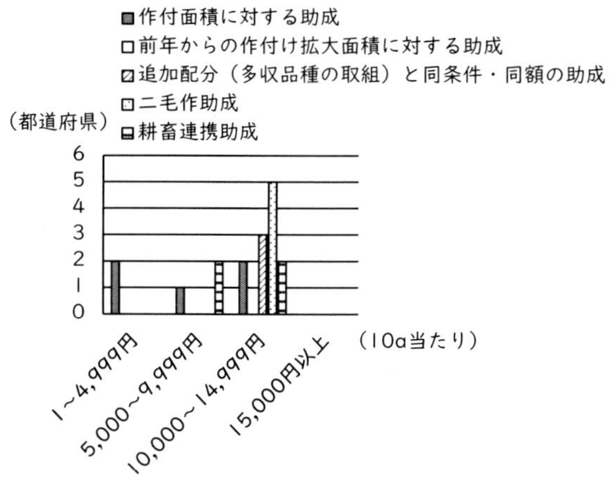

■作付面積に対する助成
□前年からの作付け拡大面積に対する助成
▨追加配分（多収品種の取組）と同条件・同額の助成
□二毛作助成
☰耕畜連携助成

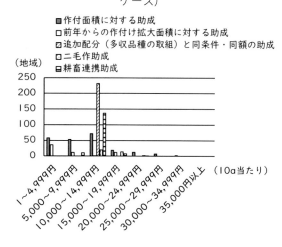

図8-18　飼料用米に対する産地交付金の設定金額の分布（都道府県段階と地域段階の合算値、地域ごとに設定が異なるケース）

■作付面積に対する助成
□前年からの作付け拡大面積に対する助成
▨追加配分（多収品種の取組）と同条件・同額の助成
□二毛作助成
☰耕畜連携助成

米粉用米の振興と産地交付金

15　米粉用米の推進の記載率は都道府県版水田フル活用ビジョンで95%と高く、地域版水田フル活用ビジョンでは48%と低い

米粉用米の推進については、都道府県版の95%、地域版の48%で記載があり、その差は大きく47ポイントである。国の政策によって米粉用米が推進されている中で、都道府県も同様であるものの、生産現場に近い地域段階までビジョンとして落とし込まれているケースは半数未満にとどまる。①生産主体の明示、②地域条件の明示、③土地条件の明示、に着目すると、都道府県版の26%、地域版の10%で記載がある（図8-19、図8-20）。

16　地域版水田フル活用ビジョンは都道府県版水田フル活用ビジョンよりも、生産主体の記載率が高い

米粉用米の推進について、①生産主体の

図8-19　都道府県版水田フル活用ビジョンにおける「米粉用米の推進」の記載状況

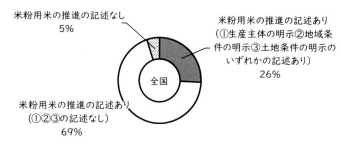

図8-20　地域版水田フル活用ビジョンにおける「米粉用米の推進」の記載状況

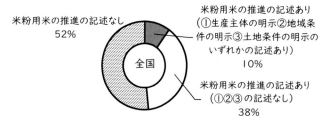

明示、②地域条件の明示、③土地条件の明示、のいずれかが記載された水田フル活用ビジョンのうち、①、②、③の記載率を示したのが図8-21である。地域版は都道府県版と比較して、生産主体の記載率が高い（都道府県版10%、地域版34%）。

第8章　加工用米・新規需要米・新市場開拓用米・備蓄米の振興と産地交付金等

153

17　生産主体の明示例は、担い手や大規模農家の明示が多い

水田フル活用ビジョンには、米粉用米を推進するに当たり、生産主体を記載しているケースがある。とくに、「担い手」、「認定農業者」、「認定新規就農者」といった表現のほか、「大規模農家」のように、規模に着目して大規模な農業経営体の生産を推進するケースが多い。また、「集落営農組織」、「法人」という記載もあった。

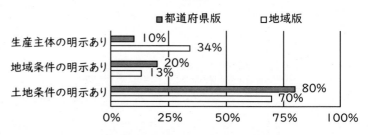

図8-21　「米粉用米の推進」に関する生産主体・地域条件・土地条件の記載率

■都道府県版　□地域版

- 生産主体の明示あり　10%　34%
- 地域条件の明示あり　20%　13%
- 土地条件の明示あり　80%　70%

経営努力に着目するケースでは、「直播栽培により労働時間の短縮を行う農業者」、「コスト削減に向けた取組を行う農業者」、「販売収入増大に向けた取組を行う農業者」という表現がみられる。

このほか、「兼業農家」、「第二種兼業農家」という記載も確認された。

なお、飼料用米で確認されたような（※）、「農地中間管理機構から借り入れいている農業者」といった表現や、「水田耕作2ha以上の農家」、「2ha以上の生産数量目標未達成農家」といった規模を具体的に示す事例は、米粉用米では確認されなかった。

（※）関連項目☞生産主体の明示例は、担い手や大規模農家の明示が多い（第8章10）

18　地域条件の明示例は、水稲以外の作付けが困難な地域の記述が多い

水田フル活用ビジョンには、米粉用米を推進するに当たり、地域条件を記載しているケースがある。とくに多いのが、水稲以外の作付けが困難な田に関する記述である。

具体的には、「麦や大豆等の畑作物等の作付が困難な湿田地域」、「麦や大豆の作付に適さない地域」、「水稲の作付しかできない地区」、「大豆等の畑作物の作付が困難な地域」、「畑作物の作付が困難な地域」、「土地の条件により転作作物の普及が困難な地域」、「他の作物への転換が難しい低湿地」、「麦や大豆の栽培が定着していない地域」、「圃場条件により大豆、麦、そば等の作付が困難な地域」等である。

このほか、「生産条件の悪い中山間地域」、「気象条件により大豆、麦、そば等の作付が困難な地域」といった地域で米粉用米を推進する記載が確認された。

19　土地条件の明示例は、水稲以外の作付けが困難な田に関する記述が多い

水田フル活用ビジョンには、米粉用米を推進するに当たり、土地条件を記載しているケースがある。とくに多いのが、水稲以外の作付けが困難な田に関する記述である。

具体的には、「園芸作物の導入が困難な農地の活用」、「麦や大豆等の生産が不向きな排水不良の水田」、「湿田での作付け」、「大豆等の転作作物の生育不良な農地」、「畑作物導入が困難な圃場」、「大豆等の畑作物の作付が困難な地域」、「畑作物の作付が困難な地域」、「土地の条件により転作作物の普及が困難な地域」、「他の作物への転換が難しい低湿地」、「麦や大豆の栽培が定着していない地域」、「圃場条件により大豆、麦、そば等の作付が困難な地域」等である。

このほか、「麦作の連作障害対策」、「二毛作」、「輪作体系」、「ブロックローテーション」の一環として「水田クリーニング効果を生かす」位置づけで米粉用米を推進するケースも多い。

また、「未整備圃場」、「不作付地」、「条件の悪い圃場」、「不作付地となりやすい山林に沿った圃場」、「調整水田」といった圃場での生産推進や、「不作付地の解消」、「不作付地への作付拡大」を目指す

ケースがあり、「荒廃化の抑制」、「山林化の抑制」として米粉用米の生産を位置づけるケースもある。

20　米粉用米に対する産地交付金の設定率は都道府県で統一設定しているケースが83%、地域ごとに設定が異なるケースは60%

　米粉用米に産地交付金を設定しているのは、「産地交付金の活用方法の明細」ベースでいうと、都道府県段階では73%、地域段階では27%となっている（図8-22）。

　実際には、都道府県で統一設定しているケースと、地域ごとに設定が異なるケースがある（※）。このため、接続可能なデータのみを抽出して、産地交付金の設定率を算出すると、都道府県で統一設定しているケースが83%、地域ごとに設定が異なるケースが60%と高い（図8-23）。

　（※）関連項目☞産地交付金の単価の集計方法（利用者のために3（3）ケ）

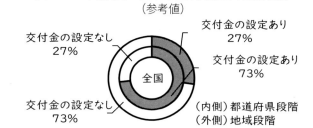

図 8-22　米粉用米に対する産地交付金の設定状況（参考値）

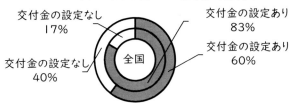

図 8-23　米粉用米に対する産地交付金の設定状況（都道府県段階と地域段階の合算値）

21　都道府県段階と地域段階の設定金額の合計値が32,000円／10aとなる地域もある

　産地交付金に米粉用米を設定している場合を対象として、産地交付金の金額を、「産地交付金の活用方法の明細」ベース（図8-24）、都道府県段階と地域段階の設定金額の合計値（図8-25）でそれぞれ示した（※）。

　米粉用米に対する産地交付金の設定方法は、主に①作付面積に対する助成、②前年からの拡大面積に対する助成、③国による追加配分（多収品種の取組）と同条件・同額の助成、④数量に対する助成、⑤二毛作助成、⑥耕畜連携助成、の6種類がある。このうち、④数量に対する助成、が設定されるケースは少なく、都道府県段階と地域段階の設定金額の合計値を算出するに当たり、本調査では、接続可能なデータとして抽出することができなかった。

　④数量に対する助成、以外は、いずれも面積当たりで交付金が決まっている。

図 8-24　米粉用米に対する産地交付金の設定金額（参考値）

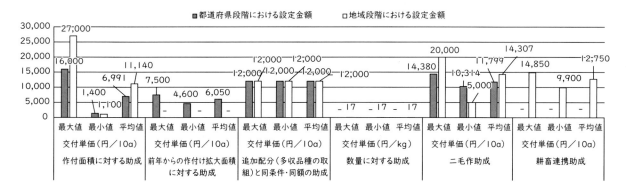

図 8-25　米粉用米に対する産地交付金の設定金額
（都道府県段階と地域段階の合算値）

■都道府県単位で統一設定しているケース　　　□地域ごとに設定が異なるケース

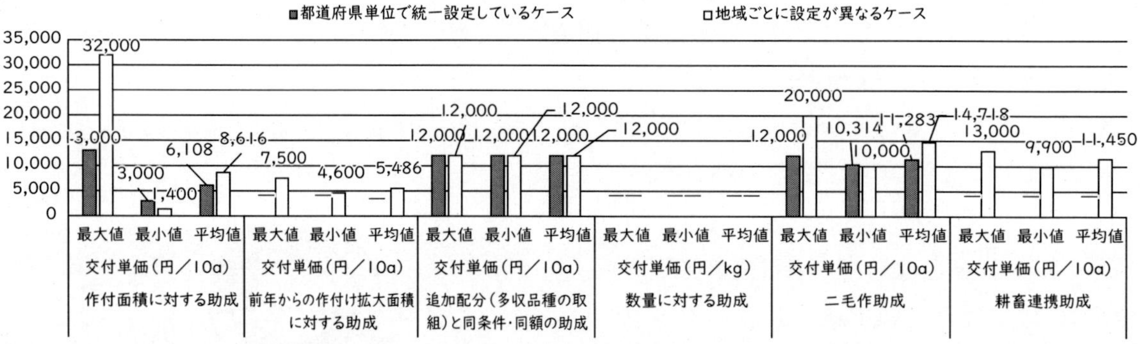

　高額なケースでは、都道府県段階と地域段階の設定金額の合計値が 32,000 円／ 10a となる地域もある。事例数でみると、産地交付金を都道府県単位で統一設定しているケースでは、二毛作助成の設定が比較的多い。一方、地域ごとに設定が異なるケースでは、国による追加配分（多収品種の取組）が多い（図 8-26、図 8-27）。

（※）関連項目☞産地交付金の平均値の算出方法（利用者のために 3（3）コ）

図 8-26　米粉用米に対する産地交付金の設定金額の分布
（都道府県段階と地域段階の合算値、都道府県単位で統一設定しているケース）

■作付面積に対する助成
□前年からの作付け拡大面積に対する助成
▨追加配分（多収品種の取組）と同条件・同額の助成
□二毛作助成
▤耕畜連携助成

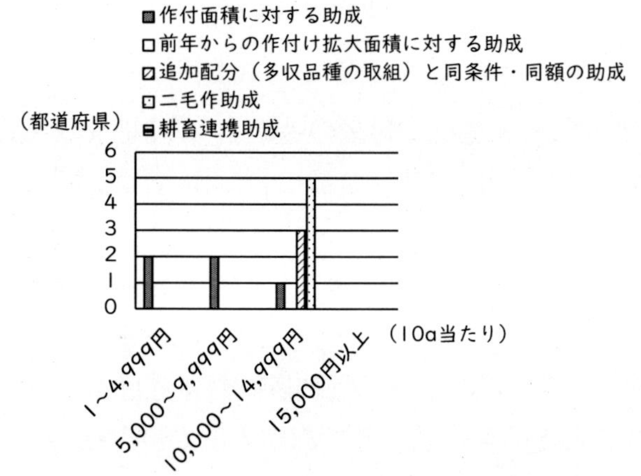

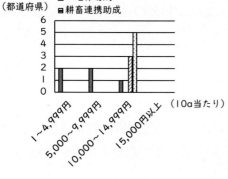

図 8-27　米粉用米に対する産地交付金の設定金額の分布
（都道府県段階と地域段階の合算値、地域ごとに設定が異なるケース）

■作付面積に対する助成
□前年からの作付け拡大面積に対する助成
▨追加配分（多収品種の取組）と同条件・同額の助成
□二毛作助成
▤耕畜連携助成

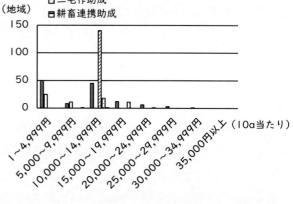

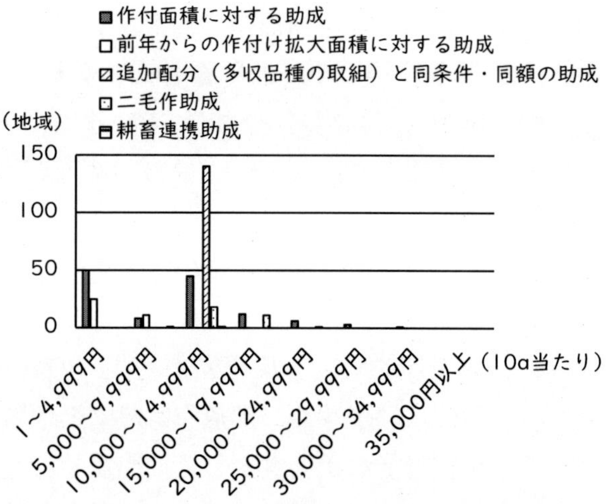

飼料用米と米粉用米の標準単収値

22　政策における標準単収値の特徴

　飼料用米と米粉用米に対する現行の政策的支援は、「水田活用の直接支払交付金による戦略作物助成」（以下、「戦略作物助成」と略す。）、「産地交付金」、「県や市町村の単独助成」、の主に 3 つである。このうち、戦略作物助成は、最も金額水準が高く、農業経営体による飼料用米・米粉用米の生産を成立させる最も重要な経済的条件である。

　戦略作物助成では、一括管理と区分管理という生産方式があり、交付単価は標準単収値を用いた計算式で決定される。一括管理の場合は、指定した圃場から標準単収値の数量を指定の用途（飼料用、米粉用）に出荷することで 80,000 円／ 10a が支払われる。指定した圃場の収量が標準単収値に満

たない場合には、他の圃場から生産した米による数量の埋め合わせが必要であり、一方で収量が標準単収値を上回った場合には、上回った数量を主食用米等として出荷することができる。区分管理の場合は、標準単収値の収量であれば80,000円／10aの交付金であるが、収量に応じて数量払い（傾斜は約167円／kg）される。数量払いは標準単収値の±150kg／10aまで設定されており、交付単価は55,000～105,000円／10aである。このように、飼料用米と米粉用米に対する戦略作物助成では、一括管理と区分管理の生産方式の違いに関係なく、標準単収値が交付金額を規定しているのである。

　この標準単収値は、地域の合理的な単収に作況変動（ふるい目1.70mm以上の当年単収÷ふるい目1.70mm以上の平年単収）を乗じて算出する。この際、地域の合理的な単収の設定方法は農業再生協議会に裁量がある。

23　標準単収値は、「統一設定」が多く、「複数設定」は少ない

　アンケート調査を回収した985の地域農業再生協議会を対象に、標準単収値を統一して1つ設定している場合を「統一設定」、複数設定している場合を「複数設定」として整理する。

　構成比は、「統一設定」が600（61％）、「複数設定」が113（12％）、「その他」が181（18％）、「無回答」が91（9％）であった（図8-28）。

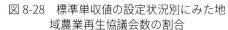

図8-28　標準単収値の設定状況別にみた地域農業再生協議会数の割合

（凡例）
無回答 9%
その他 18%
複数設定 12%
統一設定 61%

24　飼料用米・米粉用米の約7割は標準単収値が「統一設定」された地域、約3割は標準単収値が「複数設定」された地域で生産されている

　「その他」と「無回答」が図8-28では18％、9％と無視できない割合であったが、生産面積で整理した図8-29では、それぞれ2％、1％と、極めて低い割合となっている。

　これは、表に示していないが、「その他」とした地域農業再生協議会181のうち、84％に当たる152において、飼料用米や米粉用米の生産がないため設定していないと回答をしていることからも確認できる。同様に、「無回答」とした地域農業再生協議会の中には、飼料用米や米粉用米の生産がないため回答しなかったというケースが多いものと考えられる。

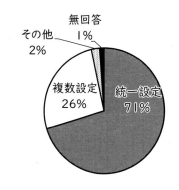

図8-29　標準単収値の設定状況別にみた飼料用米・米粉用米の生産面積シェア

（凡例）
無回答 1%
その他 2%
複数設定 26%
統一設定 71%

　以上より、2018年産の飼料用米および米粉用米は、約7割が「統一設定」の地域、約3割が「複数設定」の地域で生産されたものと推定される。

25　「統一設定」は主食用米の単収値と同程度

　統一設定の場合の標準単収値を、市町村別の米単収（農林水産省「作物統計調査」）と比較して図8-30に示した。

　平均値は標準単収値が513.1kg／10a、市町村別単収が508.3kg／10a、都道府県別単収が515.4であり、その差は極めてわずかである。併せて、変動係数にも大きな差はみられない。

標準単収値は非公表事項であることを踏まえて、アンケート調査では回収率向上のため、「統一設定」に関する細かな理由や設定方法を設問項目としなかったため詳細な実態は不明である。とはいえ、「統一設定」された標準単収値が、市町村別単収や都道府県別単収と大きな差がみられないことから、その設定方法は、各地域の当年単収値や平年単収値等といった、市町村別単収や都道府県別単収と整合的なデータを基に算出されていると考えられる。

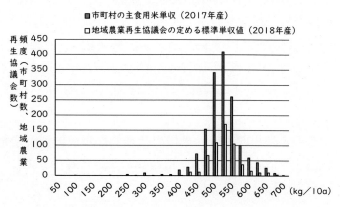

図8-30　標準単収値（統一設定）の単収値と前年産の市町村別単収値の分布状況

26　「複数設定」は100種類を超えるケースや、最低値と最高値の差が300kg／10aを超えるケースもある

「複数設定」のうち、標準単収値の種類数、最低値、最大値を回答した91の地域農業再生協議会について、標準単収値の種類数と、最低値と最大値の差（レンジ）を図8-31に示した。標準単収値の種類数が増えるほどレンジが大きくなる傾向が指摘できる。また、種類数は10種類未満が多い一方、100種類を超える地域も複数存在しており、多様である。

この大まかな傾向は、標準単収値の最低値と最大値を示した図8-32からも確認することができる。

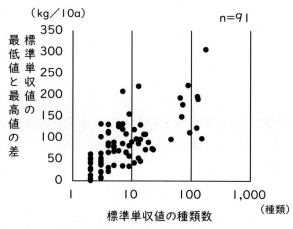

図8-31　標準単収値（複数設定）の種類数とレンジ

27　協議会の対象範囲が広く、地区ごとに単収の差が大きいため「複数設定」する地域が多い

こうした「複数設定」の実態は、これまで注目されてこなかったため、「複数設定」する理由について、独自に複数選択可の選択肢（「協議会の対象範囲が広く、地区ごとに単収の差が大きいから」、「低単収な地域や圃場でも飼料用米や米粉用米の生産が不利にならないように」、「その他」）を考案して回答を求めた。この結果、「協議会の対象範囲が広く、地区ごとに単収の差が大きいから」が最も多く84地域であった（表8-1）。

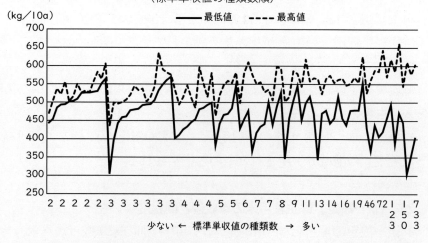

図8-32　地域農業再生協議会別にみた標準単収値の最低値と最大値（標準単収値の種類数順）

28 「複数設定」の方法は、市町村別、地区・集落別が多いほか、戸別や栽培方法別等もある

表8-1の「その他」のうち、詳細を自由記述解答した地域について整理したところ、市町村別、地区・集落別、経営体別、品種別、栽培方法別、等の設定方法があることが明らかになった（表8-2）。具体的には以下の通りである。

市町村別の場合は、市町村単位で統一した標準単収値を設定する方法であり8地域から回答を得た。数値の決定は、農政局や都道府県、都道府県農業再生協議会が示す単収値を用いるとしている。こうした方法は、「統一設定」と同様であるが、地域農業再生協議会が複数市町村を含むため結果的に複数設定になったケースといえる。

地区・集落別の場合は、8地域から回答があり、とくに中山間地域と平場地域との単収条件格差の是正を理由としている。また、より細かく経営体別に設定する地域農業再生協議会では、対象戸数の多さや経営体ごとに単収が異なることを理由に挙げていた。

栽培に関しては、品種別（うるち品種、もち品種）に設定する地域が1つあるほか、栽培方法（慣行栽培、有機栽培、直播栽培、湛水栽培）ごと標準単収値を設定する地域が3つあった。

なお、複数の設定方法を組み合わせて設定する場合も確認された。

表8-1　標準単収値を複数設定した理由（複数回答可）

（n=91地域）

協議会の対象範囲が広く、地区ごとに単収の差が大きいから	84
低単収な地域や圃場でも飼料用米や米粉用米の生産が不利にならないように	23
その他	27

表8-2　標準単収値を複数設定した理由「その他」の内訳

（n=27地域）

設定方法	市町村別	地区・集落別	戸別	品種別	栽培方法別	その他
回答数	8	8	3	1	3	1
回答内容	・農政局が公表する市町村別収穫量を設定 ・市町村の基準単収（主食用米玄米） ・県協議会の公表値を使用 ・行政が複数あるから ・町村別に設定 ・市別に2種類 ・管内2町それぞれの基準単収を設定している 等	・中山間地との単収差が大きいため ・集落ごとに単収値を設定している ・地区は2地区に分け、栽培方法（一般、有機、直播）でも分けて、不利是正にしている ・中山間地域など地区ごとに単収の差がある ・各地区ごと ・一部単収の低い山間地があるため 等	・対象戸数、地域が大きいため個人ごとに共済組合単設定 ・戸別単収（耕作者毎に単収が一定程度異なるため） ・経営体単位で設定	・うるち品種ともち品種で、収量が違うため	・地区は2地区に分け、栽培方法（一般、有機、直播）でも分けて、不利是正にしている ・標準単収値と直播の取り組みで算出 ・慣行栽培と湛水直播栽培との栽培方法の違いによるもの	・特に決まっていない

WCS 用稲の振興と産地交付金

29　WCS用稲の推進の記載率は都道府県版水田フル活用ビジョンで87%であり、地域版水田フル活用ビジョンの61%よりも高い

WCS用稲の推進については、都道府県版の87%、地域版の61%で記載があり、その差は大きく36ポイントである。国の政策によってWCS用稲が推進されている中で、都道府県も同様に推進しているものの、生産現場に近い地域段階までビジョンとして落とし込まれているケースは約6割にとどまる。①生産主体の明示、②地域条件の明示、③土地条件の明示、に着目すると、都道府県版の33%、地域版の23%で記載がある（図8-33、図8-34）。

図8-33　都道府県版水田フル活用ビジョンにおける「WCS用稲の推進」の記載状況

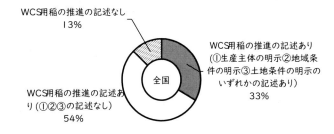

WCS用稲の推進の記述なし 13%

WCS用稲の推進の記述あり（①生産主体の明示②地域条件の明示③土地条件の明示のいずれかの記述あり） 33%

WCS用稲の推進の記述あり（①②③の記述なし） 54%

全国

30 都道府県版水田フル活用ビジョンは地域版水田フル活用ビジョンよりも、地域条件の記載率が高い

WCS用稲の推進について、①生産主体の明示、②地域条件の明示、③土地条件の明示、のいずれかが記載された水田フル活用ビジョンのうち、①、②、③の記載率を示したのが図8-35である。都道府県版と地域版を比較すると、生産主体と土地条件では同程度の記載率であるが、地域条件の記載率の差は15ポイントである（都道府県版23%、地域版8%）。

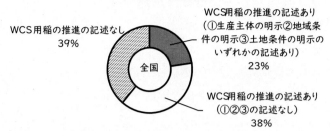

図8-34　地域版水田フル活用ビジョンにおける「WCS用稲の推進」の記載状況

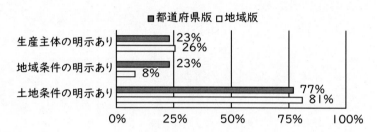

図8-35　「WCS用稲の推進」に関する生産主体・地域条件・土地条件の記載率

31 生産主体の明示例は、担い手や大規模農家の明示のほか、有畜農家、特定組織が多いのが特徴

水田フル活用ビジョンには、WCS用稲を推進するに当たり、生産主体を記載しているケースがある。とくに、「担い手」、「認定農業者」、といった表現のほか、「大規模農家」、「WCS用稲を大規模に作付けする担い手農家」、「大型農家」のように、規模に着目して大規模な農業経営体の生産を推進するケースが多い。また、「集落営農組織」、「生産組織」、「生産組合」、「農業生産法人」、「法人」という記載もあった。

飼料用米や米粉用米と異なり（※）、特徴的なのは、「有畜農家」、「地元畜産農家の自家利用」等、有畜農家の自家利用の記載も多い点である。こうした特徴は、飼料作物のケースと類似している（※※）。

このほか、特定の組織や個人を明示しながら、特定法人1社や、特定個人1人を生産主体として掲げたり、「酪農家が作った生産利用組合」等と記載するケースがある。

さらに、「作付けに意欲がある農業者」、「第二種兼業農家」等によるWCS用稲の生産を推進するケースも確認された。

（※）関連項目☞生産主体の明示例は、担い手や大規模農家の明示が多い（第8章10、第8章17）

（※※）関連項目☞生産主体の明示例は、有畜農家が特徴的（第7章23）

32 地域条件の明示例は、水稲以外の作付けが困難な地域の記述が多い

水田フル活用ビジョンには、WCS用稲を推進するに当たり、地域条件を記載しているケースがある。とくに多いのが、水稲以外の作付けが困難な田に関する記述である。

具体的には、「麦や大豆等の畑作物等の作付が困難な湿田地域」、「麦や大豆の作付に適さない地域」、「圃場条件により大豆、麦、そば等の作付が困難な地域」、「麦や大豆の栽培が定着していない地域」、「麦や野菜の作付を行うことができない地域」、「湿田等の畑作物の作付が困難な地域」、「湿田地帯」、「水稲以外の作物の作付が困難な区域」等である。

このほか、「気象条件により大豆、麦、そば等の作付が困難な地域」といった地域でWCS用稲

を推進する記載が確認された。

また、同じ飼料用水稲である飼料用米との関係性について、「飼料用米の単収向上が困難な地域」と記載するケースもあり、より生産条件が不利な地域でのWCS用稲の推進を行うケースもある。

このほか、畜産農家に着目した記述例として「畜産農家がいる地区」、飼料基盤に着目した記述として、「飼料基盤が少ない水田地帯」、「草地の拡大が困難な地域」、がある。

さらに、「ブロックローテーション地区」、「中山間地域」といった地域条件でのWCS用稲の生産推進や、「被災水田の復旧が完了したA地区」という記述のように、復旧後の作付け初年度の作目として誘導するケースがある。

33　土地条件の明示例は、水稲以外の作付けが困難な田に関する記述が多い

水田フル活用ビジョンには、WCS用稲を推進するに当たり、土地条件を記載しているケースがある。とくに多いのが、水稲以外の作付けが困難な田に関する記述である。

具体的な作付の困難さについては、他の作物を示しながら表現されるケースも多く、「水稲以外の作付が困難な水田」、「飼料用米の生産性が低い圃場」、「主食用米・園芸作物の導入が困難な農地の活用」、「湿田や排水不良田で推奨作物等の栽培ができない圃場」、「飼料用米の単収向上が難しい圃場」、「麦や大豆栽培に不向きな湿田」、「畑作物等の作付に適さない水田」、「水はけの悪い圃場」等の記述がある。

このほか、「生産性が劣る圃場」、「排水不良田」、「未整備田」、「不作付地となりやすい山林に沿った圃場」といった「圃場条件が悪い」圃場での生産推進や、「自己保全管理水田」の活用をはじめ、「耕作放棄地の発生を解消」、「不作付地の解消」を目指すケースがあり、「不作付地の増加防止」、「遊休農地対策」としてWCS用稲の生産を位置づけるケースもある。

また、「麦や大豆等の連作障害回避」、「麦作の連作障害対策」、「二毛作」、「輪作体系」、「ブロックローテーション」の一環として「水田クリーニング効果を生かす」位置づけでWCS用稲を推進するケースも多い。一方で、「排水不良の圃場における麦作からの転換」と、土地条件に応じた転作作物の転換を推進するケースもある。

さらに、「利用集積」や「団地化」の記載が多い。これらの記述には、転作時に隣接圃場に横水が浸入することにも配慮が必要との認識も一部に含まれており、「ブロックローテーションを妨げない」形でのWCS用稲生産を推進するとの明示も確認された。

飼料作物と同様に（※）、「堆肥散布」、「堆肥投入」、「資源循環」に関する記述も多い。

作目転換については、「主食用米に替わる水田フル活用作物として」という位置づけをはじめ、主食用米からの転換のほか、「水稲全体の面積維持のため作付け」として推進するケースがある。また、同じ水稲による転作からの転換として、「飼料用米からの転換」や「備蓄米からの転換」を掲げるケースもある。

（※）関連項目☞土地条件の明示例は、排水対策や輪作体系のほか、資源循環や耕作放棄防止に関する記述が多い（第7章25）

34　WCS用稲に対する産地交付金の設定率は都道府県で統一設定しているケースが83%、地域ごとに設定が異なるケースが60%

WCS用稲に産地交付金を設定しているのは、「産地交付金の活用方法の明細」ベースでいうと、都道府県段階では42%、地域段階では22%となっている（図8-36）。

実際には、都道府県で統一設定しているケースと、地域ごとに設定が異なるケースがある（※）。

このため、接続可能なデータのみを抽出して、産地交付金の設定率を算出すると、都道府県で統一設定しているケースが83%、地域ごとに設定が異なるケースが69%と高い（図8-37）。

（※）関連項目☞産地交付金の単価の集計方法（利用者のために3（3）ケ）

35 地域段階での産地交付金額の設定が43,000円／10aとなる地域もある

産地交付金にWCS用稲が設定されている場合を対象として、産地交付金の金額を、「産地交付金の活用方法の明細」ベース（図8-38）、都道府県段階と地域段階の設定金額の合計値（図8-39）でそれぞれ示した（※）。

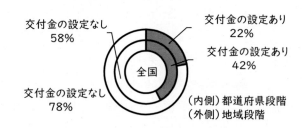

図8-36　WCS用稲に対する産地交付金の設定状況（参考値）

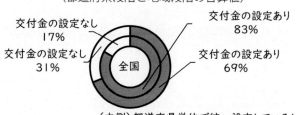

図8-37　WCS用稲に対する産地交付金の設定状況
（都道府県段階と地域段階の合算値）

図8-38　WCS用稲に対する産地交付金の設定金額（参考値）

図8-39　WCS用稲に対する産地交付金の設定金額
（都道府県段階と地域段階の合算値）

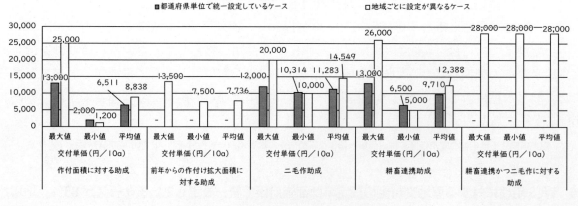

WCS用に対する産地交付金の設定方法は、主に①作付面積に対する助成、②前年からの作付け拡大面積に対する助成、③二毛作助成、④耕畜連携助成、⑤耕畜連携かつ二毛作に対する助成、の5種類がある。地域段階での産地交付金額の設定が43,000円／10aとなる地域もある。

なお、数量に対する助成は確認されず、回収できたデータは、すべて面積に対する助成であった。

産地交付金を都道府県単位で統一設定しているケースよりも、地域ごとに設定が異なるケースの方が、交付単価が高い傾向がある。確認されたデータでは、都道府県単位で統一設定しているケースは、設定金額が15,000円／10a未満に収まる一方で、地域ごとに設定金額が異なるケースでは、15,000円／10a以上の設定も散見される（図8-40、図8-41）。

（※）関連項目☞産地交付金の平均値の算出方法（利用者のために3（3）コ）

図8-40　WCS用稲に対する産地交付金の設定金額の分布（都道府県段階と地域段階の合算値、都道府県単位で統一設定しているケース）

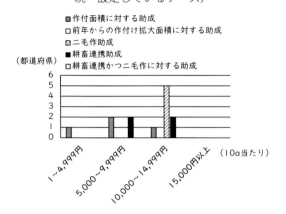

図8-41　WCS用稲に対する産地交付金の設定金額の分布（都道府県段階と地域段階の合算値、地域ごとに設定が異なるケース）

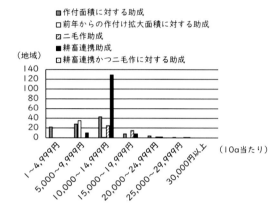

新市場開拓用米の振興と産地交付金

36　新市場開拓用米の推進の記載率は都道府県版水田フル活用ビジョンで92％と高く、地域版水田フル活用ビジョンでは42％と低い

　新市場開拓用米の推進については、都道府県版の92％、地域版の42％で記載があり、その差は大きく50ポイントである。国の政策によって新市場開拓用米が推進されている中で、都道府県も同様に推進しているものの、生産現場に近い地域段階までビジョンとして落とし込まれているケースは半数未満にとどまる。米粉用米と似た傾向である（※）。

　①生産主体の明示、②地域条件の明示、③土地条件の明示、に着目すると、記載率は都道府県版が18％、地域版が6％と低く、生産主体、地域条件、土地条件といった具体的なイメージを伴わずに推進されてケースが多い傾向がある（図8-42、図8-43）。

（※）関連項目☞米粉用米の推進の記載率は都道府県版水田フル活用ビジョンで95％と高く、地域版水田フル活用ビジョンでは48％と低い（第8章15）

図8-42　都道府県版水田フル活用ビジョンにおける「新市場開拓用米の推進」の記載状況

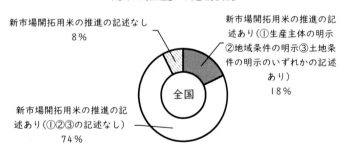

図8-43　地域版水田フル活用ビジョンにおける「新市場開拓用米の推進」の記載状況

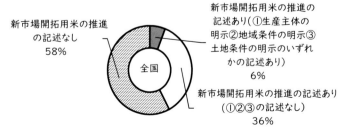

37 都道府県版水田フル活用ビジョンは地域版水田フル活用ビジョンよりも、地域条件の記載率が高く、生産主体の記載率が低い

新市場開拓用米の推進について、①生産主体の明示、②地域条件の明示、③土地条件の明示、のいずれかが記載された水田フル活用ビジョンのうち、①、②、③の記載率を示したのが図8-44である。都道府県版と地域版を比較すると、土地条件では同程度の記載率であるが、地域条件の記載率

図8-44 「新市場開拓用米の推進」に関する生産主体・地域条件・土地条件の記載率

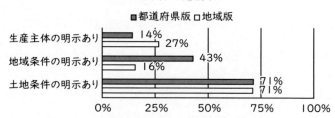

の差が27ポイント（都道府県版43%、地域版16%）、生産主体の記載率の差が13ポイント（都道府県版14%、地域版27%）となっている。

38 生産主体の明示例は、担い手や中小規模の農業者が多い

水田フル活用ビジョンには、新市場開拓用米を推進するに当たり、生産主体を記載しているケースがある。

具体的には、「担い手」、「生産組織」、「中小規模の農業者」、「中心経営体」、「コスト削減に向けた取組を行う農業者」、「販売収入増大に向けた取組を行う農業者」、「直播栽培により労働時間の短縮を行う農業者」、「認定農業者」、「農業生産法人」、「大規模な担い手」等がある。

大規模農家への誘導が少ないことや、中小規模の農業者への誘導が多いという特徴がある。留意すべき点として、生産主体を記載しているケースそのものが少ないほか、近隣地域や同じ都道府県内で水田フル活用ビジョンの表現が紋切り型になっているケースが多く確認された。

39 地域条件の明示例は、水稲以外の作付けが困難な地域の記述が多い

水田フル活用ビジョンには、新市場開拓用米を推進するに当たり、地域条件を記載しているケースがある。とくに多いのが、水稲以外の作付けが困難な田に関する記述である。

具体的には、「麦や大豆等の畑作物等の作付が困難な湿田地域」、「大豆等の畑作物の作付が困難な地域」、「米以外の転作作物の作付が困難な地域」、「畑作物の作付が困難な地域」、「土地の条件により転作作物の普及が困難な地域」、「麦や大豆の栽培が定着していない地域」という表現が多い。

また、「中山間地域」、「条件不利地域」への新市場開拓用米の誘導を掲げるケースもあった。

40 土地条件の明示例は、水稲以外の作付けが困難な田に関する記述が多い

水田フル活用ビジョンには、新市場開拓用米を推進するに当たり、土地条件を記載しているケースがある。とくに多いのが、水稲以外の作付けが困難な田に関する記述である。

具体的には、「水稲以外の作付が困難な水田」、「排水不良の圃場における麦作からの転換」、「湿田での作付け」、「麦や大豆等の生産が不向きな排水不良の水田」、「湿田」、「麦や大豆の作付ができない圃場」なである。

また、主食用米からの転換に関連させて、「主食用米・園芸作物の導入が困難な農地の活用」と表現するケースもある。

作目転換については、「主食用米に替わる水田フル活用作物として」等、主食用米からの転換を掲げるケースや、「飼料用米からの転換」を掲げるケースもある。

「湿田等の条件不利農地」という表現もあるように、生産条件が不利、あるいは耕境付近での生産を掲げるケースは多く、「耕作放棄地の発生を解消」、「調整水田等」、「生産性が劣る圃場」、「不作付となっている水田」、「不作付地の活用」、「自己保全管理水田」、「調整水田」、「条件の悪い圃場」等での生産推進の明示が確認される。

作付け体系に関しては、「麦後作付」や「二毛作」、「麦作の連作障害対策」との記述もあるが、加工用米や、他の新規需要米と比較して記載されている事例数は少ない。このほか、珍しいケースとして、「市街化農地」での新市場開拓用米の振興を明示すケースも確認された。

41　産地交付金は、国による追加配分を背景に設定されるケースが多い

新市場開拓用米に産地交付金を設定しているのは、「産地交付金の活用方法の明細」ベースでいうと、都道府県段階では58%、地域段階では19%となっている（図8-45）。

実際には、都道府県で統一設定しているケースと、地域ごとに設定が異なるケースがある（※）。このため、接続可能なデータのみを抽出して、産地交付金の設定率を算出すると、都道府県で統一設定しているケース（83%）は、地域ごとに設定が異なるケース（44%）と比較して高い（図8-46）。

産地交付金に新市場開拓用米が設定されている場合を対象として、産地交付金の金額を、「産地交付金の活用方法の明細」ベース（図8-47）、都道府県段階と地域段階の設定金額の合計値（図8-48）でそれぞれ示した（※※）。

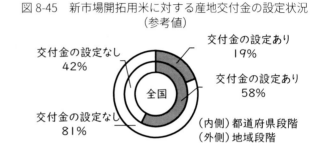

図8-45　新市場開拓用米に対する産地交付金の設定状況（参考値）

交付金の設定なし 42%
交付金の設定あり 19%
交付金の設定あり 58%
交付金の設定なし 81%
全国
（内側）都道府県段階
（外側）地域段階

図8-46　新市場開拓用米に対する産地交付金の設定状況（都道府県段階と地域段階の合算値）

交付金の設定なし 17%
交付金の設定あり 44%
交付金の設定あり 83%
交付金の設定なし 56%
全国
（内側）都道府県単位で統一設定しているケース
（外側）地域ごとに設定が異なるケース

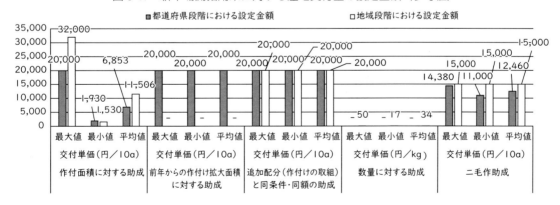

図8-47　新市場開拓用米に対する産地交付金の設定金額（参考値）

■都道府県段階における設定金額　□地域段階における設定金額

新市場開拓用米に対する産地交付金の設定方法は、主に①作付面積に対する助成、②前年からの拡大面積に対する助成、③国が設定した追加配分（作付けの取組）と同条件・同額の助成、④数量に対する助成、⑤二毛作助成、の5種類がある。このうち、④数量に対する助成が設定されるケースは少なく、都道府県段階と地域段階の設定金額の合計値を算出するに当たり、本調査では、接続

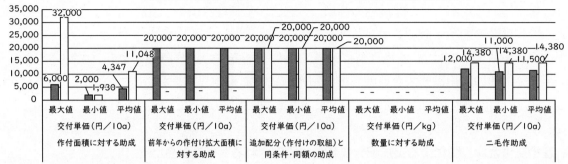

図 8-48　新市場開拓用米に対する産地交付金の設定金額
（都道府県段階と地域段階の合算値）

可能なデータとして抽出することができなかった。

　平均値でみると、「産地交付金の活用方法の明細」ベース、都道府県段階と地域段階の設定金額
の合計値、いずれの場合も、③国が設定した追加配分（作付けの取組）と同条件・同額の助成が最
も高い。

　また、都道府県段階と地域段階の設定金額の合計値について、件数みても、③国が設定した追加
配分（作付けの取組）と同条件・同額の助成が、際立って多い（図 8-49、図 8-50）。

図 8-49　新市場開拓用米に対する産地交付金の設定金額
の分布（都道府県段階と地域段階の合算値、都道府県単
位で統一設定しているケース）

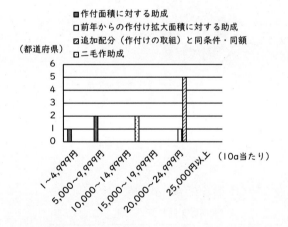

図 8-50　新市場開拓用米に対する産地交付金の設定金額
の分布（都道府県段階と地域段階の合算値、地域ごとに
設定が異なるケース）

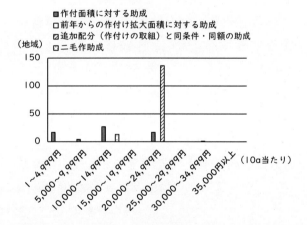

　国が設定した追加配分ではない独自の産地交付金の設定もあり、①作付面積に対する助成に
32,000 円／ 10a を設定するケースもあるが、独自に設定されている件数は少ない。新市場開拓用
米に対する産地交付金は、国が追加配分を設定するか否かや、国による設定金額が大きな影響を与
えていると考えられる。

（※）関連項目☞産地交付金の単価の集計方法（利用者のために 3（3）ケ）

（※※）関連項目☞産地交付金の平均値の算出方法（利用者のために 3（3）コ）

42　備蓄米の推進の記載率は都道府県版水田フル活用ビジョンが64%と比較的高く、地域版水田フル活用ビジョンが39%と比較的低い

都道府県版では64%、地域版では39%に備蓄米の推進が記載されている。記載率は低めであり、①生産主体の明示、②地域条件の明示、③土地条件の明示、に着目すると、記載率が都道府県版が20%、地域版が9%と低い（図8-51、図8-52）。

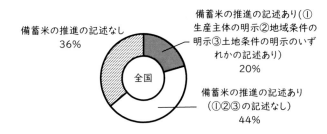

図8-51　都道府県版水田フル活用ビジョンにおける「備蓄米の推進」の記載状況

43　都道府県版水田フル活用ビジョンと地域版水田フル活用ビジョンとでは、生産主体と地域条件について、記載率の差が大きい

回収データの中には産地交付金のメニューに備蓄米が記載されていると解釈できるケースもあったが、備蓄米に対する産地交付金は認められていない（「経営所得安定対策等実施要綱」（2018年4月1日付）、別紙13「産地交付金の考え方及び設定手続」）ため、産地交付金の設定状況の集計は省略することとした。

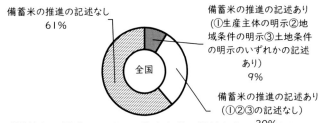

図8-52　地域版水田フル活用ビジョンにおける「備蓄米の推進」の記載状況

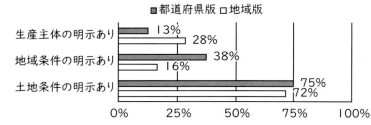

図8-53　「備蓄米の推進」に関する生産主体・地域条件・土地条件の記載率

備蓄米の推進に関しては、産地交付金による誘導が行えないため、推進方針を示す水田フル活用ビジョンは、仮に形式的であっても、大きな役割をもっていると考えられる。

備蓄米の推進について、①生産主体の明示、②地域条件の明示、③土地条件の明示、のいずれかが記載された水田フル活用ビジョンのうち、①、②、③の記載率を示したのが図8-53である。

都道府県版と地域版を比較すると、土地条件では同程度の記載率であるが、生産主体の記載率の差が15ポイント（都道府県版13%、地域版28%）、地域条件の記載率の差が22ポイント（都道府県版38%、地域版16%）と大きい。

44　生産主体の明示例は、中小規模農家や小規模農家の記載が多い

水田フル活用ビジョンには、備蓄米を推進するに当たり、生産主体を記載しているケースがある。この際、多いのが、「中小規模の農業者」、「小規模な生産者」といった記述である。

また、「圃場条件から大麦や大豆の作付が困難な農家」、「保有機械から大麦や大豆の作付が困難な農家」のほか、「主食用米から新規需要米等への転換が困難な農業者」と記載されるケースもある。

このほか、他の作物同様に、「担い手」、「大規模農家」による生産を推進するケースも確認された。

ただ、集落営農組織等の組織経営体による生産について言及したケースは確認されなかった。

45　地域条件の明示例は、水稲以外の作付けが困難な地域の記述が多い

　水田フル活用ビジョンには、備蓄米を推進するに当たり、地域条件を記載しているケースがある。
　そのほとんどすべてが、水稲以外の作付けが困難な地域の記述である。具体的には、「麦や大豆等の畑作物等の作付が困難な湿田地域」、「麦や大豆の作付に適さない地域」、「湿田の多い地域」、「大豆等の畑作物の作付が困難な地域」、「米以外の作付が困難な地域」、「畑作物の作付が困難な地域」、「麦や大豆の栽培が定着していない地域備蓄米」、「麦、大豆、野菜の作付が困難な地域」等である。
　このほか、「中山間地域」や「条件不利地域」という記載も確認された。

46　土地条件の明示例は、水稲以外の作付けが困難な田に関する記述が多い

　水田フル活用ビジョンには、備蓄米を推進するに当たり、水稲以外の作付けが困難な田に関する記述が多く、加工用米、新規需要米と比較して、「二毛作」、「団地化」の記載は少ない。
　水稲以外の作付けが困難な田に関する記述とは、具体的には、「水稲以外の作付が困難な水田」、「排水不良の圃場における麦作からの転換」、「麦や大豆等の生産が不向きな排水不良の水田」、「大豆や野菜等の転作に不向きな湿田」等である。
　このほか、「湿田等の条件不利農地」での生産のほか、「耕作放棄地の発生を解消」、「不作付地の解消」として備蓄米生産を位置づけるケースがある。

第8章　統計データ《加工用米・新規需要米・新市場開拓用米・備蓄米の振興と産地交付金等》

都道府県農業再生協議会
●都道府県版水田フル活用ビジョンにおける推進の記述状況

(都道府県数)

		n	①②③いずれかの記述あり				①②③の記述なし
				生産主体①	地域条件②	土地条件③	
加工用米	推進の記述あり	37	12	3	4	10	25
	推進の記述なし	2	－	－	－	－	－
飼料用米	推進の記述あり	38	21	7	5	18	17
	推進の記述なし	1	－	－	－	－	－
米粉用米	推進の記述あり	37	10	1	2	8	27
	推進の記述なし	2	－	－	－	－	－
WCS用稲	推進の記述あり	34	13	3	3	10	21
	推進の記述なし	5	－	－	－	－	－
新市場開拓用米	推進の記述あり	36	7	1	3	5	29
	推進の記述なし	3	－	－	－	－	－
備蓄米	推進の記述あり	25	8	1	3	6	17
	推進の記述なし	14	－	－	－	－	－

●都道府県段階における産地交付金の設定状況

	都道府県数			作付面積に対する助成				前年からの作付け拡大面積に対する助成				追加配分と同条件・同額の助成			
	n	交付金の設定あり	交付金の設定なし	交付金の設定あり	交付単価（円／10a）			交付金の設定あり	交付単価（円／10a）			交付金の設定あり	交付単価（円／10a）		
					最大値	最小値	平均値		最大値	最小値	平均値		最大値	最小値	平均値
加工用米	26	19	7	16	20,000	1,930	9,205	3	30,000	7,500	19,167	6	12,000	12,000	12,000
飼料用米	26	24	2	19	13,000	1,000	6,946	4	15,000	2,000	7,275	14	12,000	12,000	12,000
米粉用米	26	19	7	14	16,000	1,400	6,991	2	7,500	4,600	6,050	13	12,000	12,000	12,000
WCS用稲	26	11	15	9	13,000	1,930	7,341	2	7,600	7,500	7,550	—	—	—	—
新市場開拓用米	26	15	11	7	20,000	1,930	6,853	1	20,000	20,000	20,000	14	20,000	20,000	20,000

	数量に対する助成				二毛作助成				耕畜連携助成				耕畜連携かつ二毛作に対する助成			
	交付金の設定あり	交付単価（円／kg）			交付金の設定あり	交付単価（円／10a）			交付金の設定あり	交付単価（円／10a）			交付金の設定あり	交付単価（円／10a）		
		最大値	最小値	平均値		最大値	最小値	平均値		最大値	最小値	平均値		最大値	最小値	平均値
加工用米	0	—	—	—	8	15,000	10,314	12,224	0	—	—	—	0	—	—	—
飼料用米	0	—	—	—	6	14,380	10,314	11,799	9	13,000	6,500	11,200	0	—	—	—
米粉用米	0	—	—	—	6	14,380	10,314	11,799	0	—	—	—	0	—	—	—
WCS用稲	0	—	—	—	6	14,380	10,314	11,799	8	13,000	6,500	10,975	0	—	—	—
新市場開拓用米	0	—	—	—	3	14,380	11,000	12,460	0	—	—	—	0	—	—	—

●都道府県段階で設定された産地交付金の金額の分布（面積当たりに支払われる助成）

（都道府県数）

		作付面積に対する助成	前年からの作付け拡大面積に対する助成	追加配分と同条件・同額の助成	二毛作助成	耕畜連携助成	耕畜連携かつ二毛作に対する助成
加工用米	1～4,999円／10a	4	0	0	0	0	0
	5,000～9,999円／10a	3	1	0	0	0	0
	10,000～14,999円／10a	7	0	6	7	0	0
	15,000～19,999円／10a	1	0	0	1	0	0
	20,000～24,999円／10a	1	1	0	0	0	0
	25,000～29,999円／10a	0	0	0	0	0	0
	30,000～34,999円／10a	0	1	0	0	0	0
	35,000円以上／10a	0	0	0	0	0	0
	計	16	3	6	8	0	0
飼料用米	1～4,999円／10a	8	2	0	0	0	0
	5,000～9,999円／10a	3	1	0	0	2	0
	10,000～14,999円／10a	8	0	14	6	7	0
	15,000～19,999円／10a	0	1	0	0	0	0
	20,000円以上／10a	0	0	0	0	0	0
	計	19	4	14	6	9	0
米粉用米	1～4,999円／10a	6	1	0	0	0	0
	5,000～9,999円／10a	2	1	0	0	0	0
	10,000～14,999円／10a	5	0	13	6	0	0
	15,000～19,999円／10a	1	0	0	0	0	0
	20,000円以上／10a	0	0	0	0	0	0
	計	14	2	13	6	0	0
WCS用稲	1～4,999円／10a	2	0	—	0	0	0
	5,000～9,999円／10a	3	2	—	0	2	0
	10,000～14,999円／10a	4	0	—	6	6	0
	15,000円以上／10a	0	0	—	0	0	0
	計	9	2	—	6	8	0
新市場開拓用米	1～4,999円／10a	3	0	0	0	0	0
	5,000～9,999円／10a	2	0	0	0	0	0
	10,000～14,999円／10a	1	0	0	3	0	0
	15,000～19,999円／10a	0	0	0	0	0	0
	20,000～24,999円／10a	1	1	14	0	0	0
	25,000円以上／10a	0	0	0	0	0	0
	計	7	1	14	3	0	0

第8章 加工用米・新規需要米・新市場開拓用米・備蓄米の振興と産地交付金等

地域農業再生協議会

●地域版水田フル活用ビジョンにおける推進の記述状況

(地域数)

		n	①②③いずれかの記述あり	生産主体①	地域条件②	土地条件③	①②③の記述なし
加工用米	推進の記述あり	488	219	102	20	140	534
	推進の記述なし	271	–	–	–	–	–
飼料用米	推進の記述あり	629	389	159	10	360	158
	推進の記述なし	130	–	–	–	–	–
米粉用米	推進の記述あり	368	454	172	12	416	172
	推進の記述なし	391	–	–	–	–	–
WCS用稲	推進の記述あり	464	301	120	7	246	258
	推進の記述なし	295	–	–	–	–	–
新市場開拓用米	推進の記述あり	321	314	48	42	286	215
	推進の記述なし	438	–	–	–	–	–
備蓄米	推進の記述あり	293	113	16	10	104	161
	推進の記述なし	466	–	–	–	–	–

●地域段階での産地交付金の設定状況

	地域数			作付面積に対する助成				前年からの作付け拡大面積に対する助成				追加配分と同条件・同額の助成			
	n	交付金の設定あり	交付金の設定なし	交付金の設定あり	交付単価(円/10a)最大値	最小値	平均値	交付金の設定あり	交付単価(円/10a)最大値	最小値	平均値	交付金の設定あり	交付単価(円/10a)最大値	最小値	平均値
加工用米	587	209	378	149	50,000	340	11,077	3	26,688	5,000	13,896	71	12,000	12,000	12,000
飼料用米	587	374	213	244	50,000	550	10,244	3	10,000	5,000	6,667	197	12,000	12,000	12,000
米粉用米	587	160	427	77	27,000	1,100	11,140	0	–	–	–	83	12,000	12,000	12,000
WCS用稲	587	129	458	94	43,000	1,120	8,704	2	20,000	6,000	13,000	–	–	–	–
新市場開拓用米	587	113	474	46	32,000	1,530	11,506	0	–	–	–	92	20,000	20,000	20,000

	数量に対する助成				二毛作助成				耕畜連携助成				耕畜連携かつ二毛作に対する助成			
	交付金の設定あり	交付単価(円/kg)最大値	最小値	平均値	交付金の設定あり	交付単価(円/10a)最大値	最小値	平均値	交付金の設定あり	交付単価(円/10a)最大値	最小値	平均値	交付金の設定あり	交付単価(円/10a)最大値	最小値	平均値
加工用米	3	50	17	39	48	20,000	3,000	13,906	1	14,850	14,850	14,850	0	–	–	–
飼料用米	2	17	14	16	39	20,000	5,000	14,182	198	30,000	2,700	12,178	0	–	–	–
米粉用米	1	17	17	17	28	20,000	5,000	14,307	5	14,850	9,900	12,750	0	–	–	–
WCS用稲	0	–	–	–	40	20,000	5,000	14,478	180	20,000	4,000	12,163	1	28,000	28,000	28,000
新市場開拓用米	2	50	17	34	2	15,000	15,000	15,000	0	–	–	–	0	–	–	–

●地域段階で設定された産地交付金の金額の分布（面積当たりに支払われる助成）

（地域数）

		作付面積に対する助成	前年からの作付け拡大面積に対する助成	追加配分と同条件・同額の助成	二毛作助成	耕畜連携助成	耕畜連携かつ二毛作に対する助成
加工用米	1～4,999円／10a	23	0	0	1	0	0
	5,000～9,999円／10a	37	1	0	2	0	0
	10,000～14,999円／10a	47	1	71	15	1	0
	15,000～19,999円／10a	19	0	0	29	0	0
	20,000～24,999円／10a	20	0	0	1	0	0
	25,000～29,999円／10a	1	1	0	0	0	0
	30,000～34,999円／10a	0	0	0	0	0	0
	35,000～39,999円／10a	1	0	0	0	0	0
	40,000～44,999円／10a	0	0	0	0	0	0
	45,000～49,999円／10a	0	0	0	0	0	0
	50,000～54,999円／10a	1	0	0	0	0	0
	55,000円以上／10a	0	0	0	0	0	0
	計	149	3	71	48	1	0
飼料用米	1～4,999円／10a	44	0	0	0	4	0
	5,000～9,999円／10a	74	2	0	2	16	0
	10,000～14,999円／10a	73	1	197	10	163	0
	15,000～19,999円／10a	27	0	0	25	13	0
	20,000～24,999円／10a	15	0	0	2	1	0
	25,000～29,999円／10a	8	0	0	0	0	0
	30,000～34,999円／10a	1	0	0	0	1	0
	35,000～39,999円／10a	1	0	0	0	0	0
	40,000～44,999円／10a	0	0	0	0	0	0
	45,000～49,999円／10a	0	0	0	0	0	0
	50,000～54,999円／10a	1	0	0	0	0	0
	55,000円以上／10a	0	0	0	0	0	0
	計	244	3	197	39	198	0
米粉用米	1～4,999円／10a	9	0	0	0	0	0
	5,000～9,999円／10a	22	0	0	2	1	0
	10,000～14,999円／10a	27	0	83	5	4	0
	15,000～19,999円／10a	8	0	0	20	0	0
	20,000～24,999円／10a	9	0	0	1	0	0
	25,000～29,999円／10a	2	0	0	0	0	0
	30,000円以上／10a	0	0	0	0	0	0
	計	77	0	83	28	5	0
WCS用稲	1～4,999円／10a	23	0	―	0	1	0
	5,000～9,999円／10a	34	1	―	1	17	0
	10,000～14,999円／10a	25	0	―	12	148	0
	15,000～19,999円／10a	6	0	―	25	12	0
	20,000～24,999円／10a	3	1	―	2	2	0
	25,000～29,999円／10a	1	0	―	0	0	1
	30,000～34,999円／10a	0	0	―	0	0	0
	35,000～39,999円／10a	1	0	―	0	0	0
	40,000～44,999円／10a	1	0	―	0	0	0
	45,000円以上／10a	0	0	―	0	0	0
	計	94	2	―	40	180	1
新市場開拓用米	1～4,999円／10a	6	0	0	0	0	0
	5,000～9,999円／10a	9	0	0	0	0	0
	10,000～14,999円／10a	18	0	0	0	0	0
	15,000～19,999円／10a	5	0	0	2	0	0
	20,000～24,999円／10a	7	0	92	0	0	0
	25,000～29,999円／10a	0	0	0	0	0	0
	30,000～34,999円／10a	1	0	0	0	0	0
	35,000円以上／10a	0	0	0	0	0	0
	計	46	0	92	2	0	0

●地域農業再生協議会別にみた標準単収値の最低値と最高値

種類数	単収値（kg／10a）			種類数	単収値（kg／10a）			種類数	単収値（kg／10a）		
	最低値	最高値	最低と最高の差		最低値	最高値	最低と最高の差		最低値	最高値	最低と最高の差
2	444	470	26	4	402	534	132	10	452	543	91
2	454	504	50	4	411	494	83	11	498	618	120
2	485	537	52	4	426	514	88	11	516	558	42
2	493	521	28	4	434	546	112	12	469	567	98
2	494	556	62	4	446	512	66	13	343	564	221
2	501	502	1	4	454	485	31	13	470	523	53
2	503	516	13	4	481	596	115	13	478	565	87
2	509	550	41	4	485	551	66	14	443	574	131
2	525	526	1	4	493	515	22	14	457	554	97
2	526	531	5	4	499	581	82	14	516	562	46
2	526	527	1	5	382	463	81	16	457	566	109
2	528	557	29.2	5	442	520	78	17	438	547	109
2	530	583	53	5	466	547	81	17	478	551	73
2	551	564	13	5	469	559	90	19	479	569	90
2	564	606	42	5	484	553	69	22	479	554	75
3	304	437	133	5	546	582	36	23	553	626	73
3	396	499	103	6	429	499	70	46	429	526	97
3	443	496	53	6	454	581	127	65	368	562	194
3	459	500	41	6	477	610	133	69	438	588	150
3	461	507	46	7	367	576	209	72	407	585	178
3	478	520	42	7	417	550	133	88	420	643	223
3	480	544	64	7	434	555	121	94	457	570	113
3	482	533	51	7	441	528	87	123	494	618	124
3	492	537	45	7	500	535	35	126	387	584	197
3	494	502	8	8	439	506	67	129	471	662	191
3	495	515	20	8	488	598	110	150	445	544	99
3	506	543	37	8	527	593	66	174	304	611	307
3	533	636	103	9	346	502	156	426	352	577	225
3	549	590	41	9	457	515	58	733	403	603	200
3	561	582	21	9	504	586	82				
3	570	576	6	9	545	579	34				

1）標準単収値の種類数、最低値、最高値をすべて回答した 91 地域のデータである。

都道府県段階と地域段階の合算値

●産地交付金の設定状況

区分		n	交付金の設定あり	交付金の設定なし	作付面積に対する助成 交付金の設定あり	作付面積に対する助成 交付単価（円／10a） 最大値	最小値	平均値	前年からの作付け拡大面積に対する助成 交付金の設定あり	前年からの作付け拡大面積に対する助成 交付単価（円／10a） 最大値	最小値	平均値	追加配分と同条件・同額の助成 交付金の設定あり	追加配分と同条件・同額の助成 交付単価成（円／10a） 最大値	最小値	平均値
加工用米	都道府県単位で統一設定しているケース 6都道府県	5	5	1	3	8,250	2,000	4,750	1	20,000	20,000	20,000	1	12,000	12,000	12,000
	地域ごとに設定が異なるケース 328地域		241	87	215	36,000	1,000	11,876	37	34,188	7,500	23,492	126	12,000	12,000	12,000
	内訳 北海道・東北 66地域		50	16	40	20,000	1,300	7,883	1	10,000	10,000	10,000	33	12,000	12,000	12,000
	北陸 31地域		27	4	24	20,000	10,371	12,867	0	—	—	—	14	12,000	12,000	12,000
	関東・東山 3都道府県		3	0	2	8,250	2,000	5,125	1	20,000	20,000	20,000	1	12,000	12,000	12,000
	関東・東山 38地域		19	19	10	24,000	1,000	14,450	0	—	—	—	3	12,000	12,000	12,000
	東海 9地域		1	8	1	10,500	10,500	10,500	0	—	—	—	1	12,000	12,000	12,000
	近畿 1都道府県		1	0	0	—	—	—	0	—	—	—	0	—	—	—
	近畿 54地域		46	8	46	29,600	1,930	9,991	0	—	—	—	31	12,000	12,000	12,000
	中国 36地域		19	17	18	15,000	3,000	11,306	11	34,188	7,500	9,926	15	12,000	12,000	12,000
	四国 1都道府県		1	0	1	4,000	4,000	4,000	0	—	—	—	0	—	—	—
	四国 30地域		30	0	30	24,000	10,000	14,611	0	—	—	—	0	—	—	—
	九州・沖縄 1都道府県		0	1	0	—	—	—	0	—	—	—	0	—	—	—
	九州・沖縄 64地域		49	15	46	36,000	5,000	14,628	25	30,000	30,000	30,000	29	12,000	12,000	12,000
飼料用米	都道府県単位で統一設定しているケース 6都道府県	5	5	1	5	13,000	3,000	7,308	0	—	—	—	3	12,000	12,000	12,000
	地域ごとに設定が異なるケース 328地域		295	33	224	33,000	1,000	9,695	61	15,000	2,000	6,795	232	12,000	12,000	12,000
	内訳 北海道・東北 66地域		60	6	46	22,000	2,600	6,496	14	15,000	5,000	13,929	50	12,000	12,000	12,000
	北陸 31地域		26	5	10	25,000	2,630	9,918	0	—	—	—	26	12,000	12,000	12,000
	関東・東山 3都道府県		3	0	3	5,042	3,000	3,847	0	—	—	—	2	12,000	12,000	12,000
	関東・東山 38地域		38	0	19	33,000	2,500	10,307	25	4,600	4,600	4,600	23	12,000	12,000	12,000
	東海 9地域		7	2	4	14,000	2,000	8,569	0	—	—	—	7	12,000	12,000	12,000
	近畿 1都道府県		1	0	1	13,000	13,000	13,000	0	—	—	—	0	—	—	—
	近畿 54地域		46	8	35	22,500	1,930	6,285	0	—	—	—	46	12,000	12,000	12,000
	中国 36地域		33	3	30	26,000	1,800	9,485	11	7,500	7,500	7,500	29	12,000	12,000	12,000
	四国 1都道府県		1	0	1	12,000	12,000	12,000	0	—	—	—	1	12,000	12,000	12,000
	四国 30地域		30	0	30	28,000	10,000	13,471	11	2,000	2,000	2,000	24	12,000	12,000	12,000
	九州・沖縄 1都道府県		0	1	0	—	—	—	0	—	—	—	0	—	—	—
	九州・沖縄 64地域		55	9	50	30,000	1,000	12,700	0	—	—	—	27	12,000	12,000	12,000
米粉用米	都道府県単位で統一設定しているケース 6都道府県	5	5	1	5	13,000	3,000	6,108	0	—	—	—	3	12,000	12,000	12,000
	地域ごとに設定が異なるケース 328地域		198	130	125	32,000	1,400	8,616	36	7,500	4,600	5,486	140	12,000	12,000	12,000
	内訳 北海道・東北 66地域		21	45	6	22,000	5,000	11,667	0	—	—	—	17	12,000	12,000	12,000
	北陸 31地域		26	5	11	20,000	5,000	11,589	0	—	—	—	24	12,000	12,000	12,000
	関東・東山 3都道府県		3	0	3	5,042	3,000	3,847	0	—	—	—	2	12,000	12,000	12,000
	関東・東山 38地域		38	0	36	26,400	1,400	3,673	25	4,600	4,600	4,600	20	12,000	12,000	12,000
	東海 9地域		2	7	0	—	—	—	0	—	—	—	2	12,000	12,000	12,000
	近畿 1都道府県		1	0	1	13,000	13,000	13,000	0	—	—	—	0	—	—	—
	近畿 54地域		37	17	16	20,000	1,930	3,829	0	—	—	—	28	12,000	12,000	12,000
	中国 36地域		17	19	16	17,500	3,000	8,719	11	7,500	7,500	7,500	14	12,000	12,000	12,000
	四国 1都道府県		1	0	1	6,000	6,000	6,000	0	—	—	—	1	12,000	12,000	12,000
	四国 30地域		30	0	19	24,500	10,000	12,237	0	—	—	—	19	12,000	12,000	12,000
	九州・沖縄 1都道府県		0	1	0	—	—	—	0	—	—	—	0	—	—	—
	九州・沖縄 64地域		27	37	21	32,000	5,000	14,952	0	—	—	—	16	12,000	12,000	12,000
WCS用稲	都道府県単位で統一設定しているケース 6都道府県	5	5	1	4	13,000	2,000	6,511	0	—	—	—	—	—	—	—
	地域ごとに設定が異なるケース 328地域		226	102	106	25,000	1,200	8,838	36	13,500	7,500	7,736	—	—	—	—
	内訳 北海道・東北 66地域		31	35	9	15,000	2,500	7,111	0	—	—	—	—	—	—	—
	北陸 31地域		18	13	2	12,000	5,000	8,500	0	—	—	—	—	—	—	—
	関東・東山 3都道府県		3	0	2	5,042	2,000	3,521	0	—	—	—	—	—	—	—
	関東・東山 38地域		36	2	7	25,000	1,200	13,345	25	7,600	7,600	7,600	—	—	—	—
	東海 9地域		3	6	2	10,000	10,000	10,000	0	—	—	—	—	—	—	—
	近畿 1都道府県		1	0	1	13,000	13,000	13,000	0	—	—	—	—	—	—	—
	近畿 54地域		41	13	31	17,600	1,930	6,085	0	—	—	—	—	—	—	—
	中国 36地域		28	8	20	20,000	5,000	10,890	11	13,500	7,500	8,045	—	—	—	—
	四国 1都道府県		1	0	1	6,000	6,000	6,000	0	—	—	—	—	—	—	—
	四国 30地域		20	10	20	24,500	10,000	12,025	0	—	—	—	—	—	—	—
	九州・沖縄 1都道府県		0	1	0	—	—	—	0	—	—	—	—	—	—	—
	九州・沖縄 64地域		49	15	15	20,000	2,000	6,367	0	—	—	—	—	—	—	—
新市場開拓用米	都道府県単位で統一設定しているケース 6都道府県	5	5	1	3	6,000	2,000	4,347	1	20,000	20,000	20,000	5	20,000	20,000	20,000
	地域ごとに設定が異なるケース 328地域		144	184	66	32,000	1,930	11,048	0	—	—	—	136	20,000	20,000	20,000
	内訳 北海道・東北 66地域		38	28	18	20,000	5,000	10,367	0	—	—	—	38	20,000	20,000	20,000
	北陸 31地域		25	6	13	20,000	12,000	12,615	0	—	—	—	25	20,000	20,000	20,000
	関東・東山 3都道府県		3	0	2	5,042	2,000	3,521	1	20,000	20,000	20,000	3	20,000	20,000	20,000
	関東・東山 38地域		17	21	0	—	—	—	0	—	—	—	17	20,000	20,000	20,000
	東海 9地域		1	8	0	—	—	—	0	—	—	—	1	20,000	20,000	20,000
	近畿 1都道府県		1	0	0	—	—	—	0	—	—	—	1	20,000	20,000	20,000
	近畿 54地域		14	40	13	4,880	1,930	2,275	0	—	—	—	14	20,000	20,000	20,000
	中国 36地域		17	19	15	32,000	5,000	15,467	0	—	—	—	13	20,000	20,000	20,000
	四国 1都道府県		1	0	1	6,000	6,000	6,000	0	—	—	—	1	20,000	20,000	20,000
	四国 30地域		18	12	0	—	—	—	0	—	—	—	18	20,000	20,000	20,000
	九州・沖縄 1都道府県		0	1	0	—	—	—	0	—	—	—	0	—	—	—
	九州・沖縄 64地域		14	50	7	32,000	5,000	16,714	0	—	—	—	10	20,000	20,000	20,000

		n	数量に対する助成 交付金の設定あり	交付単価（円／kg）最大値	最小値	平均値	二毛作助成 交付金の設定あり	交付単価（円／10a）最大値	最小値	平均値	耕畜連携助成 交付金の設定あり	交付単価（円／10a）最大値	最小値	平均値	耕畜連携かつ二毛作に対する助成 交付金の設定あり	交付単価（円／10a）最大値	最小値	平均値
加工用米	都道府県単位で統一設定しているケース　6都道府県		0	—	—	—	5	12,000	10,314	11,283	0	—	—	—	0	—	—	—
	地域ごとに設定が異なるケース　328地域		0	—	—	—	60	20,000	5,000	13,826	0	—	—	—	0	—	—	—
	内訳 北海道・東北　66地域		0	—	—	—	0	—	—	—	0	—	—	—	0	—	—	—
	北陸　31地域		0	—	—	—	11	12,000	12,000	12,000	0	—	—	—	0	—	—	—
	関東・東山　3都道府県		0	—	—	—	3	12,000	10,314	11,138	0	—	—	—	0	—	—	—
	関東・東山　38地域		0	—	—	—	8	20,000	11,100	15,825	0	—	—	—	0	—	—	—
	東海　9地域		0	—	—	—	0	—	—	—	0	—	—	—	0	—	—	—
	近畿　1都道府県		0	—	—	—	1	12,000	12,000	12,000	0	—	—	—	0	—	—	—
	近畿　54地域		0	—	—	—	21	16,000	10,000	14,283	0	—	—	—	0	—	—	—
	中国　36地域		0	—	—	—	1	15,000	15,000	15,000	0	—	—	—	0	—	—	—
	四国　1都道府県		0	—	—	—	1	11,000	11,000	11,000	0	—	—	—	0	—	—	—
	四国　30地域		0	—	—	—	0	—	—	—	0	—	—	—	0	—	—	—
	九州・沖縄　1都道府県		0	—	—	—	0	—	—	—	0	—	—	—	0	—	—	—
	九州・沖縄　64地域		0	—	—	—	19	15,000	5,000	13,474	0	—	—	—	0	—	—	—
飼料用米	都道府県単位で統一設定しているケース　6都道府県		0	—	—	—	5	12,000	10,314	11,283	4	13,000	6,500	9,710	0	—	—	—
	地域ごとに設定が異なるケース　328地域		0	—	—	—	36	20,000	10,000	14,612	157	20,000	5,260	12,219	0	—	—	—
	内訳 北海道・東北　66地域		0	—	—	—	1	12,000	12,000	12,000	36	13,000	6,500	11,603	0	—	—	—
	北陸　31地域		0	—	—	—	0	—	—	—	12	13,000	5,260	12,355	0	—	—	—
	関東・東山　3都道府県		0	—	—	—	3	12,000	10,314	11,138	3	10,400	6,500	8,613	0	—	—	—
	関東・東山　38地域		0	—	—	—	9	20,000	11,100	16,511	16	20,000	11,840	13,784	0	—	—	—
	東海　9地域		0	—	—	—	1	10,500	10,500	10,500	4	13,000	8,500	11,160	0	—	—	—
	近畿　1都道府県		0	—	—	—	1	12,000	12,000	12,000	0	—	—	—	0	—	—	—
	近畿　54地域		0	—	—	—	21	16,000	10,000	14,283	25	15,000	8,000	12,307	0	—	—	—
	中国　36地域		0	—	—	—	1	15,000	15,000	15,000	19	15,000	7,000	12,395	0	—	—	—
	四国　1都道府県		0	—	—	—	1	11,000	11,000	11,000	1	13,000	13,000	13,000	0	—	—	—
	四国　30地域		0	—	—	—	1	15,000	15,000	15,000	2	16,800	13,000	14,900	0	—	—	—
	九州・沖縄　1都道府県		0	—	—	—	0	—	—	—	0	—	—	—	0	—	—	—
	九州・沖縄　64地域		0	—	—	—	2	15,000	10,000	12,500	43	15,700	8,000	11,960	0	—	—	—
米粉用米	都道府県単位で統一設定しているケース　6都道府県		0	—	—	—	5	12,000	10,314	11,283	0	—	—	—	0	—	—	—
	地域ごとに設定が異なるケース　328地域		0	—	—	—	30	20,000	10,000	14,718	2	13,000	9,900	11,450	0	—	—	—
	内訳 北海道・東北　66地域		0	—	—	—	0	—	—	—	1	9,900	9,900	9,900	0	—	—	—
	北陸　31地域		0	—	—	—	0	—	—	—	0	—	—	—	0	—	—	—
	関東・東山　3都道府県		0	—	—	—	3	12,000	10,314	11,138	0	—	—	—	0	—	—	—
	関東・東山　38地域		0	—	—	—	8	20,000	11,100	15,825	0	—	—	—	0	—	—	—
	東海　9地域		0	—	—	—	0	—	—	—	0	—	—	—	0	—	—	—
	近畿　1都道府県		0	—	—	—	1	12,000	12,000	12,000	0	—	—	—	0	—	—	—
	近畿　54地域		0	—	—	—	21	16,000	10,000	14,283	0	—	—	—	0	—	—	—
	中国　36地域		0	—	—	—	0	—	—	—	0	—	—	—	0	—	—	—
	四国　1都道府県		0	—	—	—	1	11,000	11,000	11,000	0	—	—	—	0	—	—	—
	四国　30地域		0	—	—	—	0	—	—	—	0	—	—	—	0	—	—	—
	九州・沖縄　1都道府県		0	—	—	—	0	—	—	—	0	—	—	—	0	—	—	—
	九州・沖縄　64地域		0	—	—	—	1	15,000	15,000	15,000	1	13,000	13,000	13,000	0	—	—	—
WCS用稲	都道府県単位で統一設定しているケース　6都道府県		0	—	—	—	5	12,000	10,314	11,283	4	13,000	6,500	9,710	0	—	—	—
	地域ごとに設定が異なるケース　328地域		0	—	—	—	42	20,000	10,000	14,549	150	26,000	5,000	12,388	1	28,000	28,000	28,000
	内訳 北海道・東北　66地域		0	—	—	—	3	15,000	12,000	13,000	26	13,000	6,500	11,729	0	—	—	—
	北陸　31地域		0	—	—	—	0	—	—	—	16	13,000	5,000	11,921	1	28,000	28,000	28,000
	関東・東山　3都道府県		0	—	—	—	3	12,000	10,314	11,138	3	10,400	6,500	8,613	0	—	—	—
	関東・東山　38地域		0	—	—	—	11	20,000	11,100	16,327	13	20,000	11,840	14,226	0	—	—	—
	東海　9地域		0	—	—	—	0	—	—	—	3	13,000	10,638	12,213	0	—	—	—
	近畿　1都道府県		0	—	—	—	1	12,000	12,000	12,000	0	—	—	—	0	—	—	—
	近畿　54地域		0	—	—	—	21	16,000	10,000	14,283	26	15,000	8,000	12,292	0	—	—	—
	中国　36地域		0	—	—	—	1	15,000	15,000	15,000	22	20,000	7,000	12,900	0	—	—	—
	四国　1都道府県		0	—	—	—	1	11,000	11,000	11,000	1	13,000	13,000	13,000	0	—	—	—
	四国　30地域		0	—	—	—	0	—	—	—	9	26,000	13,000	14,444	0	—	—	—
	九州・沖縄　1都道府県		0	—	—	—	0	—	—	—	0	—	—	—	0	—	—	—
	九州・沖縄　64地域		0	—	—	—	6	15,000	10,000	12,917	35	15,000	8,000	11,646	0	—	—	—
新市場開拓用米	都道府県単位で統一設定しているケース　6都道府県		0	—	—	—	2	12,000	11,000	11,500	0	—	—	—	0	—	—	—
	地域ごとに設定が異なるケース　328地域		0	—	—	—	13	14,380	14,380	14,380	0	—	—	—	0	—	—	—
	内訳 北海道・東北　66地域		0	—	—	—	0	—	—	—	0	—	—	—	0	—	—	—
	北陸　31地域		0	—	—	—	0	—	—	—	0	—	—	—	0	—	—	—
	関東・東山　3都道府県		0	—	—	—	1	12,000	12,000	12,000	0	—	—	—	0	—	—	—
	関東・東山　38地域		0	—	—	—	0	—	—	—	0	—	—	—	0	—	—	—
	東海　9地域		0	—	—	—	0	—	—	—	0	—	—	—	0	—	—	—
	近畿　1都道府県		0	—	—	—	0	—	—	—	0	—	—	—	0	—	—	—
	近畿　54地域		0	—	—	—	13	14,380	14,380	14,380	0	—	—	—	0	—	—	—
	中国　36地域		0	—	—	—	0	—	—	—	0	—	—	—	0	—	—	—
	四国　1都道府県		0	—	—	—	1	11,000	11,000	11,000	0	—	—	—	0	—	—	—
	四国　30地域		0	—	—	—	0	—	—	—	0	—	—	—	0	—	—	—
	九州・沖縄　1都道府県		0	—	—	—	0	—	—	—	0	—	—	—	0	—	—	—
	九州・沖縄　64地域		0	—	—	—	0	—	—	—	0	—	—	—	0	—	—	—

●産地交付金の金額の分布（面積当たりに支払われる助成、都道府県単位で統一設定しているケース）

(都道府県数)

		作付面積に対する助成	前年からの作付け拡大面積に対する助成	追加配分と同条件・同額の助成	二毛作助成	耕畜連携助成	耕畜連携かつ二毛作に対する助成
加工用米	1~4,999円／10a	2	0	0	0	0	0
	5,000~9,999円／10a	1	0	0	0	0	0
	10,000~14,999円／10a	0	0	1	5	0	0
	15,000~19,999円／10a	0	0	0	0	0	0
	20,000~24,999円／10a	0	1	0	0	0	0
	25,000円以上／10a	0	0	0	0	0	0
	計	3	1	1	5	0	0
飼料用米	1~4,999円／10a	2	0	0	0	0	0
	5,000~9,999円／10a	1	0	0	0	2	0
	10,000~14,999円／10a	2	0	3	5	2	0
	15,000円以上／10a	0	0	0	0	0	0
	計	5	0	3	5	4	0
米粉用米	1~4,999円／10a	2	0	0	0	0	0
	5,000~9,999円／10a	2	0	0	0	0	0
	10,000~14,999円／10a	1	0	3	5	0	0
	15,000円以上／10a	0	0	0	0	0	0
	計	5	0	3	5	0	0
WCS用稲	1~4,999円／10a	1	0	—	0	0	0
	5,000~9,999円／10a	2	0	—	0	2	0
	10,000~14,999円／10a	1	0	—	5	2	0
	15,000円以上／10a	0	0	—	0	0	0
	計	4	0	—	5	4	0
新市場開拓用米	1~4,999円／10a	1	0	0	0	0	0
	5,000~9,999円／10a	2	0	0	0	0	0
	10,000~14,999円／10a	0	0	0	2	0	0
	15,000~19,999円／10a	0	0	0	0	0	0
	20,000~24,999円／10a	0	1	5	0	0	0
	25,000円以上／10a	0	0	0	0	0	0
	計	3	1	5	2	0	0

●産地交付金の金額の分布（面積当たりに支払われる助成、地域ごとに設定が異なるケース）

（地域数）

		作付面積に対する助成	前年からの作付け拡大面積に対する助成	追加配分と同条件・同額の助成	二毛作助成	耕畜連携助成	耕畜連携かつ二毛作に対する助成
加工用米	1～4,999円／10a	21	0	0	0	0	0
	5,000～9,999円／10a	41	10	0	1	0	0
	10,000～14,999円／10a	101	1	126	37	0	0
	15,000～19,999円／10a	13	0	0	21	0	0
	20,000～24,999円／10a	27	0	0	1	0	0
	25,000～29,999円／10a	9	0	0	0	0	0
	30,000～34,999円／10a	1	26	0	0	0	0
	35,000～39,999円／10a	2	0	0	0	0	0
	40,000円以上／10a	0	0	0	0	0	0
	計	215	37	126	60	0	0
飼料用米	1～4,999円／10a	58	36	0	0	0	0
	5,000～9,999円／10a	53	12	0	0	11	0
	10,000～14,999円／10a	72	1	232	20	137	0
	15,000～19,999円／10a	19	12	0	14	8	0
	20,000～24,999円／10a	13	0	0	2	1	0
	25,000～29,999円／10a	7	0	0	0	0	0
	30,000～34,999円／10a	2	0	0	0	0	0
	35,000円以上／10a	0	0	0	0	0	0
	計	224	61	232	36	157	0
米粉用米	1～4,999円／10a	50	25	0	0	0	0
	5,000～9,999円／10a	8	11	0	0	1	0
	10,000～14,999円／10a	45	0	140	18	1	0
	15,000～19,999円／10a	12	0	0	11	0	0
	20,000～24,999円／10a	6	0	0	1	0	0
	25,000～29,999円／10a	3	0	0	0	0	0
	30,000～34,999円／10a	1	0	0	0	0	0
	35,000円以上／10a	0	0	0	0	0	0
	計	125	36	140	30	2	0
WCS用稲	1～4,999円／10a	22	0	—	0	0	0
	5,000～9,999円／10a	28	35	—	0	10	0
	10,000～14,999円／10a	43	1	—	25	129	0
	15,000～19,999円／10a	8	0	—	15	8	0
	20,000～24,999円／10a	4	0	—	2	2	0
	25,000～29,999円／10a	1	0	—	0	1	1
	30,000円以上／10a	0	0	—	0	0	0
	計	106	36	—	42	150	1
新市場開拓用米	1～4,999円／10a	17	0	0	0	0	0
	5,000～9,999円／10a	4	0	0	0	0	0
	10,000～14,999円／10a	27	0	0	13	0	0
	15,000～19,999円／10a	0	0	0	0	0	0
	20,000～24,999円／10a	17	0	136	0	0	0
	25,000～29,999円／10a	0	0	0	0	0	0
	30,000～34,999円／10a	1	0	0	0	0	0
	35,000円以上／10a	0	0	0	0	0	0
	計	66	0	136	13	0	0

畑作物（露地）・畑作物（施設）・花き・花木・果樹の振興と産地交付金

畑作物（露地）の振興と産地交付金

1 畑作物（露地）の推進は、ほぼ全ての水田フル活用ビジョンに記載されている

畑作物（露地）の推進については、高収益作物（野菜）または野菜の推進を明記している水田フル活用ビジョンを対象に整理する。同じ畑作物でも、麦、大豆、飼料作物、そば、なたね、景観形成作物、地力増進作物は対象外である。

畑作物（露地）の推進の記載率は、都道府県版の100%、地域版の96%と極めて高い。①生産主体の明示、②地域条件の明示、③土地条件の明示、に着目すると、都道府県版の56%、地域版の34%で記載がある（図9-1、図9-2）。

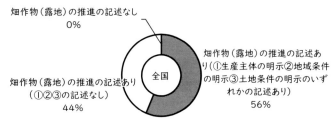

図9-1　都道府県版水田フル活用ビジョンにおける「畑作物（露地）の推進」の記載状況

畑作物（露地）の推進の記述なし 0%
畑作物（露地）の推進の記述あり（①②③の記述なし）44%
畑作物（露地）の推進の記述あり（①生産主体の明示②地域条件の明示③土地条件の明示のいずれかの記述あり）56%
全国

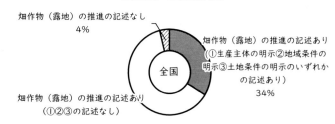

図9-2　地域版水田フル活用ビジョンにおける「畑作物（露地）の推進」の記載状況

畑作物（露地）の推進の記述なし 4%
畑作物（露地）の推進の記述あり（①生産主体の明示②地域条件の明示③土地条件の明示のいずれかの記述あり）34%
畑作物（露地）の推進の記述あり（①②③の記述なし）
全国

2 水田フル活用ビジョンの半数以上で、土地条件や生産主体を明示しながら畑作物（露地）を記載

畑作物（露地）について、①生産主体の明示、②地域条件の明示、③土地条件の明示、のいずれかが記載された水田フル活用ビジョンのうち、①、②、③の記載率を示したのが図9-3である。都道府県版と地域版とでは、生産主体と土地条件について同程度の記載率であり、それ

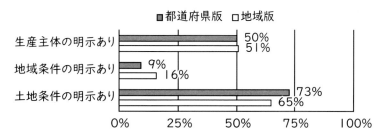

図9-3　「畑作物（露地）の推進」に関する生産主体・地域条件・土地条件の記載率

■都道府県版　□地域版

生産主体の明示あり　50% 51%
地域条件の明示あり　9% 16%
土地条件の明示あり　73% 65%

ぞれ半数以上で記載がある。地域条件の記載率は地域版が都道府県版よりもやや高い（都道府県版9%、地域版16%）。

3 生産主体の明示例は、バラエティに富む

水田フル活用ビジョンには、畑作物（露地）を推進するに当たり、生産主体を記載しているケースがある。

主食用米と同様に、「担い手」、「認定農業者」といった記載が多いが、全体として、主食用米・加工用米・新規需要米・備蓄米と比較して、生産主体の明示には多様性がある（※）。

まず、性別に関連して「女性」による畑作物（露地）の生産を掲げるケースがある。また、年齢については、「若者」、「若手農家」、「若い経営体」、「若い担い手」、「若い生産者」といった若手への期待が記載が確認される一方で、「高齢者」、「高齢農家」、「高年齢層」、「定年帰農者」による畑作物（露地）の生産を掲げるケースもある。

　既存の生産か、新規の生産か、という視点もある。具体的には、「既存生産者」、「既存作付農家」、「既存農家」というように、従来からの生産者による継続を掲げるケースがある一方で、「新規就農者」、「新規農業経営者」、「新規作付者」、「新規栽培者」、「新規植栽者」、「新規担い手」、「新規作付希望者」、「新規就農希望者」、「認定新規就農者」による畑作物（露地）の生産の振興を掲げるケースがあり、「企業参入」や「新規参入者」に期待を寄せる水田フル活用ビジョンも確認された。

　経営形態や組織形態については、「企業」、「集落営農組織」「農業生産法人」、「個人経営体」、「法人経営体」、「集落営農法人」、「生産組合」、「営農組織」、「農事組合法人」、「生産組織の組合員」、「農作業受委託組織」、「企業的経営」、「生産者集団」、「自立経営農業者」、「農業法人」、「集落法人」、「企業的経営体」、「生産組織の強化」、「株式会社Ａ農林公社」等、多様な主体が、多様な表現で明示されている。

　経営部門でも水田フル活用ビジョンごとに多様な主体が掲げられており、「専業農家」と明示するケースもあれば、「兼業農家」と明示するケースもある。また、作目に関して、畑作物（露地）の「専作農家」、「園芸主業農業者」、「露地作物を主業とする担い手」といった表現のように畑作物（露地）の専門農家の育成を掲げるケースがある一方で、「稲作経営体」、「農業経営の複合化」、「複合経営」、「主穀作経営体の経営複合化」、「水稲農家」等と、稲作農家による畑作物（露地）部門の推進として表現するケースがある。

　なお、農業経営体以外から人材を確保して生産することを推進するケースもあり、「農外からの人材」、「人材センター」との記述も確認された。栽培方法について、「エコファーマー」、「有機栽培に取り組む生産者」といった明示が多い。

　規模に関しては、「大規模な担い手」、「大規模農家」、「大規模経営者」、「大規模農家新規生産者」等のように大規模経営による生産を振興するケースがある一方で、「大規模農業を行えない農家」、「小規模農家」、「経営規模の小さい農業者」のように、小規模経営による畑作物（露地）の生産を誘導しようとする記述も確認された。また、生産規模を販売に関係させて「10ha以上露地作物を生産し、幅広い販売網の構築を行う農業者」と明示するケースがあるほか、販売に着目すると、「新規に販売を行う農業者」、「市場出荷を行う農家」という表現が確認された。

（※）関連項目☞生産主体の明示例は、大規模農家が多いが、兼業農家や高齢者、有機栽培農家等もある（第7章3）、生産主体の明示例は、転作作物の生産が困難な農家が特徴的であり、規模要件は大規模層の明示もあるが中小規模層の明示も多い（第8章3）、生産主体の明示例は、担い手や大規模農家の明示が多い（第8章10、第8章17）、生産主体の明示例は、担い手や大規模農家の明示のほか、有畜農家、特定組織が多いのが特徴（第8章31）、生産主体の明示例は、中小規模農家や小規模農家の記載が多い（第8章44）

4　地域条件の明示例は、中山間地域や条件不利地域の記述が多い

　畑作物（露地）の推進について、地域条件を明示する際に特徴的なのは、中山間地域や条件不利地域の記述が多い点である。

　具体的には、「中山間地域」、「中山間の条件不利地」、「山間部」、「山間地域」、「小区画田」、「条件不利地域」等が多い。中には、「中山間地帯の不作付地（管理水田等）の活用」という表現も確認された。

一方で、「排水良好なＡ地区」、「圃場整備工区」、「無霜地帯」というように、生産条件が比較的良いと思われる地区での畑作物（露地）の推進を掲げるケースもある。

このほか、「Ａ地域を中心に」、「Ａ地域」、「Ａ地区」等と特定地域を指すケースも多い。「開田地帯」という記載も確認された。

5　土地条件の明示例は、輪作体系、排水対策、団地化に関する記述が多い一方で不作付対策もある

水田フル活用ビジョンには、畑作物（露地）を推進するに当たり、土地条件を記載しているケースがある。その記載例は多様であるが、輪作体系や排水対策に関する記述が多く、また「団地化」の記載も多い。

輪作体系や水田高度利用については、「二毛作」、「多毛作」、「２年３作」、「４年輪作」、「連作障害回避」、「輪作体系維持」、「輪作体系確立」、「地域輪作体系維持」等の記載が確認された。

排水に関しては、「排水対策」、「簡易暗渠」、「暗渠」、「透排水性の改善」、「湿害対策」といった記載が多く、水利条件については「用水のパイプライン化」の推進や、「平坦で水利に富んだ水田」、「潅水を行いやすい水田」での生産を振興するという記載が確認された。

輪作体系、排水対策、団地化に関する記述が多く「基盤整備田」での生産のように、比較的生産性が高い圃場での畑作物（露地）が推進されている一方で、「ブロックローテーションに向かない小規模な水田」と記載したケースにみられるように、生産条件が比較的不利な圃場での生産を振興するケースも少なくない。

たとえば、「小規模農地の有効活用」をはじめ、「小規模な水田」、「未整備田」、「条件の悪い圃場」での生産を掲げるケースや、「調整水田への作付」、「夏場の不作付地の解消」、「不作付解消」、「不作付地の有効活用」、「耕作放棄地の解消」、「遊休農地解消」として畑作物（露地）が推進を位置づけているケースである。同様に、荒廃化を抑止する効果として、「耕作放棄地の増加を防止」、「水田の休耕化を防止」、「農地の荒廃化抑制」、「不作付地の増加防止」、「耕作放棄地を未然に防止」、「農地維持・保全」等の表現もある。

ほかの作物を取り上げながら表現するものとしては、作付転換について「主食用米からの転換」、「水稲からの転換」、「地力増進作物からの転換」という記載が確認されたほか、「水稲作付に不向きな水田」、「麦の不適地」、「大豆の不適地」、という記載も確認された。

土づくり等の栽培技術については、「農薬の使用低減」や「化学肥料の使用低減」をはじめ、「減農薬・減化学肥料」、「特別栽培」、「減農薬栽培」、「有機栽培」、「有機 JAS」、「堆肥の利用」、「緑肥の利用」という記載が確認された。

6　畑作物（露地）に対する産地交付金は、ほぼすべての地域に設定されている

畑作物（露地）に産地交付金を設定しているのは、「産地交付金の活用方法の明細」ベースでいうと、都道府県段階では69％、地域段階では95％となっている（図9-4）。

実際には、都道府県で統一設定しているケースと、地域ごとに設定が異なるケースがある（※）。このため、接続可能なデー

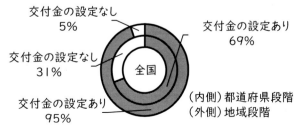

図9-4　畑作物（露地）に対する産地交付金の設定状況（参考値）

交付金の設定なし
5%

交付金の設定あり
69%

交付金の設定なし
31%

全国

交付金の設定あり
95%

（内側）都道府県段階
（外側）地域段階

タのみを抽出して、産地交付金の設定率を算出すると、都道府県で統一設定しているケースが100％、地域ごとに設定が異なるケースが98％と高い（図9-5）。

（※）関連項目☞産地交付金の単価の集計方法（利用者のために3（3）ケ）

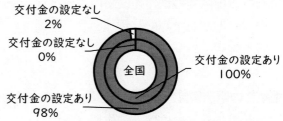

図9-5　畑作物（露地）に対する産地交付金の設定状況（都道府県段階と地域段階の合算値）

交付金の設定なし 2%
交付金の設定なし 0%
全国
交付金の設定あり 100%
交付金の設定あり 98%

（内側）都道府県単位で統一設定しているケース
（外側）地域ごとに設定が異なるケース

7　産地交付金は地域ごとに設定が異なる

ケースで設定金額が高く、80,000円／10a を超えるケースもある

　産地交付金に畑作物（露地）が設定されている場合を対象に、設定金額を、「産地交付金の活用方法の明細」ベース（図9-6）、都道府県段階と地域段階の設定金額の合計値（図9-7）でそれぞれ示した（※）。

図9-6　畑作物（露地）に対する産地交付金の設定金額（参考値）

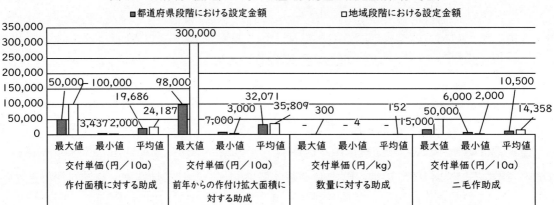

■都道府県段階における設定金額　　　□地域段階における設定金額

図9-7　畑作物（露地）に対する産地交付金の設定金額（都道府県段階と地域段階の合算値）

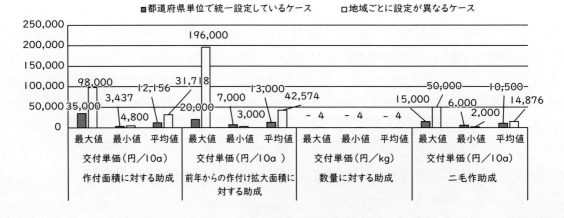

■都道府県単位で統一設定しているケース　　　□地域ごとに設定が異なるケース

　畑作物（露地）に対する産地交付金の設定方法は、主に①作付面積に対する助成、②前年からの作付け拡大面積に対する助成、③数量に対する助成、④二毛作助成、の4種類がある。地域段階では作付け拡大面積に対して300,000円／10a の産地交付金を設定するケースも確認できる。

　①作付面積に対する助成には、さらに細かい設定方法として、こんにゃく等では、作付け後数か年の無収穫期間のみを助成対象とする場合もある。

　①作付面積に対する助成、②前年からの作付け拡大面積に対する助成、④二毛作助成は、いずれ

も面積当たりで交付金が決まっている。

　産地交付金は、都道府県単位で統一設定しているケースよりも、地域ごとに設定が異なるケースで設定金額が高く、高額なケースでは①作付面積に対する助成として、80,000円／10a以上を設定するケースも確認された（図9-8、図9-9）。

（※）関連項目☞産地交付金の平均値の算出方法（利用者のために３（３）コ）

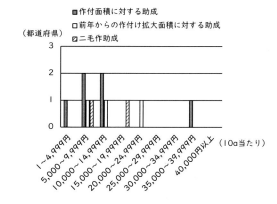

図9-8　畑作物（露地）に対する産地交付金の設定金額の分布（都道府県段階と地域段階の合算値、都道府県単位で統一設定しているケース）

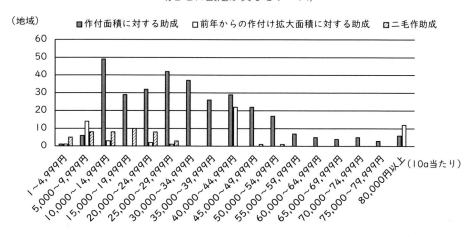

図9-9　畑作物（露地）に対する産地交付金の設定金額の分布（都道府県段階と地域段階の合算値、地域ごとに設定が異なるケース）

畑作物（施設）の振興と産地交付金

8　畑作物（施設）の推進は、ほぼ全ての水田フル活用ビジョンに記載されている

　畑作物（施設）の推進については、施設における高収益作物（野菜）または野菜の推進を明記している水田フル活用ビジョンを対象に整理する。

　畑作物（施設）の推進の記載率は、都道府県版の100％、地域版の96％と極めて高い。①生産主体の明示、②地域条件の明示、③土地条件の明示、に着目すると、都道府県版の33％、地域版の22％で記載がある（図9-10、図9-11）。

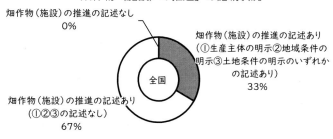

図9-10　都道府県版水田フル活用ビジョンにおける「畑作物（施設）の推進」の記載状況

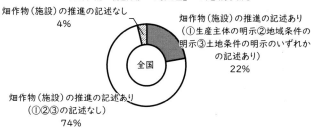

図9-11　地域版水田フル活用ビジョンにおける「畑作物（施設）の推進」の記載状況

9　水田フル活用ビジョンの半数以上で、生産主体や土地条件を明示しながら畑作物（施設）を記載

　畑作物（施設）について、①生産主体の明示、②地域条件の明示、③土地条件の明示、のいずれかが記載された水田フル活用ビジョンのうち、①、②、③の記載率を示したのが図 9-12 である。都道府県版と地域版とでは、生産主体と土地条件について同程度の記載率であり、それぞれ過半で記載がある。地域条件の記載率は低く、地域版のみに確認された。

10　生産主体の明示例は、バラエティに富む

　水田フル活用ビジョンには、畑作物（施設）を推進するに当たり、生産主体を記載しているケースがある。

　具体的な記述は、畑作物（露地）と同様のものが多い（※）。この背景には、畑作物（露地）と畑作物（施設）を推進する上で、生産主体にさほど区別がなされていないケースや、紋切り型の

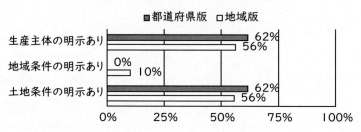

図 9-12　「畑作物（施設）の推進」に関する
生産主体・地域条件・土地条件の記載率

文言で水田フル活用ビジョンが作成されたケース等が想定される。

　ここでは、畑作物（露地）で確認されず、畑作物（施設）で確認された記述例を取り上げると、「IUターン者の参入希望者」、「中堅農家」、「経営発展を目指す経営体」、「農協出資型法人」等があった。

（※）関連項目☞生産主体の明示例は、バラエティに富む（第 9 章 3）

11　地域条件の明示例

　畑作物（施設）の推進について、地域条件を明示するケースは少ない。

　その限られた記載例を具体的に示すと、地形に着目した記述として、「平場地域」、「平地で有利な地域」、「条件の良い平野部」、「平地」、「中山間地域」、「山間部」という記述のほか、「海岸砂地土壌地域」、「開田地帯」、「条件不利地」という記述も確認された。このほか、特定の地域名を示しながら「A 地区」、「A 地区を中心として全地域に作付拡大」等と記載するケースがある。

12　土地条件の明示例は、施設の新規導入が特徴的

　水田フル活用ビジョンには、畑作物（施設）を推進するに当たり、土地条件を記載しているケースがある。

　施設内の二毛作、多毛作を推進するケースもあるが、露地栽培か否かの判別が困難な記述が多かったことから、本書では施設内の二毛作、多毛作について分析対象としていない。

　畑作物（施設）では畑作物（露地）と同様のものが多い（※）。この背景には、畑作物（露地）と畑作物（施設）を推進する上で、生産主体にさほど区別がなされていないケースや、紋切り型の文言で水田フル活用ビジョンが作成されたケース等が想定される。

　ここでは、畑作物（露地）で確認されず、畑作物（施設）で確認された記述例を取り上げると、施設の新規導入に関する記述が多いのが特徴的である。

　具体的には、「ハウスの新規導入」、「露地の施設化」、「露地作物のハウス施設の導入」等の記載があり、露地栽培からの転換を推進している。このほか、既存の施設栽培について、「養液栽培」、「施設の自動化」、「施設の高度化」を推進する記述も確認された。

（※）関連項目☞土地条件の明示例は、輪作体系、排水対策、団地化に関する記述が多い一方で不作付対策もある（第9章5）

13　畑作物（施設）に対する産地交付金は、ほぼすべての地域に設定されている

畑作物（施設）に産地交付金を設定しているのは、「産地交付金の活用方法の明細」ベースでいうと、都道府県段階では54％、地域段階では89％となっている（図9-13）。

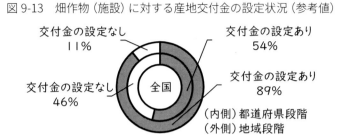

図9-13　畑作物（施設）に対する産地交付金の設定状況（参考値）

実際には、都道府県で統一設定しているケースと、地域ごとに設定が異なるケースがある（※）。このため、接続可能なデータのみを抽出して、産地交付金の設定率を算出すると、都道府県で統一設定しているケースが83％、地域ごとに設定が異なるケースが92％と高い（図9-14）。

（※）関連項目☞産地交付金の単価の集計方法（利用者のために3（3）ケ）

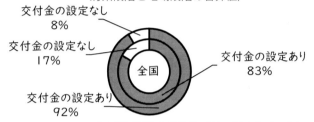

図9-14　畑作物（施設）に対する産地交付金の設定状況（都道府県段階と地域段階の合算値）

14　産地交付金は地域ごとに設定が異なるケースで設定金額が高く、80,000円／10aを超えるケースもある

畑作物（施設）に設定されている産地交付金の金額を、「産地交付金の活用方法の明細」ベース（図9-15）、都道府県段階と地域段階の設定金額の合計値（図9-16）でそれぞれ示した（※）。

畑作物（施設）に対する産地交付金の設定方法は、主に①作付面積に対する助成、②前年からの

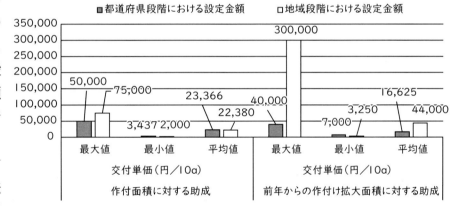

図9-15　畑作物（施設）に対する産地交付金の設定金額（参考値）

作付け拡大面積に対する助成、の2種類があり、いずれも面積当たりで交付金が決まっている。地域段階では作付け拡大面積に対して300,000円／10aの産地交付金を設定するケースも確認できる。

産地交付金は、都道府県単位で統一設定しているケースよりも、地域ごとに設定が異なるケースで設定金額が高く、高額なケースでは①作付面積に対する助成として、80,000円／10a以上を設定するケースも確認された（図9-17、図9-18）。

（※）関連項目☞産地交付金の平均値の算出方法（利用者のために3（3）コ）

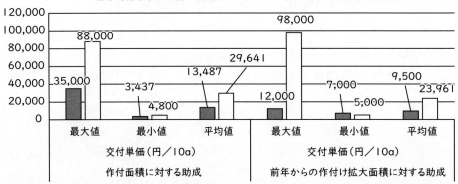

図9-16　畑作物（施設）に対する産地交付金の設定金額
（都道府県段階と地域段階の合算値）

■都道府県単位で統一設定しているケース　□地域ごとに設定が異なるケース

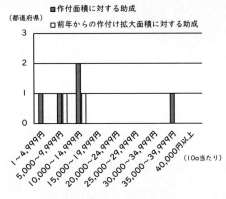

図9-17　畑作物（施設）に対する産地交付金の設定金額の分布（都道府県段階と地域段階の合算値、都道府県単位で統一設定しているケース）

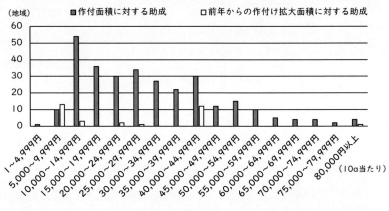

図9-18　畑作物（施設）に対する産地交付金の設定金額の分布（都道府県段階と地域段階の合算値、地域ごとに設定が異なるケース）

花き・花木の振興と産地交付金

15　水田フル活用ビジョンに花き・花木の推進を明示するのは半数未満

　花き・花木については、一年草、多年草、木本に分けて整理することもできるが、実際の水田フル活用ビジョンや産地交付金の明細では、これらの区別が不明瞭な記載も多い。このため、本書では総括して、花き・花木として整理する。

　花き・花木の推進の記載率は、都道府県版の46%、地域版の43%と、それぞれ半数未満である。①生産主体の明示、②地域条件の明示、③土地条件の明示、に着目すると、都道府県版の23%、地域版の9%で記載がある（図9-19、図9-20）。

16　都道府県版水田フル活用ビジョンは、地域版水田フル活用ビジョンよりも生産主体の記載率が高い

　花き・花木について、①生産主体の明示、②地域条件の明示、③土地条件の明示、のいずれかが

図9-19　都道府県版水田フル活用ビジョンにおける「花き・花木の推進」の記載状況

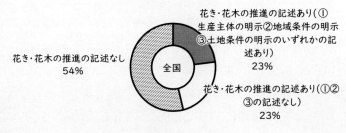

記載された水田フル活用ビジョンのうち、①、②、③の記載率を示したのが図9-21である。都道府県版と地域版とでは、生産主体について29ポイントの差がある（都道府県版67％、地域版38％）。

図9-20　地域版水田フル活用ビジョンにおける「花き・花木の推進」の記載状況

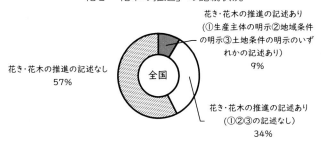

花き・花木の推進の記述あり
（①生産主体の明示②地域条件の明示③土地条件の明示のいずれかの記述あり）
9％

花き・花木の推進の記述なし
57％

全国

花き・花木の推進の記述あり
（①②③の記述なし）
34％

17　生産主体の明示例は、バラエティに富む

水田フル活用ビジョンには、花き・花木を推進するに当たり、生産主体を記載しているケースがある。「担い手」、「認定農業者」という表現のほかにも、多様な記述が確認できる。

まず、性別について「女性」、「女性農業者」による生産の振興を掲げるケースがある。次に、年齢につい

図9-21　「花き・花木の推進」に関する生産主体・地域条件・土地条件の記載率

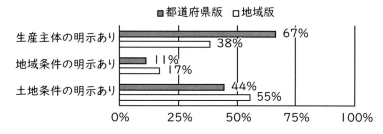

凡例：■都道府県版　□地域版

生産主体の明示あり　67％／38％
地域条件の明示あり　11％／17％
土地条件の明示あり　44％／55％

て、「高齢者」という記載が複数確認された一方で、「若年層の生産者」といった記載もある。なかには、「若手の後継者」、「後継者」と、若手への経営継承を含意した表現も確認された。

また、「産地リーダー」という表現で既存農家による生産を振興するケースがみられるが、件数としては新規生産者による生産振興を明示するケースが多く、「新規就農者」、「新規栽培者」、「新規植栽者」、「新規生産者」、「新規参入」による花き・花木に期待を寄せている。

経営・組織の特徴に関して、「企業的経営の大規模農家」という記載に対して、「集落営農組織」、「生産組合組織」、「生産者の組織化」、「生産者の組織化」といった組織・組織化に関する記載が比較的多い。また、「大規模農業を行えない農家」による花き・花木の生産に期待を寄せるケースも確認された。

このほか経営部門については、「花き・花木を主業とする担い手」、「花き・花木の専作農家」による生産を振興するケースがある一方で、「稲作経営体」、「複合経営」、「水稲との複合経営」による生産を振興するケースもある。

18　地域条件の明示例は、中山間地域の記載が多い

花き・花木の推進について、地域条件を明示するケースは少ない。

その限られた記載例のなかでは、「中山間地域」、「山間部」といった記載が多い。このほか、「条件不利地域」、「水の少ない地域」、「平坦部」、「営農再開」した地域における生産振興を掲げたり、特定地域を明示しながら、「A地区」、「A地帯」、「A地区を中心として全地区に作付拡大」、による生産推進を掲げるケースがある。

19　土地条件の明示例は、メガ団地等の記載がある

水田フル活用ビジョンには、花き・花木を推進するに当たり、土地条件を記載しているケースがある。花きの二毛作、多毛作を推進するケースもあるが、判別が困難な記述が多いことや、本書では一年草、多年草、木本を一括して整理していることから、花きの二毛作、多毛作について分析対

象としていない。

団地化については、「大規模団地化」、「メガ団地」「団地の拡大」といった記載が確認された。このほか、「施設化」、「園芸ハウスでの生産」を推進する記述も確認された。また、「農閑期の栽培施設」の有効活用として花き生産を推進するケースもある。

土づくり等の栽培技術については、「堆肥施用」、「緑肥の利用」、「減農薬栽培」、「減化学肥料栽培」、「養液土耕栽培」等が記載されている。

作目転換については、「主食用米からの転換」のほか、「麦の不適地」、「大豆の不適地」との記載もある。

このほか、「小規模な水田」を活用した生産や、「不作付地の解消」、「遊休荒廃地の解消」として生産振興するケースも確認され、「不作付地の発生防止」、「耕作放棄地の発生抑制」、「不作付地での拡大」、「荒廃田を防ぐ」、「耕作放棄地の抑制」「水田の休耕化を防止」、「農地の荒廃化抑制」といった記載も確認された。

20 花き・花木に対する産地交付金は、約7割で設定されている

花き・花木に産地交付金を設定しているのは、「産地交付金の活用方法の明細」ベースでいうと、都道府県段階では35％、地域段階では66％となっている（図9-22）。

実際には、都道府県で統一設定しているケースと、地域ごとに設定が異なるケースがある（※）。このため、接続可能なデータのみを抽出して、産地交付金の設定率を算出すると、都道府県で統一設定しているケースが66％、地域ごとに設定が異なるケースが73％である（図9-23）。水田フル活用ビジョンに花き・花木の振興を明示するケースは半数未満であるが、産地交付金の設定は約7割で行われているという特徴がある。

図9-22 花き・花木に対する産地交付金の設定状況（参考値）

交付金の設定あり 35％
交付金の設定なし 34％
交付金の設定あり 66％
交付金の設定なし 65％
全国
（内側）都道府県段階
（外側）地域段階

図9-23 花き・花木に対する産地交付金の設定状況
（都道府県段階と地域段階の合算値）

交付金の設定なし 27％
交付金の設定あり 67％
交付金の設定なし 33％
交付金の設定あり 73％
全国
（内側）都道府県単位で統一設定しているケース
（外側）地域ごとに設定が異なるケース

（※）関連項目☞産地交付金の単価の集計方法（利用者のために3（3）ケ）

21 産地交付金が設定される場合には、10,000〜14,999円／10aが多い

産地交付金に花き・花木が設定されている場合を対象に、設定金額を、「産地交付金の活用方法の明細」ベース（図9-24）、都道府県段階と地域段階の設定金額の合計値（図9-25）でそれぞれ示した（※）。

花き・花木に対する産地交付金の設定方法は、主に①作付面積に対する助成、②前年からの作付け拡大面積に対する助成、の2種類があり、いずれも面積当たりで交付金が決まっている。

とくに花木では、作付け後数か年の無収穫期間のみを対象とする場合もある。「新植後5年以内」等、新植後期間の条件や、改植に対する産地交付金は、①作付面積に対する助成でカウントしている。そのほか、「新植後1年」等の条件は、②前年からの作付け拡大面積に対する助成としてカウ

ントしている。

　最大値でいえば、①作付面積に対する助成が 63,000 円／10a、②前年からの作付け拡大面積に対する助成で 300,000 円／10a を設定するケースが確認された（図 9-24）。しかし、事例数が少なく。都道府県段階と地域段階の設定金額の合計値を算出するに当たり、本調査では、接続可能なデータとして抽出することができなかった（図 9-25）。

　接続可能なデータの整理に基づけば、

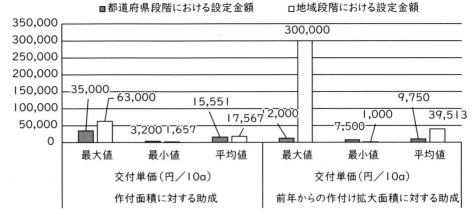

図 9-24　花き・花木に対する産地交付金の設定金額（参考値）

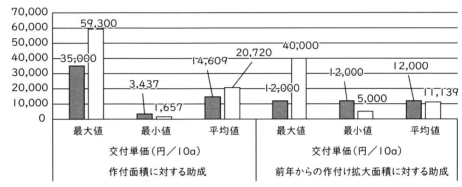

図 9-25　花き・花木に対する産地交付金の設定金額
（都道府県段階と地域段階の合算値）

産地交付金が設定される場合には、①作付面積に対する助成について、10,000 〜 14,999 円／10a の金額水準が多い（図 9-26、図 9-27）。

（※）関連項目☞産地交付金の平均値の算出方法（利用者のために 3（3）コ）

図 9-26　花き・花木に対する産地交付金の設定金額の分布（都道府県段階と地域段階の合算値、都道府県単位で統一設定しているケース）

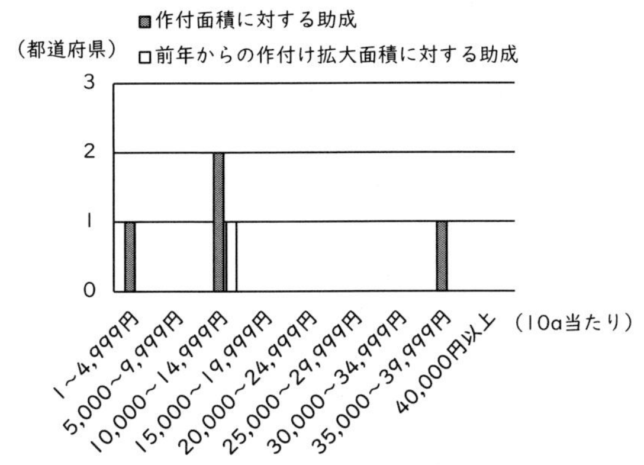

図 9-27　花き・花木に対する産地交付金の設定金額の分布（都道府県段階と地域段階の合算値、地域ごとに設定が異なるケース）

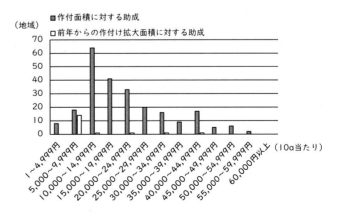

22　水田フル活用ビジョンに果樹の推進を明示するのは4割未満

　果樹の記載率は、都道府県版の39%と4割未満であり、地域版ではさらに低く25%である。①生産主体の明示、②地域条件の明示、③土地条件の明示、に着目すると、都道府県版の13%、地域版の5%で記載がある（図9-28、図9-29）。

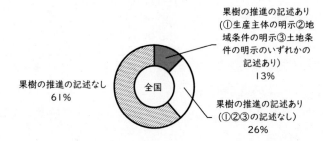

図9-28　都道府県版水田フル活用ビジョンにおける「果樹の推進」の記載状況

23　都道府県版水田フル活用ビジョンは、地域版水田フル活用ビジョンよりも地域条件の記載率が高い

　果樹について、①生産主体の明示、②地域条件の明示、③土地条件の明示、のいずれかが記載された水田フル活用ビジョンのうち、①、②、③の記載率を示したのが図9-30である。都道府県版と地域版とでは、地域条件について40ポイントの差がある（都道府県版60%、地域版20%）。

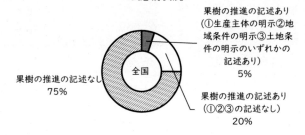

図9-29　地域版水田フル活用ビジョンにおける「果樹の推進」の記載状況

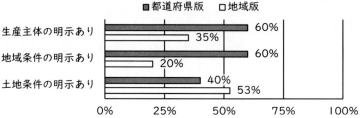

図9-30　「果樹の推進」に関する生産主体・地域条件・土地条件の記載率

24　生産主体の明示例では若手に関する記述が確認されなかった

　水田フル活用ビジョンには、果樹を推進するに当たり、生産主体を記載しているケースを、わずかではあるが確認できる。

　具体的には「担い手」のほか、集落に着目して、「集落法人」、「集落営農組織」、「集落営農」等の記載がある。また、「既存の栽培者」や「新規就農者」、「農業後継者」との記載もある。

　花き・花木で等で確認された若手に関する記載は確認できなかった（※）。一方で、「定年帰農者」による生産の推進を掲げるケースが確認された。このほか、「高齢者」や「高齢化が進み水田の管理が困難な農家」による果樹生産の振興が掲げられるケースがあることも特徴的である。

　このほか、「エコファーマー」、「販売農家」、「複合経営」、「大規模農業を行えない農家」等の記載も確認された。

（※）関連項目☞生産主体の明示例は、バラエティに富む（第9章17）

25　地域条件の明示例は、中山間地域の記載が多い

　果樹を推進するについて、地域条件を記載しているケースが少ないものの確認できる。

　具体的な記述では、「中山間地域」、「山間部」、「傾斜地」、「条件不利地域」」といった記載が比較的多い。なお、「平地」での振興を掲げるケースもあるほか、「平坦部で柿や梨やイチジク、中山間地域で栗や柚」というように、振興する作目を地域別で区分しているケースも確認された。

また、特定地域を明示しながら、「A地区」、「A地区を中心に」、といった記述で生産推進を掲げるケースが確認された。

26　土地条件の明示例

　果樹を推進するについて、土地条件を記載しているケースが少ないものの確認できる。

　具体的な記述では、「排水対策」を実施した圃場での植栽や、関連して「水はけのよい圃場」での植栽や、「客土」の実施の推進を明示するケースがある。また、「水稲作付に不向きな水田」の活用として果樹を位置づけるケースがある。

　このほか、「ハウスや雨よけなどの施設化」や「堆肥施用」、「減農薬栽培」、「減化学肥料栽培」といった技術面の記載も確認された。

　「主食用米からの転換」を掲げて、既存の主食用米生産圃場に果樹を導入することを掲げるケースがある一方で、「耕作放棄地対策」、「不作付の水田を活用」、「不作付地の減少を図る」、「遊休荒廃地の解消」として果樹を位置づけるケースも確認された。

　関連して果樹の生産継続が、「農地の遊休化を防止」、「耕作放棄地発生防止」、「農地の荒廃化抑制」、「既存園地の荒廃化防止」に貢献していることを掲げて、生産振興を明示するケースも確認された。

27　果樹に対する産地交付金は、約半数で設定されている

　果樹に産地交付金を設定しているのは、「産地交付金の活用方法の明細」ベースでいうと、都道府県段階では27％、地域段階では41％となっている（図9-31）。

　実際には、都道府県で統一設定しているケースと、地域ごとに設定が異なるケースがある（※）。このため、接続可能なデータのみを抽出して、産地交付金の設定率を算出すると、都道府県で統一設定しているケースが50％、地域ごとに設定が異なるケースが47％であり、果樹に対する産地交付金は、約半数で設定されている（図9-32）。

（※）関連項目☞産地交付金の単価の集計方法（利用者のために3（3）ケ）

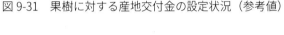

図9-31　果樹に対する産地交付金の設定状況（参考値）

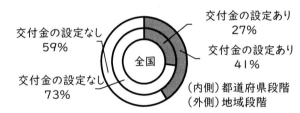

交付金の設定なし 59％
交付金の設定あり 27％
交付金の設定なし 73％
交付金の設定あり 41％
（内側）都道府県段階
（外側）地域段階

図9-32　果樹に対する産地交付金の設定状況（都道府県段階と地域段階の合算値）

交付金の設定なし 50％
交付金の設定あり 50％
交付金の設定なし 53％
交付金の設定あり 47％
（内側）都道府県単位で統一設定しているケース
（外側）地域ごとに設定が異なるケース

28　産地交付金の最大値は98,000円／10a

　果樹に設定されている産地交付金の金額を、「産地交付金の活用方法の明細」ベース（図9-33）、都道府県段階と地域段階の設定金額の合計値（図9-34）でそれぞれ示した（※）。

　果樹に対する産地交付金の設定方法は、主に①作付面積に対する助成、②前年からの作付け拡大面積に対する助成、の2種類があり、いずれも面積当たりで交付金が決まっている。

　とくに果樹では、作付け後数か年の無収穫期間のみを対象とする場合もあり、その際には「新植後5年以内」が要件として多い。「新植後5年以内」等、新植後期間の条件や、改植に対する産地

第9章
畑作物（露地）・畑作物（施設）・花き・花木・果樹の振興と産地交付金

189

交付金は、①作付面積に対する助成でカウントしている。そのほか、「新植後1年」等の条件は、②前年からの拡大面積に対する助成としてカウントしている。

最大値でいえば、①作付面積に対する助成が98,000円／10a、②前年からの作付け拡大面積に対する助成で98,000円／10aを設定するケースが確認された。

①作付面積に対する助成について、接続可能なデータの整理に基づけば、都道府県単位で統一設定しているケース地域では、助成金額がそれぞれ異なる。地域ごとに設定が異なるケースにおいて、産地交付金が設定される場合には、10,000～14,999円／10aの金額水準が多い。（図9-35、図9-36）。

（※）関連項目☞産地交付金の平均値の算出方法（利用者のために3(3)コ）

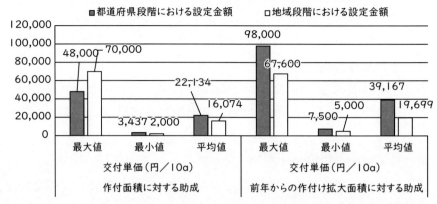

図9-33　果樹に対する産地交付金の設定金額（参考値）

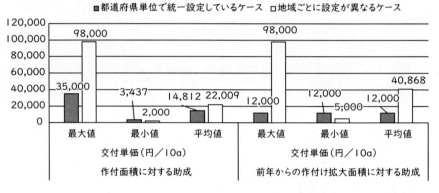

図9-34　果樹に対する産地交付金の設定金額（都道府県段階と地域段階の合算値）

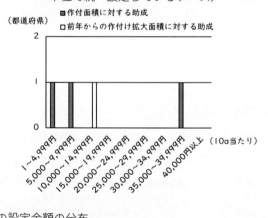

図9-35　果樹に対する産地交付金の設定金額の分布（都道府県段階と地域段階の合算値、都道府県単位で統一設定しているケース）

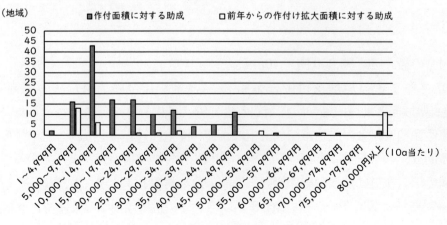

図9-36　果樹に対する産地交付金の設定金額の分布（都道府県段階と地域段階の合算値、地域ごとに設定が異なるケース）

190

都道府県農業再生協議会

●都道府県版水田フル活用ビジョンにおける推進の記述状況

(都道府県数)

| | | n | | ①②③いずれかの記述あり | | | ①②③の記述なし |
				生産主体①	地域条件②	土地条件③	
畑作物 （露地）	推進の記述あり	39	22	11	2	16	17
	推進の記述なし	0	−	−	−	−	−
畑作物 （施設）	推進の記述あり	39	13	8	0	8	26
	推進の記述なし	0	−	−	−	−	−
花き・ 花木	推進の記述あり	18	9	6	1	4	9
	推進の記述なし	21	−	−	−	−	−
果樹	推進の記述あり	15	5	3	3	2	10
	推進の記述なし	24	−	−	−	−	−

●都道府県段階での産地交付金の設定状況

| | 都道府県数 | | | 作付面積に対する助成 | | | | 前年からの作付け拡大面積に対する助成 | | | |
| | n | 交付金の
設定あり | 交付金の
設定なし | 交付金の
設定あり | 交付単価（円／10a） | | | 交付金の
設定あり | 交付単価（円／10a） | | |
					最大値	最小値	平均値		最大値	最小値	平均値
畑作物（露地）	26	18	8	17	50,000	3,437	19,686	7	98,000	7,000	32,071
畑作物（施設）	26	14	12	13	50,000	3,437	23,366	4	40,000	7,000	16,625
花き・花木	26	9	17	9	35,000	3,200	15,551	2	12,000	7,500	9,750
果樹	26	7	19	7	48,000	3,437	22,134	3	98,000	7,500	39,167

| | 数量に対する助成 | | | | 二毛作助成 | | | |
| | 交付金の
設定あり | 交付単価（円／kg） | | | 交付金の
設定あり | 交付単価（円／10a） | | |
		最大値	最小値	平均値		最大値	最小値	平均値
畑作物（露地）	0	−	−	−	2	15,000	6,000	10,500
畑作物（施設）	0	−	−	−	−	−	−	−
花き・花木	0	−	−	−	−	−	−	−
果樹	0	−	−	−	−	−	−	−

●都道府県段階で設定された産地交付金の金額の分布（面積当たりに支払われる助成）

（都道府県数）

畑作物（露地）		作付面積に対する助成	前年からの作付け拡大面積に対する助成	二毛作助成
畑作物（露地）	1～4,999円／10a	1	0	0
	5,000～9,999円／10a	3	2	1
	10,000～14,999円／10a	5	1	0
	15,000～19,999円／10a	1	0	1
	20,000～24,999円／10a	1	1	0
	25,000～29,999円／10a	1	0	0
	30,000～34,999円／10a	2	0	0
	35,000～39,999円／10a	1	0	0
	40,000～44,999円／10a	0	2	0
	45,000～49,999円／10a	1	0	0
	50,000～54,999円／10a	1	0	0
	55,000～59,999円／10a	0	0	0
	60,000～64,999円／10a	0	0	0
	65,000～69,999円／10a	0	0	0
	70,000～74,999円／10a	0	0	0
	75,000～79,999円／10a	0	0	0
	80,000円以上／10a	0	1	0
	計	17	7	2
畑作物（施設）	1～4,999円／10a	1	0	－
	5,000～9,999円／10a	1	2	－
	10,000～14,999円／10a	3	1	－
	15,000～19,999円／10a	1	0	－
	20,000～24,999円／10a	0	0	－
	25,000～29,999円／10a	1	0	－
	30,000～34,999円／10a	3	0	－
	35,000～39,999円／10a	1	0	－
	40,000～44,999円／10a	1	1	－
	45,000～49,999円／10a	0	0	－
	50,000～54,999円／10a	1	0	－
	55,000円以上／10a	0	0	－
	計	13	4	－

（都道府県数）

花き・花木		作付面積に対する助成	前年からの作付け拡大面積に対する助成	二毛作助成
花き・花木	1～4,999円／10a	2	0	－
	5,000～9,999円／10a	0	1	－
	10,000～14,999円／10a	3	1	－
	15,000～19,999円／10a	1	0	－
	20,000～24,999円／10a	1	0	－
	25,000～29,999円／10a	0	0	－
	30,000～34,999円／10a	1	0	－
	35,000～39,999円／10a	1	0	－
	40,000円以上／10a	0	0	－
	計	9	2	－
果樹	1～4,999円／10a	1	0	－
	5,000～9,999円／10a	0	1	－
	10,000～14,999円／10a	1	1	－
	15,000～19,999円／10a	0	0	－
	20,000～24,999円／10a	1	0	－
	25,000～29,999円／10a	0	0	－
	30,000～34,999円／10a	1	0	－
	35,000～39,999円／10a	1	0	－
	40,000～44,999円／10a	0	0	－
	45,000～49,999円／10a	1	0	－
	50,000～54,999円／10a	0	0	－
	55,000～59,999円／10a	0	0	－
	60,000～64,999円／10a	0	0	－
	65,000～69,999円／10a	0	0	－
	70,000～74,999円／10a	0	0	－
	75,000～79,999円／10a	0	0	－
	80,000円以上／10a	0	1	－
	計	7	3	－

地域農業再生協議会

●地域版水田フル活用ビジョンにおける推進の記述状況

（地域数）

		n	①②③いずれかの記述あり	生産主体①	地域条件②	土地条件③	①②③の記述なし
畑作物（露地）	推進の記述あり	729	257	130	40	167	472
	推進の記述なし	30	－	－	－	－	－
畑作物（施設）	推進の記述あり	729	169	95	17	94	560
	推進の記述なし	30	－	－	－	－	－
花き・花木	推進の記述あり	323	65	25	11	36	258
	推進の記述なし	436	－	－	－	－	－
果樹	推進の記述あり	190	40	14	8	21	150
	推進の記述なし	569	－	－	－	－	－

●地域段階における産地交付金の設定状況

	地域数			作付面積に対する助成				前年からの作付け拡大面積に対する助成			
	n	交付金の設定あり	交付金の設定なし	交付金の設定あり	交付単価（円／10a）			交付金の設定あり	交付単価（円／10a）		
					最大値	最小値	平均値		最大値	最小値	平均値
畑作物（露地）	587	556	31	550	100,000	2,000	24,187	22	300,000	3,000	35,809
畑作物（施設）	587	523	64	520	75,000	2,000	22,380	16	300,000	3,250	44,000
花き・花木	587	389	198	386	63,000	1,657	17,567	13	300,000	1,000	39,513
果樹	587	241	346	216	70,000	2,000	16,074	31	67,600	5,000	19,699

	数量に対する助成				二毛作助成			
	交付金の設定あり	交付単価（円／kg）			交付金の設定あり	交付単価（円／10a）		
		最大値	最小値	平均値		最大値	最小値	平均値
畑作物（露地）	2	300	4	152	74	50,000	2,000	14,358
畑作物（施設）	0	—	—	—	—	—	—	—
花き・花木	0	—	—	—	—	—	—	—
果樹	0	—	—	—	—	—	—	—

●地域段階で設定された産地交付金の金額の分布（面積当たりに支払われる助成）

（地域数）

		作付面積に対する助成	前年からの作付け拡大面積に対する助成	二毛作助成
畑作物（露地）	1～4,999円	5	2	9
	5,000～9,999円	45	5	14
	10,000～14,999円	111	3	13
	15,000～19,999円	67	0	17
	20,000～24,999円	76	3	13
	25,000～29,999円	55	1	5
	30,000～34,999円	62	2	0
	35,000～39,999円	42	2	1
	40,000～44,999円	32	1	0
	45,000～49,999円	14	0	1
	50,000～54,999円	33	1	1
	55,000～59,999円	2	0	0
	60,000～64,999円	2	0	0
	65,000～69,999円	1	0	0
	70,000～74,999円	0	0	0
	75,000～79,999円	1	0	0
	80,000円以上	2	2	0
	計	550	22	74
畑作物（施設）	1～4,999円	9	1	—
	5,000～9,999円	55	3	—
	10,000～14,999円	115	2	—
	15,000～19,999円	74	0	—
	20,000～24,999円	65	2	—
	25,000～29,999円	52	1	—
	30,000～34,999円	45	2	—
	35,000～39,999円	29	1	—
	40,000～44,999円	25	0	—
	45,000～49,999円	13	0	—
	50,000～54,999円	32	2	—
	55,000～59,999円	4	0	—
	60,000～64,999円	1	0	—
	65,000～69,999円	0	0	—
	70,000～74,999円	0	0	—
	75,000～79,999円	1	0	—
	80,000円以上	0	2	—
	計	520	16	—

（地域数）

		作付面積に対する助成	前年からの作付け拡大面積に対する助成	二毛作助成
花き・花木	1～4,999円	12	1	—
	5,000～9,999円	64	3	—
	10,000～14,999円	118	2	—
	15,000～19,999円	60	0	—
	20,000～24,999円	42	2	—
	25,000～29,999円	25	0	—
	30,000～34,999円	21	3	—
	35,000～39,999円	16	0	—
	40,000～44,999円	14	1	—
	45,000～49,999円	4	0	—
	50,000～54,999円	9	0	—
	55,000～59,999円	0	0	—
	60,000～64,999円	1	0	—
	65,000～69,999円	0	0	—
	70,000～74,999円	0	0	—
	75,000～79,999円	0	0	—
	80,000円以上	0	1	—
	計	386	13	—
果樹	1～4,999円	8	0	—
	5,000～9,999円	44	8	—
	10,000～14,999円	67	10	—
	15,000～19,999円	37	2	—
	20,000～24,999円	22	2	—
	25,000～29,999円	8	1	—
	30,000～34,999円	14	4	—
	35,000～39,999円	4	0	—
	40,000～44,999円	5	0	—
	45,000～49,999円	2	0	—
	50,000～54,999円	4	3	—
	55,000～59,999円	0	0	—
	60,000～64,999円	0	0	—
	65,000～69,999円	0	1	—
	70,000～74,999円	1	0	—
	75,000円以上	0	0	—
	計	216	31	—

都道府県段階と地域段階の合算値

●産地交付金の設定状況

			n	交付金の設定あり	交付金の設定なし	作付面積に対する助成 交付金の設定あり	交付単価（円／10a）最大値	最小値	平均値	前年からの作付け拡大面積に対する助成 交付金の設定あり	交付単価（円／10a）最大値	最小値	平均値
畑作物（露地）	都道府県単位で統一設定しているケース		6都道府県	6	0	6	35,000	3,437	12,156	3	20,000	7,000	13,000
	地域ごとに設定が異なるケース		328地域	321	7	320	98,000	4,800	31,718	55	196,000	3,000	42,574
	内訳	北海道・東北	66地域	66	0	65	75,000	10,000	37,140	19	80,000	3,000	31,200
		北陸	31地域	30	1	30	98,000	6,600	44,495	11	196,000	98,000	106,909
		関東・東山	3都道府県	3	0	3	9,000	3,437	5,979	1	20,000	20,000	20,000
		関東・東山	38地域	38	0	38	57,100	12,000	29,890	11	40,000	40,000	40,000
		東海	9地域	7	2	7	17,000	6,000	11,214	0	—	—	—
		近畿	1都道府県	1	0	1	35,000	35,000	35,000	1	12,000	12,000	12,000
		近畿	54地域	53	1	53	65,820	17,820	35,158	0	—	—	—
		中国	36地域	35	1	35	70,500	8,000	35,085	12	14,000	7,500	8,313
		四国	1都道府県	1	0	1	10,000	10,000	10,000	0			
		四国	30地域	29	1	29	40,000	6,000	17,853	1	8,000	8,000	8,000
		九州・沖縄	1都道府県	1	0	1	10,000	10,000	10,000	1	7,000	7,000	7,000
		九州・沖縄	64地域	63	1	63	77,000	4,800	25,037	1	25,000	25,000	25,000
畑作物（施設）	都道府県単位で統一設定しているケース		6都道府県	5	1	5	35,000	3,437	13,487	2	12,000	7,000	9,500
	地域ごとに設定が異なるケース		328地域	301	27	300	88,000	4,800	29,641	32	98,000	5,000	23,961
	内訳	北海道・東北	66地域	61	5	60	52,000	5,120	28,478	17	40,000	5,000	31,765
		北陸	31地域	28	3	28	83,000	10,000	38,781	1	98,000	98,000	98,000
		関東・東山	3都道府県	2	1	2	9,000	3,437	6,219	0	—	—	—
		関東・東山	38地域	38	0	38	80,000	10,000	35,498	0	—	—	—
		東海	9地域	5	4	5	15,000	10,000	12,500	0	—	—	—
		近畿	1都道府県	1	0	1	35,000	35,000	35,000	1	12,000	12,000	12,000
		近畿	54地域	51	3	51	88,000	10,000	36,319	0	—	—	—
		中国	36地域	32	4	32	60,500	5,000	29,579	12	10,750	7,500	7,979
		四国	1都道府県	1	0	1	10,000	10,000	10,000	0			
		四国	30地域	26	4	26	50,000	6,000	20,697	1	8,000	8,000	8,000
		九州・沖縄	1都道府県	1	0	1	10,000	10,000	10,000	1	7,000	7,000	7,000
		九州・沖縄	64地域	60	4	60	77,000	4,800	22,490	1	25,000	25,000	25,000
花き・花木	都道府県単位で統一設定しているケース		6都道府県	4	2	4	35,000	3,437	14,609	1	12,000	12,000	12,000
	地域ごとに設定が異なるケース		328地域	240	88	239	59,300	1,657	20,720	18	40,000	5,000	11,139
	内訳	北海道・東北	66地域	56	10	56	50,000	5,120	25,595	5	40,000	5,000	16,000
		北陸	31地域	14	17	14	42,000	1,657	18,952	0	—	—	—
		関東・東山	3都道府県	1	2	1	3,437	3,437	3,437	0	—	—	—
		関東・東山	38地域	31	7	31	41,000	10,000	22,224	0	—	—	—
		東海	9地域	2	7	2	10,000	6,600	8,300	0	—	—	—
		近畿	1都道府県	1	0	1	35,000	35,000	35,000	1	12,000	12,000	12,000
		近畿	54地域	45	9	44	50,000	3,000	19,797	1	30,000	30,000	30,000
		中国	36地域	25	11	25	59,300	10,000	28,324	11	7,500	7,500	7,500
		四国	1都道府県	1	0	1	10,000	10,000	10,000	0			
		四国	30地域	18	12	18	40,000	6,500	15,347	1	8,000	8,000	8,000
		九州・沖縄	1都道府県	1	0	1	10,000	10,000	10,000	0			
		九州・沖縄	64地域	49	15	49	25,000	4,800	14,131	0	—	—	—
果樹	都道府県単位で統一設定しているケース		6都道府県	3	3	3	35,000	3,437	14,812	1	12,000	12,000	12,000
	地域ごとに設定が異なるケース		328地域	154	174	142	98,000	2,000	22,009	37	98,000	5,000	40,868
	内訳	北海道・東北	66地域	31	35	27	70,000	5,000	21,689	7	50,000	5,000	18,571
		北陸	31地域	18	13	18	98,000	10,000	42,550	11	98,000	98,000	98,000
		関東・東山	3都道府県	1	2	1	3,437	3,437	3,437	0	—	—	—
		関東・東山	38地域	27	11	27	41,000	10,000	19,140	0	—	—	—
		東海	9地域	0	9	0	—	—	—	0	—	—	—
		近畿	1都道府県	1	0	1	35,000	35,000	35,000	1	12,000	12,000	12,000
		近畿	54地域	26	28	23	30,000	2,000	13,607	3	50,000	30,000	36,667
		中国	36地域	17	19	17	55,500	5,000	33,145	11	12,500	7,500	7,955
		四国	1都道府県	1	0	1	6,000	6,000	6,000	0			
		四国	30地域	10	20	8	14,000	8,000	10,906	2	8,000	5,000	6,500
		九州・沖縄	1都道府県	0	1	0	—	—	—	0	—	—	—
		九州・沖縄	64地域	25	39	22	30,000	4,800	13,332	3	67,600	13,000	31,200

		n	数量に対する助成				二毛作助成			
			交付金の設定あり	交付単価成（円／kg）			交付金の設定あり	交付単価（円／10a）		
				最大値	最小値	平均値		最大値	最小値	平均値
畑作物（露地）	都道府県単位で統一設定しているケース	6都道府県	0	—	—	—	2	15,000	6,000	10,500
	地域ごとに設定が異なるケース	328地域	1	4	4	4	44	50,000	2,000	14,876
	内訳 北海道・東北	66地域	0	—	—	—	3	20,000	5,000	12,333
	北陸	31地域	0	—	—	—	5	48,000	5,000	20,800
	関東・東山	3都道府県	0	—	—	—	0	—	—	—
	関東・東山	38地域	0	—	—	—	3	20,000	3,500	13,833
	東海	9地域	0	—	—	—	1	11,000	11,000	11,000
	近畿	1都道府県	0	—	—	—	0	—	—	—
	近畿	54地域	1	4	4	4	18	50,000	2,000	14,698
	中国	36地域	0	—	—	—	1	15,000	15,000	15,000
	四国	1都道府県	0	—	—	—	1	6,000	6,000	6,000
	四国	30地域	0	—	—	—	1	25,000	25,000	25,000
	九州・沖縄	1都道府県	0	—	—	—	1	15,000	15,000	15,000
	九州・沖縄	64地域	0	—	—	—	12	20,000	6,500	13,042
畑作物（施設）	都道府県単位で統一設定しているケース	6都道府県	0	—	—	—	—	—	—	—
	地域ごとに設定が異なるケース	328地域	0	—	—	—	—	—	—	—
	内訳 北海道・東北	66地域	0	—	—	—	—	—	—	—
	北陸	31地域	0	—	—	—	—	—	—	—
	関東・東山	3都道府県	0	—	—	—	—	—	—	—
	関東・東山	38地域	0	—	—	—	—	—	—	—
	東海	9地域	0	—	—	—	—	—	—	—
	近畿	1都道府県	0	—	—	—	—	—	—	—
	近畿	54地域	0	—	—	—	—	—	—	—
	中国	36地域	0	—	—	—	—	—	—	—
	四国	1都道府県	0	—	—	—	—	—	—	—
	四国	30地域	0	—	—	—	—	—	—	—
	九州・沖縄	1都道府県	0	—	—	—	—	—	—	—
	九州・沖縄	64地域	0	—	—	—	—	—	—	—
花き・花木	都道府県単位で統一設定しているケース	6都道府県	0	—	—	—	—	—	—	—
	地域ごとに設定が異なるケース	328地域	0	—	—	—	—	—	—	—
	内訳 北海道・東北	66地域	0	—	—	—	—	—	—	—
	北陸	31地域	0	—	—	—	—	—	—	—
	関東・東山	3都道府県	0	—	—	—	—	—	—	—
	関東・東山	38地域	0	—	—	—	—	—	—	—
	東海	9地域	0	—	—	—	—	—	—	—
	近畿	1都道府県	0	—	—	—	—	—	—	—
	近畿	54地域	0	—	—	—	—	—	—	—
	中国	36地域	0	—	—	—	—	—	—	—
	四国	1都道府県	0	—	—	—	—	—	—	—
	四国	30地域	0	—	—	—	—	—	—	—
	九州・沖縄	1都道府県	0	—	—	—	—	—	—	—
	九州・沖縄	64地域	0	—	—	—	—	—	—	—
果樹	都道府県単位で統一設定しているケース	6都道府県	0	—	—	—	—	—	—	—
	地域ごとに設定が異なるケース	328地域	0	—	—	—	—	—	—	—
	内訳 北海道・東北	66地域	0	—	—	—	—	—	—	—
	北陸	31地域	0	—	—	—	—	—	—	—
	関東・東山	3都道府県	0	—	—	—	—	—	—	—
	関東・東山	38地域	0	—	—	—	—	—	—	—
	東海	9地域	0	—	—	—	—	—	—	—
	近畿	1都道府県	0	—	—	—	—	—	—	—
	近畿	54地域	0	—	—	—	—	—	—	—
	中国	36地域	0	—	—	—	—	—	—	—
	四国	1都道府県	0	—	—	—	—	—	—	—
	四国	30地域	0	—	—	—	—	—	—	—
	九州・沖縄	1都道府県	0	—	—	—	—	—	—	—
	九州・沖縄	64地域	0	—	—	—	—	—	—	—

●産地交付金の金額の分布（面積当たりに支払われる助成、都道府県単位で統一設定しているケース）

		作付面積に対する助成	前年からの作付け拡大面積に対する助成	二毛作助成
畑作物（露地）	1〜4,999円／10a	1	0	0
	5,000〜9,999円／10a	2	1	1
	10,000〜14,999円／10a	2	1	0
	15,000〜19,999円／10a	0	0	1
	20,000〜24,999円／10a	0	1	0
	25,000〜29,999円／10a	0	0	0
	30,000〜34,999円／10a	0	0	0
	35,000〜39,999円／10a	1	0	0
	40,000以上／10a	0	0	0
	計	6	3	2
畑作物（施設）	1〜4,999円／10a	1	0	−
	5,000〜9,999円／10a	1	1	−
	10,000〜14,999円／10a	2	1	−
	15,000〜19,999円／10a	0	0	−
	20,000〜24,999円／10a	0	0	−
	25,000〜29,999円／10a	0	0	−
	30,000〜34,999円／10a	0	0	−
	35,000〜39,999円／10a	1	0	−
	40,000以上／10a	0	0	−
	計	5	2	−
花き・花木	1〜4,999円／10a	1	0	−
	5,000〜9,999円／10a	0	0	−
	10,000〜14,999円／10a	2	1	−
	15,000〜19,999円／10a	0	0	−
	20,000〜24,999円／10a	0	0	−
	25,000〜29,999円／10a	0	0	−
	30,000〜34,999円／10a	0	0	−
	35,000〜39,999円／10a	1	0	−
	40,000以上／10a	0	0	−
	計	4	1	−
果樹	1〜4,999円／10a	1	0	−
	5,000〜9,999円／10a	1	0	−
	10,000〜14,999円／10a	0	1	−
	15,000〜19,999円／10a	0	0	−
	20,000〜24,999円／10a	0	0	−
	25,000〜29,999円／10a	0	0	−
	30,000〜34,999円／10a	0	0	−
	35,000〜39,999円／10a	1	0	−
	40,000以上／10a	0	0	−
	計	3	1	−

●産地交付金の金額の分布（面積当たりに支払われる助成、地域ごとに設定が異なるケース）

（地域数）

		作付面積に対する助成	前年からの作付け拡大面積に対する助成	二毛作助成
畑作物（露地）	1～4,999円／10a	1	1	5
	5,000～9,999円／10a	6	14	8
	10,000～14,999円／10a	49	3	8
	15,000～19,999円／10a	29	0	10
	20,000～24,999円／10a	32	2	8
	25,000～29,999円／10a	42	1	3
	30,000～34,999円／10a	37	0	0
	35,000～39,999円／10a	26	0	0
	40,000～44,999円／10a	29	22	0
	45,000～49,999円／10a	22	0	1
	50,000～54,999円／10a	17	0	1
	55,000～59,999円／10a	7	0	0
	60,000～64,999円／10a	5	0	0
	65,000～69,999円／10a	4	0	0
	70,000～74,999円／10a	5	0	0
	75,000～79,999円／10a	3	0	0
	80,000円以上／10a	6	12	0
	計	320	55	44
畑作物（施設）	1～4,999円／10a	1	0	－
	5,000～9,999円／10a	10	13	－
	10,000～14,999円／10a	54	3	－
	15,000～19,999円／10a	36	0	－
	20,000～24,999円／10a	30	2	－
	25,000～29,999円／10a	34	1	－
	30,000～34,999円／10a	27	0	－
	35,000～39,999円／10a	22	0	－
	40,000～44,999円／10a	30	12	－
	45,000～49,999円／10a	12	0	－
	50,000～54,999円／10a	15	0	－
	55,000～59,999円／10a	10	0	－
	60,000～64,999円／10a	5	0	－
	65,000～69,999円／10a	4	0	－
	70,000～74,999円／10a	4	0	－
	75,000～79,999円／10a	2	0	－
	80,000円以上／10a	4	1	－
	計	300	32	－

（地域数）

		作付面積に対する助成	前年からの作付け拡大面積に対する助成	二毛作助成
花き・花木	1～4,999円／10a	8	0	－
	5,000～9,999円／10a	18	14	－
	10,000～14,999円／10a	64	1	－
	15,000～19,999円／10a	41	0	－
	20,000～24,999円／10a	33	1	－
	25,000～29,999円／10a	20	0	－
	30,000～34,999円／10a	16	1	－
	35,000～39,999円／10a	9	0	－
	40,000～44,999円／10a	17	1	－
	45,000～49,999円／10a	5	0	－
	50,000～54,999円／10a	6	0	－
	55,000～59,999円／10a	2	0	－
	60,000～64,999円／10a	0	0	－
	65,000～69,999円／10a	0	0	－
	70,000～74,999円／10a	0	0	－
	75,000～79,999円／10a	0	0	－
	80,000円以上／10a	0	0	－
	計	239	18	－
果樹	1～4,999円／10a	2	0	－
	5,000～9,999円／10a	16	13	－
	10,000～14,999円／10a	43	6	－
	15,000～19,999円／10a	17	0	－
	20,000～24,999円／10a	17	1	－
	25,000～29,999円／10a	10	1	－
	30,000～34,999円／10a	12	2	－
	35,000～39,999円／10a	4	0	－
	40,000～44,999円／10a	5	0	－
	45,000～49,999円／10a	11	0	－
	50,000～54,999円／10a	0	2	－
	55,000～59,999円／10a	1	0	－
	60,000～64,999円／10a	0	0	－
	65,000～69,999円／10a	1	1	－
	70,000～74,999円／10a	1	0	－
	75,000～79,999円／10a	0	0	－
	80,000円以上／10a	2	11	－
	計	142	37	－

第 10 章

その他（地力増進作物・景観形成作物・不作付地の解消・中山間地域・畑地化の推進）の振興と産地交付金

地力増進作物の振興と産地交付金

1 地力増進作物は特別な場合に産地交付金の交付対象となる

　2018年度の産地交付金の見直しのポイントの一つに、「地域の実情に応じ、収益力の向上に資する取組を後押し」することが掲げられている。そして、産地交付金の運用として、主食用米、備蓄米、不作付地への助成は行わないことが強調された。

　また、地力増進作物や景観形成作物等、所得増加に直接寄与しない作物への助成は原則不可となった。ただし、災害復旧に時間を要す場合や、連作による地力低下を回復する必要がある等、地域における水田農業の振興の観点から、地方農政局長等がやむを得ないと判断した場合には、特別に交付対象とすることができる。

2 地力増進作物の推進が記載されているのは地域版水田フル活用ビジョン

　地力増進作物の推進の記載率は、都道府県版が０％である（※）。対して地域版では５％に記載が確認される。地力増進作物への産地交付金の設定は、原則不可であることを背景に、記載率は低く、また特別に交付対象となることから、記載されている場合には、①生産主体、②地域条件、③土地条件のいずれかの記載を伴っているが多い（図10-1）。

　（※）関連項目☞第10章統計データ

図10-1　地域版水田フル活用ビジョンにおける「地力増進作物の推進」の記載状況

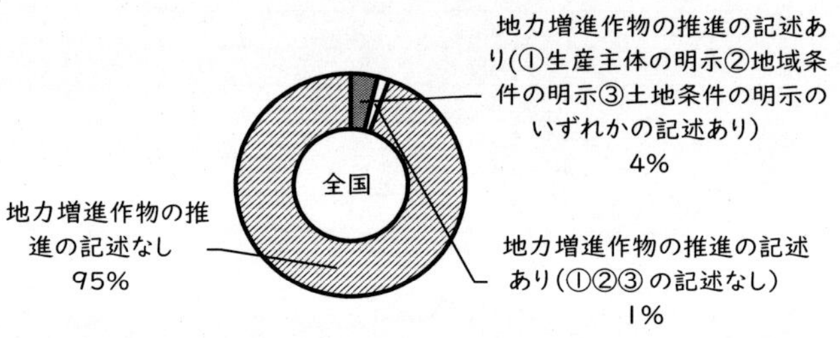

地力増進作物の推進の記述あり（①生産主体の明示②地域条件の明示③土地条件の明示のいずれかの記述あり）4%

地力増進作物の推進の記述なし 95%

地力増進作物の推進の記述あり（①②③の記述なし）1%

3 地力増進作物の推進はほぼ全てで土地条件の記載が伴う

　地力増進作物について、①生産主体の明示、②地域条件の明示、③土地条件の明示、のいずれかが記載された水田フル活用ビジョンのうち、①、②、③の記載率を示したのが図10-2である。都道府県版には記載がないため、地域版の値のみ示している。水田フル活用ビジョンに地力増進作物の推進が記載される場合には、ほぼ全てで土地条件の記載が伴っていることが確認できる。

図10-2　「地力増進作物の推進」に関する生産主体・地域条件・土地条件の記載率

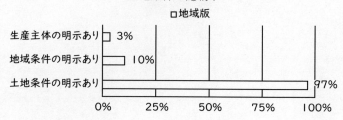

□地域版
生産主体の明示あり 3%
地域条件の明示あり 10%
土地条件の明示あり 97%

4　地力増進作物の推進は、主にブロックローテーション、災害、条件不利地域、耕作放棄地に関連

　①生産主体、②地域条件、③土地条件について、具体的な記載状況は次の通りである。

　まず、生産主体の明示例には、「ブロックローテーションに協力する一般農家」との記載があった。

　次に、地域条件には、「豪雨災害に伴う被災水田」、「中山間地域」、「条件不利地域」との記載があった。

　土地条件については、①輪作体系に伴う地力増進に関する記述、②災害に関する記述、③耕作放棄地に関する記述、に大別できる。

　輪作体系に関しては、「輪作体系維持」、「連作の回避」、「連作障害の回避」、「輪作体系を確立」、「ブロックローテーション」、「ブロックローテーションの維持」、「水稲作と水稲作の間に作付け地力増進作物」といった記載が多い。

　災害については、水害等「自然災害で被災した農地の復旧」として推進するケースがある。なお、農地の復旧に関しては、災害ではないが、「基盤整備事業による整備1年目の大区画圃場」作目として、地力増進作物を推進するケースもある。

　このほか、「耕作放棄地の解消」や、「水田の休耕状態の防止」、「耕作放棄地の発生を未然に防止」という位置づけで地力増進作物を推進するケースがる。

　以上のほかには、単に「大区画圃場」での生産を掲げているケースや、「麦、大豆、野菜の作付ができない水田」や、「担い手不足などの理由から地力の低い水田」の活用として、地力増進作物を推進するケースがある。

5　産地交付金は地域段階のみで設定されている

　地力増進作物に対する産地交付金の設定は、都道府県段階では確認されなかった（※）。他の作物では、水田フル活用ビジョンに記載していない項目について産地交付金が設定されるケースもあるが、地力増進作物については都道府県段階において、記載しないことと、産地交付金を設定しないこととの一貫性が保たれている。

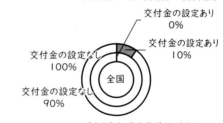

図 10-3　地力増進作物に対する産地交付金の設定状況（都道府県段階と地域段階の合算値）

交付金の設定あり　0%
交付金の設定あり　10%
交付金の設定なし　100%
交付金の設定なし　90%
全国
（内側）都道府県単位で統一設定しているケース
（外側）地域ごとに設定が異なるケース

　結果的に、産地交付金を都道府県単位で統一設定しているケースでは、地力増進作物に対する産地交付金の設定は確認されなかった。地域ごとに設定が異なるケースでは10％で地力増進作物に対する産地交付金が設定されていた（図 10-3）

（※）関連項目☞第 10 章統計データ

6　地力増進作物への産地交付金は平均 10,282 円／10a だが、40,000 円／10a を超える地域もある

　地力増進作物に対する産地交付金の設定方法は、①作付面積に対する助成、の1種類のみ確認された。①作付面積に対する助成、は面積当たりで交付金が決まっている。

　産地交付金を都道府県単位で統一設定しているケースでは、地力増進作物に対する産地交付金の設定は確認されなかったため、地域段階における設定金額に着目すると、平均は 10,282 円／10aである（図 10-4）（※）。

　ちなみに、回収した地域版のデータ全ての設定金額の分布を示したのが図 10-5 である。5,000～9,999 円／10a が最も多く、次いで 5,000 円／10a 未満が多い。なかには、40,000 円／10a

を超えるケースがあることも確認された。

（※）関連項目☞第10章統計データ

図10-4　地力増進作物に対する産地交付金の設定金額（参考値、地域段階）

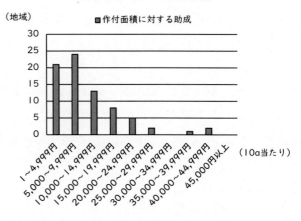

図10-5　地力増進作物に対する産地交付金の設定金額の分布（参考値、地域段階）

景観形成作物の振興と産地交付金

7　景観形成作物は特別な場合に産地交付金の交付対象となる

　2018年度の産地交付金の見直しのポイントの一つに、「地域の実情に応じ、収益力の向上に資する取組を後押し」することが掲げられている。そして、産地交付金の運用として、主食用米、備蓄米、不作付地への助成は行わないことが強調された。

　また、景観形成作物や地力増進作物等、所得増加に直接寄与しない作物への助成は原則不可となった。ただし、災害復旧に時間を要す場合や、連作による地力低下を回復する必要がある等、地域における水田農業の振興の観点から、地方農政局長等がやむを得ないと判断した場合には、特別に交付対象とすることができる。

8　景観形成作物の推進が記載されているのは地域版水田フル活用ビジョン

　景観形成作物の推進の記載率は、都道府県版が0％である（※）。対して地域版では1％に記載が確認される。地力増進作物への産地交付金の設定は、原則不可であることを背景に、記載率は低く、また特別に交付対象となることから、記載されている場合には、①生産主体、②地域条件、③土地条件のいずれかの記載を伴っている（図10-6）。

（※）関連項目☞第10章統計データ

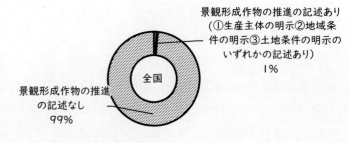

図10-6　地域版水田フル活用ビジョンにおける「景観形成作物の推進」の記載状況

9　景観形成作物の推進は、地域条件と土地条件の記載率が高い

　景観形成作物について、①生産主体の明示、②地域条件の明示、③土地条件の明示、のいずれ

かが記載された水田フル活用ビジョンのうち、①、②、③の記載率を示したのが図10-7である。都道府県版には記載がないため、地域版の値のみ示している。分析対象が少ないものの、生産主体と比較して、地域条件や土地条件が記載されやすい傾向が確認できる。

図10-7 「景観形成作物の推進」に関する生産主体・地域条件・土地条件の記載率

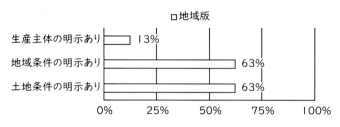

10 景観形成作物の推進は、観光スポットや耕作放棄地対策等に関連

①生産主体、②地域条件、③土地条件について、具体的な記載状況は次の通りである。

まず、生産主体の明示例には、「小規模生産者」という記載があった。

次に、地域条件については、「観光スポットとなっているA地区」、「交流施設の周辺地域」といった観光スポット等に関連させて推進を図ろうとする記述のほか、「宅地周辺」の景観形成として推進するケースがある。このほか、中山間地域や、豪雨災害の被災地域での振興を掲げるケースがあった。

土地条件については、ほぼ全てが耕作放棄地対策に関連する記述であり、「遊休農地化の防止」、「耕作放棄地の解消」、「耕作放棄地の抑制」、「水田の休耕状態の防止」等として景観形成作物を位置づけており、「自給率向上につながる作物の作付が困難な農地」での作付けを誘導するケースもある。

なお、1事例のみ「連作回避」として景観形成作物を位置づけていた。

11 産地交付金は地域段階のみで設定されている

景観形成作物に対する産地交付金の設定は、都道府県段階では確認されなかった（※）。他の作物では、水田フル活用ビジョンに記載していない項目について産地交付金が設定されるケースもあるが、景観形成作物については都道府県段階において、記載しないことと、産地交付金を設定しないこととの一貫性が保たれている。

結果的に、産地交付金を都道府県単位で統一設定しているケースでは、景観形成作物に対する産地交付金の設定は確認されなかった。地域ごとに設定が異なるケースでは4％で景観形成作物に対する産地交付金が設定されていた（図10-8）

図10-8 景観形成作物に対する産地交付金の設定状況（都道府県段階と地域段階の合算値）

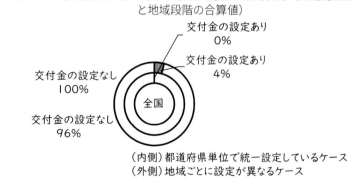

（内側）都道府県単位で統一設定しているケース
（外側）地域ごとに設定が異なるケース

（※）関連項目☞第10章統計データ

12 景観形成作物への産地交付金は平均10,129円／10aだが、30,000円／10a以上の地域もある

景観形成作物に対する産地交付金の設定方法は、①作付面積に対する助成、の1種類のみ確認された。①作付面積に対する助成、は面積当たりで交付金が決まっている。

産地交付金を都道府県単位で統一設定しているケースでは、地力増進作物に対する産地交付金の設定は確認されなかったため、地域段階における設定金額に着目すると、平均は10,129円／10aである（図10-9）（※）。

ちなみに、回収した地域版のデータ全ての設定金額の分布を示したのが図10-10である。10,000〜14,999円／10aが最も多く、次いで5,000〜9,999円／10aが多い。1事例であるが、30,000円／10a以上を設定するケースがあることも確認された。

（※）関連項目☞第10章統計データ

図10-9　景観形成作物に対する産地交付金の設定金額（参考値、地域段階）

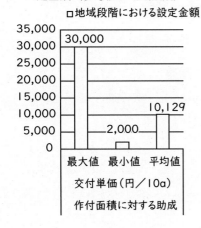

図10-10　景観形成作物に対する産地交付金の設定金額の分布（参考値、地域段階）

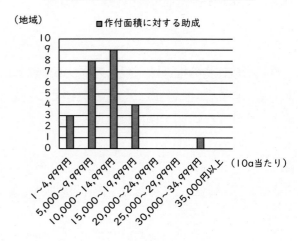

不作付地の解消の推進と産地交付金

13　不作付地の解消の記載率は約1割と低い

　2017年度までの水田フル活用ビジョンには、国が示した水田フル活用ビジョンの様式に「不作付地の解消」が掲げられていたため記載率が高かったが、様式から「不作付地の解消」が外された2018年度には、記載率が大きく下がった。

　2018年度版の記載率は、都道府県版の10％、地域版の11％に過ぎない（図10-11）。

図10-11　水田フル活用ビジョンにおける「不作付地の解消」の記載状況

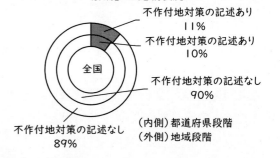

14　不作付地の解消は、具体的な方策を伴って記載されることが多い

　水田フル活用ビジョンに不作付地の解消が記載される際には、具体的な方策を掲げるケースと、「不作付地を減らす取り組みを行う」等の抽象的な表現にとどまるケースがある。

　水田フル活用ビジョンに不作付地の解消が記載されているもののうち、具体的な方策の記載率は、都道府県版の75％、地域版の83％であり、具体的な方策を伴って記載されることが多いことが確認できる（図10-12）。

図10-12　「不作付地の解消」の具体的方策の記載状況

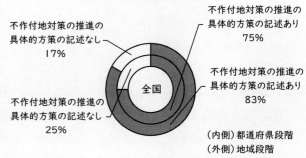

15　不作付地の解消の具体的方策は、非主食用米の生産が最も多い

不作付地の解消の具体的方策の記述内容は、都道府県版では３事例あり、「地力増進作物や景観形成作物」、「調整水田等への非主食用米の作付け拡大」、「飼料用米や地域振興作物等の作付」である。

地域版では70事例あり、その記載状況内訳を図10-13に示した。具体的方策が複数記載される

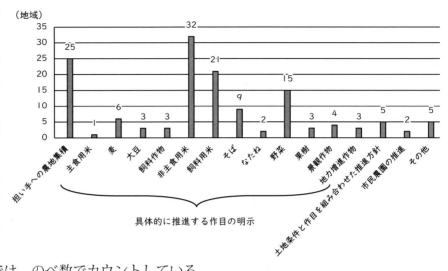

図10-13　「不作付地の解消」の具体的方策の記載状況（地域農業再生協議会）

ケースも多いため、ここでは、のべ数でカウントしている。

まず、大別して、①担い手への農地集積、②具体的な作目を明示した上での作付推進、③土地条件と作目を組み合わせた推進方針、④市民農園の推進、⑤その他、がある。

このうち、②具体的な作目を明示した上での作付推進、が最も多かったため、図10-13では、品目ごとに分けたほか、とくに多かった非主食用米については、全体の数と、飼料用米の内訳を明示している。

この結果、不作付地の解消の具体的方策は、非主食用米の生産が最も多いことが確認できる。なお、非主食用米には、加工用米・新規需要米（飼料用米、米粉用米、WCS用稲）・新市場開拓用米・備蓄米があるが、その中でもとくに飼料用米の生産を、不作付地解消の具体的方策として位置付けているケースが多い。

非主食用米の生産について、次いで、担い手への農地集積が多い。なお、「土地条件と作目を組み合わせた推進方針」とは、比較的条件の悪い圃場では山菜を推進し、比較的条件の良い圃場では飼料用米やそばを推進する、というように、土地条件とセットして不作付地の解消のための推進作目を明示しているケースである。

16　不作付地の解消を要件とした産地交付金はあるが、事例数は少ない

産地交付金は、不作付地への助成は行わないこととなっているが、これは何もしていない水田への助成を認めないということであり、不作付地の解消を要件とした産地交付金を設定することはできる。

水田フル活用ビジョンにおいては、作目別にみると不作付地の解消を明示するケースが多いが（※）、実際に不作付地の解消を要件に掲げて産地交付金を設定するケースは少ない。

本調査で回収できたもののうち、産地交付金を設定する上で、不作付地の解消を具体的な交付対象としていたのは、３地域農業再生協議会に限られていた。「不作付地解消加算」等の名目であり、交付単価は、30,000円／10aが１地域農業再生協議会、10,000円／10aが２地域農業再生協議会であった。

（※）関連項目☞土地条件の明示例は、大区画化・農地集積が多いが、栽培手法や荒廃防止の観点の記述もある（第７章６）、土地条件の明示例は、排水対策や輪作体系に関する記述が多い（第７章11、第７章18）、土地条件の明示例は、排水対策や輪作

第10章

その他（地力増進作物・景観形成作物・畑地化の推進）の振興と産地交付金
不作付地の解消・中山間地域・

体系のほか、資源循環や耕作放棄防止に関する記述が多い（第7章25）、土地条件の明示例は、排水対策や輪作体系のほか、不作付対策に関する記述が多い（第7章32、第7章38）、土地条件の明示例は、水稲以外の作付けが困難な田や不作付地の解消に関する記述が多い（第8章5）、土地条件の明示例は、主食用米からの転換のほか、水稲以外の作付けが困難な田や不作付地の解消に関する記述が多い（第8章12）、土地条件の明示例は、水稲以外の作付けが困難な田に関する記述が多い（第8章19、第8章33、第8章40）

中山間地域を要件とした産地交付金

17　中山間地域を要件とした産地交付金はあるが、事例数は少ない

　水田フル活用ビジョンにおいては、作目別にみると、中山間地域における作付推進を明示するケースが多いが、実際に中山間地域を要件に掲げて産地交付金を設定するケースは少ない。

　本書の調査結果では、5地域農業再生協議会について、中山間地域を要件に掲げて産地交付金が設定されていることを確認した。

　これら5地域農業再生協議会は、東北・北陸地域に所在しており、交付額は、8,000円／10a、9,000円／10a、10,000円／10a、12,000円／10a、20,000円／10aである。

畑地化の推進と産地交付金

18　畑地化の推進は都道府県版水田フル活用ビジョンと地域版水田フル活用ビジョンで記載率に大きな差

　田の畑地化の推進は、2017年度まで、国が示した水田フル活用ビジョンの様式には掲げられていなかったため、2017年度には都道府県版での記載率は0％であった。

　2018年度から、国が示した水田フル活用ビジョンの様式には、新たに「畑地化の推進」が付け加えられた。その結果、都道府県版にも地域版にも、畑地化の推進が確認されるようになった。

　しかし、その記載率には大きな差があり、都道府県版が84％、地域版が36％と、48ポイントもの大きな差がある（図10-14、図10-15）。

　なお、畑地化の推進については、「地権者から要望があった場合に検討する」「地権者との合意形成を図る」「農業者の意向を踏まえて行う」「農業者と担い手では話し合う」等の記載も多い。ここでは、より具体的に①生産主体の明示、②地域条件の明示、③土地条件の明示、に着目すると、都道府県版の33％、地域版の15％で記載があることが確認できた。

図10-14　都道府県版水田フル活用ビジョンにおける「畑地化の推進」の記載状況

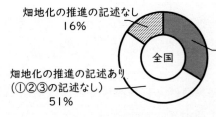

図10-15　地域版水田フル活用ビジョンにおける「畑地化の推進」の記載状況

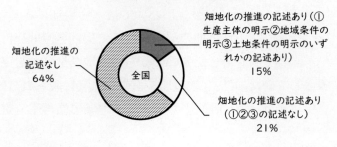

19 畑地化の推進は土地条件の記載率が高い

畑地化の推進について、①生産主体の明示、②地域条件の明示、③土地条件の明示、のいずれかが記載された水田フル活用ビジョンのうち、①、②、③の記載率を示したのが図10-16である。都道府県版と地域版とでは、ともに土地条件の記載が9割を超えている（都道府県版92％、地域版91％）。

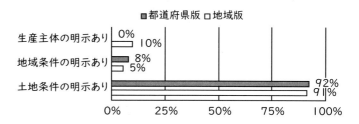

図10-16 「畑地化の推進」に関する
生産主体・地域条件・土地条件の記載率

20 生産主体の明示例

畑地化の推進について生産主体が明示されているケースは少ないが、その記述内容にはいくつかの種類がある。

まず、主食用米の生産に関して、「米だけに依存しない農業経営の推進」や、「米を作付けする意欲がない農家」による田の畑地化が推進されている。また、「質の高い畑作経営」、「畑作物の本格生産に取り組もうとする農家」による田の畑地化が推進されている。

このほか、「水稲と畑作の複合経営畑地化の推進」、「担い手」、「新たな担い手」、「認定農業者」、「地域の中心となる経営体」、「新規就農者」、「大規模農家」、「集落営農組織」による畑地化の推進を掲げるケースが確認された。

21 地域条件の明示例

畑地化の推進について地域条件が明示されているケースは少ないが、その記述内容にはいくつかの種類がある。

まず、「水田での利用が難しい地域」と掲げるケースがある。また、用水に関して、「農業者の高齢化や後継者不足により、所用の用水を供給しうる設備及び施設維持・管理することが困難となってきている地域」との記述も確認された。

このほか、「野菜生産が盛んなA地区」と具体的な地域名を示したり、「中山間地域」、「条件不利地域」、「牧草や野菜などの作付けが進んでいる地域」、「基盤整備や土壌改良を行う地域」といった記述が確認された。

22 土地条件は、排水性の改善や、永年作物の生産に関する記述が多い

田の畑地化をめぐっては、国の政策にしたがって「水田機能を消失している農地」、「水稲の作付が困難な水田」の畑地化が掲げられているケースが多い。

具体的には、まず、「水利条件不良の圃場」の畑地化が挙げられ、「近い将来、水路管理が困難になる圃場」での畑地化の誘導を掲げるケースもある。

ただし、田の畑地化をめぐっては、排水性の改善が課題であり、「排水性の改善」や「客土」の実施という土地条件の改良を伴いながら畑地化を推進しているケースが多い。

また、すでに畑作物による転作が定着している圃場での地目転換を推進するケースも多い。具体的な記述では、「野菜等高収益作物が定着化した水田」、「水稲作付が困難で長年畑作物が作付けされている圃場」、「長年の畑作物作付や永年作物の作付により畑地化している水田」、「5年以上の販

その他（地力増進作物・景観形成作物・不作付地の解消・中山間地域・畑地化の推進）の振興と産地交付金

売作物の継続作付」、「高収益作物の本作化」等と表現されている。このほか、「パイプハウス設置」や、「陸田地帯の交付対象水田」の畑地化等の記載も確認された。

また、新たに畑地化する場合の活用方策としては、「果樹園への転換」が多く、「果樹の作付を推進し、最終的に畑地化」、「果樹の生産拡大」等の記載が確認された。畑地化に伴う作目転換は果樹以外にも、「水田に復田しにくい圃場に飼料作物を作付け」、「飼料作物」、「サツマイモの作付け拡大」「露地作物の作付面積拡大」、「野菜の作付を推進」、「施設園芸の推進」、「白ネギの生産」、「ハトムギの生産」、等を通して畑地化を推進するケースが確認された。

畑地化に当たっては、「集積」、「団地化」、「連担化」を推進するケースが多く、「まとまりのある畑地の形成」、「一定以上の団地化」、「メガ団地」、「大規模団地化」、「団地の固定化」、等の記載が確認された。

畑地化を推進する田は、生産条件が比較的有利な場合と、不利な場合に分けられる。有利な場合では、「基盤整備をした優良農地」、「圃場整備の実施に合わせた畑地化や汎用化」の積極的な推進として畑地化が掲げられている。一方で、「水稲作付が困難な農地や排水不良により園芸作物に適さない水田」、「耕作放棄地や樹園地となっている水田」、「野菜作にはあまり適さない湿田」といった比較的生産条件が不利な圃場の畑地化を推進するケースがある。

23　産地交付金は、国による追加配分を背景に設定されるケースに限られる

畑地化の推進に産地交付金を設定しているのは、「産地交付金の活用方法の明細」ベースでいうと、都道府県段階では54％、地域段階では10％となっている（図10-17）。

実際には、都道府県で統一設定しているケースと、地域ごとに設定が異なるケースがある（※）。このため、接続可能なデータのみを抽出して、産地交付金の設定率を算出すると、都道府県で統一設定しているケースが83％と、地域ごとに設定が異なるケースの35％である（図10-18）。

畑地化に対して産地交付金を設定している場合、その交付金額は、全てのケースで、105,000円／

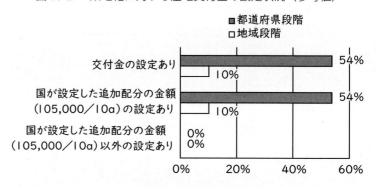

図10-17　畑地化に対する産地交付金の設定状況（参考値）

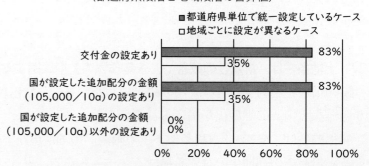

図10-18　畑地化に対する産地交付金の設定状況
（都道府県段階と地域段階の合算値）

10aであった（図10-17、図10-18）。これは、国が設定した追加配分（畑地化）と同条件・同額の助成である。国が設定した追加配分ではない、独自の産地交付金の設定は確認されなかった。田の畑地に対する産地交付金は、国が追加配分を設定するか否かや、国による設定金額が大きな影響を与えていると考えられる。

（※）関連項目☞産地交付金の単価の集計方法（利用者のために3（3）ケ）

都道府県農業再生協議会

●都道府県版水田フル活用ビジョンにおける推進の記述状況

（都道府県数）

| | | n | | ①②③いずれかの記述あり | | | ①②③の記述なし |
				生産主体①	地域条件②	土地条件③	
地力増進作物	推進の記述あり	0	0	0	0	0	0
	推進の記述なし	39	－	－	－	－	－
景観作物	推進の記述あり	0	0	0	0	0	0
	推進の記述なし	39	－	－	－	－	－

●都道府県段階での産地交付金の設定状況

| | 都道府県数 | | | 作付面積に対する助成 | | | |
| | n | 交付金の設定あり | 交付金の設定なし | 交付金の設定あり | 交付単価（円／10a） | | |
					最大値	最小値	平均値
地力増進作物	26	0	26	0	－	－	－
景観作物	26	0	26	0	－	－	－

●都道府県段階で設定された産地交付金

地力増進作物に都道府県段階の産地交付金を設定しているのは、0 都道府県であった。

景観作物に都道府県段階の産地交付金を設定しているのは、0 都道府県であった。

●都道府県版水田フル活用ビジョンにおける不作付地対策の推進の記載状況

（都道府県数）

| | n | 不作付地対策の推進の記載 | |
		あり	なし
全国	39	4	35
北海道・東北	6	0	6
北陸	3	1	2
関東・東山	6	0	6
東海	3	3	0
近畿	5	0	5
中国	5	0	5
四国	4	0	4
九州・沖縄	7	0	7

●都道府県版水田フル活用ビジョンにおける不作付地対策の推進の具体的方策の記述状況

（都道府県数）

不作付地対策の推進の記載あり	不作付地対策の推進の具体的方策の記述	
	あり	なし
4	3	1

●都道府県版水田フル活用ビジョンにおける畑地化の推進の記述状況

（都道府県数）

	n	①②③いずれかの記述あり			①②③の記述なし
		生産主体①	地域条件②	土地条件③	
畑地化の推進の記述あり	33	13	0	1	12	20
畑地化の推進の記述なし	6	−	−	−	−	−

●都道府県段階における畑地化に対する産地交付金の設定状況（参考値）

（都道府県数）

n	交付金の設定		国が設定した追加配分の金額（105,000／10a）の設定		国が設定した追加配分の金額（105,000／10a）以外の設定		国が設定した追加配分の金額（105,000／10a）以外を設定している場合の交付額		
	あり	なし	あり	なし	あり	なし	最大値	最小値	平均値
26	14	12	14	12	0	26	−	−	−

地域農業再生協議会

●地域版水田フル活用ビジョンにおける推進の記述状況

（地域数）

		n	①②③いずれかの記述あり			①②③の記述なし
			生産主体①	地域条件②	土地条件③	
地力増進作物	推進の記述あり	41	29	1	3	28	12
	推進の記述なし	718	−	−	−	−	−
景観作物	推進の記述あり	11	8	1	5	5	3
	推進の記述なし	748	−	−	−	−	−

●地域段階での産地交付金の設定状況

	地域数			作付面積に対する助成			
	n	交付金の設定あり	交付金の設定なし	交付金の設定あり	交付単価（円／10a）		
					最大値	最小値	平均値
地力増進作物	587	76	511	76	41,907	1,300	10,282
景観作物	587	25	562	25	30,000	2,000	10,129

●地域段階で設定された産地交付金の金額の分布（面積当たりに支払われる助成）

(地域数)

		作付面積に対する助成
地力増進作物	1〜4,999円／10a	21
	5,000〜9,999円／10a	24
	10,000〜14,999円／10a	13
	15,000〜19,999円／10a	8
	20,000〜24,999円／10a	5
	25,000〜29,999円／10a	2
	30,000〜34,999円／10a	0
	35,000〜39,999円／10a	1
	40,000〜44,999円／10a	2
	45,000円以上／10a	0
	計	76
景観作物	1〜4,999円／10a	3
	5,000〜9,999円／10a	8
	10,000〜14,999円／10a	9
	15,000〜19,999円／10a	4
	20,000〜24,999円／10a	0
	25,000〜29,999円／10a	0
	30,000〜34,999円／10a	1
	35,000円以上／10a	0
	計	25

●地域版水田フル活用ビジョンにおける不作付地対策の推進の記載状況

(地域数)

	n	不作付地対策の推進の記載	
		あり	なし
全国	759	84	675
北海道	58	9	49
東北	154	1	153
北陸	51	10	41
北関東	50	0	50
南関東	33	19	14
東山	40	2	38
東海	81	16	65
近畿	84	12	72
山陰	22	1	21
山陽	28	3	25
四国	34	0	34
北九州	91	8	83
南九州	33	3	30
沖縄	−	−	−

その他（地力増進作物・景観形成作物・不作付地の解消・中山間地域・畑地化の推進）の振興と産地交付金

●地域版水田フル活用ビジョンにおける不作付地対策の推進の具体的方策の記述状況

（地域数）

不作付地対策の推進の記載あり	不作付地対策の推進の具体的方策の記述	
	あり	なし
84	70	14

●地域版水田フル活用ビジョンに明示された不作付地対策の推進の具体的方策の内訳

（のべ数、n=70地域）

担い手への農地集積	具体的な推進作目の明示												土地条件と作目を組み合わせた推進	市民農園の推進	その他
	主食用米	麦	大豆	飼料作物	非主食用米	飼料用米	そば	なたね	野菜	果樹	景観作物	地力増進作物			
25	1	6	3	3	32	21	9	2	15	3	4	3	5	2	5

●地域版水田フル活用ビジョンにおける畑地化の推進の記述状況

（地域数）

	n	①②③いずれかの記述あり			①②③の記述なし
		生産主体①	地域条件②	土地条件③	
畑地化の推進の記述あり	273	115	11	6	105	158
畑地化の推進の記述なし	486	−	−	−	−	−

●地域段階における畑地化に対する産地交付金の設定状況（参考値）

（地域数）

n	交付金の設定		国が設定した追加配分の金額（105,000／10a）の設定		国が設定した追加配分の金額（105,000／10a）以外の設定		国が設定した追加配分の金額（105,000／10a）以外を設定している場合の交付額		
	あり	なし	あり	なし	あり	なし	最大値	最小値	平均値
587	59	528	59	528	0	587	−	−	−

都道府県段階と地域段階の合算値

●産地交付金の設定状況

		n	交付金の設定あり	交付金の設定なし	作付面積に対する助成			
					交付金の設定あり	交付単価（円／10a）		
						最大値	最小値	平均値
地力増進作物	都道府県単位で統一設定しているケース	6都道府県	0	6	0	―	―	―
	地域ごとに設定が異なるケース	328地域	32	296	32	24,000	3,000	7,847
	内訳 北海道・東北	66地域	10	56	10	15,000	3,000	7,589
	北陸	31地域	0	31	0	―	―	―
	関東・東山	3都道府県	0	3	0	―	―	―
	関東・東山	38地域	3	35	3	24,000	9,444	16,148
	東海	9地域	0	9	0	―	―	―
	近畿	1都道府県	0	1	0	―	―	―
	近畿	54地域	9	45	9	15,000	3,000	6,920
	中国	36地域	1	35	1	4,500	4,500	4,500
	四国	1都道府県	0	1	0	―	―	―
	四国	30地域	0	30	0	―	―	―
	九州・沖縄	1都道府県	0	1	0	―	―	―
	九州・沖縄	64地域	9	55	9	10,000	3,000	6,667
景観作物	都道府県単位で統一設定しているケース	6都道府県	0	6	0	―	―	―
	地域ごとに設定が異なるケース	328地域	13	315	13	17,000	3,000	8,786
	内訳 北海道・東北	66地域	1	65	1	6,000	6,000	6,000
	北陸	31地域	0	31	0	―	―	―
	関東・東山	3都道府県	0	3	0	―	―	―
	関東・東山	38地域	2	36	2	15,000	9,444	12,222
	東海	9地域	0	9	0	―	―	―
	近畿	1都道府県	0	1	0	―	―	―
	近畿	54地域	2	52	2	17,000	7,276	12,138
	中国	36地域	1	35	1	5,000	5,000	5,000
	四国	1都道府県	0	1	0	―	―	―
	四国	30地域	0	30	0	―	―	―
	九州・沖縄	1都道府県	0	1	0	―	―	―
	九州・沖縄	64地域	7	57	7	11,000	3,000	7,786

●都道府県単位で統一設定しているケースにおける産地交付金の分布

　都道府県単位で統一設定しているケースにおいて、地力増進作物に都道府県段階の産地交付金を設定しているのは、0都道府県であった。

　都道府県単位で統一設定しているケースにおいて、景観作物に都道府県段階の産地交付金を設定しているのは、0都道府県であった。

●産地交付金の金額の分布（面積当たりに支払われる助成、地域ごとに設定が異なるケース）

（地域数）

		作付面積に対する助成
地力増進作物	1～4,999円	9
	5,000～9,999円	13
	10,000～14,999円	6
	15,000～19,999円	3
	20,000～24,999円	1
	25,000円以上	0
	計	32
景観作物	1～4,999円	2
	5,000～9,999円	5
	10,000～14,999円	4
	15,000～19,999円	2
	20,000円以上	0
	計	13

●畑地化に対する産地交付金の設定状況

		n	国が設定した追加配分の金額（105,000／10a）の設定		国が設定した追加配分の金額（105,000／10a）以外の設定	
			あり	なし	あり	なし
都道府県単位で統一設定しているケース		6都道府県	5	1	0	6
地域ごとに設定が異なるケース		328地域	115	213	0	328
内訳	北海道・東北	66地域	36	30	0	66
	北陸	31地域	14	17	0	31
	関東・東山	3都道府県	3	0	0	3
	関東・東山	38地域	18	20	0	38
	東海	9地域	0	9	0	9
	近畿	1都道府県	0	1	0	1
	近畿	54地域	14	40	0	54
	中国	36地域	13	23	0	36
	四国	1都道府県	1	0	0	1
	四国	30地域	11	19	0	30
	九州・沖縄	1都道府県	1	0	0	1
	九州沖縄	64地域	9	55	0	64

産地交付金扱いとなった二毛作助成・耕畜連携助成

二毛作の振興と産地交付金

1 二毛作助成のこれまでの経緯と注目ポイント

二毛作助成は米戸別所得補償モデル事業に伴い 2010 年度から講じられるようになった助成であり、2016 年度までは、15,000 円／ 10a が講じられてきた。

二毛作助成は 2017 年度から産地交付金として扱われることとなった。主に注目されるのは、①二毛作助成が継続されているケースがどの程度あるのか、②これまで一定額（15,000 円／ 10a）であった交付金額の水準がどのように変化したのか、という動向である。

2 産地交付金を都道府県単位で統一設定するケースは全て、地域ごとに設定が異なるケースでは 3 分の 2 で二毛作助成を設定

産地交付金に二毛作助成を設定しているのは、「産地交付金の活用方法の明細」ベースでいうと、都道府県段階では 46％、地域段階では 53％となっている（図 11-1）。

実際には、都道府県で統一設定しているケースと、地域ごとに設定が異なるケースがある（※）。このため、接続可能なデータのみを抽出して、産地交付金の設定率を算出すると、都道府県で統一設定しているケースが 100％、地域ごとに設定が異なるケースが 66％である（図 11-2）。

（※）関連項目☞産地交付金の単価の集計方法（利用者のために 3（3）ケ）

図 11-1 二毛作助成の設定状況（参考値）

二毛作助成の設定なし 47％
二毛作助成の設定あり 46％
二毛作助成の設定あり 53％
二毛作助成の設定なし 54％
全国
（内側）都道府県段階
（外側）地域段階

図 11-2 二毛作助成の設定状況
（都道府県段階と地域段階の合算値）

交付金の設定なし 0％
交付金の設定あり 100％
交付金の設定あり 66％
交付金の設定なし 34％
全国
（内側）都道府県単位で統一設定しているケース
（外側）地域ごとに設定が異なるケース

3 産地交付金は都道府県単位で統一設定するケースでは平均 12,736 円／ 10a、地域ごとに設定が異なるケースでは平均 17,389 円／ 10a、地域段階では 50,000 円／ 10a を設定するケースもある

産地交付金に二毛作助成が設定されている場合を対象に、設定金額を、「産地交付金の活用方法の明細」ベース（図 11-3）、都道府県段階と地域段階の設定金額の合計値（図 11-4）でそれぞれ示した（※）。

二毛作助成に対する産地交付金の設定方法は、①作付面積に対する助成、②資源循環かつ二毛作に対する助成、の 2 種類のみが確認された。これらは、面積当たりで交付金が決まっている。②資源循環かつ二毛作に対する助成は、耕畜連携助成を整理する際に扱うこととして（※※）、ここでは①作付面積に対する助成のみを扱う。

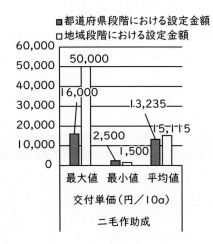

図11-3　二毛作助成の設定金額（参考値）

■都道府県段階における設定金額
□地域段階における設定金額

交付単価（円／10a）
二毛作助成

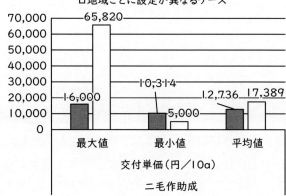

図11-4　二毛作助成の設定金額
（都道府県段階と地域段階の合算値）

■都道府県単位で統一設定しているケース
□地域ごとに設定が異なるケース

交付単価（円／10a）
二毛作助成

都道府県単位で統一設定しているケースでは、設定金額別の都道府県数でみると10,000〜14,999円／10aが、15,000〜19,999円／10aを上回っている（図11-5）。二毛作助成が産地交付金となったことにより、15,000円／10aと比較して減額となった都道府県が多いといえる。なお、図11-3では、最大値16,000円／10a、最小値2,500円／10aであり、都道府県段階での設定が15,000円／10aを超えるケースもあるものの、増加分は1,000円／10aである。

地域ごとに設定が異なるケースでは、設定金額別の都道府県数でみると15,000〜19,999円／10aが最も多い（図11-6）。二毛作助成を維持する場合には、従来の15,000円／10aの水準を下回らない金額に設定しているケースが多いといえる。地域段階では50,000円／10aを設定する地域も確認された（図11-3）。

（※）関連項目☞産地交付金の平均値の算出方法（利用者のために3(3)コ）
（※※）関連項目☞耕畜連携助成の振興と産地交付金（第11章）

図11-5　二毛作助成の設定金額の分布（都道府県段階と地域段階の合算値、都道府県単位で統一設定しているケース）

■作付面積に対する助成

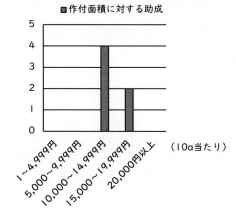

（10a当たり）

図11-6　二毛作助成の設定金額の分布
（都道府県段階と地域段階の合算値、地域ごとに設定が異なるケース）
（地域）

■作付面積に対する助成

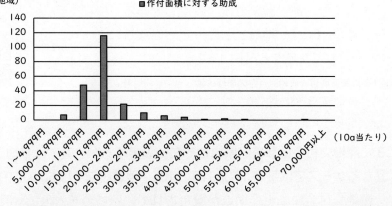

（10a当たり）

耕畜連携の振興と産地交付金

4　耕畜連携助成のこれまでの経緯と注目ポイント

　耕畜連携助成は二毛作助成と同様に、2017年度から産地交付金として扱われることとなった。耕畜連携助成は、取り組み内容や水田政策との関連も少しずつ変化しながら取り組まれてきた（表

11-1）。2016 年度には、飼料用米のわら利用、水田放牧、資源循環について、13,000 円／ 10a が講じられた。

本調査では、わら専用稲が復活している地域が散見された。わら専用稲は、飼料用米のわら利用を含む「わら利用」として、一括りにして整理することとした。

表 11-1　耕畜連携施策の変遷

年度	施策名称	取り組み内容	備考（水田施策との関連）
2004～2006	耕畜連携推進対策	団地化、稲WCS、わら専用稲、資源循環等	産地づくり対策の重点作物特別対策
2007～2009	耕畜連携水田活用対策事業		産地づくり対策とは別途措置
2010	耕畜連携粗飼料増産対策	わら専用稲（稲WCSは含まない）、水田放牧、資源循環等	戸別所得補償モデル対策交付金対象圃場であることが要件
2011～2012	耕畜連携助成	飼料用米のわら利用、水田放牧、資源循環	水田活用の所得補償交付金
2013～2016			水田活用の直接支払交付金
2017～	産地交付金の枠内で設定		

出所：拙著『耕畜連携による稲 WCS 生産』（農政調査委員会、2017 年）の表 2 に加筆して筆者作成。

5　産地交付金を都道府県単位で統一設定するケースは 67％、地域ごとに設定が異なるケースでは 63％で耕畜連携助成を設定

産地交付金に耕畜連携助成を設定しているのは、「産地交付金の活用方法の明細」ベースでいうと、都道府県段階では 38％、地域段階では 50％となっている（図 11-7）。

実際には、都道府県で統一設定しているケースと、地域ごとに設定が異なるケースがある（※）。このため、接続可能なデータのみを抽出して、産地交付金の設定率を算出すると、都道府県で統一設定しているケースが 67％、地域ごとに設定が異なるケースが 63％である（図 11-8）。

（※）関連項目☞産地交付金の単価の集計方法（利用者のために 3（3）ケ）

図 11-7　耕畜連携助成の設定状況（参考値）

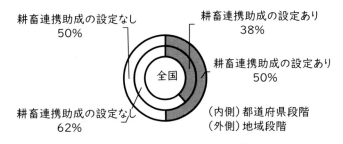

耕畜連携助成の設定なし 50％
耕畜連携助成の設定あり 38％
耕畜連携助成の設定あり 50％
耕畜連携助成の設定なし 62％
全国
（内側）都道府県段階
（外側）地域段階

図 11-8　耕畜連携助成の設定状況
（都道府県段階と地域段階の合算値）

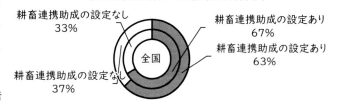

耕畜連携助成の設定なし 33％
耕畜連携助成の設定あり 67％
耕畜連携助成の設定あり 63％
耕畜連携助成の設定なし 37％
全国
（内側）都道府県単位で統一設定しているケース
（外側）地域ごとに設定が異なるケース

6　耕畜連携助成は多い順から、資源循環、わら利用、水田放牧

耕畜連携助成に対する産地交付金の設定方法は、①わら利用、②資源循環、③水田放牧、④資源循環かつ二毛作、の 4 種類が確認された。これらは、いずれも面積当たりで交付金が決まっている。

なお、ここでいう「資源循環」とは、物質循環全般を指すような広義の意味ではなく、これまで制度上、慣習的に用いられてきた、対象圃場への堆肥の投入を意味している。

図 11-9　耕畜連携助成を設定している場合の種類別にみた設定割合

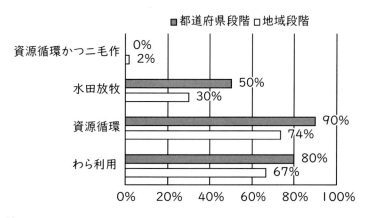

■都道府県段階　□地域段階

資源循環かつ二毛作	0％ / 2％
水田放牧	50％ / 30％
資源循環	90％ / 74％
わら利用	80％ / 67％

また、従来、国が主導してきた耕畜連携助成において、資源循環とは、飼料作物や WCS 用稲など、対象が粗飼料に限定されていた。しかし、産地交付金化した結果、濃厚飼料である飼料用米に耕畜連携助成を設定する事例も確認されるようになった。

　耕畜連携助成を設定している場合における、種類別の設定割合を示したのが図 11-9 である。都道府県段階、地域段階ともに、多い順から、資源循環、わら利用、水田放牧となっている。また、地域段階では、資源循環かつ二毛作を行う取り組みを要件としているケースが、わずかに確認された。

7　産地交付金の設定金額の平均は 13,000 円／ 10a を下回る

　産地交付金に耕畜連携助成が設定されている場合を対象に、設定金額を、「産地交付金の活用方法の明細」ベース（図 11-10）、都道府県段階と地域段階の設定金額の合計値（図 11-11）でそれぞれ示した（※）。

　高額なケースでは、水田放牧で 33,000 円／ 10a を設定するケースがある。資源循環かつ二毛作の要件設定は事例が少ないが、2 つの要件がかかわる満たすことで、28,000 円／ 10a となるケースもある。

　わら利用、資源循環、水田放牧に着目すると、平均では 13,000 円／ 10a にわずかながら及ばない（図 11-10、図 11-11）。設定金額別の都道府県数、地域数でみると、10,000 ～ 14,999 円／ 10a が圧倒的に多い（図 11-12、図 11-13）。

図 11-10　耕畜連携助成の設定金額（参考値）

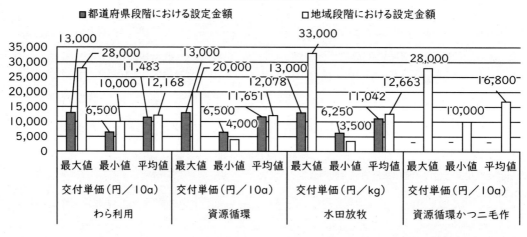

図 11-11　耕畜連携助成の設定金額（都道府県段階と地域段階の合算値）

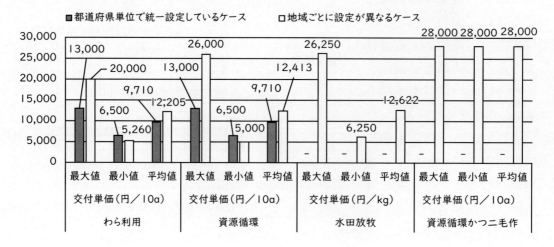

図 11-12　耕畜連携助成の設定金額の分布
　　　　（参考値、都道府県段階）

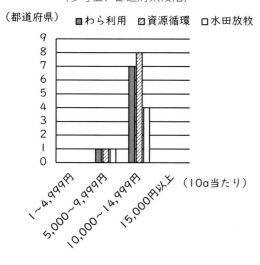

（都道府県）■わら利用 ▨資源循環 □水田放牧

（10a当たり）

図 11-13　耕畜連携助成の設定金額の分布（参考値、地域段階）

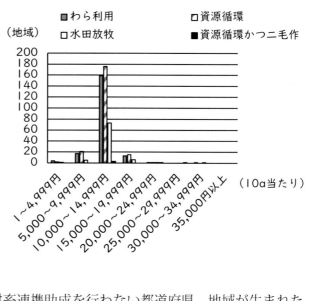

（地域）■わら利用　　　　　□資源循環
　　　　□水田放牧　　　　　■資源循環かつ二毛作

（10a当たり）

　耕畜連携助成の制度が変更になった結果、耕畜連携助成を行わない都道府県、地域が生まれた。一方で、継続して耕畜連携助成を設定する場合には、2016 年度の設定水準 13,000 円／ 10a と同程度、あるいは若干下回りながらも 10,000 円／ 10a 以上を維持する水準で交付されているケースが多い。

（※）関連項目☞産地交付金の単価の集計方法（利用者のために 3（3）ケ）

第 11 章　統計データ《産地交付金扱いとなった二毛作助成・耕畜連携助成》

都道府県農業再生協議会

●都道府県段階における二毛作助成の設定状況

	都道府県数		二毛作助成			
n	二毛作助成の設定あり	二毛作助成の設定なし	交付金の設定あり	交付単価（円／ 10a）		
				最大値	最小値	平均値
26	12	14	12	16,000	2,500	13,235

●産地交付金の単価別にみた都道府県段階における二毛作助成の設定状況

	二毛作助成
1～4,999円／10a	1
5,000～9,999円／10a	0
10,000～14,999円／10a	4
15,000～19,999円／10a	7
20,000円以上／10a	0
計	12

●都道府県段階における耕畜連携助成の設定状況

	都道府県数			わら利用				資源循環			
	n	耕畜連携助成の設定あり	耕畜連携助成の設定なし	交付金の設定あり	交付単価（円／10a）			交付金の設定あり	交付単価（円／10a）		
					最大値	最小値	平均値		最大値	最小値	平均値
耕畜連携助成	26	10	16	8	13,000	6,500	11,483	9	13,000	6,500	11,651

	水田放牧				資源循環かつ二毛作			
	交付金の設定あり	交付単価（円／kg）			交付金の設定あり	交付単価（円／10a）		
		最大値	最小値	平均値		最大値	最小値	平均値
耕畜連携助成	5	13,000	6,250	11,042	0	—	—	—

●産地交付金の単価別にみた都道府県段階における耕畜連携助成の設定状況

（都道府県数）

	わら利用	資源循環	水田放牧	資源循環かつ二毛作
1～4,999円／10a	0	0	0	0
5,000～9,999円／10a	1	1	1	0
10,000～14,999円／10a	7	8	4	0
15,000円以上／10a	0	0	0	0
計	8	9	5	0

地域農業再生協議会

●地域段階における二毛作助成の設定状況

地域数			二毛作助成			
n	二毛作助成の設定あり	二毛作助成の設定なし	交付金の設定あり	交付単価（円／10a）		
				最大値	最小値	平均値
587	310	277	310	50,000	1,500	15,115

●産地交付金の単価別にみた地域段階における二毛作助成の設定状況

（地域数）

	二毛作助成
1～4,999円／10a	13
5,000～9,999円／10a	21
10,000～14,999円／10a	73
15,000～19,999円／10a	158
20,000～24,999円／10a	25
25,000～29,999円／10a	10
30,000～34,999円／10a	3
35,000～39,999円／10a	4
40,000～44,999円／10a	0
45,000～49,999円／10a	2
50,000～54,999円／10a	1
55,000円以上／10a	0
計	310

●地域段階における耕畜連携助成の設定状況

地域数			わら利用				資源循環			
n	耕畜連携助成の設定あり	耕畜連携助成の設定なし	交付金の設定あり	交付単価（円／10a）			交付金の設定あり	交付単価（円／10a）		
				最大値	最小値	平均値		最大値	最小値	平均値
587	292	295	195	28,000	10,000	12,168	215	20,000	4,000	12,078

水田放牧				資源循環かつ二毛作			
交付金の設定	交付単価（円／kg）			交付金の設定	交付単価（円／10a）		
	最大値	最小値	平均値		最大値	最小値	平均値
87	33,000	3,500	12,663	5	28,000	10,000	16,800

●産地交付金の単価別にみた地域段階における耕畜連携助成の設定状況

（地域数）

	わら利用	資源循環	水田放牧	資源循環かつ二毛作
1～4,999円／10a	4	2	1	0
5,000～9,999円／10a	17	21	5	0
10,000～14,999円／10a	159	176	73	3
15,000～19,999円／10a	13	15	6	0
20,000～24,999円／10a	1	1	1	1
25,000～29,999円／10a	0	0	0	1
30,000～34,999円／10a	1	0	1	0
35,000円以上／10a	0	0	0	0
計	195	215	87	5

都道府県段階と地域段階の合算値

●二毛作助成の設定状況

		n	二毛作助成				
			交付金の設定あり	交付単価（円／10a）			交付金の設定なし
				最大値	最小値	平均値	
都道府県単位で統一設定しているケース		6都道府県	6	16,000	10,314	12,736	0
地域ごとに設定が異なるケース		328地域	218	65,820	5,000	17,389	110
内訳	北海道・東北	66地域	29	25,000	5,000	14,104	37
	北陸	31地域	22	50,000	5,000	21,892	9
	関東・東山	3都道府県	3	12,000	10,314	11,138	0
	関東・東山	38地域	22	30,000	13,600	19,167	16
	東海	9地域	5	15,000	10,500	13,300	4
	近畿	1都道府県	1	12,000	12,000	12,000	0
	近畿	54地域	29	65,820	11,000	21,649	25
	中国	36地域	26	18,750	8,500	14,653	10
	四国	1都道府県	1	16,000	16,000	16,000	0
	四国	30地域	21	48,000	11,250	17,821	9
	九州・沖縄	1都道府県	1	15,000	15,000	15,000	0
	九州・沖縄	64地域	64	30,000	6,500	16,077	0

●二毛作助成の10a当たり交付金金額の分布（都道府県単位で統一設定しているケース）

（都道府県数）

	二毛作助成
1～4,999円／10a	0
5,000～9,999円／10a	0
10,000～14,999円／10a	4
15,000～19,999円／10a	2
20,000円以上／10a	0
計	6

●二毛作助成の10a当たり交付金金額の分布（地域ごとに設定が異なるケース）

（地域数）

	二毛作助成
1～4,999円／10a	0
5,000～9,999円／10a	7
10,000～14,999円／10a	48
15,000～19,999円／10a	116
20,000～24,999円／10a	22
25,000～29,999円／10a	10
30,000～34,999円／10a	6
35,000～39,999円／10a	4
40,000～44,999円／10a	1
45,000～49,999円／10a	2
50,000～54,999円／10a	1
55,000～59,999円／10a	0
60,000～64,999円／10a	0
65,000～69,999円／10a	1
70,000円以上／10a	0
計	218

●耕畜連携助成の設定状況

	n	耕畜連携助成の設定		わら利用				資源循環				水田放牧				資源循環かつ二毛作			
		あり	なし	交付金の設定あり	交付単価（円／10a）			交付金の設定あり	交付単価（円／10a）			交付金の設定あり	交付単価（円／kg）			交付金の設定あり	交付単価（円／10a）		
					最大値	最小値	平均値		最大値	最小値	平均値		最大値	最小値	平均値		最大値	最小値	平均値
都道府県単位で統一	6都道府県	4	2	4	13,000	6,500	9,710	4	13,000	6,500	9,710	0	—	—	—	0	—	—	—
地域ごとに設定が異	328地域	206	122	158	20,000	5,260	12,205	163	26,000	5,000	12,413	97	26,250	6,250	12,622	1	28,000	28,000	28,000
内訳 北海道・東北	66地域	47	19	37	13,000	6,500	11,556	29	13,000	6,500	11,650	17	13,000	7,500	11,806	0	—	—	—
北陸	31地域	18	13	12	13,000	5,260	12,355	17	13,000	5,000	12,074	11	13,000	13,000	13,000	1	28,000	28,000	28,000
関東・東山	3都道府県	3	0	3	10,400	6,500	8,613	3	10,400	6,500	8,613	0	—	—	—	0	—	—	—
関東・東山	38地域	17	21	16	20,000	11,840	13,784	15	20,000	11,840	14,063	7	16,000	12,499	13,657	0	—	—	—
東海	9地域	5	4	4	13,000	8,500	11,160	3	13,000	10,638	12,213	1	10,638	10,638	10,638	0	—	—	—
近畿	1都道府県	0	1	0	—	—	—	0	—	—	—	0	—	—	—	0	—	—	—
近畿	54地域	28	26	25	15,000	8,000	12,307	26	15,000	8,000	12,292	24	15,000	8,000	12,387	0	—	—	—
中国	36地域	28	8	19	15,000	7,000	12,395	22	15,000	7,000	12,623	20	26,250	6,250	13,874	0	—	—	—
四国	1都道府県	1	0	1	13,000	13,000	13,000	1	13,000	13,000	13,000	0	—	—	—	0	—	—	—
四国	30地域	11	19	2	16,800	13,000	14,900	11	26,000	13,000	14,891	1	13,000	13,000	13,000	0	—	—	—
九州・沖縄	1都道府県	0	1	0	—	—	—	0	—	—	—	0	—	—	—	0	—	—	—
九州・沖縄	64地域	52	12	43	15,700	8,000	11,960	40	15,000	8,000	11,790	16	13,000	10,400	11,663	0	—	—	—

●耕畜連携助成の10a当たり交付金金額の分布（都道府県単位で統一設定しているケース）

（都道府県数）

耕畜連携助成		わら利用	資源循環	水田放牧	資源循環かつ二毛作
	1～4,999円	0	0	0	0
	5,000～9,999円	2	2	0	0
	10,000～14,999円	2	2	0	0
	15,000円以上	0	0	0	0
	計	4	4	0	0

●耕畜連携助成の10a当たり交付金金額の分布（地域ごとに設定が異なるケース）

（地域数）

耕畜連携助成		わら利用	資源循環	水田放牧	資源循環かつ二毛作
	1～4,999円	0	0	0	0
	5,000～9,999円	12	11	6	0
	10,000～14,999円	137	139	83	0
	15,000～19,999円	8	11	6	0
	20,000～24,999円	1	1	1	0
	25,000～29,999円	0	1	1	1
	30,000円以上	0	0	0	0
	計	158	163	97	1

附属資料①

農業再生協議会窓口一覧（2019年4月1日時点）

　附属資料①は、農林水産省「経営所得安定対策等に関する相談窓口（2019年4月1日現在）」（http://www.maff.go.jp/j/kobetu_ninaite/keiei/toiawase.html、2019年6月1日閲覧）を基に作成したものである。なお、東京都と沖縄県には、地域農業再生協議会の窓口はなく、東京都農業再生協議会、沖縄県は沖縄県農業再生協議会が窓口となっている。

都道府県農業再生協議会

			都道府県農業再生協議会	窓口（2019年4月1日時点）
全国 47協議会	北海道・東北 7協議会	1	北海道農業再生協議会	北海道農政部農業経営局農業経営課
		2	青森県農業再生協議会	青森県農産園芸課企画管理グループ
		3	岩手県農業再生協議会	JA岩手県中央会農業担い手サポートセンター
		4	宮城県農業再生協議会	宮城県農林水産部農産環境課
		5	秋田県農業再生協議会	秋田県水田総合利用課
		6	山形県農業再生協議会	山形県農林水産部農政企画課
		7	福島県水田農業産地づくり対策等推進会議	福島県水田畑作課
	北陸 4協議会	1	新潟県農業再生協議会	JA新潟中央会農業対策部農業政策業務分野
		2	富山県農業再生協議会	JA富山県中央会農業対策課
		3	石川県農業活性化協議会	石川県農林水産部生産流通課
		4	福井県農業再生協議会	福井県農業再生協議会事務局
	関東・東山 9協議会	1	茨城県農業再生協議会	JA茨城県中央会県域営農支援センター農業政策推進室
		2	栃木県農業再生協議会	JA栃木中央会農業くらし推進部
		3	群馬県農業再生協議会	JA群馬担い手サポートセンター
		4	埼玉県農業再生協議会	埼玉県農林部生産振興課
		5	千葉県農業再生協議会	千葉県農林水産部生産振興課
		6	東京都農業再生協議会	JA東京中央会都市農業改革部農政課
		7	神奈川県農業再生協議会	神奈川県環境農政局農政部農業振興課
		8	山梨県水田畑作農業再生協議会	JA山梨中央会農業振興課
		9	長野県農業再生協議会	長野県農政部農業技術課農産振興係
	東海 4協議会	1	岐阜県農業再生協議会	岐阜県農政部農産園芸課
		2	静岡県農業再生協議会	静岡県農業会議
		3	愛知県農業再生協議会	愛知県農林水産部園芸農産課
		4	三重県農業再生協議会	三重県農林水産部農産園芸課
	近畿 6協議会	1	滋賀県農業再生協議会	滋賀県農業再生協議会事務局
		2	京都府農業再生協議会	京都府農林水産部農産課
		3	大阪府農業再生協議会	大阪府環境農林水産部農政室推進課
		4	兵庫県農業活性化協議会	JA兵庫中央会営農振興部
		5	奈良県農業再生協議会	JA奈良中央会総括部農政課
		6	和歌山県農業再生協議会	和歌山県農林水産部農業生産局果樹園芸課
	中国 5協議会	1	鳥取県農業再生協議会	鳥取県農林水産部農業振興戦略監生産振興課
		2	島根県農業再生協議会	島根県農林水産部農産園芸課
		3	岡山県農業再生協議会	JA岡山中央会総務企画部（農政広報担当）
		4	広島県農業再生協議会	JA広島中央会広島県JA営農センター
		5	山口県地域農業戦略推進協議会	JA山口中央会総合対策部地域農業戦略室
	四国 4協議会	1	徳島県農業再生協議会	徳島県立農林水産総合技術支援センター経営推進課水田営農対策担当
		2	香川県農業再生協議会	香川県農政水産部農業生産流通課
		3	愛媛県農業再生協議会	JA愛媛中央会JA支援部
		4	高知県農業再生協議会	高知県農業振興部農業政策課
	九州・沖縄 8協議会	1	福岡県水田農業推進協議会	JA福岡中央会農業対策部
		2	佐賀県農業再生協議会	JA佐賀中央会農業対策部農政営農課
		3	長崎県農業再生協議会	長崎県農林部農産園芸課
		4	熊本県農業再生協議会	JA熊本中央会・連合会担い手・法人サポートセンター
		5	大分県農業再生協議会	大分県農林水産部農地活用・集落営農課

		6	宮崎県農業再生協議会	宮崎県農業再生協議会
		7	鹿児島県農業再生協議会	鹿児島県農政部農産園芸課
		8	沖縄県農業再生協議会	沖縄県農林水産部糖業農産課

地域農業再生協議会

			地域農業再生協議会	窓口（2019 年 4 月 1 日時点）
北海道・東北 364 協議会	北海道 152 協議会	1	札幌市農業再生協議会	札幌市農政部農政課
		2	江別市地域農業再生協議会	江別市経済部農業振興課
		3	千歳市地域農業再生協議会	千歳市農業振興課
		4	恵庭市地域農業再生協議会	恵庭市経済部農政課
		5	北広島市地域農業再生協議会	北広島市経済部農政課
		6	石狩市農業再生協議会	石狩市企画経済部農政課
		7	当別町農業再生協議会	当別町経済部農務課
		8	新篠津村農業再生協議会	JA 新しのつ営農部営農企画課
		9	函館市農業再生協議会	函館市農務課
		10	北斗市農業再生協議会	北斗市経済部農林課
		11	福島町地域農業再生協議会	福島町産業課
		12	知内町農業再生協議会	知内町産業振興課
		13	木古内町農業再生協議会	木古内町産業経済課
		14	七飯町地域農業再生協議会	JA 新はこだて七飯基幹支店営農課
		15	森町地域農業再生協議会	JA 新はこだて森基幹支店営農生産課
		16	八雲町地域農業再生協議会	八雲町農林課
		17	江差町地域農業再生協議会	江差町産業振興課
		18	上ノ国町農業再生協議会	上ノ国町農林課
		19	厚沢部町地域農業再生協議会	厚沢部町農林商工課
		20	乙部町農業再生協議会	乙部町産業課
		21	奥尻町地域農業再生協議会	奥尻町水産農林課
		22	今金町地域農業再生協議会	今金町農林振興課
		23	せたな農業再生協議会	せたな町農務課
		24	仁木町地域農業再生協議会	仁木町産業課
		25	島牧村地域農業再生協議会	島牧村農林課
		26	黒松内町農業再生協議会	黒松内町産業課
		27	蘭越町農業再生協議会	蘭越町農林水産課
		28	ニセコ町地域農業再生協議会	ニセコ町農政課
		29	真狩村地域農業再生協議会	真狩村産業課
		30	留寿都村地域担い手育成総合支援協議会	JA ようてい真狩支所地域振興課
		31	喜茂別町地域農業再生協議会	喜茂別町産業振興課農林耕地係
		32	京極町地域農業再生協議会	京極町産業課
		33	倶知安町農業再生協議会	倶知安町農林課
		34	共和町農業再生協議会	共和町産業課
		35	岩内町農業再生協議会	岩内町企画経済部企画産業課
		36	余市町農業再生協議会	余市町農林水産課
		37	夕張市農業振興協議会	JA 夕張市営農推進課
		38	JA いわみざわ地域農業再生協議会	JA いわみざわ地域農業振興センター
		39	峰延農協農業再生協議会	JA みねのぶ農業経営課
		40	美唄市農協農業再生協議会	JA びばい企画相談課
		41	芦別市農業再生協議会	芦別市経済建設部農林課農政係
		42	赤平市農業再生協議会	赤平市農政課農政係
		43	滝川市農業再生協議会	JA たきかわ営農部農業経営課
		44	砂川市農業再生協議会	砂川市経済部農政課
		45	深川市地域農業再生協議会	JA きたそらち農業振興部振興課
		46	南幌町農業再生協議会	JA なんぽろ農業振興課
		47	奈井江町地域農業再生協議会	奈井江町役場ふるさと農政課
		48	由仁町農業再生協議会	由仁町産業振興課（農政担当）
		49	長沼町地域農業再生協議会	JA ながぬま営農企画課
		50	栗山町農業再生協議会	栗山町産業振興課（農林業振興 G）
		51	月形町農業再生協議会	月形町農林建設課農政係
		52	浦臼町地域農業再生協議会	浦臼町役場産業振興課農政係
		53	新十津川町地域農業再生協議会	新十津川町役場産業振興課農林畜産 G
		54	妹背牛町地域農業再生協議会	妹背牛町農政課農政グループ
		55	秩父別町農業再生協議会	秩父別町産業課産業グループ
		56	雨竜町地域農業再生協議会	JA きたそらち雨竜支所営農課
		57	北竜町農業再生協議会	北竜町役場産業課農業振興係
		58	沼田町農業再生協議会	沼田町役場農業商工課農業振興グループ

59	旭川市農業再生協議会	旭川市農業振興課
60	士別市農業再生協議会	士別市経済部農業振興課
61	名寄地域農業再生協議会	名寄市農務課
62	富良野市農業再生協議会	富良野市農林課
63	鷹栖町農業再生協議会	鷹栖町産業振興課農業振興係
64	東神楽町地域農業再生協議会	東神楽町産業振興課
65	当麻町地域農業再生協議会	当麻町農業センター
66	比布町地域農業再生協議会	比布町農業振興課
67	愛別町農業再生協議会	愛別町産業振興課農業振興係
68	上川町農業再生協議会	上川町産業経済課農林水産グループ
69	東川町地域農業推進協議会	東川町産業振興課
70	美瑛町農業再生協議会	美瑛町農業振興機構
71	上富良野町農業再生協議会	上富良野町農業振興課
72	中富良野町地域農業再生協議会	中富良野町農業センター
73	南富良野町地域農業再生協議会	南富良野町産業課
74	占冠村地域農業再生協議会	JA ふらの占冠出張所
75	和寒町地域農業再生協議会	JA 北ひびき和寒基幹支所営農課
76	剣淵町地域農業再生協議会	JA 北ひびき剣淵基幹支所営農課
77	下川町地域農業再生協議会	下川町役場農務課
78	美深町農業再生協議会	美深町役場農務課
79	音威子府村農業再生協議会	音威子府村経済課
80	中川町農業再生協議会	中川町役場産業振興課
81	幌加内町地域農業再生協議会	幌加内町役場産業課
82	留萌市農業再生協議会	留萌市地域振興部農林水産課
83	増毛町農業再生協議会	増毛町役場農林水産課
84	小平町農業再生協議会	小平町経済課
85	苫前町地域農業再生協議会	苫前町農林水産課農林係
86	羽幌町地域農業再生協議会	羽幌町役場農林水産課
87	初山別村地域農業再生協議会	JA オロロン初山別支所農産課
88	遠別町地域農業再生協議会	JA オロロン遠別支所農産課
89	枝幸町農業推進連絡協議会	枝幸町農林課農林グループ
90	北見市農業再生協議会	北見市農林水産部農政課
91	網走市農業再生協議会	網走市農林水産部農林課農業振興係
92	紋別市地域農業再生協議会	紋別市産業部農政林務課
93	美幌町農業再生協議会	美幌町経済部農政グループ
94	津別町地域農業再生協議会	津別町産業振興課
95	斜里町農業再生協議会	斜里町産業部農務課
96	清里町地域農業再生協議会	清里町産業建設部産業振興グループ
97	小清水町地域農業再生協議会	小清水町産業課
98	訓子府町農業再生協議会	訓子府町農林商工課
99	置戸町地域農業再生協議会	置戸町産業振興課
100	佐呂間町農業再生協議会	佐呂間町農務課
101	遠軽町農業再生協議会	遠軽町経済部農政林務課
102	湧別町農業再生協議会	湧別町農政課
103	滝上町地域農業再生協議会	滝上町農政課
104	興部町地域農業再生協議会	興部町産業振興課
105	西興部村地域農業再生協議会	西興部村産業建設課
106	大空町農業再生協議会	大空町産業課農業グループ
107	伊達市地域農業再生協議会	伊達市役所経済環境部農務課
108	苫小牧市地域農業再生協議会	苫小牧市産業経済部産業振興室農業水産振興課
109	豊浦町地域農業再生協議会	豊浦町産業観光課農林係
110	壮瞥町地域農業再生協議会	壮瞥町経済建設課産業振興係
111	白老地域農業再生協議会	白老町農林水産課農畜産グループ
112	厚真町農業再生協議会	厚真町産業経済課農林業グループ
113	洞爺湖町地域農業再生協議会	洞爺湖町洞爺総合支所農業振興課
114	安平町農業再生協議会	安平町産業経済課農政・畜産グループ
115	むかわ町鵡川地域農業再生協議会	むかわ町産業振興課農政グループ
116	むかわ町穂別地域農業再生協議会	JA とまこまい広域穂別支所営農農産課
117	日高地区農業再生協議会	日高町日高総合支所地域経済課観光・農林グループ
118	日高町門別地区農業再生協議会	日高町農務課農政・畜産グループ
119	平取町農業協議会	平取町役場産業課農政係
120	新冠町農業再生協議会	新冠町産業課
121	浦河町農業再生協議会	浦河町産業課
122	様似町農業再生協議会	様似町産業課農務係
123	静内農業再生協議会	新ひだか町農林水産部農政課（静内庁舎）

	124	三石農業再生協議会	新ひだか町農林水産部農政課（三石庁舎）
	125	帯広市農業再生協議会	帯広市農政課
	126	音更町農業再生協議会	音更町農政課
	127	士幌町農業再生協議会	士幌町産業振興課
	128	上士幌町農業再生協議会	上士幌町農林課
	129	鹿追町地域農業再生協議会	鹿追町農業振興課
	130	新得町農業再生協議会	新得町産業課
	131	清水町地域農業再生協議会	清水町農林課
	132	芽室町農業再生協議会	芽室町農林課
	133	中札内村地域担い手育成総合支援協議会	中札内村産業課
	134	更別村地域農業再生協議会	更別村産業課
	135	大樹町農業再生協議会	大樹町農林水産課
	136	広尾町農業再生協議会	広尾町農林課
	137	幕別町農業再生協議会	幕別町農林課
	138	池田町農業再生協議会	池田町産業振興課
	139	豊頃町農業再生協議会	豊頃町産業課
	140	本別町農業再生協議会	本別町農林課
	141	足寄町農業再生協議会	足寄町経済課農業振興室
	142	陸別町農業再生協議会	陸別町産業振興課
	143	浦幌町地域農業再生協議会	浦幌町産業課
	144	釧路市農業農村経営生産推進会議	釧路市産業振興部農林課農林振興担当
	145	釧路町地域農業再生協議会	釧路町経済部産業経済課
	146	標茶町農業再生協議会	標茶町農林課
	147	弟子屈町地域農業再生協議会	弟子屈町農林課農政係
	148	白糠町農業再生協議会	白糠町経済部経済課農政係
	149	根室市農業再生協議会	根室市水産経済部農林課農政担当
	150	別海町担い手支援協議会	別海町産業振興部農政課
	151	中標津町地域担い手育成総合支援協議会	中標津町経済部農林課
	152	標津町農業担い手育成総合支援協議会	JA 標津営農部営農生活課
青森県 40 協議会	1	青森市地域農業再生協議会	青森市農業政策課
	2	平内町農業再生協議会	平内町農政課
	3	蓬田村地域農業再生協議会	蓬田村産業振興課
	4	今別町農業再生協議会	今別町産業観光課産業担当
	5	外ヶ浜町地域農業再生協議会	外ヶ浜町産業観光課
	6	むつ市地域農業再生協議会	むつ市経済部生産者支援課
	7	大間町地域農業再生協議会	大間町産業振興課
	8	東通村農業再生協議会	東通村つくり育てる農林水産課
	9	風間浦村地域農業再生協議会	風間浦村産業建設課
	10	佐井村地域農業再生協議会	佐井村産業建設課農林水産係
	11	弘前市農業再生協議会	弘前市農林部農政課
	12	西目屋村農業再生協議会	西目屋村産業課
	13	黒石市農業再生協議会	黒石市農林課りんご農産係
	14	平川市農業再生協議会	平川市経済部農林課
	15	藤崎町農業再生協議会	藤崎町農政課
	16	大鰐町農業再生協議会	大鰐町農林課
	17	田舎館村農業再生協議会	田舎館村産業課
	18	十和田市地域農業再生協議会	十和田市農林畜産課
	19	三沢市農業再生協議会	三沢市農政課
	20	野辺地町農業再生協議会	野辺地町農林水産課
	21	七戸町地域農業再生協議会	七戸町農林課
	22	おいらせ町地域農業再生協議会	おいらせ町農林水産課
	23	六戸町地域農業再生協議会	六戸町産業課
	24	横浜町地域農業再生協議会	横浜町産業振興課
	25	東北町農業再生協議会	東北町農林水産課
	26	六ヶ所村農業再生協議会	六ヶ所村農林水産課
	27	八戸市農業再生協議会	八戸市農林畜産課
	28	三戸町農業再生協議会	三戸町農林課
	29	五戸町農業再生協議会	五戸町農林課
	30	田子町地域農業再生協議会	田子町産業振興課農業振興 G
	31	階上町農業再生協議会	階上町産業振興課
	32	南部町農業再生協議会	南部町農林課
	33	新郷村地域農業再生協議会	新郷村農林課
	34	五所川原市農業再生協議会	五所川原市経済部農林水産課
	35	中泊町農業再生協議会	中泊町農政課
	36	鶴田町農業再生協議会	鶴田町産業課

		37	鰺ヶ沢町農業再生協議会	鰺ヶ沢町農林水産課
		38	深浦町農業再生協議会	深浦町農林水産課
		39	つがる市地域農業再生協議会	つがる市農林水産課
		40	板柳町農業再生協議会	板柳町産業振興課
	岩手県 30協議会	1	盛岡市農業再生協議会	盛岡市農林部農政課
		2	盛岡市玉山地域農業再生協議会	盛岡市玉山総合事務所産業振興課
		3	紫波町農業再生協議会	紫波町産業部農林課
		4	矢巾町農業再生支援協議会	矢巾町産業振興課
		5	雫石町地域農業再生協議会	雫石町農林課
		6	滝沢市農業再生協議会	滝沢市経済産業部農林課
		7	奥州市農業再生協議会	奥州市農政課
		8	金ケ崎町農業再生協議会	金ケ崎町農林課
		9	大船渡市農業再生協議会	大船渡市農林水産部農林課
		10	陸前高田市農業再生協議会	陸前高田市農林水産部農林課
		11	住田町農業再生協議会	住田町農政課
		12	花巻市農業推進協議会	JAいわて花巻営農部営農振興課
		13	北上市農業再生協議会	JAいわて花巻北上地域営農センター営農振興課
		14	西和賀町農業再生協議会	西和賀町農業振興課
		15	遠野市農業再生協議会	遠野市農林畜産部農業振興課
		16	釜石地域農業再生協議会	釜石市産業振興部農林課
		17	大槌町地域農業再生協議会	大槌町農林水産課
		18	八幡平市農業再生協議会	八幡平市農林課
		19	岩手町農業再生協議会	岩手町農林環境課
		20	葛巻町農業再生協議会	葛巻町農林環境エネルギー課
		21	二戸市農業再生協議会	二戸市産業振興部農林課
		22	一戸町農業再生協議会	一戸町産業部農林課
		23	軽米町農業再生協議会	軽米町産業振興課
		24	九戸村農業再生協議会	九戸村農林建設課
		25	久慈市農業再生協議会	久慈市産業経済部農政課
		26	洋野町農業再生協議会	洋野町農林課
		27	野田村農業再生協議会	野田村産業振興課
		28	普代村農業再生協議会	普代村農林商工課
		29	宮古地方農業再生協議会	宮古市産業振興部農林課
		30	一関地方農業再生協議会	一関市農林部農政課
	宮城県 34協議会	1	仙台市農業振興協議会	仙台市経済局農林部農業振興課
		2	塩竈市地域農業推進協議会	JA仙台本店営農部営農企画課
		3	多賀城市地域農業推進協議会	多賀城市市民経済部農政課
		4	松島町地域農業推進協議会	松島町産業観光課
		5	七ヶ浜地域農業推進協議会	七ヶ浜町産業課
		6	利府町地域農業推進協議会	利府町産業振興課
		7	大和町地域水田農業推進協議会	大和町産業振興課
		8	大郷町地域水田農業推進協議会	大郷町農政商工課
		9	富谷市地域水田農業推進協議会	富谷市経済産業部農林振興課
		10	大衡村地域水田農業推進協議会	大衡村産業振興課
		11	大崎市農業再生協議会	大崎市産業経済部農林振興課
		12	色麻町農業再生協議会	色麻町産業振興課
		13	加美町農業再生協議会	加美町農業振興対策室
		14	涌谷地域農業再生協議会	涌谷町農林振興課
		15	美里地域農業再生協議会	美里町産業振興課
		16	石巻市農業再生協議会	石巻市産業部農林課
		17	東松島地域農業再生協議会	東松島市産業部農林水産課
		18	白石市農政推進協議会	白石市経済部農林課
		19	七ヶ宿町水田農業推進協議会	七ヶ宿町農林建設課
		20	蔵王町水田農業推進協議会	蔵王町農林観光課
		21	大河原町水田農業推進協議会	大河原町農政課
		22	柴田町水田農業推進協議会	柴田町農政課
		23	村田町水田農業推進協議会	村田町農林課
		24	川崎町地域水田農業推進協議会	川崎町農林課
		25	角田市農業再生協議会	角田市産業建設部農林振興課
		26	丸森町水田農業推進協議会	丸森町農林課
		27	名取市水田農業推進協議会	名取市生活経済部農林水産課
		28	岩沼地域水田農業推進協議会	岩沼市市民経済部農政課
		29	亘理地域水田農業推進協議会	亘理町農林水産課
		30	山元町地域水田農業推進協議会	山元町産業振興課
		31	栗原市農業再生協議会	栗原市農林振興部農業政策課

	32	登米市農業再生協議会	登米市産業経済部農産園芸畜産課
	33	気仙沼市農業再生協議会	気仙沼市農林課
	34	南三陸町水田農業推進協議会	南三陸町農林水産課
秋田県 25協議会	1	秋田市農業再生協議会	秋田市農業農村振興課
	2	由利本荘市地域農業再生協議会	由利本荘市農業振興課
	3	にかほ市農業再生協議会	にかほ市農林水産課
	4	能代市農業再生協議会	能代市農業振興課
	5	藤里町農業再生協議会	藤里町役場農林課
	6	三種町農業再生協議会	三種町農林課
	7	八峰町農業再生協議会	八峰町農林振興課
	8	男鹿市農業再生協議会	男鹿市農林水産課
	9	潟上市昭和飯田川地域農業再生協議会	潟上市産業課
	10	潟上市天王地域農業再生協議会	潟上市産業課
	11	五城目町農業再生協議会	五城目町農林振興課
	12	八郎潟町地域農業再生協議会	八郎潟町産業課
	13	井川町農業再生協議会	井川町産業課
	14	大潟村地域農業再生協議会	大潟村産業建設課
	15	大館市農業再生協議会	大館市農林課
	16	北秋田市農業再生協議会	北秋田市農林課
	17	上小阿仁村農業再生協議会	上小阿仁村産業課
	18	横手市農業再生協議会	横手市農業振興課
	19	湯沢市農業再生協議会	湯沢市農林課
	20	羽後町農業再生協議会	羽後町農林課
	21	東成瀬村農業再生協議会	東成瀬村農林課
	22	大仙市農業再生協議会	大仙市農林部農業振興課
	23	仙北市地域農業再生協議会	仙北市農業振興課
	24	美郷町地域農業再生協議会	美郷町農政課
	25	鹿角地域農業再生協議会	鹿角市農林課
山形県 35協議会	1	山形市農業振興協議会	山形市農林部農政課
	2	上山市農業再生協議会	上山市農林課農政企画グループ
	3	天童市農業再生協議会	天童市経済部農林課
	4	山辺町農業再生協議会	山辺町産業課農政係
	5	中山町農業再生協議会	中山町産業振興課
	6	鶴岡市農業振興協議会	鶴岡市農林水産部農政課農政係
	7	三川町農業再生協議会	三川町産業振興課
	8	庄内町農業再生協議会	庄内町農林課農政企画係
	9	酒田市農業再生協議会	酒田市農林水産部農政課
	10	遊佐町農業振興協議会	遊佐町産業課
	11	寒河江市農業再生協議会	寒河江市農林課
	12	河北町農業再生協議会	河北町農林振興課農業振興係
	13	西川町農業再生協議会	西川町産業振興課
	14	朝日町地域農業再生協議会	朝日町農林振興課
	15	大江町地域農業再生協議会	大江町農林課
	16	村山市地域農業再生協議会	村山市農林課農業振興係
	17	東根市農業再生協議会	東根市農林課農政係
	18	尾花沢市農業再生協議会	尾花沢市農林課水田営農対策係
	19	大石田町農業再生協議会	大石田町産業振興課
	20	新庄市農業再生協議会	新庄市農林課
	21	金山町地域農業推進協議会	金山町産業課
	22	最上町農業振興協議会	最上町農林課
	23	舟形町農業再生協議会	舟形町農業振興課
	24	真室川町農業再生協議会	真室川町農林課
	25	大蔵村農業再生協議会	大蔵村産業振興課
	26	鮭川村農業再生協議会	鮭川村産業振興課
	27	戸沢村農業再生協議会	戸沢村産業振興課
	28	米沢地域農業再生協議会	米沢市産業部農林課
	29	南陽市農業振興協議会	南陽市農林課農業振興係
	30	高畠町農業再生協議会	高畠町農林振興課
	31	川西町農業再生協議会	川西町産業振興課
	32	長井市農業再生協議会	長井市農林課農政振興係
	33	小国町地域農業再生協議会	小国町産業振興課
	34	白鷹町農業再生協議会	白鷹町農林課
	35	飯豊町農業振興協議会	飯豊町農林振興課農業振興室
福島県 48協議会	1	福島市地域農業再生協議会	福島市農政部農業振興室
	2	川俣町地域農業再生協議会	川俣町産業課

		3	伊達市地域農業再生協議会	伊達市産業部農政課
		4	桑折町地域農業再生協議会	桑折町産業振興課
		5	国見町地域農業再生協議会	国見町産業振興課
		6	会津若松市農業再生協議会	会津若松市農政部農政課
		7	磐梯町地域農業再生協議会	磐梯町農林課
		8	猪苗代町農業活性化協議会	猪苗代町農林課
		9	喜多方市農業振興協議会	喜多方市産業部農業振興課
		10	北塩原村農業再生協議会	北塩原村農林課
		11	西会津町農業再生協議会	西会津町農林振興課
		12	会津みどり地域農業再生協議会	JA 会津よつば みどり地区本部地域農業振興課
		13	下郷町農業再生協議会	下郷町産業課
		14	只見町農業再生協議会	只見町農林建設課
		15	南会津町農業再生協議会	南会津町農林課
		16	二本松市地域農業再生協議会	二本松市農業振興課農政係
		17	大玉村地域農業再生協議会	大玉村産業建設部産業課
		18	本宮市地域農業再生協議会	本宮市産業部農政課
		19	郡山市農業再生協議会	郡山市農林部農業政策課
		20	田村市地域農業再生協議会	JA 福島さくらたむら地区本部営農経済部営農販売課内
		21	三春町地域農業再生協議会	三春町産業課
		22	小野町地域農業再生協議会	JA 福島さくらたむら地区本部南部営農経済センター内
		23	南相馬市地域農業再生協議会	南相馬市経済部農政課
		24	相馬市地域農業再生協議会	相馬市産業部農林水産課
		25	新地町地域農業再生協議会	新地町農林水産課
		26	飯舘地域農業再生協議会	飯舘村復興対策課
		27	富岡町地域農業再生協議会	富岡町産業振興課
		28	川内村地域農業再生協議会	川内村産業振興課
		29	大熊町地域農業再生協議会	大熊町産業建設課
		30	双葉町地域農業再生協議会	双葉町産業課
		31	浪江町地域農業再生協議会	浪江町産業振興課
		32	葛尾村地域農業再生協議会	葛尾村地域振興課
		33	広野町地域農業再生協議会	広野町産業振興課
		34	楢葉町地域農業再生協議会	楢葉町産業振興課
		35	いわき地域農業再生協議会	福島さくら農業協同組合内
		36	須賀川市地域農業再生協議会	須賀川市産業部農政課
		37	鏡石町地域農業再生協議会	鏡石町産業課
		38	天栄村地域農業再生協議会	天栄村産業課
		39	白河市農業再生協議会	白河市産業部農政課
		40	西郷村農業再生協議会	西郷村農政課
		41	泉崎村地域農業再生協議会	泉崎村事業課産業グループ
		42	中島村地域農業再生協議会	中島村企画振興課
		43	矢吹町農業再生協議会	矢吹町産業振興課
		44	棚倉町農業再生協議会	棚倉町産業振興課
		45	塙町農業再生協議会	塙町まち振興課
		46	矢祭町地域農業再生協議会	矢祭町事業課産業グループ
		47	鮫川村地域農業再生協議会	鮫川村農林商工課
		48	石川地方農業再生協議会	JA 夢みなみあぶくま石川地区支援センター担い手支援課
北陸 80 協議会	新潟県 34 協議会	1	新潟市北区農業再生協議会	北区産業振興課農業振興グループ
		2	新潟市亀田郷農業再生協議会	江南区産業振興課農業振興グループ
		3	新潟市秋葉区農業再生協議会	秋葉区産業振興課農業グループ生産振興担当
		4	新潟市南区農業再生協議会	南区産業振興課農政グループ
		5	新潟市西区農業再生協議会	西区農商工課農業振興係
		6	西蒲区農業再生協議会	西蒲区産業観光課農業振興グループ
		7	佐渡市農業再生協議会	佐渡市産業観光部農業政策課生産振興係
		8	刈羽村地域農業再生協議会	刈羽村産業政策課
		9	出雲崎町農業再生協議会	出雲崎町産業観光課
		10	長岡市農業再生協議会	長岡市農林水産部農水政策課農水産係
		11	柏崎地域農業再生協議会	JA 柏崎営農企画課
		12	関川村農業再生協議会	関川村農林観光課農林振興班
		13	村上市農業再生協議会	村上市農林水産課
		14	聖籠町農業再生協議会	聖籠町産業観光課
		15	胎内市農業再生協議会	胎内市農林水産課農政係
		16	新発田市農業再生協議会	新発田市農水振興課生産振興係
		17	阿賀野市農業再生協議会	阿賀野市農林課農林振興係

		18	五泉市農業再生協議会	五泉市農林課農産係
		19	阿賀町農業再生協議会	阿賀町農林商工課農政係
		20	弥彦村農業再生協議会	弥彦村農業振興課農業振興係
		21	燕市農業再生協議会	燕市産業振興部農政課生産振興係
		22	田上町農業再生協議会	田上町産業振興課農林係
		23	加茂市農業再生協議会	加茂市農林課農政係
		24	三条市農業再生協議会	三条市農林課農政係、JAにいがた南蒲北営農センター
		25	見附市農業再生協議会	見附市農林創生課農業振興係
		26	上越市農業再生協議会	JAえちご上越内上越市農業再生協議会
		27	妙高市農業再生協議会	妙高市農水振興課生産振興係
		28	糸魚川市農業再生協議会	糸魚川市農林水産課農業経営支援センター農業支援係
		29	小千谷市農業再生協議会	JA越後おぢや総合営農経済センター営農企画係
		30	魚沼市農業再生協議会	魚沼市農林課農政室
		31	湯沢町農業再生協議会	湯沢町環境農林課農林係
		32	南魚沼市農業再生協議会	JAみなみ魚沼営農指導課
		33	津南町地域農業再生協議会	津南町地域振興課
		34	十日町市農業再生協議会	十日町市農林課農業振興係
	富山県 12協議会	1	富山市農業再生協議会	富山市農業再生協議会
		2	高岡市農業再生協議会	高岡市農業水産課
		3	魚津市農業再生協議会	魚津市農林水産課
		4	氷見市農業再生協議会	氷見市農林畜産課
		5	黒部市農業再生協議会	黒部市農業水産課
		6	砺波市農業再生協議会	砺波市農業振興課
		7	小矢部市農業再生協議会	小矢部市農林課
		8	南砺市農業再生協議会	南砺市農政課
		9	射水市農業再生協議会	射水市産業経済部農林水産課農政係
		10	入善町農業再生協議会	JAみな穂営農センター
		11	朝日町農業再生協議会	JAみな穂営農センター
		12	アルプス地域農業再生協議会	JAアルプス営農経済部
	石川県 17協議会	1	金沢市農業活性化協議会	金沢市農業水産振興課
		2	加賀市農業活性化協議会	加賀市農林水産課
		3	小松市農業活性化協議会	小松市農林水産課
		4	能美市農業活性化協議会	能美市農政課
		5	白山市農業活性化協議会	白山市農業振興課
		6	川北町農業活性化協議会	JA能美営農推進課
		7	野々市市農業活性化協議会	野々市市産業振興課
		8	羽咋市農業活性化協議会	羽咋市農林水産課
		9	宝達志水町農業活性化協議会	宝達志水町農林水産課
		10	志賀町農業活性化協議会	志賀町農林水産課
		11	中能登町農業活性化協議会	JA能登わかば鹿島支店
		12	七尾市農業活性化協議会	七尾市農林水産課
		13	穴水町農業活性化協議会	穴水町産業振興課
		14	輪島市農業活性化協議会	輪島市農林水産課
		15	能登町農業活性化協議会	能登町農林水産課
		16	珠洲市農業活性化協議会	珠洲市産業振興課
		17	河北郡市農業活性化協議会	JA石川かほく営農経済部
	福井県 17協議会	1	福井市地域農業再生協議会	福井市農林水産部農政企画室
		2	大野市農業再生協議会	一般財団法人越前おおの農林樂舎
		3	勝山市農業再生協議会	勝山市農業政策課
		4	あわら市農業再生協議会	あわら市経済産業部農林水産課
		5	坂井市農業再生協議会	坂井市産業環境部農業振興課
		6	永平寺町農業再生協議会	永平寺町農業再生協議会
		7	敦賀市農業再生協議会	JA敦賀美方営農販売課
		8	小浜市農業再生協議会	小浜市農林水産課
		9	美浜町農業再生協議会	美浜町農林水産課
		10	高浜町農業再生協議会	高浜町産業振興課
		11	おおい町農業再生協議会	おおい町農林水産振興課
		12	若狭町農業再生協議会	若狭町農林水産課
		13	越前市農業再生協議会	越前市農政課
		14	鯖江市農業再生協議会	鯖江市農林政策課、JAたんなん営農生活課
		15	越前町農業再生協議会	越前町農林水産課
		16	南越前町農業再生協議会	南越前町農林水産課
		17	池田町総合農政推進協議会	池田町産業振興課
関東・東山 299協議会	茨城県 44協議会	1	水戸市農業再生協議会	水戸市役所農政課
		2	茨城町農業再生協議会	茨城町役場農業政策課

		番号	協議会名	事務局
		3	小美玉市農業再生協議会	小美玉市役所農政課
		4	城里町農業再生協議会	城里町役場農業政策課
		5	大洗町農業再生協議会	大洗町農林水産課
		6	笠間市農業再生協議会	笠間市農政課
		7	ひたちなか市農業再生協議会	ひたちなか市農政課
		8	東海村地域農業再生協議会	東海村農業政策課
		9	那珂市農業再生協議会	那珂市農政課
		10	常陸大宮市農業再生協議会	常陸大宮市農業再生協議会事務局（農協内）
		11	常陸太田地域農業再生協議会	常陸太田地域農業再生協議会事務局（市役所内）
		12	大子町農業再生協議会	大子町農業再生協議会事務局（農協内）
		13	日立市農業再生協議会	日立市農林水産課
		14	高萩市農業再生協議会	高萩市農林課
		15	北茨城市農業再生協議会	北茨城市農林水産課
		16	土浦市農業再生協議会	土浦市農林水産課
		17	石岡市地域農業再生協議会	石岡市農政課
		18	かすみがうら市農業再生協議会	かすみがうら市農林水産課
		19	阿見町農業再生協議会	阿見町農業振興課
		20	つくば市農業再生協議会	つくば市農業政策課
		21	取手市農業再生協議会	茨城みなみ農業協同組合担い手支援センター
		22	守谷市農業再生協議会	茨城みなみ農業協同組合担い手支援センター
		23	つくばみらい市農業再生協議会	茨城みなみ農業協同組合担い手支援センター
		24	稲敷市地域農業再生協議会	稲敷市農政課
		25	龍ケ崎市地域農業再生協議会	龍ケ崎市農業政策課
		26	牛久市農業再生協議会	牛久市農業政策課
		27	美浦村農業再生協議会	美浦村経済課
		28	河内町農業再生協議会	河内町経済課
		29	利根町地域農業再生協議会	利根町経済課
		30	筑西市農業再生協議会	筑西市水田農業振興室
		31	結城市農業再生協議会	結城市水田農業振興室
		32	桜川市農業再生協議会	桜川市水田農業振興室
		33	常総市農業再生協議会	常総市水田農業支援センター
		34	下妻市農業再生協議会	下妻市水田農業支援センター
		35	八千代町農業再生協議会	常総ひかり農業協同組合八千代支店　転作推進センター
		36	坂東市農業再生協議会	坂東市農業政策課
		37	境町農業再生協議会	境町農業政策課
		38	五霞町農業再生協議会	五霞町産業課
		39	古河市農業再生協議会	古河市農政課
		40	鉾田市農業再生協議会	鉾田市産業経済課
		41	行方市農業再生協議会	行方市農林水産課
		42	潮来市農業再生協議会	潮来市農業再生協議会
		43	鹿嶋市地域農業再生協議会	鹿嶋市農林水産課
		44	神栖市農業再生協議会	神栖市農林課
栃木県 25協議会		1	宇都宮市農業再生協議会	宇都宮市経済部農業企画課
		2	上三川町農業再生協議会	上三川町農政課
		3	鹿沼市農業再生協議会	鹿沼市経済部農政課
		4	日光市農業再生協議会	日光市観光経済部農林課
		5	真岡市農業再生協議会	真岡市農業振興センター
		6	益子町農業再生協議会	JAはが野益子地区営農センター
		7	茂木町農業再生協議会	JAはが野茂木地区営農センター
		8	市貝町農業再生協議会	JAはが野市貝地区営農センター
		9	芳賀町農業再生協議会	芳賀町農政課
		10	栃木市農業再生協議会	栃木市農業振興課農政係
		11	壬生町農業再生協議会	壬生町農政課農業振興係
		12	小山市農業再生協議会	JA小山アクティー
		13	下野市農業再生協議会	下野市農政課
		14	野木町農業再生協議会	野木町産業課
		15	矢板市農業再生協議会	JAしおのや総合農業振興センター
		16	さくら市農業再生協議会	さくら市産業経済部農政課
		17	塩谷町農業再生協議会	塩谷町産業振興課
		18	高根沢町農業再生協議会	高根沢町農業技術センター
		19	大田原市農業再生協議会	JAなすの大田原支店
		20	那須塩原市農業再生協議会	JAなすの黒磯支店
		21	那須町農業再生協議会	那須町農業公社
		22	那須烏山市農業再生協議会	那須烏山市南那須庁舎農政課
		23	那珂川町農業再生協議会	JAなす南馬頭支店

	24	佐野市農業再生協議会	佐野市農政課
	25	足利市農業再生協議会	足利市農政課
群馬県 32協議会	1	渋川市農業再生協議会	渋川市農政部農林課
	2	榛東村地域農業再生協議会	榛東村産業振興課
	3	吉岡町地域農業再生協議会	吉岡町産業建設課産業振興室
	4	玉村町農業再生協議会	玉村町経済産業課農政係
	5	前橋市農業再生協議会	前橋市農業再生協議会（JA前橋市内）
	6	伊勢崎市農業再生協議会	JA佐波伊勢崎農畜産課
	7	はぐくみ地域農業再生協議会	JAはぐくみ営農部営農販売課
	8	下仁田町地域農業再生協議会	下仁田町農林課農業係
	9	甘楽町地域農業再生協議会	甘楽町産業課農林係
	10	高崎地域農業再生協議会	高崎地域農業再生協議会（JAたかさき内）
	11	富岡市地域農業再生協議会	JA甘楽富岡営農部
	12	安中市地域農業再生協議会	安中市農林課農政係
	13	中之条町農業再生協議会	中之条町農林課農業係
	14	東吾妻町地域農業再生協議会	東吾妻町農林課農林振興係
	15	長野原町農業再生協議会	長野原町産業課農林係
	16	嬬恋村農業再生協議会	嬬恋村農林振興課農業係
	17	高山村農業再生協議会	高山村農政課
	18	片品村地域農業再生協議会	片品村農林建設課
	19	川場村農業再生協議会	川場村田園整備課農政係
	20	みなかみ町地域農業再生協議会	みなかみ町農政課農政グループ
	21	昭和村地域農業再生協議会	昭和村産業課農政係
	22	沼田市農業再生協議会	沼田市経済部農林課農林振興係
	23	みどり市地域農業再生協議会	みどり市産業観光部農林課
	24	板倉町総合農業振興協議会	板倉町産業振興課農政係
	25	明和町農業再生協議会	明和町産業振興課農政係
	26	千代田町農業再生協議会	千代田町経済課農政係
	27	大泉町農業再生協議会	大泉町住民経済部経済振興課
	28	邑楽町農業再生協議会	邑楽町産業振興課農政係
	29	太田市地域農業再生協議会	太田市農業政策課
	30	桐生市農業再生協議会	桐生市産業経済部農業振興課農業振興係
	31	館林市農業再生協議会	館林市農業振興課農業振興係
	32	多野藤岡地域農業再生協議会	JAたのふじ農産課内
埼玉県 54協議会	1	さいたま市農業再生協議会	JAさいたま中部統括部営農経済課
	2	さいたま市岩槻地域農業再生協議会	JA南彩岩槻営農経済センター
	3	鴻巣市農業再生協議会	鴻巣市環境経済部農政課
	4	上尾市地域農業再生協議会	JAさいたま北部統括部営農経済課
	5	草加市地域農業再生協議会	JAさいたま草加営農経済センター
	6	朝霞市農業再生協議会	JAあさか野朝霞支店
	7	桶川市地域農業再生協議会	JAさいたま北部統括部営農経済課
	8	北本市農業再生協議会	JAさいたま北部統括部営農経済課
	9	伊奈町地域農業再生協議会	JAさいたま北部統括部営農経済課
	10	川越地域農業再生協議会	川越市産業観光部農政課
	11	狭山市農業再生協議会	狭山市環境経済部農業振興課
	12	越生町農業再生協議会	越生町役場産業観光課
	13	日高市地域農業再生協議会	日高市産業振興課
	14	飯能市地域農業再生協議会	飯能市産業環境部農業振興課
	15	富士見市地域農業再生協議会	富士見市産業振興課
	16	毛呂山町農業再生協議会	毛呂山町役場産業振興課
	17	鶴ヶ島市農業再生協議会	鶴ヶ島市産業振興課
	18	坂戸市農業再生協議会	坂戸市農業振興課
	19	ふじみ野市農業再生協議会	ふじみ野市産業振興課
	20	所沢市農業再生協議会	所沢市農業振興課
	21	東松山市地域農業再生協議会	東松山市農政課
	22	滑川町地域農業再生協議会	JA埼玉中央滑川基幹支店
	23	嵐山町農業再生協議会	JA埼玉中央嵐山支店
	24	小川町地域農業再生協議会	JA埼玉中央西部営農経済センター
	25	ときがわ町農業再生協議会	ときがわ町役場産業観光課
	26	川島町農業再生協議会	JA埼玉中央東部営農経済センター
	27	吉見町農業再生協議会	JA埼玉中央吉見センター
	28	鳩山町地域農業再生協議会	鳩山町役場産業環境課
	29	東秩父村農業再生協議会	JA埼玉中央西部営農経済センター
	30	本庄市地域農業再生協議会	JA埼玉ひびきの本庄営農センター
	31	本庄市児玉地域農業再生協議会	JA埼玉ひびきの児玉営農経済センター

		32	美里町農業再生協議会	美里町役場農林商工課
		33	神川町地域農業再生協議会	神川町役場経済観光課
		34	上里町地域農業再生協議会	上里町役場産業振興課
		35	熊谷市農業再生協議会	熊谷市農業振興課
		36	深谷市農業再生協議会	深谷市農業振興課
		37	寄居町農業再生協議会	寄居町農林課
		38	行田市農業再生協議会	行田市農政課
		39	加須市農業再生協議会	加須市農業振興課
		40	羽生市農業再生協議会	羽生市農政課
		41	春日部市春日部地域農業再生協議会	JA 南彩春日部営農経済センター
		42	春日部市庄和地域農業再生協議会	JA 埼玉みずほ南部経済センター
		43	越谷市地域農業振興協議会	JA 越谷市指導企画課
		44	久喜市地域農業再生協議会	久喜市農業振興課
		45	八潮市農業再生協議会	八潮市都市農業課
		46	蓮田市農業再生協議会	蓮田市農政課
		47	白岡市地域農業再生協議会	白岡市農政課
		48	宮代町地域農業再生協議会	宮代町産業観光課農業振興担当、JA 南彩宮代支店
		49	三郷市農業再生協議会	三郷市産業振興部農業振興課
		50	幸手市地域農業再生協議会	幸手市農業振興課農業振興担当
		51	杉戸地域農業再生協議会	杉戸町農業振興課農業活性化担当
		52	松伏町農業振興協議会	松伏町環境経済課農政担当
		53	吉川市地域農業再生協議会	吉川市農政課
		54	秩父地域農業再生協議会	JA ちちぶ営農経済部営農振興課
	千葉県 48 協議会	1	千葉市農業再生協議会	JA 千葉みらい指導経済部組織指導課
		2	習志野市農業再生協議会	習志野市産業振興課
		3	市原市農業再生協議会	市原市農林業振興課
		4	八千代市農業再生協議会	JA 八千代市経済部指導販売課
		5	野田市農業再生協議会	野田市自然経済推進部農政課
		6	柏市農業再生協議会	柏市農政課
		7	我孫子市農業再生協議会	我孫子市経済環境部農政課
		8	成田市農業再生協議会	JA 成田市営農部営農指導課
		9	佐倉市地域農業再生協議会	佐倉市農政課
		10	四街道市地域農業再生協議会	四街道市産業振興課
		11	八街市地域農業再生協議会	八街市経済環境部農政課
		12	印西市農業再生協議会	印西市農政課農政係
		13	白井市地域農業再生協議会	白井市市民環境経済部産業振興課
		14	富里市地域農業再生協議会	富里市農政課農政畜産班
		15	酒々井地域農業再生協議会	酒々井町経済環境課農政振興班
		16	栄町農業再生協議会	栄町産業課農政推進班
		17	香取市農業再生協議会	香取市農政課
		18	神崎町農業再生協議会	神崎町まちづくり課
		19	多古町農業再生協議会	多古町産業経済課
		20	東庄町農業再生協議会	東庄町まちづくり課
		21	銚子地域農業再生協議会	銚子市農産課
		22	旭市農業再生協議会	旭市農水産課
		23	匝瑳市農業再生協議会	匝瑳市産業振興課
		24	東金市地域農業再生協議会	東金市経済環境部農政課
		25	山武市農業再生協議会	山武市経済環境部農林水産課
		26	大網白里市農業再生協議会	大網白里市農業振興課
		27	九十九里町農業再生協議会	九十九里町産業振興課農業振興係
		28	芝山町農業再生協議会	芝山町まちづくり課（農政係）
		29	横芝光町農業再生協議会	横芝光町産業振興課（農政班）
		30	茂原市地域農業再生協議会	茂原市農政課
		31	一宮町地域農業再生協議会	一宮町産業観光課
		32	睦沢町農業再生協議会	睦沢町産業振興課
		33	長生村農業再生協議会	長生村産業課
		34	白子町地域農業再生協議会	白子町産業課
		35	長柄町農業再生協議会	長柄町産業振興課
		36	長南町農業再生協議会	長南町産業振興課
		37	勝浦市農業再生協議会	勝浦市農林水産課農林係
		38	いすみ市農業再生協議会	いすみ市農林課
		39	大多喜町農業再生協議会	大多喜町産業振興課農政係
		40	御宿町農業再生協議会	御宿町産業観光課
		41	館山市地域農業再生協議会	館山市農水産課農政係
		42	鴨川市農業再生協議会	鴨川市農林水産課農林振興係

	43	南房総市農業再生協議会	南房総市農林水産課
	44	鋸南町地域農業再生協議会	鋸南町地域振興課
	45	木更津市地域農業再生協議会	木更津市農林水産課
	46	君津市農業再生協議会	君津市経済部農政課
	47	富津市農業再生協議会	富津市農林水産課
	48	袖ケ浦地域農業再生協議会	袖ケ浦市農林振興課
神奈川県 12 協議会	1	厚木市農業再生協議会	厚木市環境農政部農業政策課
	2	海老名市農業再生協議会	JAさがみ海老名地区運営委員会事務局
	3	座間市地域農業再生協議会	JAさがみ座間営農経済センター
	4	綾瀬市農業再生協議会	綾瀬市産業振興部農業振興課
	5	愛川町農業再生協議会	愛川町環境経済部農政課
	6	湘南地域農業再生協議会	平塚市産業振興部農水産課
	7	藤沢市農業再生協議会	藤沢市経済部農業水産課
	8	茅ヶ崎市農業再生協議会	茅ヶ崎市経済部農業水産課
	9	秦野市農業再生協議会	秦野市環境産業部農業振興課
	10	伊勢原市農業再生協議会	伊勢原市経済環境部農業振興課
	11	南足柄市地域農業再生協議会	南足柄市環境経済部産業振興課
	12	小田原市地域農業再生協議会	小田原市経済部農政課
山梨県 25 協議会	1	甲府地域農業再生協議会	甲府市役所農政課
	2	韮崎地域農業再生協議会	韮崎市役所産業観光課
	3	南アルプス市地域農業再生協議会	南アルプス市役所農政課
	4	北杜市農業再生協議会	北杜市役所明野総合支所内
	5	甲斐市地域農業再生協議会	甲斐市役所農林振興課
	6	中央市地域農業再生協議会	中央市役所農政課
	7	昭和町農業再生協議会	昭和町役場環境経済課
	8	甲州市地域農業再生協議会	甲州市役所農林振興課
	9	山梨市地域農業再生協議会	山梨市役所農林課
	10	笛吹市地域農業再生協議会	笛吹市役所農林振興課
	11	市川三郷町地域農業再生協議会	市川三郷町役場農林課
	12	富士川町地域農業再生協議会	富士川町役場産業振興課
	13	早川町地域農業再生協議会	早川町役場振興課
	14	身延町地域農業再生協議会	身延町役場産業課
	15	南部町地域農業再生協議会	南部町役場産業振興課
	16	富士吉田市地域農業再生協議会	富士吉田市役所農林課
	17	都留市地域農業再生協議会	都留市役所産業課
	18	大月市地域農業再生協議会	大月市役所産業観光課
	19	上野原市地域農業再生協議会	上野原市役所経済課
	20	道志村農業再生協議会	道志村役場産業振興課
	21	西桂町地域農業再生協議会	西桂町役場産業振興課
	22	忍野村地域農業再生協議会	忍野村役場観光産業課
	23	山中湖村地域農業再生協議会	山中湖村役場生活産業課
	24	富士河口湖町地域農業再生協議会	富士河口湖町役場農林課
	25	小菅村地域農業再生協議会	小菅村役場源流振興課
長野県 59 協議会	1	小諸市農業再生協議会	小諸市役所農林課
	2	佐久市農業再生協議会	佐久市役所経済部農政課
	3	佐久穂町農業再生協議会	佐久穂町役場産業振興課
	4	小海町農業再生協議会	小海町役場産業建設課
	5	川上村農業再生協議会	川上村役場産業建設課
	6	南牧村農業再生協議会	南牧村役場産業建設課
	7	南相木村農業再生協議会	南相木村役場振興課
	8	北相木村農業再生協議会	北相木村役場経済建設課
	9	軽井沢町農業再生協議会	軽井沢町役場観光経済課
	10	御代田町農業再生協議会	御代田町役場産業経済課
	11	立科町農業再生協議会	立科町役場農林課
	12	上田農業再生協議会	上田市役所農林部農政課
	13	東御市農業再生協議会	東御市役所産業経済部農林課
	14	長和町農業再生協議会	長和町役場産業振興課
	15	青木村農業再生協議会	青木村役場建設産業課
	16	岡谷市地域農業再生協議会	岡谷市役所農林水産課
	17	諏訪市地域農業再生協議会	諏訪市役所農林課
	18	茅野市地域農業再生協議会	茅野市役所農林課
	19	下諏訪町地域農業再生協議会	下諏訪町役場産業振興課
	20	富士見町地域農業再生協議会	富士見町役場産業課
	21	原村農業再生協議会	原村役場農林商工観光課
	22	伊那市農業再生協議会	伊那市役所農政課農業経営係

附属資料① 農業再生協議会窓口一覧

		23	駒ヶ根市地域農業再生協議会	駒ヶ根市役所農林課農政係
		24	辰野町農業再生協議会	辰野町役場産業振興課農政係
		25	箕輪町農業再生協議会	箕輪町役場産業振興課産業農政係
		26	飯島町農業再生協議会	飯島町役場産業振興課農政係
		27	南箕輪村農業再生協議会	南箕輪村役場産業農政係
		28	中川村地域農業再生協議会	中川村役場振興課農政係
		29	宮田村農業再生協議会	宮田村役場産業振興推進室農政係
		30	南信州地域農業再生協議会	JAみなみ信州営農部営農課
		31	松本市農業再生協議会	松本市役所農林部農政課
		32	塩尻市農業再生協議会	塩尻市役所農政課
		33	山形村農業再生協議会	山形村役場産業振興課
		34	朝日村農業再生協議会	朝日村役場産業振興課
		35	安曇野市農業再生協議会	安曇野市役所農政課
		36	生坂村農業再生協議会	生坂村役場振興課
		37	筑北村地域農業再生協議会	筑北村役場産業課
		38	麻績村農業再生協議会	麻績村役場振興課
		39	大町市地域農業再生協議会	大町市21農業推進支援センター
		40	白馬村農業再生協議会	白馬村役場農政課
		41	池田町農業再生協議会	池田町役場振興課
		42	松川村農業再生協議会	松川村営農支援センター
		43	小谷村農業再生協議会	小谷村役場観光振興課農林係
		44	長野市農業再生協議会	長野市役所農林部農業政策課
		45	千曲市農業再生協議会	千曲市役所農林課農業振興係
		46	須坂市農業再生協議会	須坂市役所農林課
		47	坂城町農業再生協議会	坂城町役場産業振興係
		48	飯綱町地域農業再生協議会	JAながののながの北部営農・経済センター
		49	信濃町農業再生協議会	信濃町役場産業観光課
		50	小川村農業再生協議会	小川村役場建設経済課
		51	小布施町農業再生協議会	小布施町役場産業振興課
		52	高山村農業再生協議会	高山村役場産業振興課
		53	中野市農業再生協議会	中野市役所農政課
		54	飯山市農業再生協議会	飯山市役所農林課
		55	木島平村農業再生協議会	木島平村役場産業課農林係
		56	野沢温泉村農業再生協議会	野沢温泉村役場観光産業課
		57	山ノ内町農業再生協議会	山ノ内町役場農林課
		58	栄村農業再生協議会	栄村役場産業建設課
		59	木曽郡農業再生協議会	JA木曽農業生活部
東海 126協議会	岐阜県 38協議会	1	岐阜市農業再生協議会	岐阜市農林園芸課
		2	羽島市地域農業再生協議会	羽島市農政課
		3	各務原市農業再生協議会	各務原市農政課
		4	山県市農業再生協議会	山県市役所農林畜産課
		5	瑞穂市農業再生協議会	瑞穂市役所商工農政観光課
		6	本巣市農業再生協議会	本巣市産業経済課
		7	岐南町地域農業再生協議会	岐南町役場建設経済環境課
		8	笠松地域農業再生協議会	笠松町役場環境経済課
		9	北方町農業再生協議会	北方町都市環境課
		10	大垣市農業再生協議会	大垣市役所農林課
		11	海津市農業再生協議会	海津市役所農林振興課
		12	養老町農業再生協議会	養老町役場農林振興課
		13	神戸町農業再生協議会	神戸町役場産業建設部
		14	輪之内町農業再生協議会	輪之内町役場産業課
		15	安八町農業再生協議会	安八町役場産業振興課
		16	揖斐川町農業再生協議会	揖斐川町役場農林振興課
		17	大野町農業再生協議会	大野町役場農林課
		18	池田町農業再生協議会	池田町役場産業課
		19	美濃加茂市農業再生協議会	美濃加茂市産業振興部農林課
		20	坂祝町農業再生協議会	坂祝町産業建設課
		21	富加町農業再生協議会	富加町産業環境課
		22	川辺町農業再生協議会	川辺町産業環境課
		23	七宗町農業再生協議会	七宗町農林課
		24	八百津町農業再生協議会	八百津町農林課
		25	白川町農業再生協議会	白川町農林課
		26	東白川村農業再生協議会	東白川村産業振興課
		27	可児市農業再生協議会	可児市産業振興課
		28	御嵩町農業再生協議会	御嵩町農林課

	29	関市農業再生協議会	関市農林課
	30	美濃市農業再生協議会	美濃市産業課
	31	郡上地域農業再生協議会	郡上市農務水産課
	32	多治見市農業再生協議会	多治見市産業観光課
	33	瑞浪市農業再生協議会	瑞浪市農林課
	34	土岐市農業再生協議会	土岐市役所産業振興課
	35	中津川市農業再生協議会	中津川市農業振興課
	36	恵那市農業再生協議会	恵那市農政課
	37	飛騨地域農業再生協議会	JAひだ営農推進対策室営農企画課
	38	不破地域農業再生協議会	関ヶ原町産業建設課
静岡県 20協議会	1	下田市農業再生協議会	下田市産業振興課
	2	東伊豆町農業再生協議会	東伊豆町農林水産課
	3	河津町農業再生協議会	河津町産業振興課
	4	松崎町農業再生協議会	松崎町産業建設課
	5	伊豆市地域農業再生協議会	伊豆市農林水産課
	6	伊豆の国市農業再生協議会	伊豆の国市農業商工課
	7	沼津市農業再生協議会	沼津市農林農地課
	8	御殿場市農業再生協議会	御殿場市農政課
	9	小山町農業再生協議会	小山町農林課
	10	富士宮市農業再生協議会	富士宮市農業政策課
	11	富士市農業再生協議会	富士市農政課
	12	静岡市地域農業再生協議会	静岡市農業政策課
	13	藤枝市地域農業再生協議会	藤枝市農林課
	14	牧之原市農業総合支援協議会	牧之原市農林水産課
	15	掛川市農業再生協議会	掛川市農林課
	16	御前崎市農業再生協議会	御前崎市農林水産課
	17	菊川市農業再生協議会	菊川市農林課
	18	森町農業再生協議会	森町産業課
	19	磐田市農業再生協議会	磐田市農林水産課
	20	袋井市農業再生協議会	袋井市農政課
愛知県 38協議会	1	名古屋市地域農業再生協議会	名古屋市緑政土木局都市農業課
	2	一宮市地域農政推進協議会	一宮市経済部農業振興課
	3	瀬戸市地域農業再生協議会	瀬戸市産業政策課
	4	春日井市地域農業再生協議会	春日井市産業部農政課
	5	犬山市地域農業再生協議会	犬山市経済環境部産業課
	6	江南市農業再生協議会	江南市生活産業部農政課
	7	小牧市地域農業再生協議会	小牧市地域活性化営業部農政課
	8	稲沢市農業再生協議会	稲沢市経済環境部農務課
	9	尾張旭市地域農業再生協議会	尾張旭市市民生活部産業課
	10	岩倉市地域農業再生協議会	岩倉市建設部商工農政課
	11	日進市地域農業再生協議会	日進市建設経済部産業振興課
	12	豊明市地域農業再生協議会	豊明市経済建設部農業政策課
	13	東郷町地域農業再生協議会	東郷町経済建設部産業振興課
	14	長久手市農業再生協議会長	長久手市建設部みどりの推進課
	15	大口町地域農業再生協議会	大口町産業建設部環境経済課
	16	扶桑町地域農業再生協議会	扶桑町産業建設部産業環境課
	17	碧南市地域農業再生協議会	碧南市経済環境部農業水産課
	18	刈谷市地域農業再生協議会	刈谷市産業環境部農政課
	19	安城市地域農業再生協議会	安城市産業振興部農務課
	20	西尾地域農業再生協議会	西尾市産業部農林水産課
	21	知立市地域農業再生協議会	知立市市民部経済課
	22	知多地域農業再生協議会	半田市市民経済部経済課
	23	岡崎幸田地域農業再生協議会	JAあいち三河営農企画部企画指導課
	24	あまそだち農業再生協議会	JAあいち海部北部営農センター
	25	海部南部地域農業再生協議会	JAあいち海部南部営農センター
	26	海部東地域農業再生協議会	JA海部東営農生活部営農課
	27	西春日井地域農業再生協議会	JA西春日井営農部営農指導課
	28	高浜市地域農業再生協議会	高浜市市民部地域環境グループ
	29	豊田市地域農業再生協議会	豊田市産業部農政課
	30	みよし市地域農業再生協議会	JAあいち豊田農業振興部農業振興課
	31	新城市地域農業再生協議会	新城市産業振興部農業振興対策室
	32	設楽町農業再生協議会	設楽町産業課
	33	東栄町農業再生協議会	東栄町経済課
	34	豊根村地域農業再生協議会	豊根村農林土木課
	35	豊橋市地域農業再生協議会	豊橋市産業部農業支援課

		36	豊川市地域農業再生協議会	豊川市産業環境部農務課
		37	蒲郡市地域農業再生協議会	蒲郡市産業環境部農林水産課
		38	田原市地域農業再生協議会	田原市産業振興部農政課
	三重県 30協議会	1	桑名市地域農業再生協議会	桑名市役所農林水産課
		2	木曽岬町地域農業再生協議会	三重北農業協同組合木曽岬営農センター
		3	いなべ市地域農業再生協議会	いなべ市役所農林振興課
		4	東員町地域農業再生協議会	東員町役場建設産業課
		5	四日市市農業再生協議会	四日市市役所商工農水部農水振興課
		6	鈴鹿市農業再生協議会	鈴鹿市役所産業振興部農林水産課
		7	亀山市農業再生協議会	亀山市役所産業振興課農業グループ
		8	菰野町農業再生協議会	菰野町役場観光産業課
		9	朝日町地域農業再生協議会	朝日町役場産業建設課
		10	川越町地域農業再生協議会	川越町役場産業建設課
		11	津北地域農業再生協議会	津市役所農林水産政策課
		12	津南地域農業再生協議会	津市役所久居総合支所地域振興課
		13	松阪市農業再生協議会	松阪市役所産業文化部農水振興課
		14	多気町農業再生協議会	多気町役場農林商工課
		15	明和町農業再生協議会	明和町役場農水商工課
		16	大台町農業再生協議会	大台町役場産業課
		17	伊勢市農業再生協議会	伊勢市役所産業観光部農林水産課
		18	鳥羽市農業再生協議会	鳥羽市役所農水商工課
		19	志摩市農業再生協議会	志摩市役所農林課
		20	玉城町農業再生協議会	玉城町役場産業振興課
		21	度会町農業再生協議会	度会町役場産業振興課
		22	大紀町農業再生協議会	大紀町役場農林課
		23	南伊勢町農業再生協議会	南伊勢町役場水産農林課
		24	名張市農業再生協議会	名張市役所産業部農林資源室
		25	伊賀市農業再生協議会	伊賀市役所農林振興課
		26	尾鷲市地域農業再生協議会	尾鷲市役所水産農林課
		27	紀北町地域農業再生協議会	紀北町役場農林水産課
		28	熊野市農業再生協議会	熊野市役所農業振興課
		29	御浜町農業再生協議会	御浜町役場農林水産課
		30	紀宝町農業再生協議会	紀宝町役場産業建設課
近畿 195協議会	滋賀県 19協議会	1	大津市農業再生協議会	大津市役所産業観光部農林水産課
		2	草津市農業再生協議会	草津市役所環境経済部農林水産課
		3	守山市農業再生協議会	守山市役所都市活性化局農政課
		4	栗東市農業再生協議会	栗東市役所環境経済部農林課
		5	野洲市農業再生協議会	野洲市役所環境経済部農林水産課
		6	甲賀市農業再生協議会	甲賀市役所産業経済部農業振興課
		7	湖南市農業再生協議会	湖南市役所建設経済部農林保全課
		8	近江八幡市農業再生協議会	近江八幡市農業再生協議会事務局
		9	東近江市水田農業活性化協議会	東近江市役所農林水産部農業水産課
		10	日野町農業再生協議会	日野町農業再生協議会事務局
		11	竜王町農業再生協議会	竜王町役場農業振興課
		12	彦根市農業再生協議会	彦根市役所産業部農林水産課
		13	愛荘町農業再生協議会	愛荘町役場農林振興課
		14	豊郷町農業再生協議会	豊郷町役場産業振興課
		15	甲良町農業再生協議会	甲良町役場産業課
		16	多賀町農業再生協議会	多賀町役場産業環境課
		17	長浜市農業再生協議会	長浜市役所産業観光部農政課
		18	米原市農業再生協議会	米原市役所経済環境部農政課
		19	高島市農業再生協議会	高島市地域農業再生協議会事務局
	京都府 27協議会	1	京都市地域農業再生協議会	京都市産業観光局農林振興室農政企画課
		2	京北地域農業再生協議会	京都市京北林業振興センター
		3	長岡京市地域農業再生協議会	長岡京市環境経済部農林振興課
		4	向日市農業再生協議会	向日市環境経済部産業振興課
		5	大山崎町農業再生協議会	大山崎町環境事業部経済環境課
		6	宇治市農業再生協議会	JA京都やましろ中宇治支店
		7	城陽市農業再生協議会	城陽市まちづくり活性部農政課
		8	八幡市農業再生協議会	八幡市環境経済部農業振興課
		9	京田辺市地域農業再生協議会	京田辺市経済環境部農政課
		10	木津川市地域農業再生協議会	木津川市建設部農政課
		11	久御山町農業再生協議会	久御山町事業建設部産業課
		12	井手町農業再生協議会	JA京都やましろ井手町支店
		13	宇治田原町地域農業再生協議会	宇治田原町建設事業部産業観光課

	14	笠置町農業再生協議会	笠置町役場建設産業課
	15	和束町農業再生協議会	和束町農村振興課
	16	精華町農業再生協議会	精華町事業部産業振興課
	17	南山城村農業再生協議会	南山城村産業生活課
	18	亀岡地域農業再生協議会	亀岡市産業観光部農林振興課
	19	南丹市地域農業再生協議会	南丹市農林商工部農政課
	20	京丹波町地域農業再生協議会	京丹波町農林振興課
	21	福知山市地域農業再生協議会	福知山市産業政策部農林業振興課
	22	綾部市農業再生協議会綾部市	綾部市農林商工部農林課
	23	舞鶴市農業振興協議会	舞鶴市産業振興部農林課
	24	宮津市地域農業再生協議会	宮津市産業経済部農林水産課
	25	京丹後市地域農業再生協議会	京丹後市農林水産部農業振興課
	26	与謝野町農業再生協議会	与謝野町農林課
	27	伊根町地域農業再生協議会	伊根町地域整備課
大阪府 42協議会	1	大阪市地域農業再生協議会	大阪市経済戦略局産業振興部産業振興課
	2	堺市地域農業再生協議会	堺市産業振興局農政部農水課
	3	堺市美原地域農業再生協議会	堺市産業振興局農政部農水課
	4	岸和田市農業再生協議会	岸和田市魅力創造部農林水産課
	5	豊中市地域農業再生協議会	豊中市都市活力部産業振興課農政係
	6	池田市地域農業再生協議会	池田市環境部農政課
	7	吹田市地域農業再生協議会	吹田市都市魅力部地域経済振興室
	8	泉大津市農業再生協議会	泉大津市都市政策部地域経済課
	9	高槻市農業再生協議会	高槻市産業環境部農林課
	10	貝塚市農業再生協議会	貝塚市都市整備部農林課
	11	枚方市農業再生協議会	枚方市産業文化部産業振興室農業振興課
	12	茨木市地域農業再生協議会	茨木市産業環境部農とみどり推進課
	13	八尾市農業再生協議会	八尾市経済環境部産業政策課
	14	泉佐野市地域農業再生協議会	泉佐野市生活産業部農林水産課
	15	富田林市地域農業再生協議会	富田林市産業環境部農業振興課
	16	寝屋川市農業再生協議会	寝屋川市市民生活部産業振興室
	17	河内長野市農業再生協議会	河内長野市環境経済部農林課
	18	松原市地域農業再生協議会	松原市市民生活部産業振興課
	19	大阪東部地域農業再生協議会	大東市政策推進部産業振興課、四條畷市市民生活部産業振興課
	20	和泉市農業再生協議会	和泉市環境産業部農林課
	21	箕面市地域農業再生協議会	箕面市みどりまちづくり部農業振興課
	22	柏原市農業再生協議会	柏原市にぎわい都市創造部産業振興課
	23	羽曳野市地域農業再生協議会	羽曳野市生活環境部産業振興課
	24	門真市農業再生協議会	門真市市民生活部産業振興課
	25	摂津市地域農業再生協議会	摂津市市民生活部産業振興課
	26	高石市農業再生協議会	高石市政策推進部経済課
	27	藤井寺市地域農業再生協議会	藤井寺市都市整備部農とみどり保全課
	28	東大阪市地域農業再生協議会	東大阪市経済部農政課
	29	泉南市地域農業再生協議会	泉南市市民生活環境部産業観光課
	30	交野市農業再生協議会	交野市都市整備部農政課
	31	大阪狭山市地域農業再生協議会	大阪狭山市市民生活部農政商工グループ
	32	阪南市地域農業再生協議会	阪南市事業部農林水産課
	33	島本町農業再生協議会	島本町都市創造部にぎわい創造課
	34	豊能町地域農業再生協議会	豊能町建設環境部農林商工課
	35	能勢町地域農業再生協議会	能勢町環境創造部地域振興課
	36	忠岡町農業再生協議会	忠岡町産業まちづくり部産業振興課
	37	熊取町地域農業再生協議会	熊取町住民部産業振興課
	38	田尻町地域農業再生協議会	田尻町事業部産業振興課
	39	岬町地域農業再生協議会	岬町都市整備部産業観光課
	40	太子町地域農業再生協議会	太子町まちづくり推進部観光産業課
	41	河南町地域農業再生協議会	河南町まち創造部環境・まちづくり推進課
	42	千早赤阪村地域農業再生協議会	千早赤阪村観光・産業振興課
兵庫県 40協議会	1	神戸市農業活性化協議会	神戸市経済観光局農政部農業振興センター
	2	尼崎市農業再生協議会	尼崎市農政課
	3	西宮市地域農業再生協議会	西宮市農政課
	4	伊丹市農業再生協議会	伊丹市農業政策課
	5	宝塚市農業再生協議会	宝塚市農政課
	6	川西市農業再生協議会	川西市産業振興課
	7	三田市農業再生協議会	三田市農業創造課
	8	猪名川町地域農業再生協議会	猪名川町産業観光課
	9	明石市農業再生協議会	明石市農水産課

		10	加古川市地域農業再生協議会	加古川市農林水産課
		11	高砂市農業再生協議会	高砂市産業振興課
		12	稲美町農業再生協議会	稲美町産業課
		13	播磨町農業再生協議会	播磨町住民グループ
		14	西脇市農業再生協議会	西脇市農林振興課
		15	三木市農業活性化協議会	三木市農業振興課
		16	小野市農業再生協議会	小野市産業創造課
		17	加西市農業再生協議会	加西市農政課
		18	加東市農業再生協議会	加東市農林課
		19	多可町地域農業再生協議会	多可町産業振興課
		20	姫路市地域農業再生協議会	姫路市農政総務課
		21	神河町地域農業再生協議会	神河町地域振興課
		22	市川町農業再生協議会	市川町地域振興課
		23	福崎地域農業再生協議会	福崎町農林振興課
		24	相生市地域農業再生協議会	相生市農林水産課
		25	赤穂市地域農業再生協議会	赤穂市産業観光課
		26	上郡町地域農業再生協議会	上郡町産業振興課
		27	佐用町地域農業再生協議会	佐用町農林振興課
		28	たつの市農業再生協議会	たつの市農林水産課
		29	宍粟市地域農業再生協議会	宍粟市農業振興課
		30	太子町地域農業再生協議会	太子町産業経済課
		31	豊岡市地域農業再生協議会	豊岡市農林水産課
		32	香美町農業再生協議会	香美町農林水産課
		33	新温泉町地域農業再生協議会	新温泉町農林水産課
		34	養父市農業再生協議会	養父市農林振興課
		35	朝来市農業再生協議会	朝来市農林振興課
		36	篠山市地域農業再生協議会	篠山市農都政策課
		37	丹波市地域農業再生協議会	丹波市農業振興課
		38	洲本市地域農業活性化協議会	洲本市農政課
		39	淡路市農業再生協議会	淡路市農林水産課
		40	南あわじ市農業再生協議会	南あわじ市農林振興課
奈良県 37協議会	1	奈良市地域農業再生協議会	奈良市農政課
	2	大和高田市地域農業再生協議会	大和高田市産業振興課
	3	大和郡山市地域農業再生協議会	大和郡山市農業水産課
	4	天理市地域農業再生協議会	天理市農林課
	5	橿原市地域農業再生協議会	橿原市産業振興課
	6	桜井市地域農業再生協議会	桜井市農林課
	7	五條市地域農業再生協議会	五條市農林政策課
	8	御所市地域農業再生協議会	御所市農林商工課
	9	生駒市地域農業再生協議会	生駒市農林課
	10	香芝市地域農業再生協議会	香芝市農政土木管理課
	11	葛城市農政活性化推進協議会	葛城市農林課
	12	宇陀市地域農業再生協議会	宇陀市農林課
	13	山添村地域農業再生協議会	山添村農林建設課
	14	平群町地域農業再生協議会	平群町観光産業課
	15	三郷町地域農業再生協議会	三郷町ものづくり振興課
	16	斑鳩町地域農業再生協議会	斑鳩町建設農林課
	17	安堵町地域農業再生協議会	安堵町農政課
	18	川西町地域農業再生協議会	川西町産業建設課
	19	三宅町地域農業再生協議会	三宅町産業管理課
	20	田原本町地域農業再生協議会	田原本町農政土木課
	21	曽爾村地域農業再生協議会	曽爾村地域建設課
	22	御杖村地域農業再生協議会	御杖村産業建設課
	23	高取町地域農業再生協議会	高取町まちづくり課
	24	明日香地域農業再生協議会	明日香村産業づくり課
	25	上牧町地域農業再生協議会	上牧町まちづくり推進課
	26	王寺町地域農業再生協議会	王寺町建設課
	27	広陵町地域農業再生協議会	広陵町地域振興課
	28	河合町地域農業再生協議会	河合町地域活性課
	29	吉野町地域農業再生協議会	吉野町産業振興課
	30	大淀町地域農業再生協議会	大淀町建設産業課
	31	下市町地域農業再生協議会	下市町地域づくり推進課
	32	黒滝村地域農業再生協議会	黒滝村企画政策課
	33	天川村地域農業再生協議会	天川村産業建設課
	34	野迫川村地域農業再生協議会	野迫川村産業課

		35	十津川村地域農業再生協議会	十津川村産業課
		36	下北山地域農業再生協議会	下北山村産業建設課
		37	東吉野村地域農業再生協議会	東吉野村地域振興課
	和歌山県 30協議会	1	和歌山市農業再生協議会	和歌山市農林水産課
		2	海南市農業再生協議会	海南市産業振興課
		3	紀美野町農業再生協議会	紀美野町産業課
		4	紀の川市農業再生協議会	紀の川市農林振興課
		5	岩出市農業再生協議会	岩出市産業振興課
		6	橋本市農業再生協議会	橋本市農林振興課
		7	かつらぎ町農業再生協議会	かつらぎ町産業観光課
		8	九度山町農業再生協議会	九度山町産業振興課
		9	高野町農業再生協議会	高野町役場建設課
		10	有田市農業再生協議会	有田市有田みかん課
		11	湯浅町農業再生協議会	湯浅町産業建設課
		12	広川町農業再生協議会	広川町産業建設課
		13	有田川町農業再生協議会	有田川町産業課
		14	御坊市地域農業再生協議会	御坊市農林水産課
		15	日高川町地域農業再生協議会	日高川町農業振興課
		16	美浜町地域農業再生協議会	美浜町産業建設課
		17	日高町地域農業再生協議会	日高町産業建設課
		18	由良町地域農業再生協議会	由良町産業建設課
		19	印南町地域農業再生協議会	印南町産業課
		20	みなべ町地域農業再生協議会	みなべ町産業課
		21	田辺市地域農業再生協議会	田辺市農業振興課
		22	白浜町地域農業再生協議会	白浜町農林水産課
		23	上富田町農業再生協議会	上富田町産業建設課
		24	すさみ町地域農業再生協議会	すさみ町産業振興課
		25	新宮市農業再生協議会	新宮市農林水産課
		26	那智勝浦町地域農業再生協議会	那智勝浦町農林水産課
		27	太地町地域農業再生協議会	太地町産業建設課
		28	古座川町地域農業再生協議会	古座川町地域振興課
		29	北山村農業再生協議会	北山村産業建設課
		30	串本町地域農業再生協議会	串本町産業課
中国 96協議会	鳥取県 19協議会	1	鳥取市農業再生協議会	鳥取市農林水産部
		2	岩美町農業再生協議会	岩美町産業建設課
		3	八頭町農業再生協議会	八頭町産業観光課
		4	若桜町農業再生協議会	若桜町農林建設課
		5	智頭町農業再生協議会	智頭町山村再生課
		6	倉吉市農業再生協議会	倉吉市農林課
		7	三朝町農業再生協議会	三朝町農林課
		8	湯梨浜町農業再生協議会	湯梨浜町産業振興課
		9	北栄町農業再生協議会	北栄町産業振興課
		10	琴浦町農業再生協議会	琴浦町農林水産課
		11	米子市農業再生協議会	米子市経済部農林課
		12	境港市農業再生協議会	境港市農政課
		13	日吉津村地域農業再生協議会	日吉津村建設産業課
		14	南部町農業再生協議会	南部町産業課
		15	大山町農業再生協議会	大山町農林水産課
		16	伯耆町地域農業再生協議会	伯耆町産業課
		17	日南町農業再生協議会	日南町農林課
		18	日野町農業再生協議会	日野町産業振興課
		19	江府町地域農業再生協議会	江府町農林産業課
	島根県 18協議会	1	松江地域農業再生協議会	松江市役所農政課
		2	安来地域農業再生協議会	JAしまねやすぎ地区本部米穀課
		3	奥出雲町地域農業再生協議会	奥出雲町役場農業振興課
		4	雲南市農業再生協議会	雲南市役所農政課
		5	飯南町地域農業再生協議会	飯南町産業振興課
		6	出雲市農業再生協議会	出雲市農林水産部農業振興課
		7	斐川町地域農業再生協議会	出雲市農林水産部農業振興課斐川事務所
		8	大田市農業再生協議会	大田市役所農林水産課
		9	川本町地域農業再生協議会	川本町産業振興課
		10	美郷町農業再生協議会	美郷町産業振興課
		11	邑南町農業再生協議会	邑南町農林振興課
		12	江津市農業再生協議会	江津市農林水産課
		13	浜田市農業再生協議会	浜田市農林業支援センター

		14	益田市農業再生協議会	益田市役所農林水産課
		15	津和野町農業再生協議会	津和野町役場農林課
		16	吉賀町農業再生協議会	吉賀町役場産業課
		17	隠岐の島町地域農業再生協議会	隠岐の島町役場農林水産課
		18	島前地域農業再生協議会	JAしまね隠岐どうぜん地区本部海士支所経済課
	岡山県 27協議会	1	岡山市地域農業再生協議会	岡山市農林水産課
		2	玉野市地域農業再生協議会	玉野市農林水産課
		3	瀬戸内市地域農業再生協議会	瀬戸内市産業建設部農林水産課
		4	備前市農業再生協議会	備前市産業部農政水産課
		5	赤磐市地域農業再生協議会	赤磐市産業振興部農林課
		6	和気町地域農業再生協議会	和気町産業建設部産業振興課
		7	吉備中央町地域農業再生協議会	吉備中央町農林課
		8	倉敷市地域農業再生協議会	JA岡山西くらしき東アグリセンター営農課
		9	笠岡市地域農業再生協議会	笠岡市農政水産課
		10	井原市地域農業再生協議会	JA岡山西西部アグリセンター
		11	総社市農業再生協議会	JA岡山西吉備路アグリセンター
		12	高梁市農業再生協議会	高梁市産業経済部農林課
		13	新見市農業再生協議会	新見市産業部農林課
		14	浅口市地域農業再生協議会	浅口市産業振興課
		15	早島町地域農業再生協議会	JA岡山西くらしき東アグリセンター営農課
		16	里庄町地域農業再生協議会	JA岡山西倉敷西アグリセンター
		17	矢掛町農業再生協議会	JA倉敷かさや矢掛営農センター
		18	津山市農業再生協議会	津山市役所農業振興課
		19	真庭市農業再生協議会	真庭市農業振興課
		20	美作市農業再生協議会	美作市農業振興課
		21	新庄村農業再生協議会	新庄村役場産業建設課
		22	鏡野町農業再生協議会	JAつやま西部営農経済センター
		23	勝央町農業再生協議会	勝央町産業建設部
		24	奈義町農業再生協議会	奈義町産業振興課
		25	西粟倉村農業再生協議会	JA勝英英北地域センター
		26	久米南町農業再生協議会	久米南町産業振興課
		27	美咲町農業再生協議会	美咲町役場産業観光課
	広島県 21協議会	1	広島市地域農業再生協議会	広島市経済観光局農林水産部農政課
		2	大竹市地域農業再生協議会	大竹市総務部産業振興課
		3	廿日市市地域農業再生協議会	廿日市市環境産業部農林水産課
		4	熊野町農業再生協議会	熊野町建設部都市整備課
		5	安芸高田市農業再生協議会	安芸高田市産業振興部地域営農課
		6	安芸太田地域農業再生協議会	安芸太田町産業振興課
		7	北広島町農業再生協議会	北広島町農林課
		8	呉市農業再生協議会	呉市産業部農林水産課
		9	江田島市農業再生協議会	江田島市産業部農林水産課
		10	竹原市農業再生協議会	竹原市産業部産業振興課
		11	東広島市地域農業再生協議会	東広島市産業部農林水産課
		12	大崎上島町農業再生協議会	大崎上島町地域経営課
		13	三原市農業再生協議会	三原市経済部農林水産課
		14	尾道市農業再生協議会	尾道市産業部農林水産課
		15	世羅郡農業再生協議会	世羅町役場内
		16	福山市農業再生協議会	福山市経済環境局経済部農林水産課
		17	府中市農業再生協議会	府中市産業振興課
		18	神石高原町農業再生協議会	神石高原町産業課
		19	三次市農業振興協議会	三次市産業環境部農政課
		20	庄原市農業再生協議会	庄原市企画振興部農業振興課
		21	海田町地域農業再生協議会	海田町建設部都市整備課
	山口県 11協議会	1	周防大島地域農業再生協議会	JA山口県周防大島統括本部営農経済部
		2	岩国地域農業再生協議会	JA山口県岩国統括本部営農経済部
		3	南すおう地域農業振興協議会	JA山口県南すおう統括本部営農経済部
		4	周南地域農業再生協議会	JA山口県周南統括本部営農経済部指導販売課
		5	防府徳地地域農業再生協議会	JA山口県防府とくぢ統括本部営農経済部指導販売課
		6	山口中央地域農業再生協議会	JA山口県山口統括本部営農経済部指導販売課
		7	山口宇部地域農業推進協議会	JA山口県宇部統括本部営農経済部営農事務課
		8	下関市農業振興協議会	JA山口県下関統括本部営農経済部指導販売課
		9	美祢市地域農業再生協議会	JA山口県美祢統括本部営農経済部営農事務課
		10	長門地域農業再生協議会	JA山口県長門統括本部営農経済部指導販売課
		11	あぶらんど萩地域農業推進協議会	JA山口県萩統括本部営農経済部指導販売課

四国 85協議会	徳島県 25協議会	1	徳島市農業再生協議会	徳島市農林水産課
		2	佐那河内村農業再生協議会	佐那河内村産業環境課
		3	石井町農業再生協議会	石井町産業経済課
		4	神山町農業再生協議会	神山町産業観光課
		5	上板町農業再生協議会	上板町産業課
		6	鳴門市農業再生協議会	鳴門市農林水産課
		7	松茂町地域農業再生協議会	松茂町産業環境課
		8	北島町地域農業再生協議会	北島町まちみらい課
		9	藍住町農業再生協議会	藍住町経済産業課
		10	板野町農業再生協議会	板野町産業課
		11	小松島市地域農業再生協議会	小松島市産業振興課
		12	勝浦町農業再生協議会	勝浦町産業交流課
		13	上勝町地域農業再生協議会	上勝町産業課
		14	那賀川川北農業再生協議会	阿南市農林水産課
		15	阿南市農業再生協議会	阿南市農林水産課
		16	那賀町地域農業再生協議会	那賀町農業振興課
		17	美波町地域農業再生協議会	美波町産業振興課
		18	牟岐町地域農業再生協議会	牟岐町産業課
		19	海陽町地域農業再生協議会	海陽町農林水産課
		20	阿波市農業再生協議会	阿波市農業振興課
		21	吉野川市農業再生協議会	吉野川市農業振興課
		22	美馬市地域農業再生協議会	美馬市農林課
		23	つるぎ町地域農業再生協議会	つるぎ町農林課
		24	三好市地域農業再生協議会	三好市農業振興課
		25	東みよし町農業再生協議会	東みよし町産業課
	香川県 15協議会	1	東かがわ市地域農業再生協議会	東かがわ市事業部農林水産課
		2	さぬき市地域農業再生協議会	さぬき市建設経済部農林水産課
		3	高松市地域農業再生協議会	高松市創造都市推進局農林水産課
		4	三木町地域農業再生協議会	三木町産業振興課
		5	小豆島町地域農業再生協議会	小豆島町農林水産課
		6	土庄町地域農業再生協議会	土庄町農林水産課
		7	綾川町地域農業再生協議会	綾川町経済課
		8	丸亀市地域農業再生協議会	丸亀市産業文化部農林水産課
		9	善通寺市地域農業再生協議会	善通寺市産業振興部農林課
		10	まんのう町地域農業再生協議会	まんのう町農林課
		11	琴平町地域農業再生協議会	琴平町農政土木課
		12	多度津町地域農業再生協議会	多度津町産業課
		13	観音寺市地域農業再生協議会	観音寺市経済部農林水産課
		14	三豊市地域農業再生協議会	三豊市建設経済部農林水産課
		15	坂出・宇多津地域農業再生協議会	坂出市建設経済部産業課
	愛媛県 19協議会	1	松山市地域農業再生協議会	松山市産業経済部農林水産課
		2	東温市地域農業再生協議会	東温市産業建設部農林振興課
		3	松前町農業再生協議会	松前町産業建設部産業課農業振興係
		4	伊予市農業再生協議会	伊予市産業建設部農業振興課
		5	砥部町農業再生協議会	砥部町農林課
		6	久万高原町農業再生協議会	久万高原町農業戦略課
		7	松野町農業再生協議会	松野町農林振興課
		8	鬼北町農業再生協議会	鬼北町農林課
		9	内子町農業再生協議会	内子町産業振興課農村支援センター
		10	大洲市農業再生協議会	大洲市農林水産課
		11	宇和島市農業再生協議会	宇和島市産業経済部農林課
		12	西予市農業再生協議会	西予市農業支援センター
		13	愛南町農業再生協議会	愛南町農林課
		14	西条地域農業再生協議会	西条市農水振興課
		15	周桑地区農業再生協議会	西条市東予総合支所農林水産課
		16	四国中央市農業再生協議会	四国中央市経済部農業振興課
		17	新居浜市農業再生協議会	JA新居浜市経済事業部
		18	今治市農業再生協議会	今治市農林振興課
		19	上島町地域農業再生協議会	上島町岩城総合支所農林水産課
	高知県 26協議会	1	室戸市地域農業再生協議会	室戸市産業振興課
		2	安芸市農業再生協議会	安芸市農林課
		3	奈半利町地域農業再生協議会	奈半利町地域振興課
		4	田野町地域農業再生協議会	田野町まちづくり推進課
		5	安田町地域農業再生協議会	安田町経済建設課
		6	北川村地域農業再生協議会	北川村産業課

		7	芸西村地域農業再生協議会	芸西村産業振興課
		8	東洋町地域農業再生協議会	東洋町産業建設課
		9	馬路村地域農業再生協議会	馬路村産業建設課
		10	香南市地域農業再生協議会	香南市香我美庁舎
		11	香美市地域農業再生協議会	香美市農林課
		12	南国市地域農業再生協議会	南国市農林水産課
		13	本山町農業再生協議会	本山町まちづくり推進課
		14	大豊町農業再生協議会	大豊町産業建設課
		15	土佐町農業再生協議会	土佐町産業振興課
		16	大川村農業再生協議会	大川村事業課
		17	高知市農業再生協議会	高知市農林水産課
		18	高知市春野地域農業再生協議会	高知市春野地域振興課
		19	土佐市農業再生協議会	土佐市農林業振興課
		20	梼原町地域農業再生協議会	梼原町産業振興課
		21	津野町地域農業再生協議会	津野町産業課
		22	須崎市地域農業再生協議会	須崎市農林水産課
		23	中土佐町地域農業再生協議会	中土佐町農林課
		24	四万十町地域農業再生協議会	四万十町農林水産課
		25	仁淀川地域農業再生協議会	JA 高知県仁淀川地区コスモス営農経済センター営農指導課
		26	高知はた地域農業再生協議会	JA 高知県幡多地区はた営農経済センター営農指導課
九州・沖縄 226 協議会	福岡県 69 協議会	1	福岡市水田農業推進協議会	福岡市農林水産局農林部農業振興課
		2	筑紫野市地域水田農業推進協議会	筑紫野市環境経済部農政課
		3	春日市地域水田農業推進協議会	春日市地域生活部地域づくり課
		4	大野城市水田農業推進協議会	大野城市地域創造部ふるさとにぎわい課
		5	太宰府市地域水田農業推進協議会	太宰府市観光経済部産業振興課
		6	宗像地域水田農業推進協議会	JA 宗像営農企画課
		7	糸島市地域水田農業推進協議会	糸島市農業振興課
		8	那珂川市地域水田農業推進協議会	那珂川市地域整備部産業課
		9	古賀市農業再生協議会	古賀市役所農林振興課
		10	宇美町地域水田農業推進協議会	宇美町農林振興課
		11	篠栗町水田農業推進協議会	篠栗町産業観光課
		12	志免町地域水田農業推進協議会	志免町都市整備課
		13	須恵町地域水田農業推進協議会	須恵町地域振興課
		14	新宮町地域水田農業推進協議会	新宮町産業振興課
		15	久山町水田農業推進協議会	久山町産業振興課
		16	粕屋町水田農業推進協議会	粕屋町都市政策部地域振興課
		17	久留米市水田農業推進協議会久留米支部	久留米市農政部生産流通課
		18	久留米市水田農業推進協議会田主丸支部	久留米市田主丸総合支所産業振興課
		19	久留米市水田農業推進協議会北野支部	久留米市北野総合支所産業振興課
		20	久留米市水田農業推進協議会城島支部	久留米市城島総合支所産業振興課
		21	久留米市水田農業推進協議会三潴支部	久留米市三潴総合支所産業振興課
		22	朝倉市水田農業推進協議会	朝倉市農業振興課
		23	小郡市地域水田農業推進協議会	小郡市環境経済部農業振興課
		24	うきは市水田農業推進協議会	うきは市農林振興課
		25	筑前町水田農業推進協議会	筑前町農林商工課農林振興係
		26	東峰村地域水田農業推進協議会	東峰村農林観光課
		27	大刀洗町地域水田農業推進協議会	大刀洗町産業課
		28	北九州市農業再生協議会	北九州市産業経済局農林水産部農林課
		29	中間市地域水田農業推進協議会	中間市建設産業部産業振興課
		30	芦屋町地域水田農業推進協議会	芦屋町産業観光課
		31	水巻町水田農業推進協議会	水巻町産業環境課
		32	岡垣町農業生産対策協議会	岡垣町産業振興課
		33	遠賀町地域水田農業推進協議会	遠賀町まちづくり課
		34	直方市地域農業再生協議会	直方市農業振興課
		35	飯塚市農業再生協議会	飯塚市農林振興課
		36	田川市地域水田農業推進協議会	田川市産業振興課
		37	嘉麻市農業再生協議会	嘉麻市農林振興課
		38	小竹町地域水田農業推進協議会	小竹町農政環境課
		39	鞍手町農業再生協議会	鞍手町農政環境課
		40	宮若市地域水田農業推進協議会	宮若市農政課
		41	桂川町地域農業再生協議会	桂川町産業振興課
		42	香春町農業再生協議会	香春町産業振興課
		43	添田町農業再生協議会	添田町地域産業推進課
		44	金田町水田農業推進協議会	福智町農政課
		45	赤池町農業活性化対策推進協議会	福智町農政課

	46	方城町水田農業推進協議会	福智町農政課
	47	糸田町水田農業推進協議会	糸田町地域振興課
	48	川崎町地域農業再生協議会	川崎町農林振興課
	49	大任町地域農業再生協議会	大任町産業経済課
	50	赤村地域農業再生協議会	赤村産業建設課
	51	柳川市農業再生協議会	柳川市役所大和庁舎農政課
	52	八女地域水田農業推進協議会	八女市役所農業振興課
	53	筑後市水田農業推進協議会	筑後市農政課
	54	大川市水田農業推進協議会	大川市農業水産課
	55	大木町水田農業推進協議会	大木町産業振興課
	56	黒木地域水田農業推進協議会	八女市役所黒木支所産業経済課
	57	上陽地域水田農業推進協議会	八女市役所上陽支所建設経済課
	58	立花地域水田農業推進協議会	八女市役所立花支所産業経済課
	59	広川町地域水田農業推進協議会	広川町産業振興課
	60	矢部地域水田農業推進協議会	八女市役所矢部支所建設経済課
	61	星野地域水田農業推進協議会	八女市役所星野支所建設経済課
	62	豊前市水田農業推進協議会	豊前市農林水産課
	63	築上町水田農業推進協議会	築上町産業課
	64	苅田町地域水田農業推進協議会	苅田町農政課
	65	行橋市地域水田農業推進協議会	行橋市農林水産課
	66	吉富町地域水田農業推進協議会	吉富町産業建設課
	67	上毛町地域水田農業推進協議会	上毛町産業振興課
	68	みやこ町地域水田農業推進協議会	みやこ町農林業振興課
	69	南筑後地域農業再生協議会	みやま市農林水産課
佐賀県 25協議会	1	佐賀市農業再生協議会	佐賀市農業振興課
	2	諸富町農業再生協議会	佐賀市諸富支所総務・地域振興グループ
	3	川副町農業再生協議会	佐賀市川副支所総務・地域振興グループ
	4	東与賀町地域農業再生協議会	佐賀市東与賀支所総務・地域振興グループ
	5	久保田町農業再生協議会	佐賀市久保田支所総務・地域振興グループ
	6	大和町農業再生協議会	佐賀市大和支所総務・地域振興グループ
	7	富士町農業再生協議会	佐賀市富士支所総務・地域振興グループ
	8	神埼市農業再生協議会	神埼市農政水産課
	9	吉野ヶ里農業再生協議会	吉野ヶ里町農林課
	10	三瀬村農業再生協議会	佐賀市三瀬支所総務・地域振興グループ
	11	多久市農業再生協議会	多久市農林課
	12	小城市農業再生協議会	小城市農林水産課
	13	鳥栖市農業再生協議会	鳥栖市農林課
	14	基山町農業再生協議会	基山町産業振興課
	15	みやき町農業再生協議会	みやき町産業課
	16	上峰町農業再生協議会	上峰町産業課
	17	唐津東松浦地域農業再生協議会	唐津市農政課
	18	伊万里市農業再生協議会	伊万里市農業振興課
	19	有田町農業再生協議会	有田町農林課
	20	武雄市農業再生協議会	武雄市農林課
	21	杵島地区農業再生協議会	JAさが（杵島支所）営農経済課
	22	白石町農業再生協議会	白石町農業振興課
	23	鹿島市農業再生協議会	鹿島市農林水産課
	24	太良町農業再生協議会	太良町農林水産課
	25	嬉野市農業再生協議会	嬉野市農業政策課
長崎県 21協議会	1	長崎市長崎地域農業再生協議会	長崎市農林振興課
	2	佐世保市地域農業再生協議会	佐世保市農業畜産課
	3	島原市農業再生協議会	島原市農林水産課
	4	諫早市農業再生協議会	諫早市農業振興課
	5	大村市農業再生協議会	大村市農林水産振興課
	6	平戸市地域農業再生協議会	平戸市農林課
	7	松浦市地域農業再生協議会	松浦市農林課
	8	対馬地域農業再生協議会	対馬市農林・しいたけ課
	9	壱岐地域農業再生協議会	壱岐市農林課
	10	下五島地域農業再生協議会	五島市農業振興課
	11	西海市地域農業再生協議会	西海市農林課
	12	雲仙市農業再生協議会	雲仙市農林水産課
	13	南島原市農業再生協議会	南島原市農林水産部農林課
	14	長与町地域農業再生協議会	長与町産業振興課
	15	時津町地域農業再生協議会	時津町産業振興課
	16	東彼杵地域農業再生協議会	東彼杵町農林水産課

	17	川棚町地域農業再生協議会	川棚町農林水産課
	18	波佐見町農業再生協議会	波佐見町農林課
	19	小値賀町地域農業再生協議会	小値賀町産業振興課
	20	佐々町地域農業再生協議会	佐々町産業経済課
	21	上五島地域農業再生協議会	新上五島町農林課
熊本県 44 協議会	1	熊本地域農業再生協議会	JA熊本市営農部企画生活課
	2	城南・富合地域農業再生協議会	JA熊本うき北営農センター
	3	植木地域農業再生協議会	熊本市農水局農政部北農業振興課
	4	宇土市農業再生協議会	宇土市経済部農林水産課
	5	宇城市農業再生協議会	JA熊本宇城水田農業対策課
	6	美里町農業再生協議会	美里町経済課
	7	荒尾地域農業再生協議会	荒尾市建設経済部農林水産課
	8	玉名地域農業再生協議会	玉名市農林水産政策課
	9	玉東町地域農業再生協議会	玉東町産業振興課
	10	和水地域農業再生協議会	和水町農林振興課
	11	南関町農業再生協議会	南関町経済課
	12	長洲町農業再生協議会	長洲町農林水産課
	13	山鹿市農業再生協議会	山鹿市経済部農業振興課
	14	菊池市農業再生協議会	菊池市経済部農政課
	15	合志市農業再生協議会	合志市産業振興部農政課
	16	大津町農業再生協議会	JA菊池大津中央支所
	17	菊陽町農業再生協議会	JA菊池菊陽中央支所
	18	阿蘇市地域農業再生協議会	JA阿蘇営農部農産課
	19	南小国町地域農業再生協議会	JA阿蘇小国郷中央支所
	20	小国町地域農業再生協議会	JA阿蘇小国郷中央支所
	21	産山地域農業再生協議会	JA阿蘇（産山地域農業再生協議会事務局）
	22	高森町地域農業再生協議会	JA阿蘇高森中央支所
	23	南阿蘇村地域農業再生協議会	JA阿蘇南中央支所
	24	西原村地域農業再生協議会	西原村産業課
	25	御船町地域農業再生協議会	御船町農業振興課
	26	嘉島町地域農業再生協議会	嘉島町農政課
	27	益城町農業再生協議会	益城町産業振興課
	28	甲佐町地域農業再生協議会	甲佐町農政課
	29	山都地域農業再生協議会	山都町農林振興課
	30	八代市農業再生協議会	八代市農業振興課
	31	氷川町農業再生協議会	氷川町農業振興課
	32	人吉市農業再生協議会	人吉市農業振興課
	33	錦町農業再生協議会	錦町農林振興課
	34	水俣芦北地域農業再生協議会	JAあしきた営農指導部農産経営指導課
	35	あさぎり町地域農業再生協議会	あさぎり町農林振興課
	36	多良木町農業再生協議会	多良木町農林課
	37	湯前町農業再生協議会	湯前町農林振興課
	38	水上村農業再生協議会	水上村産業振興課
	39	相良村農業再生協議会	相良村産業振興課
	40	山江村農業再生協議会	山江村産業振興課
	41	球磨村農業再生協議会	球磨村産業振興課
	42	天草市農業再生協議会	天草市農業振興課
	43	上天草市地域農業再生協議会	上天草市農林水産課
	44	苓北町農業再生協議会	苓北町農林水産課
大分県 16 協議会	1	国東市農業再生協議会	国東市農政課
	2	杵築市農業再生協議会	杵築市農林課
	3	日出町農業再生協議会	日出町農林水産課
	4	別府市農業再生協議会	別府市農林水産課
	5	由布市農業再生協議会	由布市農政課
	6	大分市農業再生協議会	大分市生産振興課
	7	臼杵市農業再生協議会	臼杵市農林振興課
	8	津久見市農業再生協議会	津久見市農林水産課
	9	佐伯市農業再生協議会	佐伯市農林課
	10	豊後大野市農業再生協議会	豊後大野市農業振興課
	11	竹田市農業再生協議会	竹田市農政課
	12	玖珠九重地域農業再生協議会	九重町農政課、玖珠町農林業振興課
	13	日田市農業再生協議会	日田市農業振興課
	14	豊後高田市農業再生協議会	豊後高田市農業ブランド推進課
	15	中津市農業再生協議会	中津市農政振興課
	16	宇佐市農業再生協議会	宇佐市農政課

宮崎県 18協議会	1	宮崎中央地域農業再生協議会	JA宮崎中央農産指導課
	2	綾町農業再生協議会	綾町農林振興課
	3	日南市農業再生協議会	日南市農政課
	4	串間市農業再生協議会	串間市農業振興課
	5	都城市農業再生協議会	都城市農産園芸課
	6	三股町農業再生協議会	三股町農業振興課
	7	小林市農業再生協議会	小林市農業振興課
	8	高原町農業再生協議会	高原町農政畜産課
	9	えびの市農業再生協議会	えびの市畜産農政課
	10	西都市農業再生協議会	西都市農業活性化センター
	11	高鍋町農業再生協議会	高鍋町農業政策課
	12	新富町農業再生協議会	新富町産業振興課
	13	西米良村農業再生協議会	西米良村農林振興課
	14	木城町農業再生協議会	木城町産業振興課
	15	延岡市農業再生協議会	JA延岡営農総合対策課
	16	尾鈴地域農業再生協議会	尾鈴地域農業活性化センター
	17	日向地域農業再生協議会	JA日向営農企画課
	18	西臼杵地域農業再生協議会	JA高千穂地区営農支援課
鹿児島県 33協議会	1	鹿児島市農業再生協議会	鹿児島市農政総務課
	2	日置市農業再生協議会	日置市農林水産課
	3	いちき串木野市農業再生協議会	いちき串木野市農政課
	4	枕崎市農業再生協議会	枕崎市農政課
	5	指宿市農業再生協議会	指宿市農政課
	6	南さつま市農業再生協議会	南さつま市農林振興課
	7	金峰町農業再生協議会	南さつま市農林振興課分室
	8	南九州市農業再生協議会	南九州市農政課
	9	阿久根市農業再生協議会	阿久根市農政課
	10	出水市農業再生協議会	出水市農政課
	11	薩摩川内市農業再生協議会	薩摩川内市農政課
	12	さつま町農業再生協議会	JA北さつま営農企画課
	13	長島町農業再生協議会	長島町農林課
	14	霧島市農業再生協議会	霧島市農政畜産課
	15	伊佐市農業再生協議会	伊佐市農政課
	16	姶良市農業再生協議会	姶良市農政課
	17	湧水町農業再生協議会	湧水町農林課
	18	鹿屋市鹿屋地域農業再生協議会	鹿屋市農林水産課
	19	鹿屋市輝北地域農業再生協議会	鹿屋市輝北総合支所産業建設課
	20	鹿屋市串良地域農業再生協議会	鹿屋市串良総合支所産業建設課
	21	鹿屋市吾平地域農業再生協議会	鹿屋市吾平総合支所産業建設課
	22	垂水市農業再生協議会	垂水市農林課
	23	曽於市農業再生協議会	曽於市農林振興課
	24	志布志市農業再生協議会	志布志市農政畜産課
	25	大崎町農業再生協議会	大崎町農林振興課
	26	東串良町農業再生協議会	東串良町経済課
	27	錦江町農業再生協議会	錦江町産業振興課
	28	南大隅町農業再生協議会	南大隅町経済課
	29	肝付町農業再生協議会	肝付町農業振興課
	30	西之表市農業再生協議会	西之表市農林水産課
	31	中種子町農業再生協議会	中種子町農林水産課
	32	南種子町農業再生協議会	南種子町農業再生協議会
	33	屋久島町農業再生協議会	屋久島町農林水産課

附属資料②

産地交付金による産地づくり優良事例（2017 年 10 月）

　附属資料②は、農林水産省「産地交付金の活用による産地づくり事例」（http://www.maff.go.jp/
j/syouan/keikaku/soukatu/pdf/santi_jirei.pdf、2019 年 11 月 19 日閲覧）を基に作成した。注意
点として、① 2017 年に公表された事例であるため、現在と状況が異なる可能性がある、②産地交
付金の内容は一部要件等を省略した、③金額は予定額を含む、④加算措置を含め複数メニューを重
複して受給できない場合がある。

都道府県	農業再生協議会	取り組み内容	産地交付金等の内容（2017 年度）
北海道	平取町農業協議会	水稲転作による高収益作物（トマト）産地化の取組	・トマトの作付（20,000 ～ 35,000 円／ 10a） ・トマトの作付に関する GAP の取組（7,000 円／ 10a）
青森県	つがる市地域農業再生協議会	ブロッコリーの新産地育成	・地域振興作物（15,000 円／ 10a）
岩手県	花巻市農業推進協議会	集落営農組織における水田でのたまねぎ生産の取組	・春まき作型タマネギ（60,000 円／ 10a）
宮城県	色麻町農業再生協議会	特産のえごまを生かした産地づくり	・水田でのエゴマ作付（38,000 円／ 10a） ・概ね 60a 以上のエゴマ作付（団地加算）（10,000 円／ 10a）
秋田県	鹿角地域農業再生協議会	耕作放棄地再生からのそばの里づくり	・ソバを 50a 以上集積し、実需者等との出荷・販売契約等を締結した農業者・集落営農（16,800 円／ 10a）
山形県	川西町農業再生協議会	大豆・そばの品質向上助成	・大豆の弾丸暗渠・うね立て播種 ・ソバの弾丸暗渠・ドリル播種（6,000 円／ 10a）
福島県	西会津地域農業再生協議会	ミネラル野菜による町の健康＆ブランドづくり	・町が定める栽培基準を満たすことを要件に、土壌分析に基づく土壌改良等に必要な経費の一部補助（40,000 円／ 10a）
新潟県	長岡市農業再生協議会 出雲崎町農業再生協議会	地元米菓企業との契約栽培による加工用米（ゆきみのり）の拡大	・担い手農家が品質を向上させるために行う病害虫追加防除等、一定の要件を満たした場合に支援（品質向上対策加算最大 2,000 円／ 10a、確保推進加算最大 5,000 円／ 10a、等級加算 1 等最大 5,000 円／ 10a、等級加算 2 等最大 3,000 円／ 10a）
富山県	小矢部市農業再生協議会 高岡市農業再生協議会	ハトムギの新産地育成	・出荷団体との契約に基づく計画的な生産、堆肥等による土づくり、二毛作による水田の高度利用など、ハトムギの産地ブランド化を推進
石川県	川北町農業活性化協議会	実需者からのニーズが高い大麦の生産拡大	・地域の担い手であること等の一定の要件を満たした大麦の生産（担い手加算 17,000 円／ 10a、品質向上 10,000 円／ 10a）
福井県	鯖江市農業再生協議会	ブロッコリーの産地化に向けた取組	・ブロッコリーの作付面積（前年からの継続面積及び前年よりも拡大した面積）に応じて支援
茨城県	稲敷地域農業再生協議会	長ねぎの新産地育成	・市が定める一定の要件を満たした長ネギ作付（5,000 円／10a）
栃木県	茂木町農業再生協議会	エゴマによる地域活性化	・エゴマを地域の振興作物に選定（16,500 円／ 10a）
群馬県	伊勢崎市農業再生協議会	ブロッコリー産地の育成支援	・水田フル活用ビジョンに園芸作物（ブロッコリー）を位置づけて支援（9,000 円／ 10a）
埼玉県	富士見市地域農業再生協議会	産地交付金を活用した麦・大豆の作付拡大	・水田フル活用ビジョンに麦・大豆を位置付けて支援（5,500 円以内／ 10a）
千葉県	旭市農業再生協議会	飼料用米の地域内流通の拡大	・飼料用米の生産性向上の取組（3,773 円／ 10a）
神奈川県	神奈川県農業再生協議会	神奈川県在来品種の地域振興	・水田フル活用ビジョンに、のらぼう菜、津久井在来大豆等の在来品種を位置付けて支援（25,000 円以内／ 10a）
山梨県	北杜市農業再生協議会	加工用米、飼料用米の産地育成	・県農業再生協議会による加工用米栽培への産地交付金（16,000 円／ 10a）をうけて、北杜市水田フル活用ビジョンに加工用米複数年契約のメニューを新設（10,000 円／ 10a）
長野県	安曇野市農業再生協議会	たまねぎ産地の復活に向けた取組	・水田でのタマネギ栽培拡大を安曇野市単独補助事業（上限 15,000 円／ 10a）とともに支援（上限 35,000 円／ 10a）
岐阜県	岐阜県農業再生協議会	加工・業務用野菜の産地育成	・全農岐阜県本部等との契約栽培による加工用キャベツ、加工用たまねぎを地域の振興作物として水田フル活用ビジョンに位置づけ、共同出荷による出荷量の増加を支援（5,000 ～ 35,000 円／ 10a）
静岡県	森町農業再生協議会	レタス・スイートコーンによる水田のフル活用	・販売目的のレタス・スイートコーン栽培（5,029 円／ 10a）

愛知県	新城市地域農業再生協議会	中山間地域における地元畜産農家との耕畜連携	・新規需要米の生産性向上（5,000円／10a） ・新規需要米の品質向上（8,000円／10a）
三重県	伊賀市農業再生協議会	アスパラガスの産地育成	・アスパラガスの既存園地および新規作付園地（30,000円／10a）
滋賀県	甲賀市農業再生協議会 湖南市農業再生協議会	伝統野菜とブランド野菜『忍』シリーズによる園芸振興	・伝統野菜「忍」シリーズを重点作物に設定して、一定の要件を満たす作付けを支援（4,000〜31,000円／10a）
京都府	京丹波町地域農業再生協議会	紫ずきん・京夏ずきんの産地育成	・減農薬・減化学肥料等の環境にやさしい「京都こだわり農法」による丹波黒大豆エダマメ「紫ずきん」、「京夏ずきん」の栽培（25,000円／10a）
大阪府	泉佐野市地域農業再生協議会	高収益作物の推進と担い手の育成	・農薬、化学肥料の使用を通常の半分以下に抑えて栽培された大阪府が認証する農産物（13,000円／10a） ・認定農業者等が作付した作付面積（13,000円／10a） ・規模拡大した筆に加算
兵庫県	福崎町地域農業再生協議会	もち麦の産地再生	・もち麦栽培を支援（特産品助成、地域振興作物加算、二毛作助成の合計額 14,800円／10a）
奈良県	平群町地域農業再生協議会	産地ブランドに向けた「平群の小菊」の産地育成	・一定の要件を満たした小菊を支援（12,000〜14,000円／10a）
和歌山県	みなべ町地域農業再生協議会	農家所得の向上を目指した複合経営の取組	・ウメ、エンドウ等の地域振興品目の支援（30,000円／10a ※2016年度） ・ウメ、エンドウ等の地域振興品目の作付拡大（55,000円／10a ※2016年度）
鳥取県	大山町農業再生協議会	ブロッコリーによるブランド産地発展の取組	・ブロッコリーを地域の振興作物として選定して水田ビジョンに位置づけ（22,000円／10a）
島根県	江津市農業再生協議会	大麦若葉の新産地育成	・有限会社スプラウト島根と連携し地域の集落営農組織が大麦若葉生産を始め、作付面積が拡大してきたことから地域の特産品として産地化を図るため、水田フル活用ビジョンに位置づけ（17,000円／10a）
岡山県	岡山県農業再生協議会	飼料用米大規模作付助成	・担い手農家による飼料用米1ha以上作付け・出荷（8,000円／10a）
広島県	世羅郡農業再生協議会	キャベツの新規増反助成（キャベツの産地強化）	・キャベツを増反、また新規栽培し、その新規増加面積が10a以上の場合、増加面積に対して支援（15,000〜20,000円／10a）
山口県	山口宇部地域農業推進協議会	ブランドかぼちゃの産地拡大	・「やまぐちブランド」基準の取組に限定して地域ブランド形成加算（9,000円／10a）
徳島県	徳島県農業再生協議会	飼料用米の県内実需者との直接相対取引（地域内流通）の推進	・飼料用米の地域内流通助成（10,000円／10a）
香川県	香川県農業再生協議会	産地交付金を活用した麦作の推進	・麦担い手集積加算（担い手：基幹作・二毛作）（3,500円/10a ※2016年度） ・麦担い手集積加算（法人：基幹作・二毛作）（2,000円/10a ※2016年度） ・麦担い手集積加算（さぬきの夢2009：基幹作・二毛作）（2,500円/10a ※2016年度） ・麦の二毛作助成（上限15,000円/10a）
愛媛県	愛媛県農業再生協議会	県育成の多収品種「媛育71号」を中心とした飼料用米の作付拡大	・飼料用米を作付けする担い手（10,000円／10a） ・飼料用米専用品種「媛育71号」の作付け（10,000円／10a） ・深堀り分の担い手加算（2,000円／10a）
高知県	香南市地域農業再生協議会	日本一のニラ産地の維持・発展	・ニラを地域の振興作物として位置付けて作付けを支援（上限20,000円／10a）
福岡県	柳川市農業再生協議会	大豆産地の維持・拡大	・大豆の団地化加算（1,000円／10a） ・大豆の担い手加算（単収に応じて単価設定）
佐賀県	鳥栖市農業再生協議会	加工用ジャガイモの産地育成	・ジャガイモを重点振興作物として水田農業フル活用ビジョンに位置づけて支援（16,000円／10a） ・加工用野菜助成（2,000円／10a）
長崎県	平戸市地域農業再生協議会	機械化体系による加工業務用たまねぎの産地化	・加工業務用タマネギの作付支援、機械化一貫体系による作付への上乗せ支援（32,000円／10a、担い手40,000円／10a）
熊本県	南関町農業再生協議会	万次郎かぼちゃの新産地育成	・特産品づくりや生産者の所得向上を目的に、低コストで栽培ができる「万次郎かぼちゃ」を地域の振興作物として選定して支援（31,000円／10a）
大分県	豊後高田市農業再生協議会	豊後高田そばの産地化	・ソバ数量払助成（基幹・二毛作）（150円／kg） ・ソバ作付助成（基幹）（20,000円／10a） ・ソバ作付助成（二毛作）（12,000円／10a）
宮崎県	宮崎県農業再生協議会	焼酎原料用加工用米の産地育成	・加工用米の生産性向上（20,000円／10a） ・加工用米の集積加算（5,000円／10a）
鹿児島県	鹿児島県農業再生協議会	県内の需要に対応した加工用米の生産拡大	・加工用米取組加算（18,000円／10a） ・加工用米複数年契約加算（12,000円／10a）
沖縄県	沖縄県農業再生協議会（金武地区）	田芋（高収益作物）の産地育成	・行事用、菓子などの加工用としても幅広く需要がある田芋を地域の振興作物として選定し、産地づくりを推進（10,000円／10a）

附属資料③

農業再生協議会別の作付状況（2018 年 9 月 15 日現在）

　附属資料③は、農林水産省「平成 30 年産の水田における都道府県別の作付状況（平成 30 年 9 月 15 日現在）」（https://www.maff.go.jp/j/press/seisaku_tokatu/s_taisaku/attach/pdf/180928-1.pdf 、2019 年 11 月 19 日閲覧）、農林水産省「地域農業再生協議会別の作付状況（平成 30 年 9 月 15 日現在）」（https://www.maff.go.jp/j/syouan/keikaku/soukatu/attach/pdf/sakudou-2.pdf、2019 年 11 月 19 日閲覧）を基に筆者が作成した。

　なお、元データは PDF 形式で公表されているため、このデータを使いたい者は、各自で数値を入力し、入力した数値にミスがないか確認する必要がある。国からの情報提供を受けて需要に応じた生産をしようと考える農家や農業団体の業務時間や、学術研究における作業時間を大幅に削減するためには、PDF 形式ではなく、csv 形式や excel 形式などで公表されることが望ましいといえる。

都道府県農業再生協議会単位

(ha)

	2017 年産	2018 年産													
	主食用米 ①	主食用米 ②	増減 ②−①	加工用米	米粉用米	飼料用米	WCS	新市場開拓用米	その他	備蓄米	麦	大豆	飼料作物	そば	なたね
北海道	98,600	98,900	300	4,547	57	1,841	540	537	-	-	32,501	19,134	25,409	9,178	533
青森	38,000	39,600	1,600	1,726	5	5,434	662	112	-	2,770	667	4,530	4,724	1,207	10
岩手	47,000	48,800	1,800	1,199	58	3,986	1,620	171	2	47	3,379	3,644	7,810	598	18
宮城	63,500	64,500	1,000	1,107	68	5,553	2,006	213	1	1,404	1,669	9,014	5,453	479	7
秋田	69,500	75,000	5,500	9,786	233	1,993	1,229	252	3	2,393	225	7,835	2,185	2,672	11
山形	56,400	56,400	-	4,141	136	3,704	908	226	3	3,508	67	4,808	2,571	4,279	8
福島	59,900	61,200	1,300	439	2	5,275	1,052	38	2	3,170	205	838	1,590	1,729	98
新潟	100,300	104,700	4,400	7,851	1,932	2,908	386	866	0	2,677	166	4,214	338	869	4
富山	33,300	33,300	-	1,549	78	1,229	405	219	-	2,086	2,982	3,938	277	225	15
石川	23,200	23,200	-	795	71	645	87	163	-	875	889	910	33	147	1
福井	23,300	23,600	300	741	91	1,217	102	117	-	469	4,653	121	28	539	
茨城	66,400	66,800	400	1,260	39	8,003	550	224	-	122	4,392	469	523	367	2
栃木	53,600	54,700	1,100	2,023	604	9,155	1,626	54	1	1,046	7,011	413	2,824	907	1
群馬	13,900	13,700	▲ 200	1,480	324	1,243	519	3	-	2	1,947	120	205	20	0
埼玉	30,700	30,800	100	296	618	1,669	120	12	-	38	1,769	347	136	52	3
千葉	53,300	53,900	600	1,583	44	4,379	984	19	-	120	537	182	278	6	2
東京	141	133	▲ 8	-	0	-	-	-	-	-	-	-	-	-	-
神奈川	3,090	3,080	▲ 10	-	-	13	-	-	-	-	5	6	7	0	-
山梨	4,880	4,820	▲ 60	78	3	16	12	0	-	-	58	96	27	111	0
長野	31,300	31,300	-	745	23	267	240	61	-	44	2,320	552	538	2,152	1
岐阜	21,500	21,500	-	934	27	2,347	208	49	-	48	3,210	523	536	263	
静岡	15,600	15,700	100	104	10	1,139	217	2	-	-	277	41	55	40	
愛知	26,600	26,700	100	668	63	1,449	193	21	1	79	5,138	119	128	11	5
三重	26,800	27,100	300	249	86	1,691	239	43	-	-	6,085	337	42	9	16
滋賀	30,000	30,100	100	1,188	31	941	255	80	-	200	7,539	441	136	99	23
京都	14,100	13,900	▲ 200	512	6	122	107	12	-	-	244	230	59	113	
大阪	5,150	5,000	▲ 150	0	4	6	-	-	-	-	3	5	1	1	
兵庫	35,100	35,500	400	639	26	281	787	6	8	-	1,946	1,592	782	141	12
奈良	8,580	8,530	▲ 50	15	30	43	44	-	-	-	63	23	7	2	0
和歌山	6,560	6,430	▲ 130	-	-	3	2	-	-	-	1	15	3	2	
鳥取	12,400	12,700	300	18	0	794	359	-	0	67	28	668	745	295	1
島根	17,200	17,200	-	242	2	983	533	0	1	14	300	569	442	285	5
岡山	29,100	29,400	300	434	65	1,254	367	5	0	146	1,119	1,164	882	123	1
広島	23,100	22,900	▲ 200	350	112	441	562	3	1	-	233	293	985	260	

山口	19,300	18,900	▲400	924	9	874	305	1	2	-	630	765	888	36	-
徳島	11,300	11,200	▲100	26	15	543	217	20	-	166	52	13	106	3	-
香川	12,800	12,500	▲300	42	7	131	111	-	0	-	862	50	105	11	-
愛媛	13,900	13,900	-	36	4	319	135	6	-	-	504	320	214	1	-
高知	11,500	11,400	▲100	58	18	944	228	-	-	2	6	64	117	2	-
福岡	35,100	34,900	▲200	243	183	2,033	1,500	9	-	33	1,402	7,753	466	40	1
佐賀	24,400	24,000	▲400	267	9	584	1,399	4	-	41	142	7,894	344	10	2
長崎	11,600	11,400	▲200	10	6	131	1,204	-	-	-	86	347	1,866	52	2
熊本	32,200	32,300	100	754	161	1,269	7,748	20	31	18	781	1,981	2,299	185	9
大分	20,900	20,600	▲300	101	17	1,428	2,451	-	0	17	412	1,394	1,038	80	4
宮崎	15,000	14,700	▲300	1,360	17	433	6,682	10	35	-	11	213	3,311	47	0
鹿児島	19,600	18,300	▲1,300	967	1	822	3,645	-	5	-	34	254	2,604	44	2
沖縄	727	716	▲11	-	-	-	-	-	-	-	0	-	16	-	-
全国計	137.0万	138.6万	1.6万	5.1万	0.5万	8.0万	4.3万	0.4万	0.0万	2.2万	9.7万	8.8万	7.3万	2.8万	0.1万

地域農業再生協議会単位

（単位はすべて ha）

北海道

	2017年産	2018年産													
	主食用米 ①	主食用米 ②	増減 ②-①	加工用米	米粉用米	飼料用米	WCS	新市場開拓用米	その他	備蓄米	麦	大豆	飼料作物	そば	なたね
札幌市	23	23	▲0	-	-	-	-	-	-	-	45	2	316	9	
江別市	974	962	▲12	-	21	3	-	-	-	-	1,160	507	736	1	
千歳市	108	102	▲6	-	-	-	-	-	-	-	204	118	176	-	7
恵庭市	570	565	▲6	-	-	-	-	-	-	-	586	371	217	3	
北広島市	151	151	0	-	-	-	-	-	-	-	32	29	225	5	
石狩市	1,294	1,323	29	19	-	25	-	1	-	-	560	50	581	70	
当別町	1,546	1,563	17	13	-	39	-	-	-	-	2,799	576	700	11	20
新篠津村	2,273	2,316	43	193	-	38	15	37	-	-	1,236	686	-	4	
夕張市	16	15	▲2	-	-	-	-	-	-	-	12	-	-	4	
ＪＡいわみざわ	6,284	6,278	▲6	-	0	133	68	25	-	-	4,357	1,906	425	141	153
峰延農協	1,991	2,010	19	42	-	117	30	5	-	-	1,007	391	2	15	7
美唄市農協	1,755	1,747	▲8	128	1	192	-	7	-	-	1,124	1,277	5	117	157
南幌町	2,156	2,098	▲58	-	-	15	-	-	-	-	1,642	615	11	-	18
由仁町	1,751	1,731	▲20	-	-	-	2	-	-	-	890	448	400	2	
長沼町	1,789	1,728	▲61	-	-	52	92	-	-	-	2,597	2,586	510	39	5
栗山町	1,616	1,593	▲23	-	-	-	40	-	-	-	985	332	264	8	
月形町	1,136	1,122	▲15	-	-	4	19	-	-	-	319	444	318	19	
芦別市	1,279	1,256	▲24	269	-	40	-	10	-	-	31	1	119	229	
赤平市	377	379	1	-	-	-	-	-	-	-	34	8	36	118	7
滝川市	2,027	2,042	15	8	0	61	5	3	-	-	520	161	11	411	102
砂川市	474	473	▲1	1	-	2	-	-	-	-	-	-	37	220	
深川市	5,219	5,218	▲2	20	2	68	34	-	-	-	547	390	41	1,440	
奈井江町	1,189	1,200	11	-	-	35	5	-	-	-	186	85	144	22	
浦臼町	1,551	1,567	16	-	-	44	75	-	-	-	188	37	151	93	
新十津川町	3,530	3,504	▲27	-	-	5	-	-	-	-	131	96	85	275	
妹背牛町	2,208	2,249	42	58	-	78	14	-	-	-	411	143	38	39	
秩父別町	2,059	2,092	33	68	-	12	-	-	-	-	199	51	1	110	
雨竜町	2,181	2,175	▲6	-	-	38	-	-	-	-	104	21	21	340	
北竜町	1,789	1,781	▲7	-	-	13	-	-	-	-	103	163	6	424	
沼田町	2,380	2,408	28	-	-	3	-	-	-	-	76	65	2	247	
幌加内町	340	324	▲16	-	-	-	44	-	-	-	20	11	30	982	
旭川市	5,547	5,619	72	461	26	6	-	139	-	-	770	604	896	868	
東神楽町	1,319	1,316	▲3	69	-	1	-	19	-	-	445	8	172	100	7
士別市	2,707	2,697	▲10	-	1	7	-	-	-	-	1,355	1,640	1,749	210	34
名寄	2,515	2,475	▲39	1,113	-	5	-	-	-	-	290	377	387	172	
富良野市	640	631	▲9	-	-	-	-	-	-	-	698	53	629	15	
鷹栖町	2,114	2,137	24	42	-	-	19	-	-	-	63	27	560	85	

当麻町	2,386	2,426	40	158	1	14	-	4	-	-	0	90	464	190	-
比布町	1,160	1,265	105	98	-	4	15	124	-	-	58	110	171	78	-
愛別町	841	846	6	39	-	120	36	-	-	-	20	39	172	69	-
上川町	192	201	9	37	-	6	7	-	-	-	-	19	126	102	-
東川町	2,126	2,164	38	86	0	11	-	2	-	-	-	100	85	75	-
美瑛町	827	842	15	86	-	1	-	-	-	-	349	91	170	17	-
上富良野町	720	712	▲8	-	-	-	-	-	-	-	363	202	213	-	-
中富良野町	1,219	1,212	▲7	-	-	1	-	-	-	-	464	61	103	-	-
南富良野町	96	97	1	-	-	-	-	-	-	-	25	12	80	-	-
占冠村	-	-		-		-					-		197	-	
和寒町	937	902	▲34	-	-	8	1	-	-	-	190	358	184	201	3
剣淵町	762	783	21	-	-	-	-	-	-	-	616	606	268	119	-
下川町	68	68	▲0	8	-	-	-	-	-	-	154	-	293	93	-
美深町	195	195	0	12	-	-	-	-	-	-	138	-	374	20	-
留萌市	451	448	▲3	-	-	-	14	-	-	-	59	39	81	94	-
増毛町	254	244	▲11	-	-	-	11	-	-	-	-	0	12	113	0
小平町	970	970	▲0	59	-	4	-	8	-	-	210	115	325	10	-
苫前町	782	786	4	-	-	1	-	-	-	-	124	238	203	-	-
羽幌町	988	987	▲1	17	-	20	-	12	-	-	253	158	233	75	-
初山別村	267	267	▲1	-	-	-	-	-	-	-	273	90	123	4	-
遠別町	422	423	1	8	-	-	-	-	-	-	230	30	17	4	-
函館市	71	78	7	0	-	-	-	-	-	-	-	-	47	-	-
福島町	20	20	1	-	-	-	-	-	-	-	-	-	-	3	-
知内町	398	394	▲4	25	-	-	-	9	-	-	9	65	346	64	-
木古内町	273	273	▲0	18	-	4	-	-	-	-	-	-	218	-	-
北斗市	983	1,014	30	173	-	5	-	-	-	-	69	95	388	89	-
七飯町	386	399	14	26	-	6	-	-	-	-	-	-	424	-	-
森町	176	177	1	25	-	-	-	-	-	-	-	21	16	-	-
松前町	-	-		-		-					-		-	-	
八雲町	229	220	▲9	107	-	2	-	-	-	-	4	17	149	2	-
江差町	238	252	13	14	-	13	-	-	-	-	33	68	169	4	-
上ノ国町	207	207	0	20	-	11	-	-	-	-	85	85	52	23	2
厚沢部町	409	424	16	111	-	7	-	-	-	-	221	252	295	99	-
乙部町	100	94	▲6	3	-	-	-	-	-	-	5	8	73	4	-
せたな町	1,153	1,156	3	267	-	19	-	75	-	-	28	218	390	140	-
奥尻町	30	30	▲0	6	-	-	-	-	-	-	-	-	19	-	-
今金町	1,168	1,212	43	145	-	-	10	-	-	-	141	175	504	56	-
新おたる農協管内	536	598	62	-	0	29	-	-	-	-	-	-	2	64	-
島牧村	23	17	▲6	-	-	3	-	-	-	-	-	-	-	1	-
寿都町	1	1	-	-	-	-	-	-	-	-	-	-	-	-	-
黒松内町	37	37		-		-					1	-	11	2	-
蘭越町	1,679	1,683	4	76	2	273	-	14	-	-	65	117	192	215	-
ニセコ町	311	316	5	1	0	47	-	16	-	-	12	41	29	6	-
喜茂別町	0	0	-	-	-	-	-	-	-	-	-	-	-	-	-
京極町	4	4	-	-	-	-	-	-	-	-	19	19	-	4	-
倶知安町	222	218	▲5	2	-	20	-	7	-	-	133	127	76	68	-
共和町	1,372	1,351	▲21	164	-	41	-	-	-	-	169	138	53	143	-
岩内町	79	78	▲0	7	-	7	-	-	-	-	3	-	41	-	-
余市町	28	28	0	-	-	-	-	-	-	-	-	-	-	-	-
真狩村	8	8	-	-	-	-	-	-	-	-	-	-	-	-	-
留寿都村	1	1	-	-	-	-	-	-	-	-	-	-	-	-	-
古平町	13	14	0	-	-	2	-	-	-	-	-	-	-	-	-
伊達市	184	188	3	30	-	-	-	-	-	-	9	-	34	-	-
豊浦町	27	26	▲1	-	-	1	-	-	-	-	-	-	103	-	-
洞爺湖町	55	57	3	-	-	1	-	-	-	-	-	-	15	-	-
壮瞥町	129	130	1	-	-	2	-	-	-	-	30	0	58	-	-
安平町	284	287	3	-	-	-	-	-	-	-	157	152	320	6	11
厚真町	1,506	1,521	15	48	-	6	-	-	-	-	371	317	453	12	-
むかわ町鵡川	645	666	21	136	-	95	-	1	-	-	74	209	691	60	-
むかわ町穂別	581	581	0	16	-	-	-	-	-	-	1	0	352	-	-
室蘭市	6	6	-	-	-	-	-	-	-	-	-	-	-	-	-
日高地区	30	30	▲0	-	-	-	-	-	-	-	-	-	278	-	-
日高町門別地区	316	323	7	-	-	19	-	-	-	-	-	-	847	-	-
平取町	497	494	▲3	-	-	-	-	-	-	-	-	-	1,197	-	-

	主食用米①	主食用米②	増減②−①	加工用米	米粉用米	飼料用米	WCS	新市場開拓用米	その他	備蓄米	麦	大豆	飼料作物	そば	なたね
新冠町	170	162	▲7	-	-	-	-	-	-	4	-	-	515	5	-
静内	100	87	▲13	-	-	-	-	-	-	-	-	-	840	-	-
三石	168	161	▲7	-	-	-	-	-	-	2	-	-	1,273	-	-
浦河町	40	38	▲2	-	-	-	-	-	-	-	-	-	416	-	-
様似町	23	23	-	-	-	-	-	-	-	3	-	-	126	-	-
北見市	699	695	▲5	-	-	2	-	-	-	302	117	102	-	-	-
大空町	183	183	1	8	-	-	-	-	-	551	91	18	-	-	-
美幌町	36	36	▲0	5	-	-	-	-	-	53	9	1	-	-	-
津別町	10	12	2	-	3	-	-	-	-	-	-	-	-	-	2
訓子府町	65	63	▲2	-	-	-	-	-	-	22	-	-	40	-	-
音更町	4	4	-	-	-	-	-	-	-	189	99	19	-	-	-
本別町	-	-	-	-	-	-	-	-	-	11	5	31	-	-	-
幕別町	4	4	-	-	-	-	-	-	-	102	6	17	-	-	-
池田町	5	4	▲2	-	-	0	-	-	-	373	47	271	-	-	-

青森

	2017年産	2018年産													
	主食用米①	主食用米②	増減②−①	加工用米	新規需要米					備蓄米	麦	大豆	飼料作物	そば	なたね
					米粉用米	飼料用米	WCS	新市場開拓用米	その他						
青森市	2,799	2,817	18	121	-	218	0			647	35	8	19	235	-
弘前市	2,872	2,915	44	6	-	40	-	1	-	128	41	438	-	1	-
八戸市	1,048	1,067	19	-	-	59	27	-	-	-	21	24	13	8	-
黒石市	1,382	1,401	19	-	-	6	-	-	-	27	54	-	-	11	-
五所川原市	4,005	4,311	306	432	3	681	17	60	-	212	159	470	265	75	-
十和田市	3,188	3,273	85	27	3	487	262	2	-	137	141	332	1,235	188	2
三沢市	249	233	▲16	-	-	104	53	34	-	-	-	0	283	-	5
むつ市	83	79	▲5	-	-	9	18	1	-	-	2	-	444	13	-
つがる市	6,032	6,335	303	592	-	1,020	7	2	-	777	166	1,371	217	-	-
平川市	1,809	1,814	5	-	-	72	-	3	-	7	-	157	-	-	-
平内町	465	501	36	-	-	110	24	-	-	12	-	37	35	115	-
今別町	101	97	▲5	-	-	12	0	-	-	-	-	-	106	-	-
蓬田村	478	497	19	-	-	43	-	-	-	83	-	3	285	-	-
外ヶ浜町	84	128	43	-	-	228	-	-	-	-	-	49	34	53	-
鰺ヶ沢町	661	699	38	-	-	132	-	-	-	12	7	312	1	4	-
深浦町	337	360	23	-	-	122	1	-	-	-	3	-	43	-	-
西目屋村	107	114	7	-	-	-	-	-	-	8	-	14	-	43	-
藤崎町	1,059	1,200	141	22	-	27	-	-	-	64	-	126	-	-	-
大鰐町	193	194	1	-	-	14	-	-	-	-	-	30	-	1	-
田舎館村	909	911	2	6	-	2	-	0	-	16	-	54	-	-	-
板柳町	816	923	107	0	-	23	-	0	-	80	-	193	-	-	-
鶴田町	994	1,015	20	100	0	111	32	2	-	234	3	125	-	-	-
中泊町	1,654	1,775	120	146	-	275	2	5	-	282	27	438	19	-	-
野辺地町	34	35	1	-	-	2	-	-	-	-	-	-	5	9	-
七戸町	1,193	1,284	91	118	-	773	90	-	-	2	1	207	544	59	-
六戸町	642	712	70	23	-	262	31	1	-	18	-	28	44	44	-
横浜町	152	151	▲1	-	-	2	-	-	-	0	2	-	181	-	4
東北町	1,036	1,198	162	57	-	327	25	-	-	14	-	20	199	9	-
六ヶ所村	58	49	▲9	-	-	26	5	-	-	-	-	-	629	7	-
おいらせ町	487	490	3	11	-	70	-	-	-	9	6	-	80	-	-
大間町	3	4	1	-	-	-	-	-	-	-	-	-	-	-	-
東通村	113	116	3	-	-	24	45	-	-	-	-	-	65	24	27
風間浦村	3	3	▲0	-	-	-	-	-	-	-	-	-	-	-	-
佐井村	5	4	▲1	-	-	-	-	-	-	-	-	-	13	-	-
三戸町	456	496	40	16	-	45	-	-	-	-	-	2	33	-	-
五戸町	861	867	6	10	-	66	5	-	-	-	0	17	66	4	-
田子町	375	375	▲0	-	-	24	6	-	-	-	-	-	62	14	-
南部町	621	612	▲9	38	-	15	-	-	-	0	-	-	-	-	-
階上町	74	68	▲7	-	-	5	-	-	-	-	-	12	4	3	-
新郷村	253	249	▲4	-	-	-	11	-	-	-	-	-	121	0	-

岩手

	2017年産 主食用米①	主食用米②	主食用米 増減②−①	加工用米	米粉用米	飼料用米	WCS	新市場開拓用米(輸出用米等)	その他	備蓄米	麦	大豆	飼料作物	そば	なたね
盛岡市	1,727	1,806	79	34	50	12	1	-	-	6	121	120	36	7	-
盛岡市玉山	883	919	36	-	-	293	13	-	0	-	27	55	265	8	-
紫波町	2,427	2,461	34	80	5	96	85	5	-	4	790	13	175	2	0
矢巾町	1,251	1,320	69	82	-	18	49	-	-	-	366	62	106	-	-
宮古地方	582	553	▲28	-	-	4	9	-	-	-	0	55	157	1	-
奥州市	9,397	10,018	621	12	-	161	239	113	0	7	139	1,428	1,348	23	0
金ケ崎町	2,089	2,359	269	5	-	27	51	-	0	-	4	142	361	14	1
大船渡市	110	108	▲2	-	-	1	7	-	-	-	-	-	6	-	-
陸前高田市	286	286	▲0	1	-	28	-	-	-	-	-	20	5	1	-
住田町	173	165	▲8	-	-	9	-	-	-	-	-	3	4	-	1
花巻市	6,773	7,040	266	576	-	632	102	-	0	12	1,071	335	725	52	-
北上市	4,652	4,817	165	219	-	459	119	-	-	6	549	870	322	15	-
西和賀町	720	718	▲2	-	1	-	51	-	0	-	0	108	162	159	-
遠野市	1,728	1,749	21	-	-	104	81	-	-	-	2	167	612	8	0
釜石市	56	51	▲5	-	-	-	1	-	-	-	-	-	5	-	-
大槌町	84	83	▲1	-	-	-	-	-	-	-	0	5	1	-	-
一関地方	6,546	6,637	91	122	2	787	509	-	1	3	137	117	1,467	16	6
八幡平市	2,231	2,263	32	-	-	434	29	-	-	6	38	73	616	188	-
雫石町	1,770	1,920	149	27	-	186	181	-	-	-	99	104	637	52	10
葛巻町	41	39	▲2	-	-	-	-	-	-	-	0	0	263	2	-
岩手町	513	514	1	-	-	133	-	-	-	3	1	14	200	11	-
滝沢市	680	663	▲17	42	-	22	7	53	-	-	48	33	83	12	-
二戸市	841	855	14	-	-	102	24	-	0	-	0	8	19	19	-
軽米町	262	324	63	-	-	174	1	-	-	2	7	8	66	6	-
九戸村	242	240	▲2	-	-	81	22	-	-	-	0	5	42	1	-
一戸町	257	240	▲17	-	-	32	1	-	-	-	0	0	12	-	-
久慈市	304	296	▲8	-	-	29	28	-	-	-	0	5	92	20	-
洋野町	236	233	▲3	-	-	152	0	-	-	-	0	2	118	3	-
野田村	53	54	0	-	-	11	10	-	-	3	1	1	-	-	-
普代村	5	5	▲1	-	-	-	-	-	-	-	-	-	-	-	-

宮城

	2017年産 主食用米①	主食用米②	増減②−①	加工用米	米粉用米	飼料用米	WCS	新市場開拓用米	その他	備蓄米	麦	大豆	飼料作物	そば	なたね
白石市	982	950	▲32	0	-	33	1	-	-	21	6	4	41	8	0
角田市	2,091	2,140	49	50	1	300	78	-	-	63	115	122	68	-	-
蔵王町	555	563	8	-	0	86	27	-	-	20	-	1	45	0	-
七ヶ宿町	108	102	▲5	4	-	-	-	-	-	-	-	-	19	25	5
大河原町	262	261	▲2	2	-	20	-	-	-	9	-	67	5	-	-
村田町	518	509	▲9	-	-	49	9	-	-	15	10	61	0	2	-
柴田町	525	524	▲1	5	-	55	-	-	-	30	2	18	4	1	-
川崎町	608	614	6	-	-	59	6	-	-	12	-	16	70	50	-
丸森町	867	870	3	0	3	72	8	-	0	6	1	9	148	3	-
仙台市	2,876	3,168	292	6	-	57	-	-	-	-	7	662	42	49	-
塩竈市	1	1	▲0	-	-	-	-	-	-	-	-	-	-	-	-
名取市	1,343	1,370	27	214	-	111	-	-	-	-	60	239	-	7	-
多賀城市	203	196	▲7	-	-	-	-	-	-	-	-	2	-	-	-
岩沼市	822	843	22	101	1	135	-	-	-	15	-	155	2	1	-
亘理町	1,569	1,620	51	1	-	291	11	-	-	46	-	194	9	23	-
山元町	665	735	70	20	-	193	2	-	-	1	-	87	8	10	-
松島町	502	453	▲49	-	-	30	2	-	-	-	-	41	3	-	-
七ヶ浜町	58	82	23	-	-	11	-	-	-	-	-	13	-	-	-
利府町	160	172	13	-	-	-	-	-	-	-	-	16	-	-	-
大和町	1,369	1,413	44	0	-	130	33	1	-	12	94	121	17	143	-
大郷町	1,041	1,085	44	1	3	84	7	1	-	-	-	287	48	1	-
富谷市	317	318	1	-	-	28	4	-	-	-	-	34	15	-	-

地域	2017年産 主食用米①	主食用米 ②	増減 ②-①	加工用米	米粉用米	飼料用米	WCS	新市場開拓用米	その他	備蓄米	麦	大豆	飼料作物	そば	なたね
大衡村	580	597	17		-	-	66	59		-		1	146	46	-
大崎市	9,386	9,540	154	78	7	1,026	224		-	0	420	306	1,801	993	88
色麻町	1,398	1,448	50	4	4	229	40	4				256	302	-	
加美町	2,892	2,993	101	40	12	492	206	8			0	318	546	1	
涌谷町	1,708	1,744	36	3	-	279	18			23	114	226	186	-	
美里町	2,410	2,446	36	8	-	286	32	2	0	24	288	527	68	1	
石巻市	5,537	5,565	28	130	0	211	74	24		262	474	1,065	164	13	
東松島市	1,867	1,896	29	54		11	11	2			88	408	61	16	
栗原市	9,114	9,275	161	158	15	376	628			374		854	1,358	31	2
登米市	9,812	9,993	181	225	20	787	510	170		50	102	1,241	1,127	4	
気仙沼市	513	506	▲6	-		41	4		1			24	48	2	
南三陸町	147	150	2	-		5	11					0	10	0	
女川町	-	-	-	-	-	-	-	-	-	-	-	-	-	-	

秋田

地域	2017年産 主食用米①	2018年産 主食用米②	増減 ②-①	加工用米	新規需要米 米粉用米	飼料用米	WCS	新市場開拓用米	その他	備蓄米	麦	大豆	飼料作物	そば	なたね
鹿角地域	2,167	2,403	236	25	19	303	19	-		-	3	15	48	272	4
大館市	3,157	3,281	124	254	6	460	1	16	-	17	-	243	80	37	
北秋田市	2,678	2,803	124	381	20	295	6	28		1	-	496	88	242	
上小阿仁村	249	255	6	34	-	17			-		-	18	-	75	
能代市	3,681	4,091	410	5	-	29	0	3	-	2	-	717	112	114	0
藤里町	411	429	18		-	23		-	-			23	14	6	
三種町	3,236	3,928	692	62	0	-	28	15	-			790	9	34	
八峰町	999	1,084	84	14	-	-		2	-	5		224	-	170	
秋田市	4,410	4,509	99	900	19	7	53	10	0	70		419	88	-	2
男鹿市	2,242	2,417	175	270	47	21		-	-	290	-	196	2	2	
昭和飯田川地域	932	975	42	197	10	40		3	-	104		99			
潟上市天王地域	802	856	55	73	8	-		-	-	125	-	292			
五城目町	886	929	43	149	-	9		-	-	113	-	49	1	17	
八郎潟町	609	651	41	152	-	-		2	-	102	-	84			
井川町	635	649	14	134	-	-		2	-	154	-	25	9	0	
大潟村	4,895	5,592	698	3,022	41	-	1	1	-	77	1	323			
由利本荘市	5,545	5,693	148	378	-	138	191	2	1	440	-	228	352	299	2
にかほ市	1,730	1,798	68	51	-	22	20	-	-	106	-	159	6	196	0
大仙市	9,980	10,282	302	1,758	18	199	359	68	-	524	49	1,199	431	197	2
仙北市	2,608	2,650	42	390	13	59	98	5	0	65	19	181	273	286	
美郷町	3,417	3,585	168	513	2	61	128	51	-	164	3	597	309	1	1
横手市	8,641	10,262	1,621	557	17	196	169	29	-	3	149	765	154	410	
湯沢市	3,158	3,354	196	308	5	80	37	15	-	11	-	526	144	8	
羽後町	1,910	2,040	130	159	6	6	119	-	1	22	-	170	50	308	
東成瀬村	166	185	19	0	-	25		-	0	-	-	15			

山形

地域	2017年産 主食用米①	2018年産 主食用米②	増減 ②-①	加工用米	新規需要米 米粉用米	飼料用米	WCS	新市場開拓用米	その他	備蓄米	麦	大豆	飼料作物	そば	なたね
山形市	2,395	2,370	▲25	6	1	16		24		156	24	258	4	236	0
上山市	725	712	▲13	0	-	1	4	-		-		35	38	65	
天童市	990	1,024	34	100	-	68	17	2		-	9	19	22	39	
山辺町	324	321	▲2	22	-	29	1	1					3	46	
中山町	342	345	3	2	-	48		1		22	-	110	1	0	
寒河江市	1,045	1,041	▲4	23	15	17		-		25	-	119	5	2	
河北町	931	936	6	36	-	49		-		32	0	191	14	2	
西川町	171	171	▲0	1	-	2		-		-	-	0	1	64	2
朝日町	363	362	▲1	-	-	0		-		-	-	1	0	1	
大江町	276	273	▲2	5	-	10		-		-	-	5	2	3	
村山市	1,728	1,716	▲12	130	0	46	3	3		73	-	108	35	327	

	2017年産 主食用米①	主食用米②	増減②-①	加工用米	米粉用米	飼料用米	WCS	新市場開拓用米	その他	備蓄米	麦	大豆	飼料作物	そば	なたね
東根市	856	843	▲13	78	-	29	-	3		-	-	20	5	7	-
尾花沢市	2,376	2,374	▲2	94	-	112	63	32	3	109	3	27	101	445	-
大石田町	811	819	8	8	-	22	4	-	-	178	1	0	6	177	-
米沢市	2,096	2,098	2	84	-	101	104	0	-	184	-	241	282	159	-
南陽市	1,148	1,161	13	95	-	44	16	5	-	55	-	20	198	2	-
高畠町	1,752	1,752	0	72	0	83	44	1	-	186	3	104	162	65	-
川西町	2,558	2,576	18	191	-	122	136	55	-	245	-	351	202	154	-
長井市	1,617	1,629	12	32	-	62	58	-	-	109	-	362	179	48	0
小国町	518	495	▲24	-	-	15	28	-	-	-	0	6	61	97	-
白鷹町	779	787	8	52	-	10	26	-	-	2	-	39	87	47	-
飯豊町	1,130	1,125	▲5	91	10	57	82	1	-	23	-	33	278	61	-
鶴岡市	9,207	9,281	74	579	3	524	34	42	-	963	7	982	30	501	-
酒田市	6,288	6,307	19	1,055	99	1,079	77	21	-	93	2	642	50	203	-
三川町	1,265	1,267	2	201	-	65	12	14	-	198	18	188	1	12	1
庄内町	3,182	3,184	2	478	3	203	4	16	-	393	-	511	5	192	-
遊佐町	1,998	1,999	0	76	-	461	50	2	-	-	-	199	42	60	1
新庄市	2,846	2,854	8	357	-	92	68	3	-	168	-	39	434	367	-
金山町	858	862	4	25	-	89	4	0	-	112	-	52	33	80	2
最上町	1,166	1,170	4	23	-	16	35	-	-	2	-	22	62	264	-
舟形町	783	777	▲5	70	-	82	20	-	-	17	-	0	5	190	-
真室川町	1,041	1,002	▲39	23	4	91	13	-	-	6	-	118	153	10	-
大蔵村	456	454	▲2	28	-	26	1	-	-	32	-	0	1	36	-
鮭川村	952	967	16	81	-	8	3	1	-	69	-	8	66	155	1
戸沢村	726	785	59	26	-	23	1	-	-	55	-	-	5	161	-

福島

	2017年産	2018年産													
	主食用米①	主食用米②	増減②-①	加工用米	新規需要米 米粉用米	飼料用米	WCS	新市場開拓用米	その他	備蓄米	麦	大豆	飼料作物	そば	なたね
福島市	1,814	1,786	▲28	-	-	230	53		-	11	0	6	19	2	-
川俣町	179	174	▲5	-	-	1	-		-	1	-	-	7	-	-
伊達市	957	958	0	-	-	148	31		-	0	7	20	10	3	-
桑折町	321	309	▲12	2	-	66	14		-	12	1	5	-	2	-
国見町	332	333	1	0	-	75	1		-	1	-	8	1	-	-
二本松市	1,860	1,858	▲2	-	-	53	68		-	2	1	15	65	1	-
大玉村	842	858	15	-	-	12	1		-	20	-	4	107	19	1
本宮市	1,128	1,156	28	0	-	24	6		-	41	1	1	28	0	-
南相馬市	510	726	216	3	-	1,836	11	2	-	-	48	181	274	0	91
相馬市	1,543	1,557	14	17	-	363	11		-	-	34	106	151	-	-
新地町	449	478	29	1	-	162	-		-	-	18	30	4	22	-
飯舘村	10	22	12	-	-	2	1		-	1	-	-	7	8	-
富岡町	5	9	3	-	-	1	-		-	-	-	-	-	-	-
川内村	60	102	41	-	-	94	-		-	8	1	-	5	59	-
大熊町	2	2	0	-	-	-	-		-	-	-	-	-	-	-
浪江町	3	6	4	-	-	0	-		-	-	-	-	-	-	-
葛尾村	8	12	4	-	-	3	-		-	-	-	-	-	-	-
会津若松市	3,895	4,021	125	68	-	71	6		-	615	-	172	5	278	0
磐梯町	358	363	5	-	-	8	-		-	21	-	-	-	63	-
猪苗代町	1,587	1,589	2	10	-	53	31	10	-	530	7	26	3	256	-
喜多方市	5,042	5,178	136	37	0	89	119	12	0	257	8	22	46	367	2
北塩原村	191	198	7	-	-	-	-		-	3	-	-	-	12	-
西会津町	599	614	15	-	-	-	4		-	6	-	0	21	33	-
会津みどり地域	6,109	6,050	▲59	43	1	46	41		-	757	52	15	4	294	0
下郷町	410	416	6	-	-	-	-		-	-	-	3	4	33	-
只見町	379	375	▲4	-	-	8	-		-	23	-	0	3	8	-
南会津町	921	954	33	-	-	0	16		-	49	-	4	10	89	-
郡山市	7,285	7,397	112	42	0	232	80		0	358	-	60	40	111	0
田村市	1,250	1,311	62	0	-	126	94		-	66	0	2	105	2	-
三春町	327	326	▲1	-	-	7	1		-	6	-	0	2	-	-
小野町	463	466	▲3	-	0	13	5		-	14	-	0	51	-	-
須賀川市	3,868	4,163	295	152	-	190	19	6	-	162	0	13	14	28	-
鏡石町	765	778	13	-	-	51	8		-	23	-	-	15	0	1
天栄村	732	773	41	-	-	76	8		-	-	-	0	2	13	-
石川地方	2,081	2,108	27	10	-	233	99	2	1	11	4	6	211	4	-
いわき市	3,443	3,602	159	7	0	570	41		-	6	12	17	148	6	2

	2017年産 主食用米①	2018年産 主食用米②	増減②-①	加工用米	米粉用米	飼料用米	WCS	新市場開拓用米	その他	備蓄米	麦	大豆	飼料作物	そば	なたね
広野町	104	116	12	-	-	46	-	-		3	7	1		2	0
楢葉町	17	32	15	-	-	24	-	1		1				5	
双葉町	19	27	7	-											
白河市	3,335	3,381	46	43	-	51	24	-		59	2	47	13	4	0
西郷村	734	790	56	-	-	8	142	2		17		13	80	2	
泉崎村	629	630	0			10	3	2		24		7	0	1	
中島村	475	479	4			32				35		1			
矢吹町	1,226	1,262	36	1		24	8			25		44	0	2	
棚倉町	820	824	4	3		119	23						6	0	
塙町	505	502	▲3			31	11						0	36	
矢祭町	313	315	2			45	7			3		0	3	3	
鮫川村	236	241	5		0	42	65		1				6	84	1

新潟

	2017年産 主食用米①	2018年産 主食用米②	増減②-①	加工用米	米粉用米	飼料用米	WCS	新市場開拓用米	その他	備蓄米	麦	大豆	飼料作物	そば	なたね
関川村	856	940	84	2	14	31		7				3	2	12	
村上市	4,554	4,883	329	229	100	210	16	86		54	8	167	21	35	
新発田市	5,878	5,942	63	1,012	329	264	57	107		340		227	7	5	
阿賀野市	4,409	4,866	457	440	43	124	13	9		15	3	185	88	5	
胎内市	2,354	2,363	9	80	321	101	9	14			42	170	29	18	
聖籠町	698	713	14	39	2	5		39		119	5	155			
五泉市	3,103	3,462	359	411	4	132	4	13	0	2	1	6	6	12	
阿賀町	525	518	▲7	59										5	
新潟市北区	3,156	3,280	124	411	20	3	24	27		76	2	33	8	1	
新潟市亀田郷	2,896	3,098	202	290	107	14		45		137	2	69	11		
新潟市秋葉区	2,293	2,547	254	484	0	25	10	28		21	9	78	15		
新潟市南区	3,735	3,907	172	275	202	124		17		40	0	365	0		
新潟市西区	2,399	2,442	43	209	129	19		62		1					
西蒲区	5,117	5,575	458	995	13	136		34		169		596	14	4	
弥彦村	610	635	25	76		9		2		17	5	29			
燕市	3,383	3,540	157	593	4	129	2	42		187		316	4		
田上町	545	552	7	32	3	18		1		56	1	42		19	
加茂市	1,113	1,184	71	22		50	10	10		19		10		0	
三条市	3,809	3,979	170	113	4	164	7	18		420	2	259	8	80	
見附市	1,612	1,663	50	41	211	27	1	6		106		28			
出雲崎町	311	314	3	2		3					1	1			
小千谷市	1,808	1,873	65	63		2	8	104	0	31	0	2	2	123	
長岡市	11,036	11,283	248	855	150	124	20	65		388	82	812	23	42	4
柏崎市	2,935	2,964	29	17	8	224		0		64	0	53	1	26	
刈羽村	397	393	▲4	4		34		1		19		24			
魚沼市	2,426	2,436	10	32	2	86	44	6				1		36	
南魚沼市大和・六日町	2,929	3,056	127	46	1	4		15				6		3	
南魚沼市塩沢	1,689	1,642	▲47	23	8			2				7	0	13	
湯沢町	176	186	10											3	
津南町	1,435	1,449	14	3	0	2						0		3	
十日町市	3,901	4,039	138	12	1	67		1				7	3	123	
上越市	10,032	10,551	519	730	223	548	42	55		5		492	23	181	
妙高市	1,494	1,588	94	94	21	9		21				30	9	29	
糸魚川市	1,390	1,417	27			14						2	1	17	
佐渡市	4,989	5,107	119	155	11	206	119	28		389	2	40	64	73	

富山

	2017年産 主食用米 ①	2018年産 主食用米 ②	増減 ②-①	加工用米	米粉用米	飼料用米	WCS	新市場開拓用米	その他	備蓄米	麦	大豆	飼料作物	そば	なたね
朝日町	840	851	11	-	2	8		22	-	145	40	105	-	1	2
入善町	2,310	2,331	21	0	22	55	27	138		218	78	682	11	18	10
黒部市	1,590	1,590	▲0	36	37	85	-	22		83	81	150	-	26	-
魚津市	1,150	1,149	▲1	59	2	50	-	2		27	82	17	5	0	
アルプス	4,230	4,280	50	263	1	241	177	1	-	211	241	343	23	23	
富山市	7,155	7,115	▲40	305	2	248	141	4	-	510	192	765	76	100	
射水市	2,060	2,078	18	138	8	60	-	-		149	490	308	-	5	
高岡市	3,040	3,046	6	144	4	141		-		236	356	312	-		2
氷見市	1,800	1,769	▲31	-	-	33	25				25	8	40	3	
小矢部市	2,020	2,047	27	41	0	192	2	4		179	267	198	18	6	
砺波市	2,870	2,872	2	62	0	103	2	6		91	360	718	36	13	
南砺市	4,190	4,169	▲21	500		14	31	19		237	770	330	69	30	

石川

	2017年産 主食用米 ①	2018年産 主食用米 ②	増減 ②-①	加工用米	米粉用米	飼料用米	WCS	新市場開拓用米	その他	備蓄米	麦	大豆	飼料作物	そば	なたね
加賀市	2,118	2,177	59	85	-	3	-	4	-	150	26	148	1	40	
小松市	2,374	2,373	▲2	259	14	1	-	20		257	341	51	-	13	
能美市	1,148	1,164	16	34	12	1	-	5		55	190	38	-	-	
川北町	518	522	5	11	2	4	-	2		19	148	19	-	-	
白山市	2,859	2,829	▲30	148	24	5	44	86		46	19	560	12	27	
野々市市	225	213	▲12	-	-	-	-	1			3	-	-	-	
金沢市	2,166	2,120	▲46	58	-	15	3	2		47		-	-	0	
河北郡市	1,614	1,633	19	38	7	129	1	23		47	14	-	-	12	
羽咋市	1,423	1,455	32	114	-	66	-	10		176	33	8	5	16	0
宝達志水町	907	914	7	21	8	19	-	2		34	4	6	-	5	
志賀町	1,567	1,559	▲8	12	-	132	-	0		13	58	0	-	4	
中能登町	1,038	1,091	53	15	2	92	14	10		32	48	38	6	2	
七尾市	1,944	1,934	▲10	-	-	126	-	-			6	5	-	1	
穴水町	434	411	▲24	-	-	1	-	-			-	1	7	14	
輪島市	1,126	1,096	▲30	-	-	18	-	-			3	3	-	6	
能登町	849	831	▲18	-	-	5	24	-			-	1	1	5	0
珠洲市	855	829	▲26	-	2	28	1	-			-	31	-	0	

福井

	2017年産 主食用米 ①	2018年産 主食用米 ②	増減 ②-①	加工用米	米粉用米	飼料用米	WCS	新市場開拓用米	その他	備蓄米	麦	大豆	飼料作物	そば	なたね
福井市	4,829	4,827	▲1	231	42	322	45	92		124	887	25	2	79	
敦賀市	475	455	▲20	-	-	9	-	-			-	1	0	0	
小浜市	850	847	▲3	25	-	61	-	-		37	43	10	1	4	
大野市	2,569	2,560	▲9	93	1	51	21	18		39	633	17	16	98	
勝山市	1,057	1,059	2	30	9	23	-	-		4	214	2	1	102	
鯖江市	1,348	1,384	36	67	4	76	-	-		54	279	10	-	12	
あわら市	1,655	1,652	▲3	61	-	59	-	-		45	589	13	-	53	
越前市	2,146	2,462	316	58	3	116	-	-		5	244	8	-	47	
坂井市	3,910	3,886	▲24	121	26	149	-	-		50	1,397	15	0	34	
永平寺町	590	603	13	19	4	1	1	-		20	116	1	-	14	
池田町	286	289	3	2	-	5	18	-			5	-	-	35	
南越前町	590	666	76	-	-	38	-	-			34	10	-	33	
越前町	772	774	2	31	2	39	14	2		3	102	3	0	7	
美浜町	484	491	7	2	-	32	0	-		3	18	0	3	16	
高浜町	205	197	▲8	0	-	6	-	-		5	2	-	-	1	
おおい町	408	407	▲2	-	-	30	-	-		27	25	0	-	3	
若狭町	1,095	1,094	▲1	-	-	201	2	5		52	70	1	5	1	

茨城

	2017年産 主食用米 ①	2018年産 主食用米 ②	2018年産 主食用米 増減 ②-①	加工用米	米粉用米	飼料用米	WCS	新市場開拓用米	その他	備蓄米	麦	大豆	飼料作物	そば	なたね
水戸市	3,069	3,081	13	1	3	296	100	5	-	-	128	39	7	-	-
笠間市	1,605	1,648	43	2	-	271	29	-	-	4	89	14	45	17	-
小美玉市	872	924	52	17	-	182	38	3	-	-	1	-	73	91	-
茨城町	1,356	1,377	21	5	-	205	19	-	-	-	161	24	14	1	-
大洗町	255	209	▲46	6	-	66	16	1	-	-	2	-	-	-	-
城里町	809	806	▲3	0	-	137	-	-	-	-	7	4	7	4	-
日立市	409	405	▲4	0	-	79	1	-	-	-	-	1	2	1	0
常陸太田市	2,295	2,290	▲5	-	1	229	20	4	-	-	67	3	14	18	-
高萩市	312	320	8	-	-	50	29	-	-	-	-	18	10	9	-
北茨城市	583	570	▲13	-	-	240	26	-	-	-	-	1	14	-	-
ひたちなか市	912	914	2	1	-	35	-	-	-	-	1	0	-	1	0
常陸大宮市	1,229	1,253	24	1	-	173	6	1	-	-	23	3	26	5	-
那珂市	1,505	1,483	▲22	11	0	108	-	10	-	-	19	95	2	2	-
東海村	255	258	4	-	-	45	-	9	-	-	69	2	-	0	-
大子町	488	474	▲14	-	-	23	23	-	-	-	0	16	0	-	-
鹿嶋市	778	884	106	0	-	34	-	-	-	-	-	31	9	11	-
潮来市	1,490	1,519	29	118	0	46	-	-	-	3	6	-	2	-	-
神栖市	814	775	▲39	2	-	58	-	-	-	-	20	-	-	-	-
行方市	2,088	2,095	7	126	-	63	13	2	-	2	-	0	5	-	-
鉾田市	1,146	1,127	▲19	-	-	60	3	-	-	-	1	-	5	-	-
土浦市	1,070	1,046	▲24	-	0	73	-	4	-	-	6	0	2	2	-
石岡市	2,112	2,146	34	7	-	224	2	1	-	2	45	3	12	12	-
龍ケ崎市	1,643	1,646	3	189	-	237	-	2	-	27	-	16	2	-	-
取手市	1,323	1,539	216	3	0	185	3	-	-	9	8	2	-	-	1
牛久市	353	349	▲4	5	-	24	-	-	-	-	32	-	-	-	-
つくば市	3,300	3,338	38	4	0	560	-	3	-	5	152	1	-	3	-
守谷市	181	231	50	1	-	44	4	-	-	-	10	-	21	0	-
稲敷市	5,127	5,213	86	222	24	611	137	4	-	20	130	6	71	-	-
かすみがうら市	1,240	1,237	▲3	-	-	116	-	2	-	-	0	17	1	-	-
つくばみらい市	2,012	2,138	126	1	-	262	-	-	-	5	149	12	27	0	-
美浦村	697	704	7	96	-	8	-	3	-	-	12	10	-	18	-
阿見町	477	484	7	17	-	41	-	2	-	-	-	-	-	17	-
河内町	1,930	1,930	▲0	81	-	234	-	-	-	6	51	24	6	-	-
利根町	769	753	▲16	86	-	160	-	-	-	2	-	-	-	-	-
古河市	1,582	1,563	▲19	-	-	126	-	-	-	-	70	1	12	40	-
結城市	856	864	7	3	4	218	32	1	-	-	17	50	7	1	-
下妻市	1,864	1,816	▲48	-	-	200	-	18	-	-	446	5	1	25	-
常総市	2,990	2,971	▲19	108	-	213	37	16	-	-	497	28	19	1	-
筑西市	5,000	4,991	▲9	101	7	1,161	10	52	-	38	1,299	38	38	35	-
坂東市	1,661	1,667	6	24	-	291	-	14	-	-	58	9	-	9	-
桜川市	1,882	1,886	4	13	-	450	-	54	-	-	323	23	6	9	-
八千代町	1,062	1,085	23	-	-	89	-	16	-	-	323	-	7	8	-
五霞町	568	601	33	6	-	33	-	-	-	-	70	3	-	16	-
境町	712	709	▲3	4	-	41	1	-	-	-	101	-	26	10	-

栃木

	2017年産 主食用米 ①	2018年産 主食用米 ②	2018年産 主食用米 増減 ②-①	加工用米	米粉用米	飼料用米	WCS	新市場開拓用米	その他	備蓄米	麦	大豆	飼料作物	そば	なたね
宇都宮市	5,682	5,778	96	327	-	986	59	16	-	149	753	53	42	28	-
上三川町	823	969	146	15	-	302	1	1	-	13	195	2	15	-	-
真岡市	3,558	3,652	94	118	-	766	28	-	-	98	589	10	101	8	-
益子町	693	534	▲158	47	-	145	10	-	-	-	109	0	8	4	0
茂木町	517	529	13	2	-	51	-	-	-	0	-	-	3	2	-
市貝町	680	745	65	39	-	117	10	-	-	12	106	-	17	1	-
芳賀町	1,488	1,783	295	86	-	602	41	-	-	8	259	1	22	17	-

	2017年産 主食用米①	2018年産 主食用米②	増減 ②−①	加工用米	米粉用米	飼料用米	WCS	新市場開拓用米	その他	備蓄米	麦	大豆	飼料作物	そば	なたね
栃木市	4,427	4,676	249	198	594	505	35	3	-	15	1,098	60	82	46	-
壬生町	999	1,005	6	1	-	37	7	-	-	19	237	1	14	9	-
小山市	1,964	2,215	252	59	10	1,311	11		-	3	694	14	27	31	1
下野市	1,502	1,610	108	16	-	566	24		-	5	300	0	28	5	-
野木町	481	484	2	3	-	71			-	8	101	2	5	2	-
佐野市	1,407	1,417	10	65	-	176	15		-	4	522	3	8	25	0
足利市	959	964	4	-	-	477	63		-		81	-	2	-	-
鹿沼市	1,973	1,981	8	14	-	363	85	1	-	13	165	1	147	117	-
日光市	2,156	2,255	99	30	-	489	121		-	35	9	87	91	248	-
大田原市	5,540	5,699	159	384	-	428	433	1	-	206	645	23	316	58	-
那須塩原市	3,771	3,942	171	92	0	241	266	1	-	152	165	75	904	36	0
那須町	1,638	1,874	236	21	-	52	156	9	-	8	18	9	582	28	-
那須烏山市	1,339	1,188	▲151	21	-	172	39	1	-	25	79	12	90	36	-
那珂川町	1,056	1,093	37	24	-	65	37		1	11	25	6	78	12	-
矢板市	1,527	1,531	4	100	-	295	28	6	-	52	150	4	60	48	-
さくら市	3,005	3,085	81	71	-	323	38	5	-	62	323	29	87	107	-
塩谷町	1,300	1,377	77	119	-	196	86	5	-	62	125	16	52	32	-
高根沢町	2,122	2,172	51	169	-	423	32	6	-	87	275	7	53	9	-

群馬

	2017年産 主食用米①	2018年産 主食用米②	増減 ②−①	加工用米	米粉用米	飼料用米	WCS	新市場開拓用米	その他	備蓄米	麦	大豆	飼料作物	そば	なたね
渋川市	392	379	▲12	-	-	6	28	-	-	-	7	1	4	7	-
榛東村	119	112	▲7	-	-	1		-	-	-	0	-	-	0	-
吉岡町	108	105	▲4	-	-	3	5	-	-	-	18	-	1	-	-
玉村町	335	346	11	-	85	28	56	-	-	-	69	19		-	-
前橋市	1,810	1,879	69	-	28	477	145	0	-	1	45	54	70		-
伊勢崎市	908	928	20	-	123	54	73	-	-	1	231	-	17		-
下仁田町	10	10	-	-	-	-	-	-	-	-	-	-	3		-
甘楽町	61	63	2	-	-	4	15	-	-	-	1	0	8	-	0
はぐくみ地域	454	440	▲14	0	1	9	2	-	-	-	18	-	11	-	-
高崎地域	389	399	10	-	-	141	60	-	-	-	78	8	5	0	-
多野藤岡	535	533	▲3	-	28	132	14	3	-	-	35	9	5	0	-
富岡市	277	267	▲10	-	-	7	16	-	-	-	2	3	9	-	-
安中市	429	418	▲11	-	-	64	14	-	-	-	7	0	4	0	-
中之条町	239	240	1	-	-			-	-	-	4	2	8	2	-
東吾妻町	241	233	▲8	-	-	-	-	-	-	-	0	0	1	0	-
長野原町	14	14	-	-	-	-	-	-	-	-	-	-	-	-	-
嬬恋村	36	36	-	-	-	-	-	-	-	-	-	0	-	0	-
高山村	110	109	▲1	-	-	-	-	-	-	-	-	-	1	1	-
片品村	37	34	▲3	-	0	-	-	-	-	-	0	4	-	-	-
川場村	192	185	▲7	-	-	-	-	-	-	-	-	-	-	-	-
みなかみ町	357	349	▲8	-	-	-	-	-	-	-	1	2	3	0	-
昭和村	30	30	1	-	-	-	-	-	-	-	-	-	-	-	-
沼田市	436	418	▲18	-	-	-	-	-	-	-	-	2	8	0	-
みどり市	96	94	▲2	-	-	8		-	-	-	1	0	5	-	-
板倉町	1,037	999	▲38	420	-	29	37	-	-	-	147	2	1	5	-
明和町	348	336	▲12	84	-	5		-	-	-	56	2	-	0	-
千代田町	391	388	▲3	129	-	28		-	-	-	158	-	1	-	-
大泉町	145	142	▲3	37	-	4	-	-	-	-	23	-	0	-	-
邑楽町	535	510	▲25	250	-	38	2	-	-	-	355	0	7	1	-
太田市	1,306	1,323	17	-	59	183	43	-	-	-	164	6	8	1	-
桐生市	233	230	▲3	-	-	9		-	-	-	-	0	3	-	-
館林市	1,057	1,049	▲8	560	-	13	10	-	-	-	527	5	22	1	-

埼玉

	2017年産	2018年産													
	主食用米①	主食用米②	増減②-①	加工用米	新規需要米					備蓄米	麦	大豆	飼料作物	そば	なたね
					米粉用米	飼料用米	WCS	新市場開拓用米	その他						
さいたま市	727	718	▲9	-	2	1	-	0	-	-	0	0	7	-	-
さいたま市（岩槻地区）	700	708	8	1	17	-	-	-	-	-	-	0	-	-	-
鴻巣市	1,766	1,740	▲25	117	90	38	-	5	-	2	165	7	-	-	-
上尾市	83	84	0	-	-	0	-	-	-	-	3	-	-	-	-
朝霞市	10	12	2	-	1	-	-	-	-	-	0	-	-	-	-
桶川市	203	209	6	-	-	19	-	-	-	-	9	-	4	-	-
北本市	149	150	2	-	1	4	-	-	-	-	15	-	3	-	-
伊奈町	114	114	▲0	-	-	2	-	-	-	-	-	-	-	-	-
草加市	58	57	▲1	-	-	-	-	-	-	-	-	-	-	-	-
川越市	1,629	1,620	▲9	-	16	-	-	-	-	-	5	15	-	-	-
飯能市	19	19	▲0	-	-	-	-	-	-	-	-	3	-	-	-
狭山市	66	65	▲1	-	1	-	-	-	-	-	0	4	0	-	-
ふじみ野市	61	60	▲1	-	-	-	-	-	-	-	-	-	-	-	-
富士見市	324	311	▲13	-	10	-	0	-	-	-	1	7	0	-	-
坂戸市	542	545	4	-	34	5	3	-	-	-	2	-	0	-	-
毛呂山町	61	61	0	-	5	-	-	-	-	-	-	-	-	-	-
越生町	37	37	▲0	-	-	-	-	-	-	-	0	-	-	-	-
日高市	47	46	▲1	-	-	-	-	-	-	-	-	-	13	-	-
鶴ヶ島市	1	1	▲0	-	-	-	-	-	-	-	-	-	-	-	-
所沢市	2	2	▲0	-	-	-	-	-	-	-	-	-	-	-	-
東松山市	523	523	▲0	0	-	38	-	-	-	-	5	14	-	-	-
滑川町	200	202	2	-	-	29	-	-	-	-	11	6	-	-	-
嵐山町	152	148	▲4	-	-	7	2	-	-	-	63	0	1	-	-
小川町	139	140	1	1	0	1	-	-	-	-	30	2	-	-	-
ときがわ町	42	40	▲2	-	-	4	-	-	-	-	7	0	2	-	-
川島町	1,052	1,062	10	8	-	125	-	-	-	-	54	1	-	-	-
吉見町	813	826	14	1	40	125	-	-	-	-	61	9	-	-	-
鳩山町	99	98	▲1	-	-	0	-	-	-	-	20	1	4	-	-
東秩父村	8	8	▲0	-	-	-	-	-	-	-	-	-	-	-	-
秩父地域	145	143	▲2	-	-	-	-	-	-	-	3	25	-	0	-
本庄市	221	218	▲3	-	5	-	1	-	-	-	128	-	5	-	-
本庄市（児玉地区）	267	271	4	6	12	12	8	-	-	-	2	1	-	1	-
美里町	336	330	▲5	2	3	26	42	-	-	-	54	-	1	-	-
神川町	216	215	▲2	-	10	2	0	-	-	-	0	-	8	-	-
上里町	366	364	▲2	-	21	10	1	-	-	-	1	9	15	-	-
熊谷市	1,982	1,993	10	21	10	532	49	-	-	-	360	93	38	-	3
深谷市	924	921	▲3	-	-	140	13	-	-	-	202	2	21	2	-
寄居町	127	126	▲1	1	-	38	-	-	-	-	3	0	-	1	-
行田市	1,829	1,857	28	53	83	167	-	5	-	13	175	44	1	0	-
加須市	4,520	4,541	21	48	101	116	-	-	-	15	225	82	-	21	-
羽生市	1,526	1,533	7	21	38	67	-	3	-	6	85	1	-	2	-
春日部市	627	645	17	-	22	-	-	-	-	-	-	-	-	-	-
春日部市（庄和地区）	876	902	26	-	10	0	-	-	-	-	19	-	-	-	-
越谷市	532	531	▲1	-	-	12	-	-	-	-	-	-	-	-	-
久喜市	1,815	1,830	16	1	34	96	-	-	-	-	33	6	-	6	-
八潮市	20	20	▲0	-	-	-	-	-	-	-	-	-	-	-	-
宮代町	333	330	▲3	-	-	5	-	-	-	-	4	1	-	3	-
蓮田市	346	352	6	-	5	19	-	-	-	-	-	11	7	5	-
白岡市	497	503	6	0	10	-	-	-	-	-	23	0	-	0	-
三郷市	140	138	▲2	-	-	-	-	-	-	-	-	-	-	-	-
幸手市	1,164	1,162	▲3	3	12	1	-	-	-	-	-	-	1	-	-
杉戸町	1,002	1,015	13	2	14	1	-	-	-	-	2	2	4	10	-
松伏町	342	360	18	5	-	11	-	-	-	-	-	-	-	-	-
吉川市	883	875	▲8	4	11	15	-	-	-	2	-	-	-	-	-
川口市	3	3	▲0	-	-	-	-	-	-	-	-	-	-	-	-
蕨市	-	-													
戸田市	-	-													

	2017年産 主食用米①	主食用米②	増減②-①	加工用米	米粉用米	飼料用米	WCS	新市場開拓用米	その他	備蓄米	麦	大豆	飼料作物	そば	なたね
志木市	65	64	▲1	-	-	-	-	-	-	-	-	-	1	-	-
和光市	-	-	-	-	-	-	-	-	-	-	-	-	-	-	-
入間市	-	-	-	-	-	-	-	-	-	-	-	-	-	-	-

千葉

	2017年産 主食用米①	2018年産 主食用米②	増減②-①	加工用米	米粉用米	飼料用米	WCS	新市場開拓用米	その他	備蓄米	麦	大豆	飼料作物	そば	なたね
千葉市	653	654	1	15	1	38	1	-	-	-	0	2	4	-	-
習志野市	2	1	▲1	-	-	-	-	-	-	-	-	-	-	-	-
市原市	2,615	2,700	85	5	-	78	6	1	-	-	65	9	6	-	-
八千代市	328	333	5	1	-	9	15	-	-	-	-	-	3	6	-
市川市	7	7	0	-	-	-	-	-	-	-	-	-	-	-	-
船橋市	111	107	▲4	-	-	3	-	-	-	-	-	-	-	-	-
松戸市	81	86	4	-	-	3	-	-	-	-	-	-	-	-	-
野田市	839	789	▲51	1	1	89	-	-	-	-	169	1	5	0	-
柏市	968	959	▲9	15	-	151	-	2	-	-	-	10	-	-	-
流山市	157	144	▲13	-	-	3	-	-	-	-	-	-	-	-	-
我孫子市	669	622	▲47	-	-	41	-	-	-	-	0	0	-	-	-
成田市	2,518	2,508	▲10	438	9	250	114	-	-	-	19	89	4	-	-
佐倉市	998	997	▲2	31	10	102	80	-	-	-	3	4	1	-	-
四街道市	146	152	6	-	-	-	-	-	-	-	-	-	-	-	-
八街市	82	81	▲0	-	-	-	-	-	-	-	-	-	-	-	-
印西市	2,445	2,439	▲6	17	-	68	20	-	-	-	0	3	-	-	-
白井市	229	215	▲14	3	-	-	-	-	-	-	-	-	-	-	-
富里市	177	175	▲2	2	-	5	-	-	-	-	-	-	-	-	-
酒々井町	244	237	▲6	11	-	7	-	-	-	-	-	-	-	-	-
栄町	1,014	1,032	18	31	-	92	-	-	-	-	-	1	-	-	-
香取市	5,840	5,872	32	25	3	778	251	3	-	18	73	13	10	-	-
神崎町	386	389	3	-	1	94	3	-	-	-	63	10	1	0	2
多古町	1,244	1,243	▲1	17	-	9	35	-	-	-	0	0	-	-	-
東庄町	973	996	23	1	-	229	-	3	-	-	-	-	-	-	-
銚子市	369	352	▲16	-	-	-	-	-	-	-	-	-	-	-	-
旭市	3,586	2,901	▲685	4	0	445	43	-	-	-	6	-	2	-	-
匝瑳市	2,325	2,336	11	252	0	274	13	6	-	-	-	0	-	-	-
東金市	1,680	1,757	77	107	0	194	14	-	-	-	-	0	4	-	-
山武市	2,051	2,109	58	288	2	139	34	-	-	-	1	1	-	-	-
大網白里市	1,256	1,271	15	69	-	30	-	-	-	-	11	-	-	-	-
九十九里町	472	510	38	9	-	31	-	-	-	-	-	-	-	-	-
芝山町	447	447	▲0	19	-	39	-	-	-	-	-	-	-	-	-
横芝光町	1,583	1,608	25	123	-	87	33	-	-	-	66	-	-	-	-
茂原市	1,290	1,298	8	35	5	82	13	-	-	18	-	-	-	-	-
一宮町	265	272	8	0	-	38	-	-	-	10	-	-	-	-	-
睦沢町	327	381	54	0	-	37	10	-	-	12	9	11	3	-	-
長生村	514	540	27	-	-	111	26	-	-	31	-	2	8	-	-
白子町	584	622	38	1	0	143	-	-	-	11	-	-	-	-	-
長柄町	320	321	0	-	-	28	-	-	-	-	-	1	-	-	-
長南町	570	566	▲3	-	3	38	7	-	-	21	53	16	-	-	-
勝浦市	327	312	▲14	-	-	34	-	-	-	-	-	-	1	-	-
いすみ市	1,649	1,703	54	46	-	270	57	0	-	-	-	2	15	1	-
大多喜町	504	517	13	5	-	13	-	-	-	-	-	0	-	2	-
御宿町	87	89	2	-	-	9	-	-	-	-	-	-	-	-	-
館山市	628	630	2	3	-	5	23	-	-	-	0	1	20	0	-
鴨川市	1,175	1,166	▲9	-	-	5	26	-	-	-	-	0	9	-	-
南房総市	1,014	955	▲60	6	-	30	41	-	-	-	1	7	154	0	-
鋸南町	112	105	▲7	-	-	4	-	-	-	-	-	-	10	-	-
木更津市	1,018	1,012	▲6	2	0	100	1	-	-	-	-	3	1	-	-
君津市	1,556	1,553	▲3	-	3	30	13	-	-	-	-	6	4	-	-
富津市	985	913	▲72	-	-	31	40	2	-	-	-	2	17	-	-
袖ヶ浦市	948	984	36	-	5	84	66	1	-	-	-	3	4	-	-

東京

	2017年産	2018年産													
	主食用米①	主食用米②	増減②-①	加工用米	米粉用米	飼料用米	WCS	新市場開拓用米	その他	備蓄米	麦	大豆	飼料作物	そば	なたね
東京都	141	133	▲8	-	0	-	-	-	-	-	-	-	-	-	-

神奈川

	2017年産	2018年産													
	主食用米①	主食用米②	増減②-①	加工用米	米粉用米	飼料用米	WCS	新市場開拓用米	その他	備蓄米	麦	大豆	飼料作物	そば	なたね
横浜市	136	134	▲2	-	-	-	-	-	-	-	-	-	-	-	-
川崎市	16	16		-	-	-	-	-	-	-	-	-	-	-	-
横須賀市	7	7		-	-	-	-	-	-	-	-	-	-	-	-
鎌倉市	1	1		-	-	-	-	-	-	-	-	-	-	-	-
三浦市	4	4		-	-	-	-	-	-	-	0	-	-	-	-
葉山町	3	3		-	-	-	-	-	-	-	-	-	-	-	-
相模原市	87	86	▲1	-	-	-	-	-	-	-	-	0	-	-	-
厚木市	441	439	▲2	-	-	-	-	-	-	-	3	3	-	-	-
大和市	9	9		-	-	-	-	-	-	-	-	-	-	-	-
海老名市	219	218	▲1	-	-	-	-	-	-	-	-	0	0	-	-
座間市	83	82	▲1	-	-	-	-	-	-	-	-	0	-	-	-
綾瀬市	13	12	▲1	-	-	-	-	-	-	-	-	-	-	-	-
愛川町	54	54		-	-	-	-	-	-	-	-	-	-	-	-
清川村	2	2		-	-	-	-	-	-	-	-	-	-	-	-
藤沢市	108	108		-	-	-	-	-	-	-	-	-	-	-	-
茅ヶ崎市	38	38		-	-	-	-	-	-	-	-	-	-	-	-
秦野市	89	88	▲1	-	-	-	-	-	-	-	2	0	1	0	-
伊勢原市	347	346	▲1	-	-	-	-	-	-	-	-	1	2	-	-
寒川町	59	58	▲1	-	-	-	-	-	-	-	-	-	-	-	-
湘南	573	567	▲6	-	-	13	-	-	-	-	-	-	4	-	-
小田原市	449	445	▲4	-	-	-	-	-	-	-	0	-	-	-	-
南足柄市	119	119		-	-	-	-	-	-	-	-	1	-	0	-
中井町	18	18		-	-	-	-	-	-	-	-	-	-	-	-
大井町	83	83		-	-	-	-	-	-	-	-	-	-	-	-
松田町	7	7		-	-	-	-	-	-	-	-	-	-	-	-
山北町	24	24		-	-	-	-	-	-	-	-	-	-	-	-
開成町	126	124	▲2	-	-	-	-	-	-	-	-	-	-	-	-

山梨

	2017年産	2018年産													
	主食用米①	主食用米②	増減②-①	加工用米	米粉用米	飼料用米	WCS	新市場開拓用米	その他	備蓄米	麦	大豆	飼料作物	そば	なたね
甲府市	298	298	0	-	-	-	-	-	-	-	0	0	-	-	-
南アルプス市	392	393	2	21	-	4	-	-	-	-	1	4	1	-	-
甲斐市	268	263	▲5	-	-	-	-	-	-	-	-	1	-	-	-
中央市	284	284	1	12	0	-	-	-	-	-	0	0	-	-	-
昭和町	77	75	▲2	2	-	2	-	-	-	-	0	-	-	-	-
韮崎市	726	722	▲4	7	-	-	-	-	-	-	1	0	-	-	-
北杜市	1,842	1,814	▲28	32	-	1	12	0	-	-	53	56	25	106	0
山梨市	13	13		-	-	-	-	-	-	-	-	0	-	-	-
笛吹市	27	27		-	-	-	-	-	-	-	-	-	-	-	-
甲州市	8	8		-	-	-	-	-	-	-	-	-	-	-	-
市川三郷町	108	109	1	1	-	6	-	-	-	-	0	0	-	-	-
富士川町	112	111	▲0	1	-	1	-	-	-	-	0	-	-	-	-
早川町	2	2	0	-	-	-	-	-	-	-	-	-	-	-	-
身延町	114	116	2	2	-	-	-	-	-	-	3	16	-	-	-
南部町	122	116	▲6	-	-	-	-	-	-	-	-	-	-	-	-
富士吉田市	131	130	▲0	-	-	2	-	-	-	-	-	9	-	3	-
都留市	166	160	▲6	0	2	0	-	-	-	-	1	2	-	0	0

附属資料③ 農業再生協議会別の作付状況

	2017年産	2018年産													
	主食用米 ①	主食用米 ②	増減 ②-①	加工用米	新規需要米					備蓄米	麦	大豆	飼料作物	そば	なたね
					米粉用米	飼料用米	WCS	新市場開拓用米	その他						
大月市	68	67	▲1	-	-	-	-	-	-		0	2	-		
上野原市	21	21	0	-	-	-	-	-	-		-	-	-		
道志村	11	11	▲0	-	-	-	-	-	-		5	-	1		
西桂町	22	22	▲0	-	-	0	-	-	-		-	-	-		
忍野村	31	31	▲0	-	-	-	-	-	-		0	0	1		
山中湖村	-	-	-												
富士河口湖町	32	29	▲3												
小菅村	0	0	-	-	-	-	-	-	-		-	-	-	0	

長野

	2017年産	2018年産													
	主食用米 ①	主食用米 ②	増減 ②-①	加工用米	新規需要米					備蓄米	麦	大豆	飼料作物	そば	なたね
					米粉用米	飼料用米	WCS	新市場開拓用米	その他						
小諸市	615	606	▲8	1	-	-	-	-	-	-	0	6	2	13	1
佐久市	2,704	2,726	22	81	12	29	23	-	-	-	0	28	13	4	-
佐久穂町	266	265	▲1	6	-	19	-	-	-	-	0	3	4	18	-
小海町	48	47	▲0	-	-	-	-	-	-	-	-	2	-	5	-
川上村	-	-	-	-	-	-	-	-	-	-	-	-	-	-	3
南牧村	12	12	▲0	-	-	-	-	-	-	-	-	-	5	-	-
南相木村	1	1	▲0	-	-	-	-	-	-	-	-	-	-	8	-
北相木村	2	1	▲0	-	-	-	-	-	-	-	-	-	-	-	-
軽井沢町	12	12	0	-	-	-	-	-	-	-	1	2	8	7	-
御代田町	82	80	▲2	-	-	-	-	-	-	-	1	1	-	13	-
立科町	445	437	▲8	6	-	-	11	-	-	-	0	0	1	8	-
上田市	1,579	1,578	▲1	25	-	6	3	4	-	38	231	57	7	38	-
東御市	735	730	▲5	11	1	5	6	18	-	-	5	11	6	4	-
長和町	226	231	5	14	-	18	-	-	-	-	7	5	2	39	-
青木村	104	103	▲1	-	-	-	-	-	-	-	24	1	1	31	-
岡谷市	47	46	▲2	-	-	-	-	-	-	-	-	0	-	0	-
諏訪市	361	357	▲4	4	-	-	-	-	-	-	-	0	0	4	-
茅野市	822	807	▲15	4	-	-	-	0	-	3	-	1	2	124	-
下諏訪町	10	9	▲1	-	-	-	-	-	-	-	-	-	-	-	-
富士見町	376	372	▲4	-	-	-	-	-	-	-	-	0	90	124	-
原村	371	352	▲19	8	1	-	-	-	-	-	-	0	5	68	-
伊那市	1,848	1,866	18	95	0	6	31	16	-	2	212	33	84	285	-
駒ケ根市	731	772	41	3	0	1	13	4	-	-	83	9	6	105	-
辰野町	262	261	▲1	10	-	-	2	-	-	-	5	1	5	58	-
箕輪町	357	358	1	12	-	-	36	-	-	-	6	6	12	44	-
飯島町	493	491	▲1	5	-	-	8	-	-	-	25	17	0	102	-
南箕輪村	226	230	4	3	-	1	-	-	-	-	33	9	2	17	-
中川村	215	218	2	-	-	-	3	-	-	-	4	9	-	19	-
宮田村	220	226	6	-	-	2	-	-	-	2	30	30	-	16	-
南信州	1,799	1,758	▲41	1	-	-	4	0	-	-	1	7	28	27	-
木曽郡	300	297	▲3	-	-	-	5	-	-	-	-	5	93	109	-
松本市	2,668	2,682	13	11	-	27	11	7	-	-	682	21	47	103	-
塩尻市	553	547	▲6	44	6	2	3	1	-	-	35	34	-	47	-
安曇野市	2,966	3,005	39	12	1	113	44	6	-	-	685	45	34	92	-
麻績村	123	120	▲3	-	-	7	-	-	-	-	4	0	-	7	-
生坂村	53	53	0	-	-	-	-	-	-	-	2	4	-	0	-
筑北村	178	179	0	-	-	-	-	-	-	-	1	1	4	14	-
山形村	96	99	3	-	-	6	4	-	-	-	-	5	8	8	-
朝日村	39	32	▲7	-	-	-	-	-	-	-	-	-	-	2	-
大町市	1,423	1,418	▲4	29	0	6	6	3	-	-	36	28	30	211	-
池田町	504	516	12	-	-	1	-	-	-	-	50	62	-	13	-
松川村	709	710	1	63	-	3	12	1	-	-	15	17	5	28	-
白馬村	411	417	6	-	-	1	-	-	-	-	1	23	-	114	-
小谷村	93	92	▲0	-	-	-	-	-	-	-	-	-	2	43	-
長野市	1,508	1,471	▲37	56	-	2	-	0	-	-	44	9	0	11	-
須坂市	175	164	▲10	-	-	-	-	-	-	-	1	0	0	0	-
千曲市	454	452	▲3	-	-	0	-	-	-	-	74	15	-	1	-
坂城町	144	145	1	6	-	0	-	-	-	-	0	0	-	-	-
小布施町	93	96	3	-	-	1	-	-	-	-	-	1	0	-	-
高山村	93	93	▲0	-	-	-	-	-	-	-	0	1	0	7	-
信濃町	462	480	17	45	-	-	16	-	-	-	13	14	32	107	-
飯綱町	463	450	▲13	22	-	-	-	-	-	-	-	19	-	24	-

	2017年産	2018年産													
	主食用米①	主食用米②	増減②-①	加工用米	新規需要米					備蓄米	麦	大豆	飼料作物	そば	なたね
					米粉用米	飼料用米	WCS	新市場開拓用米	その他						
小川村	38	38	▲0	-	-	-	-	-	-	-	5	-	2		
中野市	470	468	▲2	-	-	7	-	-	-	7	4	2	4		
飯山市	1,188	1,171	▲16	129	0	0	-	1	-	-	0	0	-	5	
山ノ内町	81	80	▲1	-	-	-	-	-	-	-	-	-	-	6	
木島平村	381	401	21	31							0	2	0	1	
野沢温泉村	169	171	1	8	0						0			1	
栄村	196	195	▲1											3	

岐阜

	2017年産	2018年産													
	主食用米①	主食用米②	増減②-①	加工用米	新規需要米					備蓄米	麦	大豆	飼料作物	そば	なたね
					米粉用米	飼料用米	WCS	新市場開拓用米	その他						
岐阜市	1,466	1,488	22	60	-	91	1	-		14	121	34	30	0	
羽島市	906	930	23	106	-	98	28			19	21	0	9		
各務原市	314	306	▲8	22	-	4									
山県市	337	330	▲7	4	1	63				-	3	15	26	2	
瑞穂市	369	372	3	2	1	36		15		6	42				
本巣市	700	608	▲92	36	1	108	2			3	104	7	16		
岐南町	64	65	1	-		2					0				
笠松	76	75	▲2	1	-	1				1	-				
北方町	36	35	▲1								10				
大垣市	1,462	1,563	101	32	-	263	3				181	11	7	3	
海津市	1,498	1,498	0	245	3	131	-	22			1,015	3	1		
養老町	1,202	1,171	▲31	145	-	490	22	7			202	32	-		
神戸町	249	258	9	10	-	44	-	3			148	6	-	0	
輪之内町	516	533	18	118	-	81	7				124				
安八町	329	343	14	33	-	100	0				1	-	1		
揖斐川町	674	678	4	-	3	179	0			5	361	33	1	33	
大野町	395	404	9	-	-	105					160	9			
池田町	336	326	▲10		-	49	-	2			128	20	5	11	
美濃加茂市	464	453	▲10	17	3	22	-				9	19	13	2	
坂祝町	65	63	▲1	3	-	2					-	-	15		
富加町	134	137	3	3	-	2	-				15	4	11		
川辺町	103	98	▲5	0	0	3	-				-	7	-		
七宗町	71	68	▲3	6	-	1					-	0	-		
八百津町	176	174	▲2	1	-	1	-				-	0	5	1	
白川町	228	223	▲5	15	0	0	-				-	28	1		
東白川村	63	70	7	1	-	-									
可児市	345	343	▲2	23	-	-					-	21	-	0	
御嵩町	172	180	8	21	-	-					0	18	-		
関市	924	1,007	82	5	8	105	-				161	147	46	6	
美濃市	122	137	15								-	23	0		
郡上	1,105	1,090	▲16	0	0	4	18				32	6	13	49	
多治見市	70	69	▲1			2									
瑞浪市	325	328	4	5	-	16					-	3	2		
土岐市	104	101	▲3			1									
中津川市	1,390	1,393	3	-	1	64	19				88	32	51	38	
恵那市	1,246	1,282	36	6	-	92	3				-	36	22	17	
飛騨	2,663	2,663	0	-	6	93	103	1			25	31	239	95	
不破	432	407	▲24	14	-	95	-				257	-	1	6	

静岡

	2017年産	2018年産													
	主食用米①	主食用米②	増減②-①	加工用米	新規需要米					備蓄米	麦	大豆	飼料作物	そば	なたね
					米粉用米	飼料用米	WCS	新市場開拓用米	その他						
下田市	47	47	▲0	-	-	-	-	-	-	-	0	-	-	-	-
東伊豆町	-	-	-	-	-	-	-	-	-	-	-	-	-	-	-
河津町	7	7	-	-	-	-	-	-	-	-	-	-	0	-	-
南伊豆町	38	37	▲0	-	-	2	-	-	-	-	1	-	-	-	-
松崎町	62	62	▲0	-	-	-	-	-	-	-	-	-	-	-	-

市町	2017年産 主食用米①	主食用米②	増減 ②-①	加工用米	米粉用米	飼料用米	WCS	新市場開拓用米	その他	備蓄米	麦	大豆	飼料作物	そば	なたね
西伊豆町	5	5	-	-	-	-	-	-	-	-	-	-	-	-	-
三島市	198	192	▲6	-	-	12	-	-	-	-	-	-	-	-	-
伊東市	13	13	▲0	-	-	-	-	-	-	-	-	-	-	-	-
伊豆市	409	407	▲2	-	-	-	-	-	-	-	-	-	9	-	-
伊豆の国市	363	363	0	-	-	8	-	-	-	-	-	-	-	-	0
函南町	172	171	▲1	-	-	-	-	-	-	-	-	-	0	-	-
沼津市	357	358	1	-	-	3	-	-	-	-	-	-	-	-	-
御殿場市	834	831	▲3	-	-	2	-	-	-	-	9	2	15	27	-
裾野市	140	139	▲1	-	-	-	-	-	-	-	0	-	-	10	-
清水町	46	46	▲0	-	-	-	-	-	-	-	-	-	-	-	-
長泉町	34	34	▲0	-	-	-	-	-	-	-	-	-	-	-	-
小山町	362	360	▲2	-	-	-	-	-	-	-	-	2	5	-	-
富士宮市	636	633	▲3	-	0	4	-	-	-	-	3	2	4	1	-
富士市	571	575	4	1	-	-	-	-	-	-	-	-	-	-	-
静岡市	352	358	6	-	-	11	-	-	-	-	0	-	-	-	-
島田市	520	515	▲5	-	-	5	-	-	-	-	1	2	-	-	-
焼津市	879	879	▲0	35	-	12	-	-	-	-	1	2	1	-	-
藤枝市	708	706	▲2	11	-	2	-	0	-	-	0	1	-	-	-
牧之原市	506	503	▲2	-	-	5	-	-	-	-	-	-	-	-	-
吉田町	258	258	▲1	1	-	1	-	-	-	-	-	-	-	-	-
川根本町	9	9	-	-	-	-	-	-	-	-	-	-	-	-	-
掛川市	1,422	1,421	▲1	0	-	246	11	2	-	-	30	11	16	-	-
御前崎市	275	279	5	2	-	2	5	-	-	-	1	-	10	-	-
菊川市	716	715	▲1	9	-	84	-	-	-	-	48	1	2	-	-
森町	378	432	54	1	-	28	29	-	-	-	8	0	-	-	-
磐田市	1,752	1,772	20	19	2	326	-	-	-	-	11	6	-	-	-
袋井市	1,308	1,318	10	17	8	379	153	-	-	-	165	3	-	-	-
浜松市	2,038	2,051	13	7	-	22	3	-	-	-	0	2	2	-	-
湖西市	233	232	▲1	1	-	-	-	-	-	-	-	0	-	-	-

愛知

市町	2017年産 主食用米①	主食用米②	増減 ②-①	加工用米	米粉用米	飼料用米	WCS	新市場開拓用米	その他	備蓄米	麦	大豆	飼料作物	そば	なたね
名古屋市	505	500	▲4	93	-	-	-	-	-	-	-	0	-	-	-
一宮市	1,570	1,584	14	-	16	62	-	-	-	3	1	-	-	-	-
瀬戸市	104	109	5	-	0	0	1	-	-	-	0	-	-	-	-
春日井市	235	233	▲2	4	-	-	-	-	-	-	-	-	-	-	-
犬山市	421	423	3	-	-	60	-	5	-	1	11	-	-	-	-
江南市	66	66	▲0	1	-	0	-	-	-	-	-	-	-	-	-
小牧市	390	391	1	19	-	1	-	-	-	12	-	-	-	-	-
稲沢市	1,216	1,214	▲2	3	24	354	-	2	-	12	12	-	-	-	-
尾張旭市	53	54	1	-	0	8	-	-	-	-	-	-	-	-	-
岩倉市	122	125	3	-	-	13	-	-	-	2	-	0	-	-	-
豊明市	198	192	▲6	6	10	6	-	-	-	6	20	1	1	-	-
日進市	217	209	▲8	-	-	17	-	-	-	-	1	-	-	-	-
西春日井	422	389	▲33	-	-	-	-	-	-	-	-	-	-	-	-
東郷町	168	162	▲6	-	10	5	-	-	-	-	1	-	-	-	-
長久手市	63	75	11	-	0	5	-	-	-	-	-	-	-	-	-
大口町	192	203	11	-	-	16	-	-	-	4	27	12	-	-	-
扶桑町	60	59	▲1	-	-	3	-	-	-	-	13	-	-	-	-
海部東	920	894	▲26	12	-	120	7	1	-	2	3	-	-	-	-
あまそだち	1,572	1,532	▲40	181	-	110	-	1	-	-	176	7	-	-	-
海部南部	1,437	1,481	43	154	-	17	-	3	-	2	631	26	-	-	-
知多	2,815	2,843	28	94	-	128	35	-	-	-	12	16	16	1	0
岡崎幸田	1,731	1,768	38	18	1	52	-	-	1	7	690	18	6	9	-
碧南市	297	298	0	12	-	-	-	-	-	-	89	-	-	-	-
刈谷市	589	623	34	-	-	19	7	-	-	-	202	2	-	-	-
安城市	1,779	1,782	3	-	-	50	15	-	-	-	1,056	5	1	-	-
西尾	1,800	1,881	81	4	-	71	5	6	-	-	1,132	2	7	0	-
知立市	159	168	9	-	-	11	-	-	-	-	101	-	-	-	-
高浜市	103	113	10	-	-	3	-	-	-	-	31	-	-	-	-
新城市	988	1,002	14	16	-	18	48	0	-	-	-	1	82	-	-
設楽町	221	197	▲24	47	-	-	-	-	-	-	-	-	-	-	-
東栄町	15	11	▲3	-	-	-	-	-	-	-	-	-	-	-	-

市町村	2017年産 主食用米①	主食用米②	増減②-①	加工用米	米粉用米	飼料用米	WCS	新市場開拓用米	その他	備蓄米	麦	大豆	飼料作物	そば	なたね
豊根村	8	8	-	-	-	-	-	-		-	-	-	-		
豊橋市	1,700	1,705	5	3	1	95	55	3	-	4	16	12			
豊川市	947	928	▲19	-	-	27	-	-	-	-	71	3	2		
蒲郡市	37	30	▲6	-	-	-	-	-	-	-	-	-	-		
田原市	855	851	▲4	-	-	76	5	-	-	-	-	-	3		
豊田市	2,450	2,392	▲59	4	0	37	14	-	-	1	845	12	9		4
みよし市	238	238	▲0	-	-	64	-	-	-	21	0	0	2		

三重

市町村	2017年産 主食用米①	主食用米②	増減②-①	加工用米	米粉用米	飼料用米	WCS	新市場開拓用米	その他	備蓄米	麦	大豆	飼料作物	そば	なたね
木曽岬町	316	321	6	1	-	6	-	-	-	-	82	-	-	-	-
桑名市	1,262	1,260	▲3	38	23	108	22	20	-	-	238	3	-	-	-
東員町	314	321	7	-	-	37	-	-	-	-	170	4	-	-	-
いなべ市	1,181	1,214	32	-	-	219	8	-	-	-	440	15	1	2	-
四日市市	1,528	1,544	16	20	15	44	7	-	-	-	391	18	9	-	-
菰野町	894	899	5	-	-	7	2	-	-	-	506	32	3	0	-
朝日町	59	60	1	-	-	-	-	-	-	-	40	-	-	-	-
川越町	50	50	-	-	-	-	-	-	-	-	30	-	-	-	-
鈴鹿市	2,290	2,298	8	1	-	109	39	3	-	-	600	7	13	0	1
亀山市	743	750	7	1	2	28	-	-	-	-	70	0	1	-	-
津北	2,269	2,307	38	85	0	220	61	7	-	-	506	8	2	-	-
津南	1,322	1,378	56	9	29	131	3	-	-	-	306	64	2	3	-
松阪市	3,913	3,900	▲13	8	0	374	-	-	-	-	1,492	27	2	-	-
明和町	1,089	1,191	103	6	3	4	-	-	-	-	198	37	-	-	-
多気町	699	703	4	4	-	32	1	-	-	-	194	13	1	-	-
大台町	136	136	0	-	-	-	-	-	-	-	0	-	-	-	-
伊勢市	1,496	1,532	36	0	0	86	17	-	-	-	234	2	-	-	-
玉城町	873	890	17	0	-	26	-	-	-	-	133	1	-	-	-
度会町	297	298	1	-	-	7	-	-	-	-	7	-	-	-	-
大紀町	274	274	▲0	-	-	6	-	-	-	-	0	-	0	-	-
南伊勢町	132	132	▲0	-	-	1	-	-	-	-	3	-	-	-	-
鳥羽市	183	183	-	-	-	-	-	-	-	-	-	-	-	-	-
志摩市	421	421	1	-	-	1	-	-	-	-	0	-	-	-	-
伊賀市	3,804	3,872	68	56	10	223	71	8	-	-	435	107	9	1	14
名張市	583	592	9	19	3	6	1	-	-	-	6	-	-	3	-
紀北町	110	112	2	-	-	2	-	-	-	-	-	-	-	-	-
尾鷲市	7	7	-	-	-	-	-	-	-	-	-	-	-	-	-
熊野市	175	175		-	-	-	-	-	-	-	1	-	-	-	-
御浜町	173	171	▲1	-	-	12	-	-	-	-	-	-	-	-	-
紀宝町	178	178	▲0	-	2	1	7	-	-	-	3	-	-	-	-

滋賀

市町村	2017年産 主食用米①	主食用米②	増減②-①	加工用米	米粉用米	飼料用米	WCS	新市場開拓用米	その他	備蓄米	麦	大豆	飼料作物	そば	なたね
大津市	1,248	1,239	▲9	18	7	29	-	0	-	-	-	76	1	0	-
草津市	820	822	2	17	-	5	-	-	-	-	197	1	-	0	-
守山市	1,133	1,125	▲8	27	-	29	-	-	-	-	436	23	-	0	-
栗東市	408	405	▲3	1	-	4	-	-	-	-	93	2	-	-	-
野洲市	1,380	1,399	19	4	-	23	-	-	-	-	619	4	-	-	-
湖南市	403	401	▲2	1	-	16	-	-	-	-	83	-	-	-	-
甲賀市	2,542	2,569	28	2	-	118	34	-	-	-	327	40	25	10	-
近江八幡市	2,696	2,729	32	55	-	51	16	0	-	8	1,131	22	67	2	3
東近江市	5,032	5,073	41	109	6	105	76	58	-	23	1,671	71	27	3	13
日野町	1,065	1,044	▲21	71	4	67	40	1	-	-	124	5	4	-	-
竜王町	803	799	▲4	6	-	28	11	-	-	-	261	15	2	7	0
彦根市	1,527	1,540	13	181	-	15	5	5	-	9	473	31	2	-	-
愛荘町	865	854	▲12	20	1	23	6	6	-	14	270	11	-	4	-
豊郷町	262	262	▲0	2	-	4	-	-	-	1	92	4	-	-	-

	2017年産 主食用米①	2018年産 主食用米②	増減②-①	加工用米	米粉用米	飼料用米	WCS	新市場開拓用米	その他	備蓄米	麦	大豆	飼料作物	そば	なたね
甲良町	343	353	10	5	-	8	-	-	-	1	211	4	-	-	-
多賀町	263	270	6	3	-	-	-	-	-	2	87	0	-	6	-
長浜市	4,886	4,921	35	300	8	184	14	10		123	1,037	49	3	18	
米原市	1,362	1,371	8	93	-	44	2				342	8	-	31	
高島市	2,919	2,926	8	274	5	189	52			21	86	75	6	18	8

京都

	2017年産 主食用米①	2018年産 主食用米②	増減②-①	加工用米	新規需要米 米粉用米	飼料用米	WCS	新市場開拓用米	その他	備蓄米	麦	大豆	飼料作物	そば	なたね
京都市	901	886	▲15	1	0	7	-	-	-	-	0	1	-	2	-
京北	284	282	▲2	16	-	0	-	-	-	-	-	13	-	2	-
向日市	66	66	▲1	0	-	-	-	-	-	-	-	-	-	-	-
長岡京市	71	71	0	-	-	-	-	-	-	-	-	-	-	-	-
大山崎町	10	9	▲1	-	-	-	-	-	-	-	-	-	-	-	-
宇治市	158	162	5	-	-	-	-	-	-	-	-	-	-	-	-
城陽市	172	164	▲8	-	-	-	-	-	-	-	-	-	-	-	-
八幡市	210	212	2	-	-	-	-	-	-	-	-	0	-	-	-
京田辺市	322	337	15	-	0	1	-	-	-	-	-	0	-	-	-
久御山町	203	209	7	2	-	-	-	-	-	-	5	-	-	-	-
井手町	71	60	▲11	-	-	-	-	-	-	-	-	0	-	-	-
宇治田原町	95	92	▲3	-	-	-	-	-	-	-	-	-	-	-	-
木津川市	451	461	10	-	-	-	-	-	-	-	-	0	-	-	-
笠置町	14	15	1	-	-	-	-	-	-	-	-	-	-	-	-
和束町	71	59	▲13	-	-	-	-	-	-	-	-	-	-	-	-
精華町	206	206	1	-	-	-	-	-	-	-	-	1	-	-	-
南山城村	81	73	▲7	-	-	-	-	-	-	-	-	-	-	-	-
亀岡	1,425	1,387	▲37	25	3	21	6	-	-	-	100	12	2	2	-
南丹市	1,435	1,443	8	40	1	11	29	-	-	-	30	56	7	12	-
京丹波町	692	683	▲9	37	-	9	26	-	-	-	-	55	1	33	-
福知山市	1,499	1,452	▲46	71	-	44	12	-	-	-	68	18	18	39	-
舞鶴市	591	577	▲14	23	-	9	8	-	-	-	0	0	1	1	-
綾部市	1,311	1,271	▲40	42	-	5	17	6	-	-	39	9	13	1	-
宮津市	333	324	▲9	5	0	0	-	-	-	-	1	1	0	-	-
京丹後市	2,322	2,352	29	206	-	13	9	-	-	-	-	43	14	4	-
与謝野町	626	617	▲9	44	2	-	-	6	-	-	1	20	-	0	-
伊根町	112	107	▲4	-	-	1	-	-	-	-	-	-	2	18	-

大阪

	2017年産 主食用米①	2018年産 主食用米②	増減②-①	加工用米	新規需要米 米粉用米	飼料用米	WCS	新市場開拓用米	その他	備蓄米	麦	大豆	飼料作物	そば	なたね
大阪市	67	63	▲3	-	-	-	-	-	-	-	-	-	-	-	-
堺市	372	365	▲7	-	-	-	-	-	-	-	-	0	-	-	-
堺市美原	80	78	▲2	-	-	-	-	-	-	-	-	0	-	-	-
岸和田市	124	116	▲8	-	-	-	-	-	-	-	-	-	-	-	-
豊中市	49	47	▲2	-	-	-	-	-	-	-	-	0	-	-	-
池田市	11	12	1	-	-	-	-	-	-	-	0	-	-	-	-
吹田市	40	40	▲0	-	-	-	-	-	-	-	-	-	-	-	-
泉大津市	13	13	▲0	-	-	-	-	-	-	-	-	-	-	-	-
高槻市	335	353	18	-	-	-	-	-	-	-	-	-	-	-	-
貝塚市	116	115	▲1	-	-	-	-	-	-	-	-	-	-	-	-
枚方市	276	275	▲1	-	-	-	-	-	-	-	-	-	-	-	-
茨木市	334	332	▲3	-	-	-	-	-	-	-	-	3	-	0	-
八尾市	138	118	▲19	-	-	-	-	-	-	-	-	-	-	-	-
泉佐野市	280	277	▲3	-	-	1	-	-	-	-	-	-	-	-	-
富田林市	213	207	▲6	-	0	-	-	-	-	-	-	-	-	-	-
寝屋川市	131	121	▲10	-	-	-	-	-	-	-	-	-	-	-	-
河内長野市	140	133	▲7	-	-	-	-	-	-	-	-	0	-	0	-
松原市	83	79	▲4	-	-	-	-	-	-	-	-	-	-	-	-
大阪東部	98	96	▲3	-	-	-	-	-	-	-	-	-	-	-	-

和泉市	178	173	▲5	0	3	5	-	-	-	-	-	-	1	-	-
箕面市	80	75	▲5	-	-	-	-	-	-	-	-	-	-	-	-
柏原市	13	11	▲2	-	-	-	-	-	-	-	-	-	-	-	-
羽曳野市	101	99	▲2	-	-	-	-	-	-	-	-	0	-	-	-
門真市	41	40	▲1	-	-	-	-	-	-	-	-	-	-	-	-
摂津市	41	41	▲0	-	-	-	-	-	-	-	-	-	-	-	-
高石市	19	17	▲3	-	-	-	-	-	-	-	-	-	-	-	-
藤井寺市	25	24	▲1	-	-	-	-	-	-	-	-	-	-	-	-
東大阪市	100	99	▲1	-	-	-	-	-	-	-	-	-	-	-	-
泉南市	138	131	▲7	-	-	-	-	-	-	-	-	-	-	-	-
交野市	105	96	▲9	-	-	-	-	-	-	-	-	-	-	-	-
大阪狭山市	67	65	▲2	-	-	-	-	-	-	-	-	-	-	-	-
阪南市	77	73	▲3	-	-	-	-	-	-	-	-	-	-	-	-
島本町	20	20	▲0	-	-	-	-	-	-	-	3	-	-	-	-
豊能町	117	115	▲1	0	-	-	-	-	-	-	-	-	-	0	-
能勢町	460	452	▲8	-	-	-	-	-	-	-	-	0	-	-	-
忠岡町	10	9	▲0	-	-	-	-	-	-	-	-	-	-	-	-
熊取町	71	68	▲2	-	-	-	-	-	-	-	-	-	-	-	-
田尻町	15	14	▲2	-	0	-	-	-	-	-	-	-	-	-	-
岬町	21	16	▲5	-	-	-	-	-	-	-	-	-	-	-	-
太子町	41	40	▲1	-	-	-	-	-	-	-	0	-	-	-	-
河南町	149	148	▲0	-	0	0	-	-	-	-	-	1	-	-	-
千早赤阪村	46	43	▲3	-	-	-	-	-	-	-	-	-	-	-	-
守口市（協議会なし）	24	23	▲1	-	-	-	-	-	-	-	-	-	-	-	-

兵庫

	2017 年産	2018 年産													
	主食用米 ①	主食用米 ②	増減 ②－①	加工用米	新規需要米					備蓄米	麦	大豆	飼料作物	そば	なたね
					米粉用米	飼料用米	WCS	新市場開拓用米	その他						
神戸市	2,169	2,205	36	7	3	46	73	0	-	-	4	22	20	9	
尼崎市	38	37	▲1	-	-	-	-	-	-	-	-	-	-	-	-
西宮市	68	68	0	-	-	-	-	-	-	-	-	-	-	-	-
芦屋市（協議会なし）	1	1	-	-	-	-	-	-	-	-	-	-	-	-	-
伊丹市	42	41	▲1	-	-	-	-	-	-	-	-	-	-	-	-
宝塚市	173	179	6	-	0	-	5	-	-	-	-	-	-	-	-
川西市	52	50	▲2	-	-	-	-	-	-	-	-	0	-	-	-
三田市	1,110	1,128	18	56	0	1	26	5	-	-	22	39	3	12	
猪名川町	184	185	1	-	-	-	-	-	-	-	-	4	-	18	
明石市	314	306	▲8	-	-	-	-	-	-	-	0	0	-	-	
加古川市	1,109	1,097	▲12	3	-	6	-	-	-	-	153	10	9	7	
高砂市	113	109	▲4	-	-	-	-	-	-	-	2	-	-		
稲美町	781	726	▲55	6	1	13	5	-	-	-	284	30	2	1	
播磨町	27	23	▲4	-	-	-	-	-	-	-	-	-	-	-	-
西脇市	637	660	23	10	1	2	-	-	-	-	48	43	3		
三木市	1,871	1,903	32	1	-	-	-	-	-	-	0	38	1	-	
小野市	1,250	1,287	37	62	1	11	13	-	-	-	63	26	18	5	
加西市	1,865	1,943	78	47	7	64	13	-	-	-	223	40	62	0	
加東市	1,561	1,596	35	40	0	2	16	-	-	-	123	35	2		
多可町	781	796	15	6	-	5	5	-	-	-	6	84	-	2	4
姫路市	2,049	1,982	▲68	15	1	24	1	-	-	-	179	27	21	7	
神河町	343	349	6	-	-	5	3	-	-	-	146	4	-	1	
市川町	433	438	5	10	-	1	15	-	-	-	96	34	13		
福崎町	343	345	2	-	-	-	-	-	-	-	84	3	1	3	
相生市	192	186	▲6	6	-	5	18	-	-	-	25	32	7		
赤穂市	396	399	3	16	-	41	20	-	-	-	41	9	22	3	
上郡町	429	442	12	52	-	13	4	-	-	-	93	94	-	1	
佐用町	701	713	12	16	-	3	5	-	-	-	26	61	23	8	
たつの市	1,277	1,273	▲4	40	-	6	-	-	-	-	208	68	0	1	
宍粟市	968	968	0	2	-	4	17	-	-	-	8	74	14	7	
太子町	190	186	▲4	-	-	-	1	-	-	-	9	2	-	-	
豊岡市	2,761	2,778	17	143	4	4	26	-	-	-	33	48	60	33	
香美町	527	509	▲18	-	-	-	-	-	-	-	3	5	1		

	2017年産	2018年産												
	主食用米①	主食用米②	増減②-①	加工用米	米粉用米	飼料用米	WCS	新市場開拓用米	その他	備蓄米	麦	大豆	飼料作物	そば	なたね
新温泉町	563	551	▲12	6	-	3	0	-	-	-	-	2	14	11	-
養父市	698	709	11	11	3	-	-	-	-	-	-	4	17	1	
朝来市	910	939	28	18	-	4	27	-	-	-	1	37	4	1	
篠山市	2,070	2,175	105	66	-	9	9	-	-	-	3	634	7	2	
丹波市	2,762	2,838	76	-	-	2	31	-	-	-	66	78	67	2	
洲本市	825	794	▲31	0	-	1	92	-	2	-	1	194	-	-	8
南あわじ市	1,590	1,560	▲31	1	5	2	335	-	5	-	2	127			
淡路市	940	926	▲14	0	0	2	30	-	-	-	1	1	67	2	

奈良

	2017年産	2018年産												
	主食用米①	主食用米②	増減②-①	加工用米	米粉用米	飼料用米	WCS	新市場開拓用米	その他	備蓄米	麦	大豆	飼料作物	そば	なたね
奈良市	1,342	1,351	9	10	0	3	5	-	-	-	4	1	-	-	-
大和高田市	275	276	1	-	-	-	-	-	-	-	-	-	-	-	-
大和郡山市	613	614	1	-	-	7	-	-	-	-	0	0	-	-	-
天理市	833	834	1	-	-	6	-	-	-	-	4	1	2	-	-
橿原市	488	490	2	-	-	-	-	-	-	-	6	0	-	-	-
桜井市	393	387	▲6	-	4	8	4	-	-	-	25	-	-	-	0
五條市	432	431	▲1	1	-	8	1	-	-	-	0	1	4	-	-
御所市	542	547	5	-	-	1	-	-	-	-	-	-	-	-	-
生駒市	200	195	▲4	-	-	-	-	-	-	-	-	2	-	-	-
香芝市	134	129	▲5	-	2	-	-	-	-	-	-	0	-	-	-
葛城市	396	394	▲2	-	-	6	-	-	-	-	1	0	-	1	-
宇陀市	703	667	▲37	-	0	1	-	-	-	-	-	10	-	-	-
山添村	150	146	▲4	-	-	0	-	-	-	-	-	0	-	-	-
平群町	70	69	▲1	-	-	-	-	-	-	-	-	-	-	-	-
三郷町	9	9	0	-	-	-	-	-	-	-	-	-	-	-	-
斑鳩町	135	138	3	-	-	1	-	-	-	-	-	0	-	-	-
安堵町	92	88	▲4	-	-	1	-	-	-	-	-	1	-	-	-
川西町	137	139	2	-	-	-	-	-	-	-	-	-	-	-	-
三宅町	119	120	1	-	-	0	-	-	-	-	-	-	-	-	-
田原本町	533	534	1	5	23	1	34	-	-	-	14	5	-	-	-
曽爾村	42	41	▲1	-	1	-	-	-	-	-	-	-	-	-	-
御杖村	78	80	2	-	-	-	-	-	-	-	-	-	1	-	-
高取町	112	112	▲0	-	-	-	-	-	-	-	-	2	-	0	-
明日香村	159	155	▲4	-	-	0	-	-	-	-	-	0	-	-	-
上牧町	39	41	2	-	-	-	-	-	-	-	-	-	-	-	-
王寺町	21	20	▲1	-	-	-	-	-	-	-	-	-	-	-	-
広陵町	321	326	5	-	-	0	-	-	-	-	8	0	-	-	-
河合町	74	74	▲1	-	-	-	-	-	-	-	-	0	-	-	-
吉野町	49	45	▲5	-	-	-	-	-	-	-	-	-	-	-	-
大淀町	64	60	▲4	-	-	-	-	-	-	-	-	-	-	-	-
下市町	32	32	▲0	-	-	-	-	-	-	-	-	-	-	-	-
黒滝村	2	2	0	-	-	-	-	-	-	-	-	-	-	-	-
天川村	1	1	0	-	-	-	-	-	-	-	-	-	-	-	-
野迫川村	1	1	▲0	-	-	-	-	-	-	-	-	-	-	-	-
十津川村	8	7	▲2	-	-	-	-	-	-	-	-	-	-	-	-
下北山村	5	5	▲0	-	-	-	-	-	-	-	-	-	-	-	-
東吉野村	2	2	0	-	-	-	-	-	-	-	-	-	-	-	-

和歌山

	2017年産	2018年産												
	主食用米①	主食用米②	増減②-①	加工用米	米粉用米	飼料用米	WCS	新市場開拓用米	その他	備蓄米	麦	大豆	飼料作物	そば	なたね
和歌山市	1,598	1,569	▲29	-	-	-	-	-	-	-	0	-	-	-	-
海南市	253	246	▲7	-	-	0	-	-	-	-	-	1	-	-	-
紀美野町	116	113	▲3	-	-	-	-	-	-	-	-	1	-	-	-
紀の川市	851	835	▲16	-	-	0	0	-	-	-	-	10	-	-	-

	主食用米①	主食用米②	増減②-①	加工用米	米粉用米	飼料用米	WCS	新市場開拓用米	その他	備蓄米	麦	大豆	飼料作物	そば	なたね
岩出市	359	349	▲ 10	-	-	1	0	-	-	-	-	0	-	-	-
橋本市	389	377	▲ 12	-	-	-	-	-	-	-	0	2	-	-	-
かつらぎ町	155	151	▲ 4	-	-	1	1	-	-	-	-	1	-	-	-
九度山町	21	21	-	-	-	-	-	-	-	-	-	-	-	-	-
高野町	17	17	-	-	-	-	-	-	-	-	-	-	-	-	-
有田市	23	23	-	-	-	-	-	-	-	-	-	-	-	-	-
湯浅町	21	21	-	-	-	-	-	-	-	-	-	-	-	-	-
広川町	111	108	▲ 3	-	-	-	-	-	-	-	-	-	-	-	-
有田川町	169	165	▲ 4	-	-	-	-	-	-	-	-	-	0	-	-
御坊市	332	325	▲ 7	-	-	-	-	-	-	-	0	0	-	-	-
美浜町	133	131	▲ 2	-	-	-	-	-	-	-	-	-	-	-	-
日高町	318	313	▲ 5	-	-	-	-	-	-	-	-	-	-	-	-
由良町	69	69	-	-	-	-	-	-	-	-	-	-	-	-	-
印南町	172	169	▲ 3	-	-	-	-	-	-	-	-	-	-	-	-
みなべ町	121	119	▲ 2	-	-	-	-	-	-	-	-	-	-	-	-
日高川町	217	213	▲ 4	-	-	-	-	-	-	0	-	0	-	-	-
田辺市	329	323	▲ 6	-	-	-	0	-	-	0	1	-	2	-	-
白浜町	277	274	▲ 3	-	-	-	-	-	-	-	-	-	-	-	-
上富田町	172	169	▲ 3	-	-	-	-	-	-	-	-	-	-	-	-
すさみ町	76	74	▲ 2	-	-	-	-	-	-	-	-	-	-	-	-
新宮市	75	73	▲ 2	-	-	-	-	-	-	-	-	-	2	-	-
那智勝浦町	97	95	▲ 2	-	-	-	-	-	-	-	-	-	-	-	-
太地町	0	0	-	-	-	-	-	-	-	-	-	-	-	-	-
古座川町	34	33	▲ 1	-	-	-	-	-	-	-	-	-	-	-	-
北山村	2	1	▲ 1	-	-	-	-	-	-	-	-	-	-	-	-
串本町	51	50	▲ 1	-	-	-	-	-	-	-	-	-	-	-	-

鳥取

	2017年産 主食用米①	主食用米②	増減②-①	加工用米	米粉用米	飼料用米	WCS	新市場開拓用米	その他	備蓄米	麦	大豆	飼料作物	そば	なたね
鳥取市	3,001	3,151	150	-	0	57	118	-	-	29	-	105	100	39	-
岩美町	454	488	34	-	-	32	28	-	-	8	-	22	0	2	-
八頭町	841	832	▲ 8	11	-	55	42	-	-	30	-	28	23	0	-
若桜町	140	137	▲ 3	-	-	-	-	-	-	-	-	0	-	2	-
智頭町	246	243	▲ 3	-	-	-	2	-	-	-	-	2	24	2	-
倉吉市	1,444	1,444	▲ 0	-	-	157	0	-	-	7	-	148	113	7	-
三朝町	295	288	▲ 7	-	-	4	1	-	-	-	-	39	15	0	-
湯梨浜町	398	388	▲ 10	-	-	20	-	-	-	-	-	55	0	0	-
北栄町	558	571	13	-	-	67	31	-	-	-	12	73	27	0	0
琴浦町	647	638	▲ 9	-	-	18	58	-	-	-	-	17	243	9	-
米子市	957	1,034	78	-	-	159	18	-	-	-	0	72	26	8	-
日吉津村	59	66	7	-	-	5	-	-	-	-	-	8	0	-	-
境港市	15	11	▲ 4	-	-	-	-	-	-	-	-	-	-	-	-
南部町	521	542	22	-	-	83	1	-	-	-	2	14	9	24	-
伯耆町	657	685	28	-	-	23	47	-	0	-	2	8	26	12	0
大山町	938	956	18	8	-	104	12	-	0	-	5	64	107	41	0
日南町	736	737	1	-	-	9	2	-	-	-	-	5	13	102	0
日野町	176	172	▲ 4	-	-	1	-	-	-	-	0	1	10	29	0
江府町	294	295	1	-	0	-	-	-	-	-	-	5	10	16	-

島根

	2017年産 主食用米①	主食用米②	増減②-①	加工用米	米粉用米	飼料用米	WCS	新市場開拓用米	その他	備蓄米	麦	大豆	飼料作物	そば	なたね
松江	1,821	1,843	22	43	-	129	95	0	-	-	14	38	20	70	-
安来	2,062	2,043	▲ 19	0	0	191	56	-	0	-	5	150	56	13	0
奥出雲町	1,407	1,418	11	5	-	-	4	-	0	-	-	11	26	39	-
雲南市	1,578	1,577	▲ 1	-	1	56	2	0	-	-	4	18	26	25	0
飯南町	663	655	▲ 8	4	0	23	7	-	0	-	3	29	18	51	-

島根（続き）

	2017年産 主食用米①	2018年産 主食用米②	増減②−①	加工用米	新規需要米 米粉用米	飼料用米	WCS	新市場開拓用米	その他	備蓄米	麦	大豆	飼料作物	そば	なたね
出雲市	2,438	2,500	61	73	1	388	95	-	1	-	140	25	86	22	0
斐川町	1,387	1,412	25	114	-	21	78	-	-	-	135	263	58	10	5
大田市	1,044	1,015	▲28	-	-	51	13	-	-	-	0	22	62	30	0
邑南町	1,034	1,040	5	-	0	6	58	-	-	-	12	16	7		
浜田市	1,032	1,037	4	3	-	1	1	-	14	-	0	35	11	7	
益田市	782	748	▲33	-	-	71	4	-	-	-	1	41	14	3	0
隠岐の島町	340	331	▲9	-	-	-	41	-	-	-	1	8	52	9	
島前	77	78	0	-	0	-	7	-	-	-	2	43	0		
津和野町	383	375	▲8	-	-	15	35	-	-	-	0	4	8	5	1
吉賀町	445	462	17	1	-	28	26	-	-	-	10	5	9	0	
川本町	145	140	▲5	-	-	-	-	-	-	-	1	3	1		
美郷町	236	219	▲17	-	-	-	4	-	-	-	1	12	10	0	
江津市	263	259	▲3	-	-	3	8	-	-	-	17	2	1		-

岡山

	2017年産 主食用米①	2018年産 主食用米②	増減②−①	加工用米	新規需要米 米粉用米	飼料用米	WCS	新市場開拓用米	その他	備蓄米	麦	大豆	飼料作物	そば	なたね
岡山市	7,051	7,229	178	333	5	349	54	2	-	35	829	63	39	0	-
玉野市	402	420	19	5	-	32	-	-	-	3	25	8	0	0	-
瀬戸内市	1,047	1,024	▲23	21	3	61	16	-	-	6	83	18	10	-	-
備前市	398	398	0	-	-	1	0	-	-	-	0	4	2	-	-
赤磐市	1,195	1,285	90	17	0	33	1	0	-	2	43	66	0	1	-
和気町	444	456	12	-	-	41	1	-	-	-	0	7	3	1	-
倉敷市	2,301	2,190	▲111	16	-	47	11	-	-	3	10	9		-	-
総社市	1,255	1,227	▲28	4	0	83	32	-	-	-	5	70	5	0	-
早島町	113	102	▲11	-	-	0	-	-	-	2	-	1	-	-	-
笠岡市	291	301	10	-	-	22	-	-	-	-	0	1	-	-	-
井原市	671	629	▲42	-	-	6	1	-	-	-	0	3	1	0	-
里庄町	27	51	24	-	-	-	-	-	-	-	-	0	0	-	-
矢掛町	522	554	32	-	-	25	31	-	-	-	1	11		-	-
新見市	1,217	1,211	▲6	-	3	19	28	-	0	14	0	5	41	1	0
新庄村	91	78	▲13	8	-	-	3	-	-	-	2	31	-	-	-
鏡野町	926	931	5	4	-	105	8	-	-	-	1	38	27	2	-
久米南町	376	332	▲44	-	0	24	6	-	-	-	1	29	1	4	0
勝央町	479	483	4	-	-	15	25	-	-	10	10	197	8	0	-
奈義町	371	390	19	1	1	42	26	-	-	21	11	80	33	0	-
西粟倉村	71	75	4	-	-	1	-	-	-	1	-	1	-	-	-
真庭市	1,809	1,790	▲19	13	-	41	17	-	-	1	4	90	418	85	0
美作市	1,179	1,205	26	-	34	44	11	-	-	17	20	96	20	8	-
吉備中央町	1,019	1,041	22	-	16	39	15	-	-	1	-	115	36	1	-
高梁市	894	828	▲66	-	-	21	1	-	-	0	1	14	40	1	-
浅口市	271	261	▲10	-	-	1	-	-	-	-	-	1	-	-	-
美咲町	820	802	▲19	-	0	22	-	-	-	-	0	27	11	15	0
津山市	2,489	2,278	▲211	13	2	180	80	2	-	31	73	207	154	2	-

広島

	2017年産 主食用米①	2018年産 主食用米②	増減②−①	加工用米	新規需要米 米粉用米	飼料用米	WCS	新市場開拓用米	その他	備蓄米	麦	大豆	飼料作物	そば	なたね
広島市	1,015	990	▲25	-	-	-	-	0	-	-	1	0	20	-	-
大竹市	52	50	▲3	-	-	-	1	-	-	-	-	-	-	-	-
廿日市市	371	365	▲6	-	2	-	-	-	-	-	0	1	4	-	-
府中町	1	1	-												
海田町	11	11	0												
熊野町	112	107	▲5	-	-	-	-	-	-	-	-	-	1	-	-
坂町	1	1	-												
安芸高田市	2,268	2,266	▲2	70	0	13	25	-	-	-	28	17	42	44	
安芸太田町	234	222	▲12	2	-	1	-	-	-	-	-	0	2	-	-

	2017年産 主食用米①	2018年産 主食用米②	増減 ②-①	加工用米	米粉用米	飼料用米	WCS	新市場開拓用米	その他	備蓄米	麦	大豆	飼料作物	そば	なたね
北広島町	1,940	1,944	4	101	27	56	59	-	-	-	74	12	118	49	
呉市	258	258	0	-	-	-	-	-	-	-	-	-	-	-	
江田島市	9	9	▲0	-	-	-	-	-	-	-	-	-	-	-	
竹原市	156	153	▲3	1	0	-	-	-	-	-	-	1	-	-	
東広島市	3,519	3,438	▲81	0	2	74	68	-	-	-	50	46	48	29	
大崎上島町	26	24	▲2	-	-	-	-	-	-	-	-	-	-	-	
三原市	2,080	2,183	102	31	70	92	68	3	-	-	13	57	19	4	
尾道市	424	406	▲18	10	-	3	11	-	-	-	1	3	2	-	
世羅郡	1,698	1,643	▲54	62	0	45	37	-	-	-	35	35	20	3	
福山市	1,390	1,323	▲68	-	-	11	-	-	-	-	2	5	21	-	
府中市	445	433	▲12	7	-	10	13	-	-	-	1	3	15	2	
神石高原町	748	724	▲24	-	-	6	54	-	-	-	2	5	29	2	
三次市	3,101	3,070	▲31	36	4	51	65	-	0	-	21	77	187	19	
庄原市	3,203	3,221	18	30	6	78	160	-	0	-	6	32	459	108	

山口

	2017年産 主食用米①	2018年産 主食用米②	増減 ②-①	加工用米	米粉用米	飼料用米	WCS	新市場開拓用米	その他	備蓄米	麦	大豆	飼料作物	そば	なたね
周防大島	105	102	▲3	-	-	-	-	-	-	-	0	0	6	0	-
岩国	1,137	1,106	▲31	-	-	47	18	-	0	-	7	11	32	5	1
南すおう	1,212	1,149	▲63	-	3	113	5	-	-	-	4	91	6	1	
周南	1,584	1,518	▲67	-	-	3	3	-	-	-	25	28	37	8	
防府徳地	1,562	1,499	▲64	83	-	111	12	-	1	-	30	1	73	1	
山口中央	3,282	3,206	▲76	688	6	124	61	-	-	-	117	155	164	4	
山口宇部	1,861	1,866	5	142	0	3	-	1	-	-	150	11	21	2	
下関市	3,478	3,460	▲18	10	-	14	112	-	-	-	88	93	163	4	
美祢市	1,672	1,610	▲62	-	-	59	46	-	-	-	200	145	83	3	
長門	1,316	1,291	▲25	-	-	277	32	-	-	-	0	132	191	1	
あぶらんど萩	2,123	2,098	▲26	-	-	123	15	-	-	-	9	87	125	17	

徳島

	2017年産 主食用米①	2018年産 主食用米②	増減 ②-①	加工用米	米粉用米	飼料用米	WCS	新市場開拓用米	その他	備蓄米	麦	大豆	飼料作物	そば	なたね
徳島市	1,548	1,501	▲48	-	-	27	9	-	-	8	4	-	18	0	
佐那河内村	47	46	▲1	-	-	-	-	-	-	-	-	-	-	-	
石井町	448	449	2	-	-	6	1	-	-	15	0	-	34	-	
神山町	44	44	▲0	-	-	-	-	-	-	-	-	-	-	-	
鳴門市	315	319	3	-	-	18	2	-	-	-	-	-	-	-	
松茂町	3	3	▲0	-	-	-	-	-	-	-	-	-	-	-	
北島町	79	76	▲2	-	-	-	-	-	-	0	-	-	-	-	
藍住町	217	219	3	-	-	4	-	-	-	5	-	-	5	-	
板野町	255	248	▲6	2	-	2	-	-	-	8	-	-	6	-	
上板町	377	373	▲4	-	-	8	34	-	-	16	1	-	8	-	
小松島市	1,016	1,035	19	6	12	56	-	-	-	36	9	5	-	-	
勝浦町	79	77	▲2	0	-	1	-	-	-	-	-	-	-	-	
上勝町	29	20	▲10	-	-	-	-	-	-	-	-	-	-	-	
阿南市	1,668	1,659	▲9	-	-	176	62	18	-	13	21	0	0	0	
那賀川川北	739	749	10	-	3	15	2	2	-	15	-	0	-		1
那賀町	143	138	▲5	-	-	1	-	-	-	-	-	-	-	-	
美波町	150	149	▲1	-	-	23	8	-	-	-	-	-	-	-	
牟岐町	74	73	▲1	-	-	12	-	-	-	-	-	-	-	-	
海陽町	319	319	0	-	-	73	-	-	-	1	-	-	-	-	
阿波市	1,861	1,889	28	11	-	46	76	-	-	21	1	1	15	-	
吉野川市	654	650	▲3	-	-	27	1	-	-	4	1	3	15	0	
美馬市	654	658	4	7	-	47	20	-	-	23	8	2	2	2	
つるぎ町	41	41	▲1	-	-	-	-	-	-	-	-	-	-	-	

	2017年産 主食用米①	2018年産 主食用米②	増減②−①	加工用米	米粉用米	飼料用米	WCS	新市場開拓用米	その他	備蓄米	麦	大豆	飼料作物	そば	なたね
三好市	156	152	▲5	-	-	-	-	-	-	0	0	0	0	-	-
東みよし町	238	232	▲6	-	-	1	0	-	-	-	6	1	2	1	-

香川

	2017年産 主食用米①	2018年産 主食用米②	増減②−①	加工用米	米粉用米	飼料用米	WCS	新市場開拓用米	その他	備蓄米	麦	大豆	飼料作物	そば	なたね
高松市	2,671	2,563	▲108	0	3	39	19	-	-	-	191	10	17	0	-
丸亀市	1,291	1,250	▲40	-	1	5	-	-	-	-	151	5	0	0	-
坂出・宇多津	521	494	▲27	-	-	1	8	-	-	-	19	0	3	-	-
善通寺市	533	504	▲29	-	-	-	1	-	-	-	35	4	2	-	-
観音寺市	1,243	1,215	▲29	10	-	47	3	-	0	-	55	3	17	-	-
さぬき市	1,133	1,180	47	18	-	17	41	-	-	-	140	6	16	0	-
東かがわ市	759	804	45	-	-	1	27	-	-	-	21	5	16	0	-
三豊市	1,568	1,500	▲67	11	-	6	4	-	-	-	45	3	11	0	-
土庄町	60	57	▲2	-	-	-	-	-	-	-	-	-	-	-	-
小豆島町	45	43	▲1	-	-	-	-	-	-	-	-	-	-	-	-
三木町	659	632	▲27	-	-	7	5	-	-	-	51	2	10	-	-
直島町	-	0	0	-	-	-	-	-	-	-	-	-	-	-	-
綾川町	969	921	▲48	4	4	7	5	-	-	-	48	7	1	9	-
琴平町	136	133	▲3	-	-	-	-	-	-	-	4	1	-	-	-
多度津町	219	207	▲12	-	-	-	-	-	-	-	31	3	8	-	-
まんのう町	954	941	▲13	-	-	0	-	-	-	-	71	2	1	1	-

愛媛

	2017年産 主食用米①	2018年産 主食用米②	増減②−①	加工用米	米粉用米	飼料用米	WCS	新市場開拓用米	その他	備蓄米	麦	大豆	飼料作物	そば	なたね
松山市	1,674	1,687	13	-	-	8	-	-	-	-	7	-	2	-	-
今治市	1,450	1,449	▲0	-	-	30	1	-	-	-	25	1	2	-	-
宇和島市	841	831	▲10	-	2	15	-	6	-	-	-	19	15	-	-
八幡浜市	13	13	-	-	-	-	-	-	-	-	-	-	-	-	-
新居浜市	321	322	1	-	-	-	-	-	-	-	0	-	-	-	-
西条地区	1,208	1,257	49	-	2	20	38	-	-	-	57	1	8	-	-
周桑地区	1,872	1,861	▲12	-	-	17	24	-	-	-	323	157	64	-	-
大洲市	603	603	▲0	-	-	45	-	-	-	-	1	3	12	-	-
伊予市	623	609	▲14	-	-	1	-	-	-	-	3	1	-	-	-
四国中央市	709	705	▲5	-	-	3	-	-	-	-	11	6	0	-	-
西予市	1,305	1,251	▲54	32	-	89	48	-	-	-	2	130	88	0	-
東温市	757	782	25	-	0	31	3	-	-	-	38	2	7	-	-
上島町	3	3	-	-	-	-	-	-	-	-	-	-	-	-	-
久万高原町	454	433	▲21	-	-	-	-	-	-	-	0	0	1	0	-
松前町	561	576	15	-	-	23	-	-	-	-	37	0	-	-	-
砥部町	67	61	▲6	-	-	-	-	-	-	-	-	-	-	-	-
内子町	294	276	▲18	-	-	-	-	-	-	-	-	-	0	1	1
松野町	208	221	12	-	-	0	4	-	-	-	-	-	4	-	-
鬼北町	540	537	▲3	4	-	23	14	-	-	-	-	0	9	0	-
愛南町	386	372	▲14	-	-	15	4	-	-	-	-	-	0	-	-

高知

	2017年産 主食用米①	2018年産 主食用米②	増減②−①	加工用米	米粉用米	飼料用米	WCS	新市場開拓用米	その他	備蓄米	麦	大豆	飼料作物	そば	なたね
高知市	872	893	20	58	4	10	2	-	-	-	0	0	1	0	-

高知市春野	376	378	3	-	-	7	-	-	-	-	-	-	2	-	-
室戸市	252	243	▲9	-	-	1	1	-	-	-	0	-	12	0	-
安芸市	354	357	3	-	-	42	4	1	-	-	-	-	1	-	-
南国市	1,398	1,382	▲16	0	-	44	58	1	-	-	1	21	0	-	-
土佐市	350	347	▲3	-	-	7	0	-	-	-	-	-	1	-	-
奈半利町	82	81	▲1	-	-	-	1	-	-	-	-	-	-	-	-
田野町	69	69	▲0	-	-	1	1	-	-	-	-	-	4	-	-
安田町	111	110	▲1	-	-	-	-	-	-	-	-	-	1	-	-
香美市	619	614	▲5	-	-	9	8	-	-	-	1	1	22	0	-
ＪＡコスモス	915	898	▲17	-	-	15	12	-	-	-	-	0	3	0	-
大川村	2	2	-	-	-	-	-	-	-	-	-	-	0	-	-
土佐町	284	281	▲3	10	-	0	1	-	-	-	-	-	16	-	-
本山町	172	170	▲2	3	-	0	3	-	-	-	0	-	5	0	-
大豊町	117	113	▲4	1	-	-	-	-	-	-	-	0	2	-	-
北川村	65	64	▲1	-	-	3	-	-	-	-	-	-	-	-	-
芸西村	87	85	▲2	-	-	-	-	-	-	-	-	-	-	-	-
東洋町	64	68	4	-	-	31	-	-	-	-	-	-	-	-	-
馬路村	8	7	▲1	-	-	-	-	-	-	-	-	-	-	-	-
梼原町	116	112	▲4	-	-	2	-	-	-	-	-	-	-	-	0
津野町	127	124	▲3	-	-	-	-	-	-	-	-	-	-	0	1
四万十町	1,162	1,159	▲2	-	-	76	55	-	-	-	2	60	2	0	-
高知はた	2,671	2,650	▲21	-	1	646	79	-	-	-	-	0	19	-	-
須崎市	276	274	▲1	-	-	12	-	-	-	-	-	-	0	-	-
中土佐町	277	273	▲4	-	-	2	2	-	-	-	-	0	2	-	-
香南市	649	639	▲10	-	-	40	-	-	-	-	2	2	2	-	-

福岡

	2017年産	2018年産													
	主食用米①	主食用米②	増減②-①	加工用米	新規需要米					備蓄米	麦	大豆	飼料作物	そば	なたね
					米粉用米	飼料用米	WCS	新市場開拓用米	その他						
福岡市	1,142	1,135	▲7	-	-	50	9	-	-	-	5	1	12	0	-
筑紫野市	457	438	▲19	0	-	19	36	-	-	-	15	46	8	0	-
春日市	15	14	▲1	-	-	-	-	-	-	-	-	-	-	-	-
大野城市	30	31	1	-	-	-	-	-	-	-	-	0	-	-	-
宗像地域	1,332	1,343	11	81	39	31	4	-	-	-	24	271	18	1	-
太宰府市	69	67	▲3	0	-	-	-	-	-	-	-	1	-	-	-
糸島市	1,802	1,809	7	-	1	168	192	-	-	-	19	97	96	0	-
古賀市	251	242	▲9	20	-	27	-	-	-	-	5	-	-	-	-
那珂川町	159	158	▲0	0	-	2	5	-	-	-	0	0	3	0	-
宇美町	57	60	3	-	-	2	-	-	-	-	-	-	-	-	-
篠栗町	99	101	2	-	-	11	0	-	-	-	-	-	-	-	-
志免町	33	33	0	-	-	-	-	-	-	-	-	-	-	-	-
須恵町	71	69	▲2	-	-	6	7	-	-	-	-	-	2	-	-
新宮町	34	34	▲0	-	-	-	-	-	-	-	-	-	-	-	-
久山町	90	91	1	1	-	10	-	-	-	-	-	-	2	-	-
粕屋町	140	136	▲4	-	-	-	-	-	-	-	-	-	-	-	-
久留米市	3,542	3,534	▲8	9	19	241	396	9	-	-	-	826	99	12	-
朝倉市	1,854	1,578	▲276	-	17	7	137	-	-	-	56	509	53	2	-
小郡市	773	779	5	14	14	31	38	-	-	-	55	342	12	-	-
うきは市	830	820	▲10	2	-	51	4	-	-	-	8	173	2	0	-
筑前町	1,175	1,190	15	-	-	-	45	-	-	-	25	664	44	1	-
東峰村	110	83	▲28	-	-	-	-	-	-	-	-	-	-	-	-
大刀洗町	639	619	▲20	6	-	22	9	-	-	-	10	206	10	-	-
北九州市	1,163	1,156	▲7	20	1	12	1	-	-	-	7	1	-	0	-
中間市	116	127	11	9	-	20	-	-	-	-	9	54	-	-	-
芦屋町	39	40	1	-	-	3	-	-	-	-	2	-	-	-	-
水巻町	56	55	▲1	1	-	-	-	-	-	-	-	-	-	-	-
岡垣町	259	254	▲5	-	-	5	-	-	-	-	63	29	-	2	-
遠賀町	307	305	▲2	10	0	19	-	-	-	-	71	63	-	-	1
直方市	378	382	5	3	21	24	-	-	-	-	2	2	-	-	-
飯塚市	1,205	1,171	▲34	2	-	157	28	-	-	2	2	121	27	1	-
田川市	411	413	2	-	-	28	49	-	-	-	34	79	0	-	-
小竹町	80	75	▲6	0	4	13	8	-	-	-	2	23	1	-	-
鞍手町	402	385	▲17	-	-	11	-	-	-	5	233	21	-	-	-

	2017年産 ①	2018年産 ②	増減 ②-①	加工用米	米粉用米	飼料用米	WCS	新市場開拓用米	その他	備蓄米	麦	大豆	飼料作物	そば	なたね
宮若市	1,037	1,057	20	11	-	72	20	-	-	3	1	67	15	1	-
桂川町	232	239	7	15	-	51	4	-	-	-	10	8	3	-	-
嘉麻市	950	966	16	1	7	156	83	-	-	-	7	54	27	-	-
香春町	213	218	6	-	-	2	4	-	-	-	-	7	-	-	-
添田町	247	243	▲5	-	-	1	-	-	-	-	24	5	-	-	-
金田町	67	74	8	-	-	7	-	-	-	-	48	49	-	-	-
赤池町	141	138	▲3	-	-	-	5	-	-	-	25	100	-	-	-
方城町	184	186	3	-	-	1	1	-	-	-	56	115	-	-	-
糸田町	75	73	▲2	-	-	-	-	-	-	-	45	2	-	-	-
川崎町	212	204	▲8	5	-	5	-	-	-	-	2	1	-	0	-
大任町	161	161	-	-	-	8	1	-	-	-	0	29	-	-	-
赤村	199	205	5	-	-	18	7	-	-	-	-	15	-	-	-
南筑後地域	1,880	1,904	24	20	33	107	59	-	-	-	81	793	7	-	-
柳川市	1,851	1,787	▲64	10	9	9	55	-	-	-	-	1,426	5	-	-
八女地域	594	616	22	-	1	1	20	-	-	-	-	86	1	-	-
黒木地域	305	278	▲27	-	-	-	-	-	-	-	1	-	-	-	-
上陽地域	69	67	▲2	-	-	-	-	-	-	-	-	-	-	-	-
立花地域	220	220	▲0	-	-	-	-	-	-	-	-	1	-	-	-
矢部地域	55	52	▲3	-	-	-	-	-	-	-	-	-	-	-	-
星野地域	75	74	▲1	-	-	-	-	-	-	-	-	-	-	-	-
筑後市	781	756	▲25	1	9	5	46	-	-	-	-	442	11	-	-
大川市	577	590	13	-	-	53	64	-	-	-	19	243	-	-	-
大木町	473	459	▲13	4	1	24	5	-	-	-	28	201	-	-	0
広川町	210	205	▲6	-	6	-	19	-	-	-	-	3	1	-	-
行橋市	1,084	1,115	31	-	-	154	16	-	-	0	11	99	3	-	1
豊前市	777	769	▲8	-	-	51	11	-	-	4	123	17	-	9	-
苅田町	282	294	12	-	-	14	3	-	-	6	-	1	-	0	-
みやこ町	1,179	1,211	32	0	-	124	73	-	-	0	208	76	3	8	-
築上町	1,039	1,060	21	0	-	135	39	-	-	12	32	139	1	1	-
吉富町	89	93	5	-	-	-	-	-	-	-	13	7	0	0	-
上毛町	445	453	8	-	-	67	-	-	-	-	21	243	-	1	-

佐賀

	2017年産 主食用米 ①	2018年産 主食用米 ②	増減 ②-①	加工用米	新規需要米 米粉用米	飼料用米	WCS	新市場開拓用米	その他	備蓄米	麦	大豆	飼料作物	そば	なたね
佐賀市	2,283	2,284	1	6	-	37	37	-	-	-	25	925	7	-	-
諸富町	324	322	▲2	-	-	-	3	-	-	-	3	169	2	-	-
川副町	1,282	1,062	▲220	179	-	5	49	4	-	-	28	913	1	-	-
東与賀町	601	581	▲21	-	-	-	3	-	-	-	-	316	5	-	-
久保田町	377	365	▲12	-	-	-	40	-	-	-	-	313	0	-	-
大和町	436	354	▲82	-	-	-	13	-	-	-	10	99	-	1	-
富士町	506	505	▲2	-	-	15	-	-	-	-	-	-	2	4	-
三瀬村	147	148	1	4	-	15	-	-	-	-	-	-	-	1	-
神埼市	1,782	1,780	▲2	27	-	11	55	-	-	3	25	828	3	-	-
吉野ヶ里町	464	466	2	8	-	42	24	-	-	-	1	138	1	0	-
多久市	534	535	1	-	-	78	71	-	0	-	-	90	16	-	-
小城市	1,904	1,874	▲30	1	-	66	154	-	-	-	-	828	9	-	-
鳥栖市	712	738	26	1	2	105	1	-	-	-	22	160	0	-	-
基山町	145	141	▲4	-	-	12	-	-	-	-	-	3	-	-	-
みやき町	1,067	1,041	▲25	-	5	20	8	-	-	-	1	612	9	-	-
上峰町	261	257	▲4	4	-	5	-	-	-	-	1	138	-	-	-
唐津東松浦地域	2,691	2,671	▲20	-	-	3	315	-	-	-	9	9	30	0	-
伊万里市	1,448	1,433	▲15	-	-	71	121	-	-	39	-	92	36	0	0
有田町	358	357	▲1	-	-	2	34	-	-	-	-	81	9	3	2
武雄市	1,402	1,350	▲51	0	-	39	127	-	-	-	3	472	41	0	-
杵島地区	782	776	▲6	-	-	-	63	-	-	-	3	342	2	-	-
白石町	3,120	3,070	▲50	-	2	28	239	-	-	-	4	972	149	-	-
鹿島市	817	827	10	-	-	1	7	-	-	-	2	254	6	-	-
太良町	216	211	▲5	-	-	-	1	-	-	-	-	3	-	-	-
嬉野市	757	761	4	37	0	28	36	-	0	-	7	138	11	1	0

長崎

	2017年産	2018年産													
	主食用米①	主食用米②	増減②-①	加工用米	新規需要米					備蓄米	麦	大豆	飼料作物	そば	なたね
					米粉用米	飼料用米	WCS	新市場開拓用米	その他						
長崎	125	116	▲10	-	-	-	-	-	-	-	-	-	1	-	0
佐世保市	1,450	1,420	▲30	-	0	1	81	-	-	-	2	2	233	1	-
島原市	204	194	▲10	-	-	-	1	-	-	-	-	-	11	-	-
諫早市	2,125	2,120	▲5	0	6	31	79	-	-	-	35	179	29	8	-
大村市	455	458	3	-	-	4	0	-	-	-	2	1	7	2	-
平戸市	1,160	1,140	▲20	-	-	-	182	-	-	-	2	0	171	-	-
松浦市	770	770	-	-	-	-	111	-	-	-	-	0	109	-	-
対馬	248	266	17	-	-	-	30	-	-	-	0	2	85	38	-
壱岐	957	930	▲27	10	-	-	243	-	-	-	4	66	656	0	1
下五島	469	434	▲35	-	-	42	338	-	-	-	36	22	308	-	-
西海市	309	297	▲12	-	-	0	1	-	-	-	0	0	3	0	-
雲仙市	1,330	1,330	-	-	-	40	41	-	-	-	2	2	110	-	-
南島原市	800	800	-	-	-	11	2	-	-	-	0	0	67	-	0
長与町	35	35	▲0	-	-	-	-	-	-	-	-	-	-	-	-
時津町	10	10	0	-	-	-	-	-	-	-	-	-	-	-	-
東彼杵	296	292	▲3	-	-	-	5	-	-	-	-	1	15	1	-
川棚町	109	106	▲3	-	-	1	29	-	-	-	-	11	3	1	-
波佐見町	363	356	▲7	-	-	-	35	-	-	-	2	61	11	1	0
小値賀町	91	89	▲2	-	-	-	14	-	-	-	-	-	14	-	-
佐々町	174	173	▲1	-	-	-	10	-	-	-	-	0	30	-	-
上五島	7	5	▲2	-	-	-	0	-	-	-	-	-	3	-	-

熊本

	2017年産	2018年産													
	主食用米①	主食用米②	増減②-①	加工用米	新規需要米					備蓄米	麦	大豆	飼料作物	そば	なたね
					米粉用米	飼料用米	WCS	新市場開拓用米	その他						
熊本	2,564	2,636	72	2	-	7	187	-	-	18	111	170	41	3	1
城南・富合	823	873	50	-	-	90	113	-	-	-	29	350	28	0	-
植木町	627	623	▲4	-	-	2	72	-	-	-	7	12	19	1	-
宇土市	631	651	19	2	-	98	124	-	-	-	3	0	0	-	-
宇城市	1,616	1,648	32	81	0	72	315	-	-	-	4	12	13	-	-
美里町	410	399	▲11	0	-	1	50	-	-	-	0	1	23	0	-
荒尾市	358	364	6	-	-	-	45	5	-	-	2	0	19	-	-
玉名市	2,409	2,374	▲35	20	67	92	145	11	-	-	138	230	32	-	-
玉東町	142	151	8	-	-	-	-	-	-	-	2	11	0	-	-
和水	529	533	3	-	-	9	29	0	-	-	1	1	4	-	-
南関町	413	410	▲3	-	-	1	12	-	-	-	-	7	10	-	-
長洲町	311	296	▲15	-	-	-	-	4	-	-	141	2	2	-	-
山鹿市	2,021	2,181	160	-	83	93	496	-	1	-	15	104	57	21	-
菊池市	1,693	1,682	▲11	-	4	77	556	-	2	-	18	58	346	7	-
合志市	298	296	▲1	-	-	35	182	-	-	-	2	57	109	4	-
大津町	102	96	▲6	-	-	65	204	-	-	-	14	179	41	-	-
菊陽町	153	142	▲10	-	2	1	178	-	-	-	61	17	18	-	-
阿蘇市	2,039	2,102	62	5	4	41	1,206	-	-	-	49	117	269	51	-
南小国町	228	222	▲6	-	-	-	12	-	-	-	-	-	17	-	-
小国町	287	283	▲4	-	-	-	37	-	-	-	-	-	23	-	-
産山	160	163	3	-	-	-	13	-	-	-	-	-	3	-	-
高森町	167	150	▲17	-	-	-	23	-	-	-	-	-	27	-	-
南阿蘇村	949	956	7	-	-	-	151	-	-	-	-	1	323	81	-
西原村	75	80	5	-	-	-	36	-	-	-	-	1	14	-	-
御船町	468	525	57	6	-	9	55	-	-	-	1	11	4	-	-
嘉島町	381	315	▲66	-	-	-	2	-	-	-	5	366	-	-	-
益城町	706	768	62	4	-	1	4	-	-	-	18	90	27	1	-
甲佐町	332	349	16	4	0	7	64	-	-	-	12	109	4	0	-
山都	1,269	1,251	▲17	-	-	1	66	-	-	-	-	2	126	0	-
八代市	3,436	3,463	27	502	1	479	346	-	-	-	28	3	3	-	0
氷川町	536	500	▲36	-	-	3	479	-	-	-	4	0	2	-	1
水俣芦北	701	700	▲1	-	-	17	11	-	-	-	0	1	5	2	1
人吉市	454	453	▲1	10	-	5	143	-	0	-	0	-	62	-	-

	2017年産 主食用米①	主食用米②	増減②-①	加工用米	米粉用米	飼料用米	WCS	新市場開拓用米	その他	備蓄米	麦	大豆	飼料作物	そば	なたね
錦町	484	483	▲1	1	-	1	407	-	4	-	1	-	176	0	-
あさぎり町	910	912	1	105	-	14	858	-	17	-	85	56	190	2	-
相良村	204	199	▲5	1	-	3	116	-	4	-	8	0	20	1	-
山江村	129	125	▲4	3	-	-	18	-	-	-	-	-	5	-	-
球磨村	96	87	▲10	-	-	-	5	-	-	-	1	-	2	0	-
五木村	10	10	▲0	-	-	-	-	-	-	-	-	-	-	-	-
天草市	1,361	1,294	▲67	-	-	41	480	-	1	-	-	4	88	5	5
上天草市	238	226	▲12	-	-	1	31	-	0	-	16	-	7	-	-
苓北町	164	159	▲5	-	-	-	27	-	-	-	-	-	32	-	-
多良木町	618	635	17	7	-	2	372	-	2	-	3	6	61	0	0
湯前町	269	284	15	-	-	0	67	-	-	-	4	1	46	3	-
水上村	137	137	0	1	-	-	15	-	-	-	1	-	4	1	-

大分

	2017年産 主食用米①	主食用米②	増減②-①	加工用米	米粉用米	飼料用米	WCS	新市場開拓用米	その他	備蓄米	麦	大豆	飼料作物	そば	なたね
大分市	1,519	1,516	▲3	4	3	80	11	-	-	-	18	12	29	-	-
別府市	143	126	▲17	-	-	-	-	-	-	-	-	0	1	-	-
中津市	1,583	1,574	▲9	-	-	140	79	-	-	-	86	130	11	48	-
日田市	1,060	1,050	▲10	-	1	5	56	-	-	-	6	10	13	0	-
佐伯市	817	784	▲34	10	0	32	79	-	-	-	26	5	53	3	-
臼杵市	664	643	▲21	29	-	20	3	-	-	-	54	8	1	-	-
竹田市	2,088	2,030	▲58	3	6	46	555	-	-	-	0	65	154	0	-
豊後高田市	858	858	0	1	4	214	100	-	-	-	83	68	16	20	2
杵築市	1,255	1,235	▲20	-	-	66	113	-	-	-	19	46	73	-	1
宇佐市	3,670	3,570	▲100	7	1	574	781	-	17	-	31	658	72	-	-
豊後大野市	2,532	2,495	▲37	40	-	65	152	-	0	-	43	137	174	1	-
由布市	1,441	1,439	▲2	4	-	14	146	-	-	-	5	43	82	3	-
国東市	1,445	1,480	35	3	2	130	172	-	-	-	41	193	69	-	1
姫島村	0	0	-	-	-	-	-	-	-	-	-	-	-	-	-
日出町	238	232	▲6	-	-	37	-	-	-	-	1	11	10	-	-
玖珠九重地域	1,543	1,518	▲25	-	-	5	203	-	-	-	-	8	279	4	-

宮崎

	2017年産 主食用米①	主食用米②	増減②-①	加工用米	米粉用米	飼料用米	WCS	新市場開拓用米	その他	備蓄米	麦	大豆	飼料作物	そば	なたね
宮崎中央地域	2,705	2,678	▲28	199	-	70	1,782	10	3	-	1	1	396	0	-
綾町	114	107	▲7	3	2	-	99	-	0	-	1	1	8	-	-
日南市	774	770	▲4	100	-	57	208	-	4	-	-	0	220	0	-
串間市	666	641	▲25	42	-	9	345	-	-	-	-	1	129	2	-
都城市	2,559	2,548	▲12	489	0	80	722	-	9	-	0	179	1,106	17	-
三股町	320	310	▲10	28	-	1	64	-	0	-	0	23	112	8	0
小林市	928	916	▲12	73	-	5	470	-	6	-	0	0	256	0	-
えびの市	1,121	1,032	▲89	25	1	28	301	-	4	-	0	2	370	2	-
高原町	380	324	▲56	52	-	-	341	-	3	-	1	1	46	0	-
西都市	1,025	1,011	▲15	122	-	11	715	-	1	-	0	4	114	1	-
高鍋町	266	274	8	31	-	2	104	-	-	-	-	0	11	2	-
新富町	412	410	▲2	30	12	7	363	-	-	-	4	0	74	1	-
西米良村	23	21	▲2	-	-	-	-	-	-	-	-	-	0	-	-
木城町	188	185	▲3	31	-	11	111	-	-	-	-	1	8	0	-
尾鈴地域	586	608	21	110	-	10	433	-	0	-	1	0	232	8	-
延岡市	955	924	▲31	-	1	134	214	-	1	-	0	0	44	0	-
日向地域	1,176	1,148	▲29	23	-	8	213	-	1	-	0	0	64	3	-
西臼杵地域	800	779	▲21	1	-	-	197	-	3	-	1	1	120	1	-

鹿児島

| | 2017年産 | 2018年産 | | | | | | | | | | | | | |
| | 主食用米① | 主食用米 | | 加工用米 | 新規需要米 | | | | | 備蓄米 | 麦 | 大豆 | 飼料作物 | そば | なたね |
		②	増減②−①		米粉用米	飼料用米	WCS	新市場開拓用米	その他						
鹿児島市	812	725	▲87	0	-	8	32	-	0	-	-	-	14	1	-
日置市	845	815	▲30	145	-	3	85	-	-	-	0	24	11	3	-
いちき串木野市	270	250	▲20	20	-	-	19	-	-	-	-	0	9	-	-
枕崎市	57	54	▲3	-	-	3	-	-	-	-	-	-	-	-	-
指宿市	53	54	1	-	-	-	51	-	-	-	8	-	49	0	-
南さつま市	405	463	57	10	-	165	5	-	-	-	5	-	-	2	-
金峰町	498	588	90	9	-	26	25	-	-	-	17	2	0	3	-
南九州市	519	500	▲20	15	-	19	118	-	-	-	0	79	28	6	-
阿久根市	275	254	▲20	16	-	-	8	-	-	-	-	-	9	-	-
出水市	1,282	1,282	0	222	1	177	238	-	0	-	2	0	76	2	-
薩摩川内市	1,752	1,655	▲97	105	-	23	382	-	-	-	-	2	85	1	2
さつま町	1,354	1,290	▲64	30	-	30	198	-	-	-	0	0	97	1	-
長島町	291	225	▲66	-	-	-	6	-	-	-	-	-	13	-	-
霧島市	1,613	1,462	▲151	145	-	16	173	-	-	-	-	0	68	1	-
伊佐市	2,476	2,055	▲421	31	-	2	98	-	-	-	-	129	695	0	-
姶良市	779	772	▲7	18	-	174	18	-	-	-	1	0	17	0	-
湧水町	558	433	▲124	27	-	1	92	-	-	-	-	18	75	10	-
鹿屋市鹿屋地域	472	518	47	9	-	5	45	-	0	-	-	-	41	0	-
鹿屋市輝北地域	194	98	▲96	2	-	1	46	-	-	-	-	-	67	-	-
鹿屋市串良地域	240	171	▲69	37	-	13	178	-	0	-	-	-	128	0	-
鹿屋市吾平地域	206	209	2	9	-	5	111	-	-	-	0	-	57	-	-
垂水市	176	179	3	-	-	-	26	-	-	-	-	0	9	-	-
曽於市	1,509	1,329	▲180	2	-	14	200	-	1	-	-	0	274	2	-
志布志市	561	539	▲22	35	-	59	203	-	-	-	-	0	136	6	0
大崎町	400	391	▲9	11	-	28	160	-	-	-	-	-	183	4	-
東串良町	288	265	▲23	56	-	-	343	-	-	-	-	-	109	0	-
錦江町	254	247	▲7	2	-	0	45	-	-	-	0	-	60	0	-
南大隅町	243	189	▲54	-	-	1	43	-	-	-	-	-	34	0	-
肝付町	370	379	9	11	-	20	430	-	3	-	-	-	163	0	-
西之表市	227	212	▲15	-	-	3	31	-	-	-	-	-	51	-	-
中種子町	279	270	▲9	-	-	-	26	-	-	-	-	-	19	-	-
南種子町	306	303	▲3	-	-	28	210	-	-	-	-	-	14	-	-
屋久島町	24	21	▲3	-	-	-	0	-	-	-	-	-	11	-	-
龍郷町	4	3	▲1	0	-	-	-	-	-	-	-	-	-	-	-
十島村	1	-	▲1	-	-	-	-	-	-	-	-	-	-	-	-
瀬戸内町	-	-	-	-	-	-	-	-	-	-	-	-	-	-	-
与論町	2	-	▲2	-	-	-	-	-	-	-	-	-	-	-	-

沖縄

| | 2017年産 | 2018年産 | | | | | | | | | | | | | |
| | 主食用米① | 主食用米 | | 加工用米 | 新規需要米 | | | | | 備蓄米 | 麦 | 大豆 | 飼料作物 | そば | なたね |
		②	増減②−①		米粉用米	飼料用米	WCS	新市場開拓用米	その他						
国頭村	0	2	2	-	-	-	-	-	-	-	-	-	5	-	-
大宜味村	1	1	0	-	-	-	-	-	-	-	-	-	-	-	-
名護市	40	43	2	-	-	-	-	-	-	-	-	-	-	-	-
恩納村	13	12	▲2	-	-	-	-	-	-	-	-	-	-	-	-
宜野座村	-	0	0	-	-	-	-	-	-	-	-	-	-	-	-
金武町	64	57	▲6	-	-	-	-	-	-	-	-	-	-	-	-
伊平屋村	60	54	▲6	-	-	-	-	-	-	-	0	-	11	-	-
伊是名村	46	46	0	-	-	-	-	-	-	-	-	-	-	-	-
うるま市	1	0	▲0	-	-	-	-	-	-	-	-	-	-	-	-
渡嘉敷村	5	3	▲2	-	-	-	-	-	-	-	-	-	-	-	-
久米島町	2	2	0	-	-	-	-	-	-	-	-	-	-	-	-
南城市	0	0	-	-	-	-	-	-	-	-	-	-	-	-	-
石垣市	376	378	2	-	-	-	-	-	-	-	-	-	-	-	-

竹富町	92	90	▲2	-	-	-	-	-	-	-	-	-	-	-	-	-
与那国町	28	28	-	-	-	-	-	-	-	-	-	-	-	-	-	-

　原典注として、都道府県農業再生協議会単位には、①主食用米は統計部公表の都道府県別の主食用米面積、②加工用米及び新規需要米は取組計画の認定面積で、備蓄米は地域農業再生協議会が把握した面積、③麦、大豆、飼料作物、そば、なたねは地方農政局等が都道府県再生協議会等に聞き取った面積（基幹作）、が記載されている。また、地域農業再生協議会単位には、①主食用米は地域農業再生協議会が把握した面積で、合計値は統計部公表の都道府県別の主食用米面積と異なる場合がある、②加工用米及び新規需要米は取組計画の認定面積で、備蓄米は地域農業再生協議会が把握した面積、③麦、大豆、飼料作物、そば、なたねは地域農業再生協議会が把握した基幹作の面積で、都道府県別の経営所得安定対策加入申請面積と異なる場合がある、と記載されている。なお、数値・記号は原典のままとした。

著者略歴

小川　真如（おがわ　まさゆき）

一般財団法人農政調査委員会調査研究部専門調査員

1986 年島根県益田市生まれ。専門社会調査士、修士（農学）、博士（人間科学）。

主要論文・著書：Current methods of price formation for new-demand rice distribution and relevant issues, *Paddy and Water Environment*, 14(4), springer, 2016、『水稲の飼料利用の展開構造』（単著、2017 年、日本評論社）、農政調査委員会編『新米政策下の水田農業法人の現状と課題』（共著、2019 年、農政調査委員会）など。

水田フル活用の統計データブック

2018 年水田農業政策変更直後の悉皆調査結果からみる農業再生協議会・水田フル活用ビジョン・産地交付金の実態

2021 年 6 月 8 日　初版発行

著　　者　　小川真如
発 行 所　　株式会社　三恵社
　　　　　　〒462-0056 愛知県名古屋市北区中丸町 2-24-1
　　　　　　TEL 052-915-5211　FAX 052-915-5019
　　　　　　URL http://www.sankeisha.com